电子信息科学与工程类专业系列教材

感测技术基础

（第 5 版）

吴爱平　孙传友　编著

电子工业出版社

Publishing House of Electronics Industry

北京·**BEIJING**

内 容 简 介

本书为普通高等教育"十一五"国家级规划教材和湖北省精品课程教材《感测技术基础》的第 5 版。本书将内容联系紧密的传感器技术、自动检测技术、电子测量技术等课程的主要内容有机整合在一起。全书分 5 部分(共 15 章),包括:绪论、常见电量测量(电流、电压测量,频率、时间和相位测量,阻抗(电阻、电容、电感)测量)、传感器原理(阻抗型传感器、电压型传感器、光电式传感器、半导体传感器、波式和射线式传感器、传感器特性与标定)、常见非电量电测(几何量电测法、机械量电测法、热工量电测法)、感测系统设计实例和感测新技术简介。与本书配套的教学资源有例题解析、思考题与习题解答、系统设计实例的仿真测试和源程序,读者扫描书中的二维码,即可免费阅读和下载。

本书可作为电子信息工程、自动化、测控技术与仪器等专业的教材,也可供有关工程技术人员参考或作为自学读物。

图书在版编目(CIP)数据

感测技术基础 / 吴爱平,孙传友编著. — 5 版. —北京:电子工业出版社,2021.1
ISBN 978-7-121-40400-9

Ⅰ. ①感… Ⅱ. ①吴… ②孙… Ⅲ. ①传感器-高等学校-教材 Ⅳ. ①TP212

中国版本图书馆 CIP 数据核字(2021)第 007679 号

责任编辑:凌　毅
印　　刷:三河市鑫金马印装有限公司
装　　订:三河市鑫金马印装有限公司
出版发行:电子工业出版社
　　　　　北京市海淀区万寿路 173 信箱　邮编　100036
开　　本:787×1 092　1/16　印张:18.25　字数:490 千字
版　　次:2001 年 8 月第 1 版
　　　　　2021 年 1 月第 5 版
印　　次:2023 年 1 月第 4 次印刷
定　　价:49.90 元

前　言

本书把传感器技术、自动检测技术和电子测量技术等课程的主要内容有机整合在一起,这样整合不仅"加强了课程内容间的联系与综合,避免脱节和不必要的重复",大大节省了学时,而且也有利于"拓宽学生的专业面,培养学生的创新能力"。本书在内容编排上特别注意归纳共性、总结规律,化"多而繁"为"少而简",启发和诱导学生的创新思维。因此受到国内专家和广大师生的好评,被遴选为"十一五"国家级规划教材和湖北省精品课程教材。目前,本书第1、2、3、4版累计已印刷19次,已经被许多高校选用作教材,有些大学还指定本书为博士生或硕士生入学考试参考书。

为了使本书跟上感测技术的发展,更好地适应今后的教学工作,作者在保持前4版的特色和体系基本不变的前提下,对第4版的内容进行了修订:删除了部分章节的内容,增加了总线式检测系统、等精度频率测量、高频信号相位差的测量、传感器的特性与标定、感测系统设计实例、视觉测量技术等内容。

为了适应"互联网+教育",方便教师教学和学生自学,我们编写了与本书配套的教学资源:例题解析、思考题与习题解答、系统设计实例的仿真测试和源程序。读者扫描书中的二维码,即可免费阅读和下载。

我们仍然建议学生在做作业时,先不要看习题答案,自己独立思考并做完后,再与习题答案对比,自己给自己的作业批改和打分,自己发现学习中的问题并纠正。任课教师可以检查和记录学生自己完成和批改作业的情况,利用课堂小测验和期末考试考核学生学习的效果。这样把作业主动权交给学生,有利于培养学生的自学能力,提高学生的学习自觉性。

我们还建议学生不要只忙于应付作业和考试,而是要在课外多收集一些感测技术应用的实例并进行剖析,自己动手做一些小制作、小发明,还可把自己的研究心得撰写成论文在科技期刊上发表甚至申报专利,多创造一些社会认可的成果,以提升今后在人才市场的竞争力。

本书由长江大学吴爱平博士和孙传友教授编著,本书3.1.3节、3.3.3节、14.1节、14.3.1节、14.3.3节、15.6节及仿真测试和源程序由吴爱平编写,其余章节和各章例题解析及思考题与习题解答由孙传友编写,全书由孙传友统稿。

本书分5部分(共15章),包括:绪论、常见电量测量(电流、电压测量,频率、时间和相位测量,阻抗(电阻、电容、电感)测量)、传感器原理(阻抗型传感器、电压型传感器、光电式传感器、半导体传感器、波式和射线式传感器、传感器特性与标定)、常见非电量电测(几何量电测法、机械量电测法、热工量电测法)、感测系统设计实例和感测新技术简介。

本书可作为电子信息工程、自动化、测控技术与仪器等专业的教材,也可供有关工程技术人员参考或作为自学读物。

在本书建设过程中,先后得到了西安交通大学万明习教授、华中科技大学杨坤涛教授和天津大学叶声华院士的大力支持及帮助。本书在编写和修改过程中,参考了多种有关文献。在此,特向这些专家、参考文献的作者、选用本书的高校教师、电子工业出版社的编辑及所有支持本书的读者,一并表示衷心的感谢!

由于作者水平有限,缺点和错误在所难免,恳请广大读者批评指正。

作　者

2020 年 12 月

目　　录

第1章 绪 论

1.1 现代感测技术的地位和作用

测试是人类认识世界和改造世界必不可少的重要手段。在科学技术的发展过程中，人们根据对客观事物所做的大量的试验和测量，形成定性和定量的认识，总结出客观世界的规律；通过试验和测量进一步检验这些规律是否符合客观实际；在利用这些客观规律改造客观世界的过程中，又通过试验和测量来检验实际效果。科学的发展、突破是以测试技术的水平为基础的。例如，人类在光学显微镜出现以前，只能用肉眼来分辨物质。16 世纪出现的光学显微镜，使得人们能够借助显微镜来观察细胞，从而大大推动了生物科学的发展。而到 20 世纪 30 年代出现了电子显微镜，又使人们的观察能力进入微观世界，推动了生物科学、电子科学和材料科学的发展……

"测试"既包括定量的测量，也包括定性的试验。"测试"与"检测"基本上是同义语。就被测对象而言，工业上需要测试或检测的量有电量和非电量两大类，非电量的种类比电量的种类多得多。

非电量早期多用非电的方法测量，例如用尺测量长度，用水银温度计测量温度。但是随着科学技术的发展，对测量的精度、速度都提出了新的要求，尤其对动态变化的物理过程进行测量，以及对物理量的远距离测量，用非电的方法已经不能满足要求了，必须采用电测法。

电测法是把非电量转换为电量来测量的方法，同非电的方法相比，电测法具有无可比拟的优越性。

① 便于采用电子技术，用放大和衰减的办法灵活地改变测量仪器的灵敏度，从而大大扩展仪器的测量幅值范围（量程）。

② 电子测量仪器具有极小的惯性，既能测量缓慢变化的量，也可测量快速变化的量，因此采用电测技术将具有很宽的测量频率范围（频带）。

③ 把非电量变成电信号后，便于远距离传送和控制，这样就可实现远距离的自动测量。

④ 把非电量转换为数字电信号，不仅能实现测量结果的数字显示，而且更重要的是，能与计算机技术相结合，便于用计算机对测量数据进行处理，实现测量的微机化和智能化。

非电量电测法涉及两个基本问题：一是怎样用传感器将非电量转换为电量；二是怎样对电量进行测量。因此，非电量电测法同传感器技术、电子测量技术是紧密联系、不可分割的。我们把传感器原理、非电量测量、电量测量这三部分内容合称为传感器与检测技术，简称感测技术。

当前，世界上正面临着一场新的技术革命，这场革命的主要基础就是信息技术。信息技术的发展给人类社会和国民经济的各个部门及各个领域带来了巨大的、广泛的、深刻的变化，并且正在改变着传统工业的生产方式，带动着传统产业和其他新兴产业的更新和变革，是当今人类社会发展的强大动力。

现代信息技术主要有三大支柱：一是信息的采集技术（感测技术），二是信息的传输技术（通信技术），三是信息的处理技术（计算机技术）。

所谓信息的采集，是指从自然界中、生产过程中或科学实验中获取人们需要的信息。信息的采集是通过感测技术实现的，因此感测技术实质上也就是信息采集技术。显而易见，在现代信息技术的三大环节中，"采集"是首要的基础的一环，没有"采集"到的信息，通信"传输"就是"无源之水"，计算机"处理"更是"无米之炊"。因此，可以说，感测技术是信息的源头技术。

众所周知，在工业生产中采用自动化技术是提高劳动生产率和经济效益最有效的措施。采用自动检测系统进行实时测量及分析产品性能，采用自动控制系统对产品加工过程进行实时控制，则是提高产品质量的现代化方法。可以说,一个国家的现代化水平是用自动化水平来衡量的,而在自动化技术中,现代感测技术同样有极其重要的地位和作用。

图 1-1-1(a)和图 1-1-1(b)是自动化检测系统和自动化控制系统的简化框图。将图 1-1-1(a)与图1-1-1(b)对比可见,自动化控制系统只不过在自动化检测系统中增加了一个"控制器"。因此可以认为现代感测技术是自动化检测系统和自动化控制系统公用的基础技术,从这个意义上说,现代感测技术也是自动化技术的重要支柱。

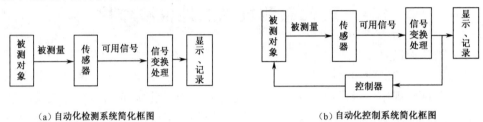

(a)自动化检测系统简化框图　　　　　　　　　(b)自动化控制系统简化框图

图 1-1-1　自动化检测与控制系统对比

除此之外,军事国防、航空航天、海洋开发、生物工程、医疗保健、商检质检、环境保护、安全防范、家用电器,等等,几乎每一个现代化项目都离不开感测技术。

1.2　传感器与敏感器

传感器是将非电量转换为与之有确定对应关系的电量的器件或装置,它本质上是非电系统与电系统之间的接口。在非电量测量中,传感器是必不可少的转换元件。

传感器一般都是根据物理学、化学、生物学的效应和规律设计而成的,因此大体上可分为物理型、化学型和生物型三大类。化学型传感器是利用电化学反应原理,把无机和有机化学物质的成分、浓度等转换为电信号的传感器。生物型传感器是利用生物活性物质选择性识别、测定生物和化学物质的传感器。这两类传感器广泛应用于化学工业、环保监测和医学诊断。因篇幅所限,本书不涉及化学型、生物型传感器,只介绍应用于工业测控技术领域的物理型传感器。

按构成原理,物理型传感器又可分为物性型传感器和结构型传感器。物性型传感器利用其转换元件的物理特性变化实现信号转换,例如热敏电阻、光敏电阻等。结构型传感器利用其转换元件的结构参数变化实现信号转换,例如变极距型电容式传感器、变气隙型电感式传感器等。

根据能量观点,物理型传感器又可分为能量转换型和能量控制型两类。前者将非电能量转换为电能量,不需要外电源,故又称为有源传感器,也称为换能器。压电式、磁电式传感器和热电偶等就属于这一类。另一类传感器需要外部电源供给能量,故又称为无源传感器。这类传感器本身不是一个换能器,被测非电量仅对传感器中的能量起控制或调节作用。电阻式、电感式和电容式传感器等阻抗型传感器都属于这一类。

按输出信号表示形式,物理型传感器又可分为模拟式和数字式两类。模拟式传感器又可分为阻抗型(输出量为阻抗)和电压型(输出量为电压)。

如果所要测量的非电量正好是某传感器能转换的那种非电量,而该传感器转换出来的电量又正好能为后面的显示、记录电路所利用(例如,热电偶测温度时产生的热电势可以驱动动圈式毫伏计),那么,只要由传感器和显示仪表便可构成一个非电量测量系统。这真是再简单不过的了。

然而,很多情况下,所要测量的非电量并不是我们持有的传感器所能转换的那种非电量,这就需要在传感器前面增加一个能把被测非电量转换为该传感器能够接收和转换的非电量(可用非电量)的装置或器件。这种能把被测非电量转换为可用非电量的器件或装置称为敏感器。如果把传感器称为变换器,那么敏感器则可称为预变换器。例如,用电阻应变片测压力时,就要将应变片粘贴到受压力的弹性元件上,弹性元件将压力转换为应变,应变片再将应变转换为电阻变化。这里应变片便是传感器,而弹性元件便是敏感器。敏感器与传感器虽然都是对被测非电量进行转换的,但敏感器把被测非电量转换为可用非电量,而不是像传感器那样把非电量转换成电量。

由于传感器的种类很多,敏感器的种类也很多,传感器和敏感器的组合方式更多,因此,一种非电量常常可以用多种电测方法来测量。尽管非电量的电测方法很多,但就其转换关系而言可以归纳为两大类:直接法和间接法。

直接法就是用传感器直接将被测非电量 x 转换为电量 y。直接法所使用的传感器的可用非电量必须正好是被测量,而且其输出电量 y 应是被测量 x 的单值函数,即

$$y=f(x) \tag{1-2-1}$$

直接法所使用的这种传感器,本书称之为直接传感器。

间接法就是先用敏感器将被测量 x 转换为传感器的可用非电量 z,再用传感器将可用非电量 z 转换为电量 y。设传感器的转换关系为

$$y=\varphi(z) \tag{1-2-2}$$

敏感器的转换关系为

$$z=\psi(x) \tag{1-2-3}$$

由敏感器与传感器组合成的非电量 x 的电测装置的转换关系便为复合函数

$$y=\varphi[\psi(x)]=f(x) \tag{1-2-4}$$

按照传感器的定义,这种敏感器与传感器的组合装置仍可称为传感器,但不是原来的非电量 z 的传感器,而是被测量 x 的传感器。因为其转换关系为复合函数,故本书称之为复合传感器或间接传感器。

传感器与被测对象的关联方式有接触式和非接触式两种。接触式的优点是将传感器与被测对象视为一体,传感器的标定无须在使用现场进行,缺点是传感器与被测对象接触会对被测对象的状态或特性不可避免地产生或多或少的影响。非接触式则没有这种影响,但是非接触式传感器的输出会受到被测对象与传感器之间介质或环境的影响,因此传感器标定必须在使用现场进行。

在很多情况下,传感器所转换得到的电量并不是后面的显示记录电路所能直接利用的。例如,电阻式应变传感器把应变转换为电阻变化,电阻虽然属于电量,但不能像热电偶产生的热电势那样被电压显示仪表所接受。这就需要用某种电路来对传感器转换出来的电量进行变换和处理,使之成为便于显示、记录、传输或处理的可用电信号。接在传感器后面具有这种功能的电路,我们称之为测量电路或传感器接口电路。例如,电阻应变片接入电桥,将电阻变化转换为电压变化,这里电桥便是电阻传感器常用的测量电路。

很多介绍传感器的书把上面所说的敏感器、直接传感器和测量电路分别称为敏感元件、传感元件(或转换元件)和转换电路,并把这三部分作为传感器的三个组成部分。本书为了突出共性,避免重复,把测量电路相近的传感器归并为一类,同时把各类传感器测量电路归并到内容相近的电量测量的有关章节。把敏感器和传感器应用按被测非电量分类后归并到非电量电测法的有关章节。

1.3 检测仪表与系统的组成原理

检测是人们借助专门的技术和设备,通过实验方法取得某一客观事物数量信息的过程。专门用于检测的仪表或系统称为检测仪表或检测系统,其基本任务是从检测对象获取被测量,并向测量者展示测量结果。因此,它至少应包括三个基本组成部分:感受被测量的传感器或敏感器、展示测量结果的显示器和联系二者的测量电路。普通的检测仪表就是由这三部分组成的。

目前,国内常规(常用)的检测仪表或系统按照终端部分的不同,可分为模拟式检测仪表、数字式检测仪表、微机化检测系统和总线式测控系统。

1. 模拟式检测仪表

无论是电量测量还是非电量电测量，早期都采用模拟方式显示和记录测量结果。模拟方式通常用指针式仪表显示被测量的大小。指针式仪表的"表头"即图1-3-1中的"模拟表头"，是一种能够在电流作用下，引起指针发生偏转的机构，该机构通常又称为"测量机构"。图1-3-1中的传感器用于把被测非电量转换为电量，这种电量通常要通过"测量电路"转换成表头电流，使表头指针偏转角 y 与被测量 x 有一一对应的关系。此对应关系可表示为

$$y = f(x) \tag{1-3-1}$$

通常希望指针式仪表的度盘为线性刻度，即 y 与 x 成线性正比关系

$$y = sx \tag{1-3-2}$$

式中，s 为灵敏度。

2. 数字式检测仪表

从20世纪50年代初数字电压表问世以来，许多传统的模拟式电测仪表已经或正在被数字式仪表所取代。数字式检测仪表如图1-3-2所示，它是在模拟式检测仪表的基础上发展起来的，即用"数字显示器"（如LED、LCD等）取代了"模拟表头"，直接显示被测量 x 的数值 N

$$N = \frac{x}{x_0} \tag{1-3-3}$$

式中，x_0 为被测量的计量单位。图1-3-2中的"测量电路"将传感器输出的电量转换成电压信号，"A/D转换器"将电压信号转换成数字信号，送"数字显示器"并显示出来。

图1-3-1　模拟式检测仪表　　　　　图1-3-2　数字式检测仪表

3. 微机化检测系统

微型计算机出现后，被迅速应用到检测领域，形成了一代崭新的自动化检测系统——微机化检测系统。现代典型的微机化检测系统组成框图可用图1-3-3表示。它是在数字式检测仪表的基础上发展起来的，即在"A/D转换器"之后接入微型计算机（通常采用单片微机）。在图1-3-2中，传感器用于把被测非电量转换为电量，测量电路用于把被测电量转换为可供A/D转换的模拟电信号，A/D转换器把模拟电信号转换为数字信号。单片微机对采集的数据进行处理，以供显示和记录（如果检测系统与控制系统相联系，单片微机处理后的数据还将送往控制器）。同时，单片微机也对整个测试过程进行控制，使检测过程按照操作人员的指令自动进行。

图1-3-1和图1-3-2中去掉传感器后便是一个普通的电量测量仪表，图1-3-3中去掉传感器后便是一个微机化电量测量系统，因此非电量测量仪表或系统与电量测量仪表或系统的区别仅在于有没有传感器，其余部分都是相同或相似的。自然界被测量的量，可分为电量和非电量两大类，非电量的种类比电量的种类多得多。因此在实际的检测工作中，大量的、常见的测量是非电量的测量，但是电量的测量是非电量测量的基础。

4. 总线式测控系统

典型的微机化检测系统，非电量的检测仪表和单片微机之间均采用一对一的物理连接，难以满足现场多节点的实时在线监测需求。现场总线是近年来发展起来的一种工业数据总线，解决了工业现场的智能化仪器仪表、控制器、执行机构等现场设备间的信息传递，满足了现场仪器仪表的在线监测需求，可实时掌握现场仪表的实际情况，也可实现与更高层次的控制系统的配接，组建总线式测控系统。总线式测控系统可以图1-3-4表示。总线式测控系统是以计算机为核心，以智能化仪表为主体，采用总线技术进行数据传输的测量控制系统。常用的现场总线主要有USB、RS-485、Modbus、CAN、PROFIBUS、EtherCAT和Ethernet等。

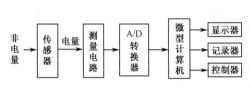

图 1-3-3 典型的微机化检测系统组成框图

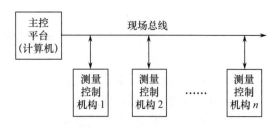

图 1-3-4 总线式测控系统示意图

1.4　本课程的研究内容及性质

从图 1-3-1～图 1-3-3 可见,传感器是非电量测量仪表或系统的第一道重要环节,要从事非电量测量工作,就必须了解传感器的工作原理。但是还要看到,传感器只是非电量测量仪表或系统的一部分,而不是全部。因此,不仅需要了解传感器,而且还需要了解检测仪表或系统的其他组成部分的工作原理。检测仪表或系统的其他组成部分的主要任务就是对传感器转换成的电量进行测量,并把测量结果显示出来。因此,非电量的测量与电量的测量是分不开的,与传感器是分不开的。把传感器和电量测量分列为两门独立的课程,容易造成课程内容间的脱节和重复。

本书将内容联系紧密的传感器技术、自动检测技术、电子测量技术等课程的主要内容有机地整合在一起,主要研究常见电量的测量方法、传感器的基本原理和常见非电量的电测法。

传感器技术包括"设计"和"应用"两个方面,但是"用"传感器的人比"做"传感器的人要多得多。对多数"用"传感器进行非电量测量的读者来说,没有必要去细究传感器内部结构的设计理论和制作工艺,而应该从"用"的角度,了解传感器工作的基本原理,掌握传感器与外部的连接即传感器前端的敏感器和后端的接口电路。这也正是作者编写本书传感器部分的基本指导思想,也是本书与其他传感器教材不同的特点。

一般来说,输出电量相同的传感器,测量电路也大体相近。本书不逐个介绍每一种传感器的测量电路,而是把测量电路相近的传感器归并为一类,同时把各类传感器测量电路归并到内容相近的电量测量的有关章节。这样编排既避免不必要的重复,又能使学生举一反三、触类旁通。

传感器的任务就是把非电量转换成电量。但是,实际工作中,要测量的非电量并不一定是手头现有传感器所能转换的非电量,此时,就应选用或设计适当的敏感器,把待测非电量转换成手头现有传感器所能转换的非电量。因此,一种传感器配接不同的敏感器后,就可以测量多种非电量。一种非电量也就可以用多种方法来测量。本书不是在讲完每一种传感器后就列举它的应用,而是把传感器的应用按被测量分类归并到非电量测量的相应章节。这样编排既便于学习掌握传感器的工作原理,又便于学习掌握各类非电量测量本身的基本理论和多种测量方法。

由于一种传感器可以测量多种非电量,而每一种非电量又有多种测量方法,因此,非电量检测仪器仪表的种类和型号有很多。如果把常见的各类检测仪器仪表"化整为零"地解剖开来,我们会发现它们的内部组成模块大多是相同的。如果把各个模块"化零为整"地组装起来,我们会发现它们的整机原理、总体设计思想也是大体相近的,都可用图 1-3-3 的简化框图表示。这就是说,不同应用领域常见的检测仪器或系统,虽然名称、型号、性能各不相同,但它们有很多共性,而且共性与个性相比,共性还是主要的。它们共同的理论基础和技术基础实质就是感测技术。各种不同的仪器仪表产品只不过是"共同基础"即感测技术与各应用领域的"特殊要求"相结合的产物。读者没有必要也没有那么多时间去学习一个个具体的仪器仪表产品,只要掌握了通用的感测技术,今后遇到具体的仪器仪表时,只需要了解一下该仪器仪表应用领域的特殊要求和某些专用电路,就能很快适应仪器仪表或检测系统的具体工作。

思考题与习题

1. 什么是感测技术？为什么说它是信息的源头技术？
2. 非电量电测法有哪些优越性？
3. 什么叫传感器？什么叫敏感器？二者有何异同？
4. 常见的检测仪表有哪几种类型？画出其框图,简述其工作原理。
5. 总线式测控系统有什么优势？常用的现场总线有哪些？

第1章思考题与习题解答

第 2 章　电流、电压的测量

2.1　电流的测量

2.1.1　电流表直接测量法

直接测量电流的方法通常是在被测电流的通路中串入适当量程的电流表,让被测电流的全部或一部分流过电流表,从电流表上直接读取被测电流值或被测电流分流值。

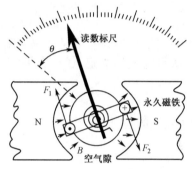

图 2-1-1　动圈式磁电系测量机构

1. 表头的工作原理

直流电流表的表头通常采用图 2-1-1 所示的动圈式磁电系测量机构。"动圈"(可以转动的线圈)是用具有绝缘层的细铜线绕制成的矩形框,长度为 L,宽度为 b,由弹性支承悬挂在永久磁铁产生的磁场中。目前应用较多的弹性支承是张丝支承,动圈旋转时,张丝被扭转而产生弹性力矩;另一种是轴尖-轴承支承,其弹性力矩靠游丝的卷曲产生。张丝或游丝同时还作为动圈电流的引入与引出线。

当动圈中流过电流 i 时,动圈的两个有效边 L 就要受到大小相等、方向相反的电磁力 F_1 和 F_2 的作用,如图 2-1-1 所示。

$$F_1 = F_2 = F = NBLi \qquad (2\text{-}1\text{-}1)$$

式中,B 为磁场的磁感应强度;N 为动圈的匝数。

永久磁铁的极靴形状,通常设计成使其磁力线在圆形气隙中处处都为径向(与动圈平面的夹角为 $0°$),因而使动圈在磁场中受到的电磁力矩为

$$M_c = bF = bNLBi = \Psi i \qquad (2\text{-}1\text{-}2)$$

式中,$\Psi = NLBb$ 表示穿过动圈面积的磁链。

动圈转动时,受到弹性支承作用的弹性力矩为

$$M_k = k\theta \qquad (2\text{-}1\text{-}3)$$

式中,k 为弹性支承的弹性系数;θ 为动圈的偏转角。

动圈转动时,受到与转动角速度成正比的阻尼力矩(转动体与周围接触介质的摩擦力矩或附加阻尼线圈的电磁阻尼力矩)

$$M_d = D\frac{\mathrm{d}\theta}{\mathrm{d}t} \qquad (2\text{-}1\text{-}4)$$

式中,D 为阻尼系数。

M_c 驱使动圈转动,而 M_d、M_k 则阻止动圈转动,因此根据转动定律有

$$M_c - M_k - M_d = J\frac{\mathrm{d}^2\theta}{\mathrm{d}t^2}$$

式中,J 为动圈和与其固定连接的动圈框架及笔尖或指针构成的惯性体的转动惯量;$\dfrac{\mathrm{d}^2\theta}{\mathrm{d}t^2}$ 为该惯性体的转动角加速度。

将 M_c、M_d、M_k 代入上式得

$$J\frac{\mathrm{d}^2\theta}{\mathrm{d}t^2}+D\frac{\mathrm{d}\theta}{\mathrm{d}t}+k\theta=\Psi i \tag{2-1-5}$$

这就是动圈式磁电系测量机构的动态方程。求解此微分方程,可得到该二阶线性系统的阶跃响应。由于欠阻尼情况下,阶跃响应呈衰减振荡状态,会使指针来回摆动,因此通常在测量机构中采取增大阻尼系数的措施以使指针尽快指向稳态值。

若流过线圈的电流为直流 I,在达到稳定之后,上式左边前两项均为零,于是有

$$\theta=\frac{\Psi I}{k}=S_0 I \tag{2-1-6}$$

式中,$S_0=\Psi/k$ 称为动圈测量机构的静态灵敏度,(2-1-6)式即为动圈式磁电系测量机构的静态方程。

2. 直流电流表

动圈式磁电系测量机构最基本的参数是:动圈内阻 R_g、动圈满偏电流(或满度电流)I_m 和动圈满偏电压 U_m,它们的关系是

$$U_m=I_m R_g \tag{2-1-7}$$

满偏电流 I_m 一般为几微安至几十微安。由于 R_g 较大,易对被测电路产生影响,而且被测电流通常比 I_m 大,因此,测量直流电流时,通常要在表头两端并联一个适当阻值的电阻,如图 2-1-2 所示。这个电阻 R_s 称为分流电阻(分流器),阻值的大小可用下式计算

$$R_s=R_g/(n-1) \tag{2-1-8}$$

式中,$n=I_M/I_m$,表示表头量程从 I_m 扩大到 I_M 的倍数。该直流电流表的内阻为

$$r=\frac{R_s\cdot R_g}{R_s+R_g}=\frac{R_g}{n}=\frac{R_g}{I_M/I_m} \tag{2-1-9}$$

由于并联分流电阻 R_s 通常远小于 R_g,因此电流表的内阻($r=R_g/n$)很小,可串联接入被测电路中,对被测电路影响不大。

由图 2-1-2 可见,表头并联分流电阻 R_s 后,被测电流 I 只有一小部分($1/n$)流过表头线圈,据(2-1-6)式和(2-1-8)式可得,直流电流表表头指针的偏转角 θ 与被测电流 I 的关系为

$$\theta=S_0 I_g=\frac{S_0}{n}I=\left(\frac{R_s}{R_g+R_s}\right)S_0 I$$

因此,θ 仍与被测直流电流 I 成线性正比关系,这就是直流电流表的工作原理。

多量程的电流表,即在表头两端并联上不同阻值的电阻,由转换开关接入电路,如图 2-1-3 所示。分流器有两种连接方法:独立分挡连接方式和闭路抽头连接方式。若开关接触不良,独立分挡式可能损坏表头,而闭路抽头式可避免损坏表头,因此,从保护表头的安全因素出发,多采用闭路抽头连接方式。若采用图 2-1-3(b)所示的闭路抽头连接方式,电流表有三挡量程:I_1、I_2、I_3,则分流电阻 R_1、R_2、R_3 满足如下关系式

$$I_1 R_1=I_g(R_1+R_2+R_3+R_g)$$
$$I_2(R_1+R_2)=I_g(R_1+R_2+R_3+R_g)$$
$$I_3(R_1+R_2+R_3)=I_g(R_1+R_2+R_3+R_g)$$

即   量程电流×量程分流电阻=表头满偏电流×环路总电阻 $\tag{2-1-10}$

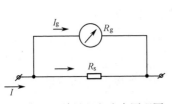

图 2-1-2 单量程电流表原理图

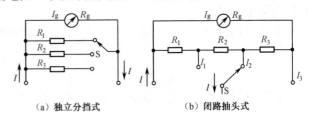

(a) 独立分挡式   (b) 闭路抽头式

图 2-1-3 多量程电流表原理图

使用多量程的电流表时,首先应使用最大的电流量程;然后减小量程,直到得到明显的偏转。为了提高测量的准确度,应使用给出的读数尽可能接近满刻度的量程。

3. 交流电流表

由于动圈式磁电系测量机构只能测量直流,因此测量交流电时,必须采取整流措施。对交流信号进行整流的方式有多种,最常见的是平均值整流和峰值整流。而万用表则普遍采用平均值整流方式。平均值整流又可分为半波整流和全波整流两种。将带有整流电路的表头电路并联各种数值的分流电阻,即构成多量程交流电流表。与直流电流表的测量线路类似,交流电流表中一般采用闭路抽头式分流电路,如图 2-1-4 所示。

图 2-1-4(a)为半波整流电路。图中与表头串联的二极管起半波整流作用,使流过表头的电流是单向脉动电流,与表头并联的二极管起保护作用,使与表头串联的整流二极管不会被反向电压击穿。

图 2-1-4(b)为全波整流电路。图中 4 个整流二极管组成桥式整流电路,在交流电压的一个周期内,表头中流过的是两个同方向的半波电流。如果外加的交流电压的数值相等,则在全波整流电路中,流过表头的电流要比半波整流电路大一倍。所以全波整流电路比半波整流电路有较高的灵敏度,或者说其整流效率要高一倍。

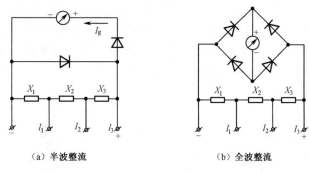

（a）半波整流　　　　　　　（b）全波整流

图 2-1-4　整流式交流电流表电路

二极管整流电路把交流电流整流成单向脉动电流送入表头。因为单向脉动电流中的波动成分被表头指针及线圈框架的机械惯性滤除,所以表头指针偏角大小与单向脉动电流的平均值成正比。表头的电流读数标尺经过标定,可直接读出被测正弦交流的有效值。

4. 测量误差

对于图 2-1-5(a)所示的电路,被测电流的实际值为

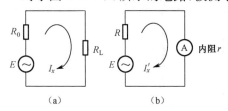

图 2-1-5　用电流表测量电流

$$I_x = \frac{E}{R_0 + R_L} = \frac{E}{R}$$

式中,R_0、R_L 分别为信号源内阻和负载电阻;$R = R_0 + R_L$,为电流回路电阻。

在图 2-1-5(a)电路中串接一个内阻为 r 的电流表,如图 2-1-5(b)所示,则流过电流表的电流即电流表读数值为

$$I'_x = \frac{E}{R + r} = \frac{I_x}{1 + \dfrac{r}{R}} \tag{2-1-11}$$

相对测量误差为

$$\delta = \frac{I'_x - I_x}{I_x} = -\frac{r}{R + r}$$

由(2-1-11)式可见,为使电流表读数值 I'_x 尽可能接近被测电流实际值 I_x,就要求电流表的内阻 r

尽可能接近于 0,也就是说,电流表内阻越小越好。

在串入电流表不方便或没有适当量程的电流表时,可以采取间接测量的方法,即把电流转换成电压、频率、磁场强度等物理量,直接测量转换量后,再根据该转换量与被测电流的对应关系求得电流值。下面介绍几种间接测量电流的转换方法。

2.1.2 电流-电压转换法

电流-电压转换方法可归纳为以下两种。

1. 取样电阻法

这种方法就是在被测电流回路中串入很小的标准电阻 r(称为取样电阻),将被测电流转换为被测电压 U_x,即

$$U_x = I'_x \cdot r \tag{2-1-12}$$

当满足条件 $r \ll R$ 时,由(2-1-11)式、(2-1-12)式可得

$$U_x = I_x \cdot r \tag{2-1-13}$$

或

$$I_x = \frac{U_x}{r} \tag{2-1-14}$$

若被测电流 I_x 很大,可以直接用高阻抗电压表测量标准电阻两端的电压 U_x;若被测电流 I_x 较小,应将 U_x 放大到接近电压表量程的适当值后再用电压表进行测量。为了减小 U_x 的测量误差,要求该放大电路应具有极高的输入阻抗和极低的输出阻抗,为此,一般采用电压串联负反馈放大电路,如图 2-1-6 所示。

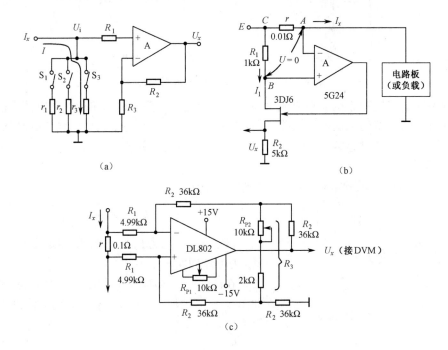

（a）　　　　　　　（b）

（c）

图 2-1-6　取样电阻法

图 2-1-6(a)中,开关 $S_1 \sim S_3$ 为量程开关。若放大倍数为 100,放大器输出接 5V 量程电压表,$r_1 = 10\Omega$,$r_2 = 1\Omega$,$r_3 = 0.1\Omega$,则该电路所测电流量程相应分为 5mA、50mA 和 500mA 三挡。

图 2-1-6(b)是一个测量负载上电流 I_x 的电路实例,通过测量结型场效应管源极跟随器的输出电压 U_x,可测得电源 E 在负载上产生的电流 I_x。

$$I_x = \frac{U_x \cdot R_1}{r \cdot R_2} \qquad (2\text{-}1\text{-}15)$$

图中 $R_1 = 1\mathrm{k}\Omega, R_2 = 5\mathrm{k}\Omega, r = 0.01\Omega$。若 U_x 接 5V 量程电压表,则可测负载电流 I_x 的最大值为 100A。

图 2-1-6(c)中,$R_1 \gg r$,电流-电压变换系数为

$$\frac{U_x}{I_x} = r \cdot \frac{2R_2}{R_1} \left(1 + \frac{R_2}{R_3}\right) = r \cdot K \qquad (2\text{-}1\text{-}16)$$

式中,K 为差动放大器的放大倍数,可用电位器 R_{P2} 调整。$r = 0.1\Omega$,当 $K = 100$ 时,电流-电压转换系数为 10V/A。

2. 反馈电阻法

这种方法就是在被测电流回路中串接一个电压并联负反馈运放电路(其输入阻抗和输出阻抗都极低),让被测电流流过反馈电阻,如图 2-1-7 所示。

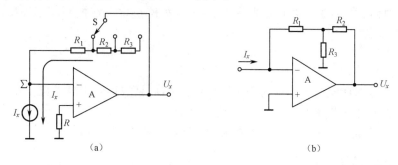

(a)　　　　　　　　　　　　(b)

图 2-1-7　反馈电阻法

图 2-1-7(a)中,S 为量程开关,$R_1 = 1\mathrm{k}\Omega, R_2 = 10\mathrm{k}\Omega, R_3 = 100\mathrm{k}\Omega$。若 U_x 接 5V 量程电压表,则该电路可测电流量程相应为 5mA、0.5mA、0.05mA 三挡。该电路中标准电阻 $R_1 \sim R_3$ 一般在 $10\Omega < R <$ 1MΩ 范围,当 $R < 10\Omega$ 时,布线电阻影响增大;当 $R > 1\mathrm{M}\Omega$ 时,难以保证精度。若被测电流 I_x 很小,例如将 $I_x = 10\mathrm{nA}$ 转换为 $U_x = 1\mathrm{V}$ 时,需 $R = 100\mathrm{M}\Omega$,精度难以保证。此时可选 $R = 1\mathrm{M}\Omega$,先将 10nA 转换成 10mV,再用一个电压增益为 100 的同相比例运算放大器将电压放大到 1V。

图 2-1-7(b)为采用 T 形反馈电阻网络的电流-电压转换器。电流-电压转换关系为

$$U_x = -I_x \left(R_1 + R_2 + \frac{R_1 R_2}{R_3}\right) \qquad (2\text{-}1\text{-}17)$$

电流-电压转换系数为

$$\frac{U_x}{I_x} = R_1 + R_2 + \frac{R_1 R_2}{R_3} \qquad (2\text{-}1\text{-}18)$$

将 $R_1 = 1\mathrm{M}\Omega$、$R_2 = 9.9\mathrm{k}\Omega$、$R_3 = 100\Omega$ 代入上式计算得

$$\frac{U_x}{I_x} = 100 \times 10^6 \,\mathrm{V/A} = 100\mathrm{mV/nA}$$

图 2-1-7(a)可视为图 2-1-7(b)在 $R_3 = \infty$ 时的情况。一般说来,取样电阻法比较适合测量较大的电流,而反馈电阻法比较适合测量小电流。

2.1.3　电流-频率转换法

用 7555 定时器组成电流-频率转换器,是一种比较简单的方案。将电路的阈值端(6 脚)、触发端(2 脚)和放电端(7 脚)全部连接在一起,并接上一个积分电容,利用输入电流对电容的充、放电,实现从电流到频率的转换。

如图 2-1-8 所示,输入电流对电容 C 充电使其电压上升,当达到阈值点时,输出即回到 0,同时

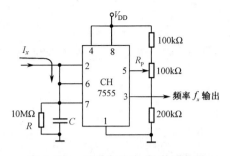

图 2-1-8　简单的电流-频率转换器

放电端对地短路,电容迅速放电。一旦电容的电压低于触发值,输出就重新变为高电平,放电端开路,电容重新充电,重复以上过程。

因放电端导通电阻很小,所以电容放电速度很快,并且几乎与输入电流无关,输出负脉冲宽度非常小。所以输出频率 f_x 主要取决于输入电流 I_x。电流越大,频率越高。电流-频率转换系数 K 为

$$K = \frac{f_x}{I_x} \approx \frac{3}{V_{DD}C} \qquad (2\text{-}1\text{-}19)$$

K 的单位是 Hz/μA,C 的单位是 μF。

该电路采用了高输入阻抗的 CMOS 电路,可得到很高的灵敏度。最高频率可达数十千赫。电压控制端(5 脚)接电位器 R_P,可以调整转换比。

电容 C 应选择低漏电的,其数值由要求的转换系数 K 决定。在控制端不外接电压的情况下,外接积分电容 C 应为

$$C = \frac{3}{V_{DD}K} \qquad (2\text{-}1\text{-}20)$$

电阻 R 作零点补偿,保证电流等于 0 时输出频率也为 0,而且波形处于高电位。在满足以上条件的前提下,R 应尽量取大一些,否则会影响小电流的灵敏度。

该电路可用于各种恒流源场合,对微电流(如光电流)检测尤为合适。

2.1.4　电流-磁场转换法

无论是用电流表直接测量电流还是用上述两种转换法间接测量电流,都需要切断电路接入测量装置。在不允许切断电路或被测电流太大的情况下,可采取通过测量电流所产生的磁场的方法来间接测得该电流的值。

霍尔钳形电流表就是依据霍尔效应,通过测量电流产生的磁场来间接测量电流的,其工作原理将在 6.4 节介绍。

除上述霍尔效应法外,还有如下几种方法。

1. 磁位计法

使被测电流的变化在磁位计里产生感应电动势,再由积分、放大、存储等环节组成电子测量设备,可测稳态及暂态大电流,测量范围为几百安培至几千安培,准确度可达 0.5%。

2. 磁光效应法

线性偏振光穿过在磁场作用下的介质时,其偏振方向会旋转,旋转角正比于磁场沿光线路径的线积分,利用这一原理可确定被测电流。这种方法适用于测高频大电流,因为只需将磁光物质置于被测电流附近即可,其他装置均可远离测量点,所以安全、方便。这种测量方法的频率响应好,可用于高频大电流的测量,但准确度不高,一般仅达 1%～5%。

3. 核磁共振法

把被测直流转换成磁感应强度再转换为核磁共振频率,测量装置可直接用数字频率表读数。目前已有准确度达 0.05%、可测 75kA 直流大电流的装置。

2.1.5　电流互感器法

除上述方法外,采用电流互感器法也可以在不切断电路的情况下测得电路中的电流。

电流互感器的结构如图 2-1-9 所示,它是在磁环(或铁心)上绕一对线圈而构成的。假设被测

电流(原边电流)为 i_1，原边匝数为 N_1，副边匝数为 N_2，则副边电流为

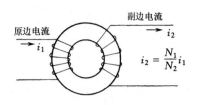

图 2-1-9　电流互感器的结构

$$i_2 = i_1(N_1/N_2) \qquad (2\text{-}1\text{-}21)$$

可见，只要测得副边电流 i_2，就可得知被测电流（原边电流）i_1 的大小。

由于电流互感器的副边匝数远大于原边匝数，使用时副边绝对不允许开路。否则会使原边电流完全变成激磁电流，铁心达到高度饱和状态，使铁心严重发热并在副边产生很高的电压，引起电流互感器的热破坏和电击穿，对人身及设备造成伤害。此外，为了人身安全，电流互感器的副边必须可靠接地（安全接地）。

电流互感器输出的是电流，测量时，电流互感器副边接一电阻 r，从 r 上取得电压接到放大器或交-直流变换器上，r 的大小由电流互感器的容量伏安值决定（一般常用电流互感器为 10VA 或 5VA），r 上的输出电压 U_o 为

$$U_o = i_2 \cdot r = i_1 r(N_1/N_2) \qquad (2\text{-}1\text{-}22)$$

图 2-1-10 为电流互感器 CTL6P 采用的两种电流-电压转换电路，其中图 2-1-10（a）采用取样电阻法，图中采用反相放大；要求 $R_1 \gg r$，也可采用同相放大；图 2-1-10（b）采用反馈电阻法。

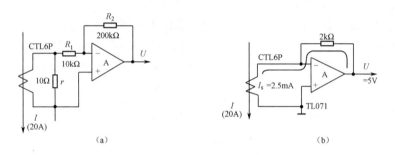

图 2-1-10　电流互感器的电流-电压转换电路

2.2　电压的测量

电量测量中的很多电参数，包括电流、功率、信号的调幅度、设备的灵敏度等都可以视作电压的派生量，通过电压测量获得其量值。在非电量的测量中，也多利用各类传感器和测量电路将非电量转换为电压参数。电压测量时，表头并接在被测电路上比电流测量时表头串接在被测电路中要直接方便。因此，无论是在电子电路和设备的测量调试中，还是在非电量转换为电量的电测量过程中，电压测量都是不可缺少的基本测量。

电压的测量可分为模拟和数字两种方法。前者采用指针式表头显示测量结果，后者采用数字显示器显示测量结果。两者的区别仅在于后者用 A/D 转换器和数字显示器取代了前者的指针式表头。其余部分的工作原理两者基本相同。模拟式电压表的优点是结构简单、价格便宜，测量频率范围较宽；缺点是准确度、分辨率较低，不便于与计算机组成自动测试系统。数字式电压表则正好相反。

2.2.1　直流电压的测量

1. 普通直流电压表

普通直流电压表和普通直流电流表一样，通常都是采用图 2-1-1 所示的动圈式磁电系测量机构作为表头，只不过普通直流电流表是给表头并联适当的分流电阻构成的，如图 2-1-3 所示；而普

通直流电压表则是给表头串联适当的分压电阻构成的,如图 2-2-1 所示。因此,普通直流电压表也称为动圈式直流电压表,它与动圈式直流电流表的工作原理本质上是相同的,(2-1-6)式对二者都适用。

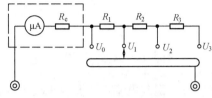

图 2-2-1 普通直流电压表电路

设表头的满偏电流为 I_m,表头本身内阻为 R_e,由(2-1-6)式可知,表头串联电阻 R_n 后,构成的普通直流电压表的表头指针偏转角 θ 与普通直流电压表两端所加的被测电压 U 的关系为

$$\theta = \frac{S_0 U}{(R_e + R_n)} = SU \qquad (2\text{-}2\text{-}1)$$

式中,$S = \dfrac{S_0}{R_e + R_n}$。可见,$\theta$ 与被测直流电压 U 成线性正比关系,这就是直流电压表的工作原理。

普通直流电压表的满偏电压,即量程为

$$U_m = I_m(R_e + R_n) \qquad (2\text{-}2\text{-}2)$$

普通直流电压表的内阻为

$$R_v = R_e + R_n = \frac{U_m}{I_m} \qquad (2\text{-}2\text{-}3)$$

由于通常电压表的表头串联电阻 $R_n \gg R_e$,所以电压表的内阻都比较大。

图 2-2-1 中表头串接三个电阻后,除最小电压量程 $U_0 = I_m R_e$ 外,又增加了 U_1、U_2、U_3 三个量程,根据所需扩展的量程,不难估算出三个量程扩展电阻的阻值分别为

$$R_1 = (U_1/I_m) - R_e$$
$$R_2 = (U_2 - U_1)/I_m$$
$$R_3 = (U_3 - U_2)/I_m$$

通常把内阻 R_v 与量程 U_m 之比(每伏欧姆(Ω/V)数)定义为电压表的电压灵敏度,即

$$K_v = \frac{R_v}{U_m} = \frac{1}{I_m} \qquad (\Omega/V) \qquad (2\text{-}2\text{-}4)$$

"Ω/V"数越大,表明为使指针偏转同样角度所需的驱动电流越小。"Ω/V"数一般标注在磁电式电压表的表盘上,可依据它推算出不同量程时的电压表内阻,即

$$R_v = K_v \cdot U_m \qquad (2\text{-}2\text{-}5)$$

例如,某电压表的"Ω/V"数为 $20k\Omega/V$,则 5V 量程和 25V 量程时的内阻分别为 $100k\Omega$ 和 $500k\Omega$。

动圈式直流电压表的结构简单,使用方便,误差除来源于读数误差外,主要取决于表头本身和量程扩展电阻的准确度,一般在 $\pm1\%$ 左右,精密电压表可达 $\pm0.1\%$。其主要缺点是灵敏度不高和输入电阻小。在量程较低时,输入电阻更小,其负载效应对被测电路工作状态及测量结果的影响不可忽略。

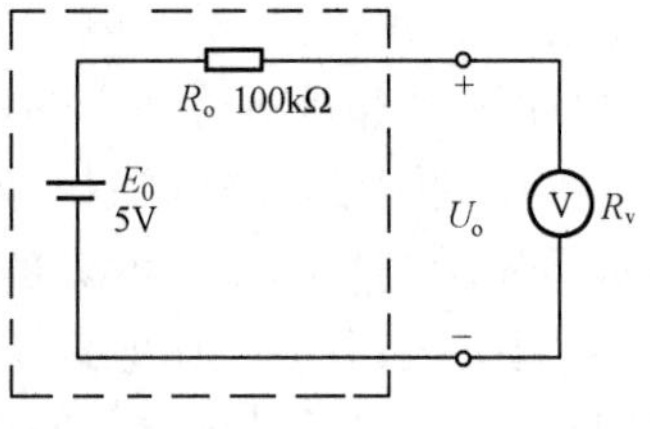

图 2-2-2 表示用普通直流电压表测量高输出电阻电路的直流电压。设被测电路输出电阻为 R_0,被测电压实际值为 E_0,电压表内阻为 R_v,则电压表读数值为

图 2-2-2 用普通直流电压表测量高输出电阻电路的直流电压

$$U_0 = \frac{E_0}{R_0 + R_v} R_v = \frac{E_0}{R_0 + R_v} \frac{U_m}{I_m} \qquad (2\text{-}2\text{-}6)$$

读数相对误差为

$$\gamma = \frac{U_o - E_0}{E_0} = -\frac{R_o}{R_o + R_v} \tag{2-2-7}$$

由(2-2-3)式、(2-2-7)式可见,低压挡时,R_v 越小,对测量结果影响越大。为了消除这一影响,可使用两个不同量程挡 U_1、U_2 进行测量。将电压表的两次读数值 U_{o1}、U_{o2} 代入下式,计算得被测电压的近似值为

$$E_0 \approx \frac{(K-1)}{K - \dfrac{U_{o2}}{U_{o1}}} U_{o2} \tag{2-2-8}$$

式中
$$K = \frac{U_2}{U_1}$$

例如图 2-2-2 中,电压表的"Ω/V"数为 20kΩ/V,先后用 5V 量程和 25V 量程测量端电压 U_o,读数值分别为 2.50V 和 4.17V,代入上式计算得 $E_0 = 5.01V$。

虽然采用上述办法可消除 R_v 对测量结果的影响,但是比较麻烦。在工程测量中,为了满足测量准确度的要求,最常用的办法是采用直流电子电压表进行测量。

2. 直流电子电压表

直流电子电压表通常是由磁电式表头加装跟随器(以提高输入阻抗)和直流放大器(以提高测量灵敏度)构成,当需要测量高直流电压时,输入端接入由高阻值电阻构成的分压电路。直流电子电压表组成框图如图 2-2-3 所示。

图 2-2-4 是 MF-65 集成运放型电子电压表的原理图。在理想运放情况下,有

$$I_o = \frac{U_i}{R_F} = \frac{KU_x}{R_F} \tag{2-2-9}$$

式中,K 为分压器和跟随器的电压传输系数。

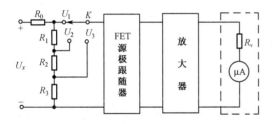 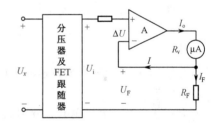

图 2-2-3　直流电子电压表组成框图　　　　2-2-4　集成运放型电子电压表原理

若电流表的满偏电流为 I_m,则由上式可得该直流电子电压表的量程为

$$U_m = \frac{I_m R_F}{K} \tag{2-2-10}$$

为保证该电压表的准确度,各分压电阻和反馈电阻 R_F 都要使用精密电阻。

在上述使用放大器的电子电压表中,放大器的零点漂移限制了电压灵敏度的提高。为此,电子电压表中常采用斩波式放大器或称调制式放大器以抑制零点漂移,可使电子电压表能测量微伏级的电压。

3. 直流数字电压表

将图 2-2-3 中磁电式表头(虚线框内部分)用 A/D 转换器及与之相连的数字显示器代替,即构成直流数字电压表,如图 2-2-5 所示。图中 A/D 转换器把直流电压转换成相应的数字量,送往数字显示器显示出来。2.4.2 节将对此进行较详细的讨论。

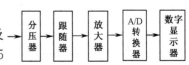

图 2-2-5　直流数字电压表

2.2.2 交流电压的测量

1. 交流电压的表征

交流电压可以用峰值、平均值、有效值、波形系数及波峰系数来表征。

（1）峰值

周期性交流电压 $u(t)$ 在一个周期内偏离零电平的最大值称为峰值，用 U_p 表示，正、负峰值不等时分别用 U_{p+} 和 U_{p-} 表示，如图 2-2-6(a) 所示。$u(t)$ 在一个周期内偏离直流分量 U_0 的最大值称为幅值或振幅，用 U_m 表示，正、负幅值不等时分别用 U_{m+} 和 U_{m-} 表示，如图 2-2-6(b) 所示，图中 $U_0=0$，且正、负幅值相等。

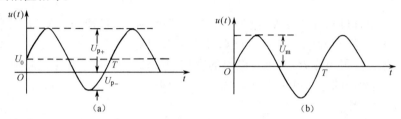

图 2-2-6　交流电压的峰值和幅值

（2）平均值

$u(t)$ 的平均值 $\overline{U}$ 的数学定义为

$$\overline{U} = \frac{1}{T}\int_0^T u(t)\,\mathrm{d}t \tag{2-2-11}$$

按照这个定义，$\overline{U}$ 实质上就是被测电压的直流分量 U_0，如图 2-2-6(a) 中虚线所示。

在电子测量中，平均值通常指交流电压检波（也称整流）以后的平均值，又可分为半波整流平均值和全波整流平均值。全波整流平均值定义为

$$\overline{U} = \frac{1}{T}\int_0^T |\,u(t)\,|\,\mathrm{d}t \tag{2-2-12}$$

若不另加说明，平均值通常指全波整流平均值。

（3）有效值

一个交流电压和一个直流电压分别加在同一电阻上，若它们产生的热量相等，则交流电压有效值 U（或 U_{rms}）等于该直流电压，可表示为

$$\int_0^T \frac{u^2(t)}{R}\mathrm{d}t = \frac{U^2}{R}T \quad 即 \quad U = \sqrt{\frac{1}{T}\int_0^T u^2(t)\,\mathrm{d}t} \tag{2-2-13}$$

（4）波形系数、波峰系数

交流电压的波形系数 K_F 定义为该电压的有效值与平均值之比

$$K_F = \frac{U}{\overline{U}} \tag{2-2-14}$$

交流电压的波峰系数定义为该电压的峰值与有效值之比

$$K_p = \frac{U_p}{U} \tag{2-2-15}$$

不同的电压波形，其 K_F、K_p 值不同，表 2-2-1 列出了几种常见电压的有关参数。

表 2-2-1 不同波形交流电压的参数

名 称	波 形 图	波形系数 K_F	波峰系数 K_p	有效值 U	平均值 $\overline{U}$
正弦波		1.11	1.414	$\dfrac{A}{\sqrt{2}}$	$\dfrac{2A}{\pi}$
半波整流		1.57	2	$\dfrac{A}{2}$	$\dfrac{A}{\pi}$
全波整流		1.11	1.414	$\dfrac{A}{\sqrt{2}}$	$\dfrac{2A}{\pi}$
三角波		1.15	1.73	$\dfrac{A}{\sqrt{3}}$	$\dfrac{A}{2}$
方 波		1	1	A	A
锯齿波		1.15	1.73	$\dfrac{A}{\sqrt{3}}$	$\dfrac{A}{2}$
脉冲波		$\sqrt{\dfrac{T}{t_k}}$	$\sqrt{\dfrac{T}{t_k}}$	$\sqrt{\dfrac{t_k}{T}}A$	$\dfrac{t_k}{T}A$
白噪声		1.25	3	$\dfrac{1}{3}A$	$\dfrac{1}{3.75}A$

虽然电压量值可以用峰值、有效值和平均值表征,但基于功率的概念,国际上一直以有效值作为交流电压的表征量。例如电压表,除特殊情况外,几乎都按正弦波的有效值来确定。当用以正弦波的有效值定度的交流电压表测量电压时,如果被测电压是正弦波,那么由表 2-2-1 很容易从电压表读数(有效值)得知它的峰值和平均值;如果被测电压是非正弦波,那就需要根据电压表读数和电压表所采用的检波方法进行必要的波形换算,才能得到有关参数。

2. 交流电压的测量方法

测量交流电压的方法很多,依据的原理也不同,其中最主要的是利用交流/直流(AC/DC)转换电路将交流电压转换成直流电压,然后接到直流电压表上进行测量。根据 AC/DC 转换器的类型,可分为检波法和热电转换法。根据检波特性的不同,检波法又可分成平均值检波、峰值检波、有效值检波等。

按照 AC/DC 转换的先后不同,模拟式交流电压表大致可分成下面三种类型。

(1)检波-放大式

图 2-2-7(a)为检波-放大式电压表的组成框图,它是将被测电压先检波变成直流电流,然后用直流放大器放大,放大后的直流电流去驱动电流表偏转。这种类型的特点是"先检波后放大",故测量电压的频率范围只取决于检波器的频率(一般在 20 Hz 至数百 MHz),通常所称"高频电压表"或"超高频电压表"都属于这一类型。早期的检波-放大式电压表,其灵敏度不高,一般约为 0.1 V,主

要受直流放大器增益的限制。目前,采用调制式直流放大器,可把检波-放大式电压表的灵敏度提高到 mV 级。进一步提高灵敏度将受到检波器件的非线性限制。

图 2-2-7 交流电压表类型

（2）放大-检波式

放大-检波式电压表的方框图见图 2-2-7(b),被测电压先用宽带放大器放大,然后检波。一般所谓"宽频毫伏表"基本上属于这种类型。这种电压表的频率范围主要受宽带放大器带宽的限制,而灵敏度受放大器内部噪声的限制,一般可做到 mV 级,典型的频率范围为 20Hz~10MHz,故又称"视频毫伏表"。

（3）外差式

正如前述,检波-放大式电压表的灵敏度由于非线性等原因而受到限制。对放大-检波式电压表,由于宽带放大器增益和带宽的矛盾,也很难把频率上限提得很高,同时,灵敏度也将受到仪器内部噪声和外部干扰的限制。

利用外差测量方法可以解决上述矛盾。由图 2-2-8 可见,被测信号通过输入电路(包括输入衰减器及高频放大器),在混频器中与本机振荡器(本振)频率 f_L 混频,输出中频(f_L-f_x)信号,用中频放大器选择并放大,然后检波,并用表头指示。

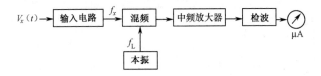

图 2-2-8 外差式交流电压表

外差测量法的特点是中频固定不变,可改变本振频率 f_L 来跟踪信号频率 f_x,以保持 f_L-f_x 不变。

由于中频放大器具有良好的频率选择性,而且中频是固定的,这样就解决了放大器增益与带宽的矛盾。同时,由于中频放大器的带通滤波器可以做得很窄,从而有可能在高增益条件下,大大削弱内部噪声的影响。外差式电压表具有非常高的灵敏度(μV 级)和选择性,目前常用的高频微伏表、选频电平表及测量接收机都属于这一类型。

3. 低频交流电压的测量

通常把测量低频(1MHz 以下)信号电压的电压表称作交流毫伏表。这类电压表一般采用放大-检波式,检波器多为平均值检波器或有效值检波器,分别构成平均值电压表或有效值电压表。

平均值电压表中的检波器是平均值检波器,电压表的读数与被测电压的平均值成正比。但是,平均值电压表的表头却不是按平均值定度的,而是按正弦波的有效值定度的。这就是说,一个有效值为 U 的正弦电压加到平均值电压表上时,平均值电压表的指示值也为 U 而不是 $\overline{U}$。由(2-2-14)式可知,只有将指示值 U 除以正弦波的波形系数 $K_F=1.11$,才能求得被测正弦电压的平均值 $\overline{U}$。

由于表头是按正弦波的有效值定度的,因此表头指示值并不适用于被测电压为非正弦电压的情况。当用平均值电压表测量非正弦电压时,应先将读数值 U_a 除以正弦波的波形系数 $K_F=1.11$,折算成正弦电压的平均值。由于平均值电压表的读数只与被测电压的平均值有关,与其波形无关,所以正弦波形与非正弦波形的指示值相等,就意味着两者的平均值也相等。折算出的正弦电压的平均值也就是被测非正弦电压的平均值,将此平均值乘以被测电压的波形系数 K_F,即求得被测非正弦电压的有效值 $U_{x\,\mathrm{rms}}$。因此,波形换算公式为

$$U_{x\,rms}=\frac{U_a K_F}{1.11}=0.9K_F U_a \qquad (2\text{-}2\text{-}16)$$

显然,如果被测电压不是正弦波,直接将电压表指示值作为被测电压的有效值,必将带来较大的误差,通常称作"波形误差",由(2-2-16)式可得,波形误差计算公式为

$$\gamma=\frac{U_a-0.9K_F U_a}{U_a}\times 100\%=(1-0.9K_F)\times 100\% \qquad (2\text{-}2\text{-}17)$$

用平均值电压表测量交流电压,除波形误差外,还有电压表本身的误差、检波二极管的老化及超过频率范围所造成的误差等。

4. 高频交流电压的测量

高频交流电压的测量不采用放大-检波式(以避免高频测量受放大器通频带的限制)而采用检波-放大式或外差式电压表来测量。最常用的检波-放大式高频电压表把高频二极管构成的峰值检波器放置在屏蔽良好的探头(探极)内,用探头探针直接接触被测点,把被测高频信号首先变成直流电压,这样可大大减少分布参数的影响和信号传输损失。

采用峰值检波器的电压表,称为峰值电压表。像平均值电压表一样,峰值电压表也是按正弦电压的有效值定度的。这就是说,一个有效值为 U 的正弦电压加到峰值电压表上时,峰值电压表的指示值也为 U 而不是 U_p。据(2-2-15)式可知,只有将指示值 U_a 乘以正弦电压的波峰系数 $K_p=\sqrt{2}$ 才能求得被测正弦电压的峰值 U_p,即

$$U_p=\sqrt{2}U_a \qquad (2\text{-}2\text{-}18)$$

如果被测电压为非正弦电压,峰值电压表读数也为 U_a,那就意味着该被测非正弦电压的峰值也为 $U_p=\sqrt{2}U_a$。根据(2-2-15)式,该被测非正弦电压的有效值 $U_{x\,rms}$ 等于其峰值 U_p 除以其波峰系数 K_p,因此非正弦电压的波形换算公式为

$$U_{x\,rms}=\frac{U_p}{K_p}=\frac{\sqrt{2}}{K_p}U_a \qquad (2\text{-}2\text{-}19)$$

2.3 基于直流电压测量的检测仪表

2.3.1 基于直流电压模拟测量的检测仪表

由(2-1-6)式可见,动圈式磁电系测量机构把通过线圈的直流电流 I 转换成指针偏转角 θ,而且指针偏转角与线圈的直流电流成线性正比关系。在实际的检测工作中,常常把这种动圈式磁电系测量机构作为"模拟表头",配接适当的传感器(将被测非电量转换成电量)和测量电路(将电量转换成加到表头线圈的直流电压),如图1-3-1所示。这种基于直流电压模拟测量的检测仪表通常称为模拟式检测仪表。例如人们常用的模拟式万用表,它的表头就采用这种动圈式磁电系测量机构,通过切换开关,更换不同的测量电路,便可测量电流、电压、电阻等多种电量。同理,只要精心设计,也可以通过切换开关,更换不同的传感器和测量电路,利用同一块表头,测量不同的非电量。

为了便于从表头上直接读出被测量的大小,通常表头的刻度盘不按照电流刻度,而按照被测量的度量单位刻度。正像指针式万用表的刻度那样,模拟式检测仪表的"表头"刻度有线性刻度和非线性刻度两种类型。

1. 线性刻度

如果组成检测仪表的各个环节都具有线性的输入/输出特性,那么,该检测仪表的表头指针偏转角与被测非电量成线性关系。在这种情况下,仪表的表头刻度就可采用线性刻度。

设传感器及测量电路将被测非电量转换为直流电压 U_i,U_i 与被测量 x 成线性正比关系

$$U_i = xS_x \tag{2-3-1}$$

式中，S_x 为传感器及测量电路的转换系数。U_i 被测量电路放大 K 倍后送到图 2-2-1 所示的直流电压表电路，测量电路开路输出电压为

$$U_x = U_i K = xS_x K \tag{2-3-2}$$

设测量电路的输出电阻为 R_0，模拟表头线圈的内阻为 R_g，线圈串联电阻为 R_n，一般 $R_0 \ll (R_g + R_n)$，故流过直流电压表模拟表头线圈的直流电流为

$$I_g = \frac{U_x}{R_g + R_n + R_0} \approx \frac{U_x}{R_g + R_n} \tag{2-3-3}$$

将 (2-3-2) 式和 (2-3-3) 式代入 (2-1-6) 式得表头指针偏转角为

$$\theta = S_0 I_g = \frac{S_0 S_x K}{R_g + R_n} \cdot x \tag{2-3-4}$$

可见，表头指针偏转角与被测非电量成线性正比关系。因此表头的刻度盘可以采用线性刻度。刻度方程为

$$\theta = xS \tag{2-3-5}$$

式中，S 为检测仪表的总灵敏度

$$S = \frac{S_0 S_x K}{R_g + R_n} \tag{2-3-6}$$

由 (2-3-5) 式可见，由于指针偏转角 θ 与被测量 x 成线性正比关系，因此，仪表刻度可采用线性刻度，仪表的标定只需标定两个或三个点：先给仪表输入标准的被测量 $x = 0$，在指针所指处 ($\theta = 0$) 的表盘上即指针零偏转处刻上 $x = 0$，再给仪表输入标准的被测量 $x_{\max}$，在指针所指处 ($\theta = \theta_{\max}$) 的表盘上即指针满偏转处刻上 $x_{\max}$，在刻度盘中央 ($\theta = \theta_{\max}/2$) 刻上 $x_{\max}/2$，整个表盘按等间隔均匀刻度即可。对于双极性被测量 x，给仪表输入标准的被测量 $x = 0$，指针零偏转 ($\theta = 0$) 处应在刻度盘中央，并刻上 $x = 0$；给仪表输入标准的被测量 $+x_{\max}$、$-x_{\max}$，指针正、负满偏转处应在刻度盘两端，分别刻上 $+x_{\max}$、$-x_{\max}$，整个表盘按等间隔均匀刻度即可。

当 $x = 0$ 时，$\theta = 0$，表头线圈不偏转，指针指向零刻度。当指针偏转到刻度盘的最大刻度处即 $\theta = \theta_{\max}$ 时，流过动圈的电流达到满偏值 $I_g = I_m$，代入 (2-3-4) 式可得，该线性检测仪表的量程上限值为

$$x_{\max} = \frac{I_m (R_g + R_n)}{KS_x} \tag{2-3-7}$$

由上式可见，改变放大倍数 K 或线圈串联电阻 R_n，都可改变检测仪表的量程。通常，检测仪表都设置多个量程，采用切换开关接入不同的放大器增益电阻来实现量程切换。为了使表盘刻度能适用不同量程，通常应让量程按十倍率变化，例如把量程分为 ×1、×10、×100 等几挡。

为提高模拟式测量仪表的读数精度，在测量时通常应使表头指针偏转在 1/2 满度至接近满度的区域。当表头指针偏转小于 1/2 满度时，应改用小一挡量程；当表头指针偏转大于满度时，应改用大一挡量程。

2. 非线性刻度

如果检测仪表中使用的传感器存在非线性，而测量电路中又没有加入非线性校正电路，那么测量电路输出电压 U_x 与被测量 x 就不可能成线性正比关系，而是成非线性函数关系

$$U_x = f(x) \tag{2-3-8}$$

将上式代入 (2-3-3) 式和 (2-1-6) 式得

$$\theta = \frac{S_0}{R_g + R_n} f(x) \tag{2-3-9}$$

上式表明仪表指针偏转角 θ 与被测量 x 也是非线性函数关系，因此，仪表刻度盘不能按线性刻

度,而应按(2-3-9)式非线性地刻度。由于 $f(x)$ 通常写不出准确的表达式,所以要对仪表进行多点标定,一般是在测量范围内选定几个标准输入量(被测量)$x_i(i=1,2,\cdots,n)$,在刻度盘上对应于 x_i 产生的指针偏转角 θ_i 处刻线并标上 x_i 的值。由于 θ 与 x 是非线性关系,所以不能像线性刻度那样采取三点标定法,标定点 n 越多,刻度越精密。

如果 $f(x)$ 的非线性不太严重,也可以按一条最佳的拟合直线进行刻度,但实际的 θ 与 x 的函数关系曲线与选定的拟合直线之间仍存在一定的差距,该差距也就是仪表的非线性误差。非线性误差应不超过设计要求的允许值。

2.3.2 基于直流电压数字测量的检测仪表

在图 2-2-5 所示直流数字电压表前端配接适当的转换电路,将被测参数转换成直流电压,就可构成该被测参数的数字检测仪表。在这种基于直流电压数字测量的检测仪表中,核心部件就是A/D转换器及与之相连的数字显示器,通常称为"数字表头"。与模拟式万用表的原理一样,只要精心设计,通过切换开关,更换不同的测量电路,就可利用这种数字表头构成数字式万用表。同理,只要精心设计,通过切换开关,更换不同的传感器和测量电路,将被测参数转换成直流电压,就可利用这种数字表头,测量不同的非电量。这正是很多用于非电量测量的数字式仪表的工作原理。

直流电压数字测量的检测仪表基本上由传感器、测量电路、数字表头(A/D 转换器及数字显示器)三部分构成,如图 1-3-2 所示。

1. 数字表头电路

(1) A/D 转换器

A/D 转换器是将直流电压转换成相应数码的装置。若输出数码为 n 位二进制数码 $d_1d_2d_3\cdots d_n$(不含符号位)或十进制数 D_x,则输入直流电压 U_x 与输出数码的转换关系为

$$U_x \approx U_q = E\sum_{i=1}^{n} d_i \cdot 2^{-i} = q\sum_{i=1}^{n} d_i \cdot 2^{n-i} = q \cdot D_x \qquad (2\text{-}3\text{-}10)$$

式中,U_q 为与 U_x 最接近的量化电平;E 为 A/D 转换器的基准电压(应与 U_x 极性相同),即满量程输入电压;q 为 A/D 转换器的量化电平

$$q = \frac{E}{D_{FS}} = \frac{E}{2^n-1} \approx \frac{E}{2^n} \qquad (2\text{-}3\text{-}11)$$

式中,D_{FS} 为 A/D 转换器满量程输出数字。

U_q 与 U_x 之差称为 A/D 转换器的量化误差,即

$$\varepsilon = |U_x - U_q| \leqslant q$$

A/D 转换器输出二进制数码 $d_1d_2d_3\cdots d_n$(不含符号位)或十进制数 D_x,二者转换关系为

$$D_x = \frac{U_q}{q} \approx \frac{U_x}{E/D_{FS}} = \sum_{i=1}^{n} d_i \cdot 2^{n-i} \qquad (2\text{-}3\text{-}12)$$

A/D 转换器的位数不仅决定采样电路所能转换的模拟电压动态范围,很大程度上也影响采样电路的转换精度。因此,应根据对采样电路转换范围与转换精度两个方面的要求选择 A/D 转换器的位数 n,即

$$n \geqslant \frac{L}{6} \quad \text{且} \quad \frac{10}{2^{n+1}} \leqslant \delta \qquad (2\text{-}3\text{-}13)$$

式中,L 为测量范围上限与下限之比的分贝数;δ 为所要求的检测系统的测量精度。不同类型的A/D 转换器,位数也不一样,并行比较型一般为 $6\sim 8$ 位,属低分辨率的;逐次逼近和双积分型一般为 $12\sim 16$ 位,属中分辨率的;Σ-Δ 型一般为 16 位以上,属高分辨率的。

(2) A/D 转换器与数字显示器的连接

单片双积分型 A/D 转换器配接 LED 或 LCD 显示器,可以将直流电压转换成数字并在显示器

上显示出来。因此,把 A/D 与 LED(或 LCD)组成的 A/D 转换式数字表头电路称为数字电压表电路或 DVM(Digital Voltmeter) 电路。

① 由 LED 构成的 DVM。这类 LED 显示的数字电压表有两种组成结构:一种是采用可直接驱动 LED 显示器的集成双积分型 A/D 转换器,如 ICL7107、ICL7117,与共阳极 LED 显示器直接相连;另一种是采用输出为 BCD 码动态扫描方式的集成双积分型 A/D 转换器,如 MC14433、ICL7135,通过 BCD-7 段译码/驱动器与 LED 显示器相连。

② 由 LCD 构成的 DVM。这类 LCD 显示的数字电压表也有两种组成结构:一种是采用可直接驱动 LCD 显示器的集成双积分型 A/D 转换器,如 ICL7106、ICL7116、ICL7126、ICL7136,与 LCD 显示器直接相连;另一种是采用输出为 BCD 码动态扫描方式的集成双积分型 A/D 转换器,如 MC14433、ICL7135,通过锁存/译码器与 LCD 显示器相连。

2. 数字式检测仪表的标度变换

数字式检测仪表就是以数据形式显示测量结果的检测仪表。测量数据包括测量数字和测量单位两部分,二者缺一不可。只有数字,没有单位,这样的数字只有相对意义而没有绝对意义。因此,被测量 X 总以其测量数字 N 和测量单位 x_1 来表示,即

$$X = x_1 N \tag{2-3-14}$$

测量单位 x_1 就是 $N = 1$ 所对应的被测量 X。例如,压力数字的单位是 Pa,流量数字的单位是 m^3/h,温度数字的单位是 ℃ 等。

为了便于直接读取被测量的测量数据,通常要求仪表显示的数字是以被测量的量纲为度量单位的十进制数字 N,即

$$N = \frac{X}{x_1} \tag{2-3-15}$$

例如 4 位数字显示的电子秤,若显示器显示 0001kg,则表示 $N = 1$,$x_1 = 1$kg;若显示器显示 01.00kg,则表示 $N = 100$,$x_1 = 0.01$kg;若显示器显示 1.000kg,则表示 $N = 1000$,$x_1 = 0.001$kg。因此,x_1 实际上就是显示器显示数字最末位为 1 即 $N = 1$ 代表的被测量。

然而,在数字式检测仪表对被测量进行测量的过程中,通常要用传感器将被测非电量转换成电量,再用适当的测量电路和 A/D 转换电路,将模拟电量转换成数字量。被测量在这一系列转换过程中,量纲会发生多次变化,最后得到的数字 D 虽然与被测量 X 是唯一对应的,但往往不是以被测量的量纲为单位的数字,即 $D \neq N$。在这种情况下,如果把 A/D 转换电路输出的数字 D 作为测量数字显示出来,显然是错误的。因此,必须把 A/D 转换电路输出的数字 D 变换成真正的测量数字 N,这种变换称为"标度变换"。微机化的检测仪表可以用数据处理软件实现"标度变换",而普通的数字检测仪表则只能通过相关电路调整(硬件方法),使 A/D 转换电路输出的数字 D 直接等于测量数字 N,即

$$D = N = \frac{X}{x_1} \tag{2-3-16}$$

如果只考虑数字检测仪表中影响 A/D 转换电路输出数字 D 的组成环节,则 A/D 转换式数字检测仪表可简化成图 2-3-1 的框图。

图 2-3-1　A/D 转换式数字检测仪表简化框图

由图 2-3-1 和 (2-3-10) 式及 (2-3-11) 式可见,A/D 转换结果 D 与被测量 x 存在如下关系

$$D = \frac{XSK}{E/D_{FS}} \tag{2-3-17}$$

式中,S 为传感器及其测量电路的灵敏度(被测量 X 转换成电压 U 的转换系数);K 为放大器的放大倍数;E 为 A/D 转换器的满量程输入电压;D_{FS} 为 A/D 转换器的满量程输出数字。

将(2-3-14)式代入(2-3-17)式得

$$D = \frac{x_1 SK}{E/D_{FS}} \cdot N \qquad (2\text{-}3\text{-}18)$$

由上式可见,只要满足

$$\frac{x_1 SK}{E/D_{FS}} = 1 \qquad (2\text{-}3\text{-}19)$$

就可使 A/D 转换结果 D 与被测量 X 的数值 N 相等,即 $D = N$,这种情况下才可将 A/D 转换结果作为被测量的数值送到显示器显示出来。

由上式可见,通过调整电路使(2-3-19)式的条件得到满足以实现标度变换的方法有以下三种:调整放大增益 K;调整传感器灵敏度 S;调整 A/D 转换器的基准电压 E。上述方法都比较简单,一般通过调整相应的电位器就可实现。

思考题与习题

1. 在图 2-1-3(b)中,表头的满偏电流为 0.1mA,内阻等于 4900Ω,为构成 5mA、50mA、500mA 三挡量程的直流电流表,所需量程扩展电阻 R_1、R_2、R_3 分别为多少?

2. 在图 2-2-2 中,电压表 V 的"Ω/V"数为 20kΩ/V,分别用 5V 量程和 25V 量程测量端电压 U_o,读数值分别为多少?怎样从两次测量读数计算求出 E_0 的精确值?

3. 证明近似计算公式(2-2-8)。

4. 模拟直流电流表与模拟直流电压表有何异同?为什么电流表的内阻很小,而电压表的内阻却很大?

5. 用全波整流平均值电压表分别测量正弦波、三角波和方波,若电压表示值均为 10V,问三种波形被测电压的有效值各为多少?

6. 用峰值电压表分别测量正弦波、三角波和方波,电压表均指在 10V 位置,问三种波形被测信号的峰值和有效值各为多少?

7. 验证表 2-2-1 中全波整流、锯齿波、脉冲波、三角波的 K_F、K_p、U 和 $\bar{U}$。

8. 使用电流互感器要注意些什么?

9. 为什么万用表能测量多种物理量?

第 2 章例题解析

第 2 章思考题与习题解答

第3章 频率、时间和相位的测量

3.1 频率的测量

在工业生产领域中周期性现象十分普遍,如各种周而复始的旋转运动、往复运动、各种传感器和测量电路变换后的周期性脉冲等。周期性过程重复出现一次所需要的时间称为"周期",记为 T(单位是 s);单位时间内周期性过程重复出现的次数称为"频率",记为 f(单位是 Hz)。周期与频率互为倒数关系

$$f = \frac{1}{T} \tag{3-1-1}$$

因此,f 和 T 只要测出其中一个,便可取倒数而求得另一个。

在电子测量中,频率是一个基本的参数,而且频率的测量精度是最高的。在检测技术中,常常将一些非电量或其他电参量转换成频率进行测量,以提高测量的精度。因此频率(周期)的测量十分普遍而且非常重要。

频率的测量方法可分为模拟法和计数法两类。计数法具有测量精度高、速度快、操作简便,直接显示数字,便于与微机结合实现测量过程自动化等一系列突出优点,是目前最好的测频方法。模拟法因为简单经济,有些场合仍然采用。

3.1.1 频率的模拟测量

1. 直读法测频

(1) 电桥法测频

电桥法测频利用交流电桥的平衡条件和电桥电源频率有关这一特性来测频,如图3-1-1所示。被测频率 f_x 信号加在图中变压器初级绕组两端,图中 G 为指示电桥平衡的检流计。该交流电桥平衡条件为

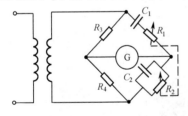

图 3-1-1 电桥测频原理

$$\left(R_1 + \frac{1}{\mathrm{j}\omega_x C_1}\right)\left(\frac{1}{R_2} + \mathrm{j}\omega_x C_2\right) = \frac{R_3}{R_4}$$

令上式等号左边的实部等于 R_3/R_4,虚部等于 0,得该电桥平衡的两个条件为

$$\frac{R_1}{R_2} + \frac{C_2}{C_1} = \frac{R_3}{R_4}, \quad R_1\omega_x C_2 - \frac{1}{R_2\omega_x C_1} = 0$$

若取 $R_1 = R_2 = R$,$C_1 = C_2 = C$,则平衡条件为

$$R_3 = 2R_4, \quad f_x = \frac{1}{2\pi RC} \tag{3-1-2}$$

因此,图 3-1-1 所示电桥在 $R_3 = 2R_4$ 条件下,调节 R(或 C)可使电桥对被测信号频率 f_x 达到平衡(检流计指示最小)。在电桥面板上可变电阻(或电容)调节旋钮(刻度盘)如果按频率刻度,测试者便可从刻度上直接读得被测信号频率 f_x。

这种电桥测频的精度取决于电桥中各元件的精度、判断电桥平衡的精度(检流计的灵敏度及人眼观察误差)和被测信号的频谱纯度。它能达到的测频精度为 $\pm(0.5 \sim 1)\%$。在高频时,由于寄生参数影响严重,会使测量精度大大下降,所以这种电桥测频法仅适用于 10kHz 以下的频率范围。

（2）谐振法测频

谐振法测频利用电感、电容串联谐振回路或并联谐振回路的谐振特性来实现测频，如图 3-1-2 所示。图中 R_L、R_C 为实际电感、电容的等效损耗电阻。被测频率 f_x 信号加到图中变压器初级绕组两端，调节电容 C。当图 3-1-2(a) 串联谐振电路达到谐振时，电流表将指示最大值，此时

$$f_x = \frac{1}{2\pi \sqrt{LC}}$$

当图 3-1-2(b) 并联谐振电路达到谐振时，电压表将指示最大值，此时

$$f_x \approx \frac{1}{2\pi \sqrt{LC}} \qquad (3\text{-}1\text{-}3)$$

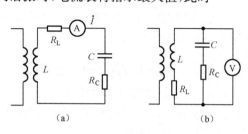

图 3-1-2　谐振法测频原理电路

如果电容的调节刻度盘按谐振频率刻度，测试者便可直接从该刻度读出被测频率值。

这种测频方法的测频误差主要由以下几个方面的原因造成。

① 实际电感、电容的损耗越大，回路品质因数越低，谐振曲线越钝，越不容易找出真正的谐振点。

② 面板上的频率刻度是在规定的标定条件下刻度的，当环境温度、湿度等因素变化时，将使电感、电容实际值发生变化，从而使回路固有频率发生变化，也就造成了测量误差。

③ 通常用改变电感的办法来改变频段，用可变电容作频率细调。由于频率刻度不能分得无限细，人眼读数常常有一定误差。

综合以上因素，谐振法测量频率的误差在 $\pm(0.25\sim1)\%$ 范围内，常作为频率粗测或某些仪器的附属测频部件。

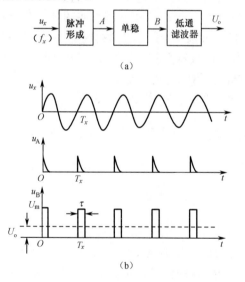

图 3-1-3　$f\text{-}V$ 转换法测量频率

（3）频率-电压（$f\text{-}V$）转换法测频

这种方法测频原理如图 3-1-3 所示。脉冲形成电路把频率为 f_x 的正弦信号 u_x 转换为周期与之相等的尖脉冲 u_A，该尖脉冲加入单稳多谐振荡器，产生周期为 T_x、宽度为定值 τ、幅度为定值 U_m 的矩形脉冲序列 u_B，如图 3-1-3(b) 所示，u_B 的平均值即直流分量为

$$U_o = \bar{u}_B = \frac{U_m \tau}{T_x} = U_m \tau f_x \qquad (3\text{-}1\text{-}4)$$

用低通滤波器滤除 u_B 的全部交流分量。输出的直流电压用电压表指示，如果电压表表盘依照（3-1-4）式按频率刻度，则从电压表指针所指刻度便可直接读出被测频率 f_x。

这种 $f\text{-}V$ 转换式频率计的最高测量频率可达几兆赫。测量误差主要取决于 U_m、τ 的稳定度及电压表的误差，一般为百分之几。可以连续监测频率的变化是这种测量法的突出优点。

2. 比较法测频

比较法测频就是用标准频率 f_c 与被测频率 f_x 进行比较，当把标准频率调节到与被测频率相等时，指零仪表（零示器）便指 0，此时的标准频率值即被测频率值。比较法测频可分为拍频法测频与差频法测频两种。前者是将待测频率信号与标准频率信号在线性元件上叠加产生拍频，后者是将待测频率信号与标准频率信号在非线性元件上进行混频。目前拍频法测量频率的绝对误差约为

零点几赫兹,而差频法测量频率的误差可优于 10^{-5} 量级,最低可测信号电平达 $0.1\sim1\mu V$。由于拍频法和差频法目前在常规场合很少采用,故本书不予更多介绍。

3. 示波器测量频率

用示波器测量频率有两种方法:一种是将被测信号加到示波器的 Y 通道,在荧光屏上测量被测信号的周期;另一种是将被测信号和标准频率信号分别加到示波器的 X 通道和 Y 通道,观测荧光屏上显示的李沙育图形。

3.1.2 频率(周期)的数字测量

1. 计数法测量的基本原理

计数法就是在一定的时间间隔 T 内,对周期性脉冲的重复次数进行计数。若周期性脉冲的周期为 T_A,则计数结果为

$$N=\frac{T}{T_A} \tag{3-1-5}$$

计数法原理框图如图 3-1-4 所示,其工作波形示于图 3-1-5 中,周期为 T_A 的脉冲①加到闸门的输入端,宽度为 T 的门控信号②加到闸门的控制端以控制闸门的开、闭时间,只有在闸门开通时间 T 内,闸门才输出计数脉冲③到十进制计数器进行计数。在闸门打开前,计数器先清零;闸门关闭时,计数器的计数值 N 根据(3-1-5)式由 T 和 T_A 决定。由(3-1-5)式可见,如果 T(或 T_A)为已知标准量,T_A(或 T)为未知被测量,那么从计数结果 N 和已知标准量 T(或 T_A)便可求得未知被测量 T_A(或 T)。

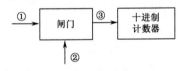

图 3-1-4 计数法原理框图

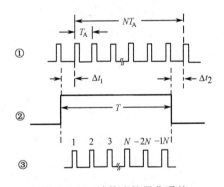

图 3-1-5 计数法的量化误差

由于 T 和 T_A 两个量中一个是已知标准量,另一个是未知被测量,它们是不相关的,因此 T 不一定正好是 T_A 的整数 N 倍,即 T 与 NT_A 之间有一定误差,如图 3-1-5 所示。图中 Δt_1 是闸门开启时刻至第一个计数脉冲前沿的时间(假设计数脉冲前沿使计数器翻转计数),Δt_2 是闸门关闭时刻至下一个计数脉冲前沿的时间。处在 T 区间内的计数脉冲个数(计数器计数结果)为 N,由图 3-1-5 可见

$$T=NT_A+\Delta t_1-\Delta t_2=\left[N+\frac{\Delta t_1-\Delta t_2}{T_A}\right]T_A=[N+\Delta N]T_A \tag{3-1-6}$$

式中

$$\Delta N=\frac{\Delta t_1-\Delta t_2}{T_A}$$

显然,$0\leqslant\Delta t_1\leqslant T_A,0\leqslant\Delta t_2\leqslant T_A$。若 $\Delta t_1=\Delta t_2$,则 $\Delta N=0$;若 $\Delta t_1=T_A,\Delta t_2=0$,则 $\Delta N=1$;若 $\Delta t_1=0,\Delta t_2=T_A$,则 $\Delta N=-1$。因此,脉冲计数的最大绝对误差(又称量化误差)为

$$\Delta N=\pm1 \tag{3-1-7}$$

脉冲计数最大相对误差为

$$\frac{\Delta N}{N}=\pm\frac{1}{N}=\pm\frac{T_A}{T} \tag{3-1-8}$$

2. 通用计数器的基本组成和工作方式

目前,大多数实验室用的电子计数器都具有测量频率(测频)和测量周期(测周)等两种以上的

测量功能,故统称"通用计数器"。通用计数器的基本组成如图 3-1-6 所示。

图 3-1-6 中整形器是将频率为 f_A(或 f_B)的正弦信号整形为周期为 $T_A=1/f_A$(或 $T_B=1/f_B$)的脉冲信号。门控电路是将周期为 $mT_B(f_B$ 经 m 分频)的脉冲变为闸门时间为 $T=mT_B$ 的门控信号,将 $T=mT_B$ 代入(3-1-5)式可得图3-1-6中十进制计数器的计数结果为

$$N=\frac{mT_B}{T_A}=m\frac{f_A}{f_B} \tag{3-1-9}$$

由上式可见,图 3-1-6 中计数结果 N 与 A、B 两输入所加的信号频率的比值 f_A/f_B 成正比,因此图 3-1-6 所示计数器可用于频率比的测量,即工作在"频率比测量"方式。

若将被测信号 f_x 接到图 3-1-6 中 A 输入端($f_A=f_x$),晶振标准频率 f_c 信号接到 B 输入端($f_B=f_c$),则称计数器工作在"测频"方式,此时(3-1-9)式变为

$$N=\frac{mf_x}{f_c},f_x=\frac{Nf_c}{m} \tag{3-1-10}$$

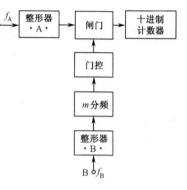

若将被测信号 f_x 接到图 3-1-6 中 B 输入端($f_B=f_x$),晶振标准频率 f_c 信号接到 A 输入端($f_A=f_c$),则称计数器工作在"测周"方式,此时,(3-1-9)式变为

$$N=\frac{mf_c}{f_x}=\frac{mT_x}{T_c},T_x=\frac{N}{mf_c}=\frac{N}{m}T_c \tag{3-1-11}$$

3. 频率(周期)的测量误差与测量范围

由于周期与频率互为倒数,只要测出其中一个就可求得另一个,因此,从理论上讲测量频率与测量周期是等效的,但

图 3-1-6 通用计数器的基本组成

是从实际测量效果来看,图 3-1-6 所示通用计数器工作在"测频"方式和工作在"测周"方式,无论是测量误差还是测量范围都不一样。下面分别讨论"测频"和"测周"两种工作方式的测量误差与测量范围。

(1)"测频"方式

由(3-1-10)式可得"测频"的相对误差为

$$\frac{\Delta f_x}{f_x}=\frac{\Delta N}{N}+\frac{\Delta f_c}{f_c}=\frac{1}{N}+\frac{\Delta f_c}{f_c} \tag{3-1-12}$$

式中,$\Delta f_c/f_c$ 称为标准频率的精度。将(3-1-10)式代入上式可得"测频"的最大相对误差为

$$\frac{\Delta f_x}{f_x}=\pm\left(\frac{1}{N}+\left|\frac{\Delta f_c}{f_c}\right|\right)=\pm\left(\frac{f_c}{mf_x}+\left|\frac{\Delta f_c}{f_c}\right|\right) \tag{3-1-13}$$

由(3-1-13)式可见,被测频率 f_x 越高,分频系数 m 越大,测频的相对误差 $\Delta f_x/f_x$ 越小,即测频的精度越高。

若采用 K 位十进制计数器,则最大允许计数值为

$$N_{\max}=10^K-1 \tag{3-1-14}$$

为使计数结果不超过计数器最大允许计数值而发生溢出,要求

$$N=\frac{mf_x}{f_c}\leqslant N_{\max}, \quad 即 \ f_x\leqslant\frac{N_{\max}}{m}f_c \tag{3-1-15}$$

若该计数器的计数脉冲频率最大允许值为 $f_{\max}$,则还要求

$$f_x\leqslant f_{\max} \tag{3-1-16}$$

为满足测量精度 γ，要求

$$\frac{\Delta f_x}{f_x} \leqslant \gamma \qquad (3\text{-}1\text{-}17)$$

将(3-1-13)式代入上式可知，f_x 应满足

$$f_x \geqslant \frac{f_c}{m\left(\gamma - \left|\dfrac{\Delta f_c}{f_c}\right|\right)} \qquad (3\text{-}1\text{-}18)$$

一般晶振的精度很高，$\left|\dfrac{\Delta f_c}{f_c}\right| \ll \gamma$，故上式简化为

$$f_x \geqslant \frac{f_c}{m\gamma} \qquad (3\text{-}1\text{-}19)$$

综合(3-1-15)式、(3-1-16)式和(3-1-19)式可得"测频"范围为

$$\frac{f_c}{m\gamma} \leqslant f_x \leqslant \frac{N_{\max}}{m} f_c（或 f_{\max}） \qquad (3\text{-}1\text{-}20)$$

由上式可见，"测频"方式所能测量的最低频率受测量精度 γ 的限制，所能测量的最高频率受所采用的计数器的容量（$N_{\max}$）和速度（$f_{\max}$），即(3-1-16)式与(3-1-15)式较小者的限制。

（2）"测周"方式

由(3-1-11)式可得"测周"的相对误差为

$$\frac{\Delta T_x}{T_x} = \frac{\Delta N}{N} - \frac{\Delta f_c}{f_c} = \frac{1}{N} - \frac{\Delta f_c}{f_c}$$

将(3-1-11)式代入上式得"测周"的最大相对误差为

$$\frac{\Delta T_x}{T_x} = \pm\left(\frac{1}{N} + \left|\frac{\Delta f_c}{f_c}\right|\right) = \pm\left(\frac{f_x}{mf_c} + \left|\frac{\Delta f_c}{f_c}\right|\right) \qquad (3\text{-}1\text{-}21)$$

因 $T_x = 1/f_x$，$\Delta T_x/T_x = -\Delta f_x/f_x$，故由上式可得"测周"法测频的最大相对误差为

$$\frac{\Delta f_x}{f_x} = \pm\left(\frac{1}{N} + \left|\frac{\Delta f_c}{f_c}\right|\right) = \pm\left(\frac{f_x}{mf_c} + \left|\frac{\Delta f_c}{f_c}\right|\right) \qquad (3\text{-}1\text{-}22)$$

由以上两式可见，被测频率 f_x 越低，分频系数 m 越大，相对误差 $\Delta T_x/T_x$ 越小，即测周的精度越高；同样，f_x 越低，m 越大，用"测周"法测频的相对误差 $\Delta f_x/f_x$ 越小，测频的精度也越高。

对比(3-1-13)式和(3-1-22)式可见，直接测频与"测周"法测频的相对误差是不一样的。若被测频率 f_x 较高，则直接测频的相对误差较小；若被测频率 f_x 较低，则用"测周"法测频的相对误差较小。令(3-1-13)式与(3-1-22)式相等，可求得测频与测周相对误差都一样的中界频率 f_0 为

$$f_0 = f_c \qquad (3\text{-}1\text{-}23)$$

因此，在图 3-1-6 中，从提高测量精度考虑，当被测频率 f_x 高于中界频率即晶振标准频率 f_c 时，应采用"测频"法测量频率；当被测频率 f_x 低于中界频率即晶振标准频率 f_c 时，应采用"测周"法测量频率。

"测周"法的周期测量范围同样也受到测量精度 γ 和计数器的限制，即应满足

$$\begin{cases} f_c \leqslant f_{\max} \\ N = mT_x f_c \leqslant N_{\max} \\ \dfrac{\Delta T_x}{T_x} \leqslant \gamma \end{cases}$$

故 T_x 的测量范围为
$$\frac{1}{mf_c\left(\gamma-\left|\frac{\Delta f_c}{f_c}\right|\right)}\leqslant T_x\leqslant\frac{N_{\max}}{mf_c} \tag{3-1-24}$$

考虑 $\gamma\gg\left|\frac{\Delta f_c}{f_c}\right|$,故上式简化为
$$\frac{1}{\gamma mf_c}\leqslant T_x\leqslant\frac{N_{\max}}{mf_c} \tag{3-1-25}$$

图 3-1-6 中分频系数一般取 10 的整数次幂,并且分挡可选,即
$$m=10^n \quad (n=0,1,2,\cdots) \tag{3-1-26}$$

将上式代入(3-1-10)式和(3-1-11)式得
$$f_x=\frac{N}{10^n}f_c,\quad T_x=\frac{N}{10^n}T_c \tag{3-1-27}$$

由以上两式可见,图 3-1-6 中十进制计数器显示的量化单位即 $N=1$ 所对应的频率(或周期)为 $f_c\times10^{-n}$(或 $T_c\times10^{-n}$),改变 n 只不过是改变 f_x 和 T_x 的指示数字 N 的计量单位。例如,图 3-1-6 中假设 $f_x=1\text{MHz}(T_x=1\mu\text{s})$, $f_c=1\text{MHz}(T_c=1\mu\text{s})$,若取 $n=2$,则计量单位为 0.01MHz ,故 $N=100$,读作 $f_x=1.00\text{MHz}$ 。若取 $n=3$,则计量单位为 0.001MHz ,故 $N=1000$,读作 $f_x=1.000\text{MHz}$ 。

3.1.3 等精度频率测量

由前面的内容可知:基于传统的计数法测量频率的精度与被测信号的频率有关,被测信号频率越低,其频率的测量误差越大;通过增加计数的闸门时间,可以提高频率的测量精度。实际工程应用及科学研究中,有时需要频率的测量精度很高,如达到 10^{-6} 。在频率测量精度要求高的情况下,不可能一味地靠增加闸门测量时间来进行频率测量。在频率测量精度要求高的场合,可以采用等精度频率测量方法。等精度频率测量的基本原理是:利用被测信号的边沿触发,产生实际闸门信号,即闸门信号与计数脉冲相关,准确地说,就是保证实际闸门时间一定是被测信号周期的整数倍,如图 3-1-7 所示。实际闸门时间 $T=N_xT_x$, N_x 为实际闸门时间 T 内对被测脉冲的计数值,其测量的绝对误差为 0; T_x 为被测信号的周期,是被测量。为此引入一个标准脉冲信号,其频率 f_s 已知。在实际闸门时间 T 内也对标准脉冲计数,计数值为 N_s ,则 $N_xT_x=T=N_sT_s$ 。由于实际闸门信号与标准脉冲信号不相关, N_s 的计量有误差,即 $\Delta N_s\leqslant1$,相对误差 $\leqslant1/N_s$ 。由此可知,相对测量误差与标准信号频率 f_s 有关,而与被测信号频率的大小无关,从而可以实现被测频带内的等精度测量。

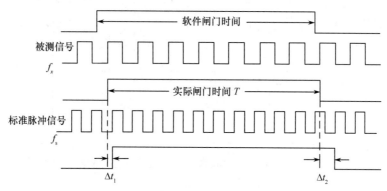

图 3-1-7 等精度频率测量原理示意图

等精度频率测量原理框图如图 3-1-8 所示。 f_x 是被测信号频率, f_s 是标准脉冲信号频率;预置闸门信号由测量系统的控制器输出;同步电路的输出是实际闸门信号,作为计数器的计数使能信

号;清零信号在一个测量周期结束后对计数器的计数值清零,计数值 N_s 表示在实际闸门时间内对标准脉冲的计数值,N_x 表示在实际闸门时间内对被测信号计数脉冲的计数值。同步电路可以利用 D 触发器设计,预置闸门信号接 D 触发器的数据输入端(D),被测信号接 D 触发器的时钟输入端(CLK);考虑标准脉冲信号的频率较高,计数器的计数位数需要较多,计数电路可以利用可编程逻辑器件(FPGA 或 CPLD)实现。

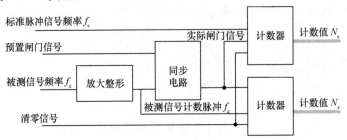

图 3-1-8　等精度频率测量原理框图

按照图 3-1-8 进行等精度数字频率计的设计,主要有两种技术实现手段:采用微处理器作为控制器,如单片机、DSP 或 ARM 等;或采用软核处理器作为控制器,如 Nios II。

下面采用微处理器如 MCS-51 单片机和 FPGA 协同设计,FPGA 内部完成逻辑电路设计,单片机负责时序控制和人机接口,设计原理框图如图 3-1-9 所示。f_s 为标准脉冲频率,f_x 为被测信号频率,pr-gate 信号为预置闸门信号,gate 为实际闸门信号,作为两个计数器的计数使能控制信号,clr 为计数器的清零控制信号,计数器采用 32 位计数器,N_s[0-31]为标准脉冲计数值,N_x[0-31]为被测信号脉冲计数值,A[0-3]为地址线,D[0-7]为数据线。FPGA 中实现产生实际闸门信号,在闸门控制下,两个计数器分别对标准脉冲和被测脉冲同时计数,计数值通过锁存器进行锁存。实际闸门信号的下降沿触发单片机外部中断,单片机从锁存器中按照地址读取数据,由于 MCS-51 单片机的数据位是 8 位,而测量的 N_s、N_x 是 32 位,所以完成一次测量读取,要分别进行 4 次读取 N_s 和 N_x,共读 8 次。根据读出的 N_s 和 N_x,按照 $f_x = N_x f_s / N_s$ 计算出被测信号的频率,并通过液晶显示器 LCD 显示。

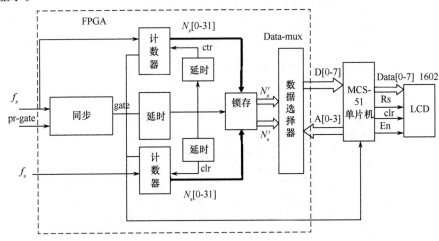

图 3-1-9　基于 MCU 的等精度数字频率计设计原理框图

3.2 时间间隔的数字测量

3.2.1 测量原理

时间间隔的测量原理框图如图 3-2-1 所示。两个独立的输入通道(A 和 B)可分别设置触发电平和触发极性(触发沿)。输入通道 A 用来形成起始脉冲①,开通主门(闸门),使十进制计数器从 0 开始对时标脉冲计数,输入通道 B 用来形成终止脉冲②,关闭主门,使十进制计数器停止计数。若起始时刻与终止时刻之间的时间间隔即门控信号③的宽度(闸门时间)为 t_x,选用时标周期为 T_c (图中 $T_c=1\mu s,10\mu s,\cdots,10s$ 分挡可选),则计数结果为

$$N=\frac{t_x}{T_c}=t_x f_c \tag{3-2-1}$$

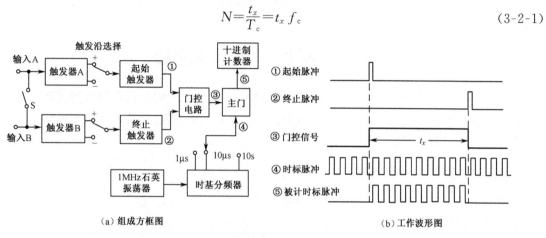

(a)组成方框图　　　　　　　　　　(b)工作波形图

图 3-2-1　时间间隔测量原理框图及波形图

将(3-2-1)式与(3-1-11)式对比可见,时间间隔的测量相当于分频系数 $m=1$ 的周期 T_x 的测量情况。测量时间间隔不能像测量周期那样把被测信号分频即周期扩大 m 倍来减小量化误差。一般来说,测量时间间隔的误差,比测量周期时大。

如果需要测量如图 3-2-2(a)所示两个输入信号 u_1 和 u_2 的时间间隔 t_g,可将 u_1 和 u_2 两个信号分别加到图 3-2-1 的 A、B 通道,把图中开关 S 断开,触发器 A 触发电平置于 U_1,触发沿选"+",触发器 B 触发电平置于 U_2,触发沿也选"+"。这样得到的计数结果 $N=t_g/T_c$,即代表时间间隔 $t_g=NT_c$。

若需要测量如图 3-2-2(b)所示某一信号上任意两点之间的时间间隔,则可将该信号加到图 3-2-1 的 A、B 通道,把图中开关 S 闭合,触发器 A、B 的触发沿都选"+",触发电平分别置 U_1 和 U_2。

若需要测量如图 3-2-2(c)所示脉冲宽度,则可将该信号加到图 3-2-1 的 A、B 通道,把图中开关 S 闭合,触发器 A 的触发电平置于 U_1,触发沿选"+",触发器 B 的触发电平置于 U_2,触发沿选"−"。通常脉冲宽度定义为 $U_1=U_2=\frac{1}{2}\times U_m$($U_m$ 为脉冲幅度)。

3.2.2 测量误差与测量范围

测量时间间隔的误差分析与测量周期的误差分析相似,这里不再重复,将 3.1.2 节测量周期的误差分析结果(3-1-21)式,取 $m=1$ 即可得到计数法测量时间间隔的最大相对误差,即

$$\frac{\Delta t_x}{t_x}=\pm\left(\frac{1}{t_x f_c}+\left|\frac{\Delta f_c}{f_c}\right|\right) \tag{3-2-2}$$

(3-2-2)式等号右边两项分别称为量化误差、标准频率误差。

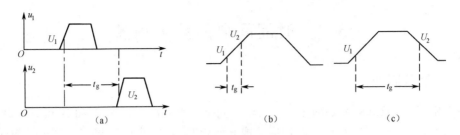

图 3-2-2　时间间隔的测量

由(3-1-25)式取 $m=1$ 可得时间间隔的测量范围为

$$\frac{T_c}{\gamma} \leqslant t_x \leqslant N_{max} T_c \tag{3-2-3}$$

3.3　相位差的数字测量

测量相位差的方法很多,主要有:用示波器测量(这种方法简便易行,但测量精度低),与标准移相器相比较(零示法),把相位差转换为时间间隔来测量,把相位差转换为电压来测量等。因篇幅所限,本节只介绍后两种方法。

3.3.1　相位-电压转换法

相位-电压转换式数字相位计的原理框图如图 3-3-1(a)所示,其各点波形如图 3-3-1(b)所示。E_1 和 E_2 为频率相同、相位差为 φ_x 的两个被测正弦信号,经限幅放大和脉冲整形后变成两个方波,再经微分得到两个对应于被测信号负向过零瞬间的尖脉冲,鉴相器为非饱和型高速双稳态电路,被这两组负脉冲所触发,输出周期为 T、宽度为 T_x 的方波,若方波的幅度为定值 U_g,则此方波的平均值即直流分量为

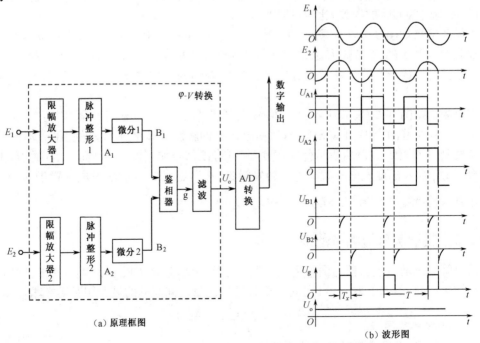

（a）原理框图　（b）波形图

图 3-3-1　相位-电压转换式数字相位计的原理框图及波形图

$$U_{\circ}=U_{g}\frac{T_x}{T} \tag{3-3-1}$$

因此,用低通滤波器将方波中的基波和谐波分量全部滤除后,输出电压即为直流电压 $U_{\circ}$。(3-3-1)式中的 T 为被测信号的周期,T_x 由两个信号的相位差 φ_x 决定,即

$$\frac{T_x}{T}=\frac{\varphi_x}{360°} \tag{3-3-2}$$

因为正弦信号 $E_2=U_m\sin(\omega t-\varphi_x)=U_m\sin\omega(t-T_x)$ 比正弦信号 $E_1=U_m\sin\omega t$ 相位滞后 φ_x,也就是时间滞后 T_x,所以 T_x 与 φ_x 的关系为

$$T_x=\frac{\varphi_x}{\omega}=\frac{\varphi_x}{2\pi f}=\frac{\varphi_x}{2\pi}T=\frac{\varphi_x}{360°}T$$

将(3-3-2)式代入(3-3-1)式得

$$U_{\circ}=U_{g}\frac{\varphi_x}{360°} \tag{3-3-3}$$

若 A/D 的量化单位取为 $U_g/360$,则 A/D 转换结果即为 φ_x 的度数。

3.3.2 相位-时间转换法

将上述相位-电压转换法中鉴相器的时间间隔 T_x 用计数法对它进行测量,便构成相位-时间转换式相位计,如图 3-3-2 所示。它与时间间隔的计数测量原理基本相同,若时标脉冲周期为 T_c,则在 T_x 时间内的计数值为

$$N=\frac{T_x}{T_c}=\frac{\varphi_x}{360°}\frac{T}{T_c}=\frac{\varphi_x}{\varphi_c} \tag{3-3-4}$$

相位的量化误差为

$$\Delta\varphi=\varphi_c=\frac{360°\times T_c}{T} \tag{3-3-5}$$

相对量化误差为

$$\frac{\Delta\varphi}{\varphi_x}=\frac{1}{N} \tag{3-3-6}$$

如果采用十进制计数器计数,那么时标脉冲周期 T_c 与被测信号周期 T 满足

$$T_c=\frac{T}{360\times 10^n} \tag{3-3-7}$$

式中,n 为正整数。在 T_x 时间内的计数值即图 3-3-2 输出的十进制数为

$$N=\frac{T_x}{T_c}=360\times 10^n\times\frac{T_x}{T} \tag{3-3-8}$$

将(3-3-2)式代入(3-3-8)式得 φ_x 的计数结果为

$$N=10^n\times\varphi_x \tag{3-3-9}$$

将(3-3-7)式代入(3-3-5)式可得量化误差 $\Delta N=\pm 1$ 所对应的相位的量化误差为

$$\Delta\varphi=\pm(10^{-n})° \tag{3-3-10}$$

例如精度要求 $\pm 0.1°$,则 $n=1$,因此 n 由所需精度要求决定。由(3-3-7)式可知,时标脉冲频率 f_c 与被测信号频率 f 的关系为

$$f_c=360\times 10^n\times f \tag{3-3-11}$$

由(3-3-11)式可见,由于时标频率 f_c 不允许太高,所以相位-时间转换式数字相位计只能用于测量低频率信号的相位差,而且要求测量精度越高(n 越大),能测量的频率 f 越低。此外,由(3-3-11)式还可见,当被测信号频率 f 改变时,时标脉冲频率 f_c 也必须按(3-3-11)式相应改变。f_c 可调时,其频率精度难以做高,这不利于测量误差的减小。

相位-时间转换式数字相位计的测量误差来源与计数器测周期或测时间间隔时相同,主要有标准频率误差和量化误差。为减小测量误差,应提高 f_c 准确度和增大计数器读数 N。要增大 N,必须提高 f_c。

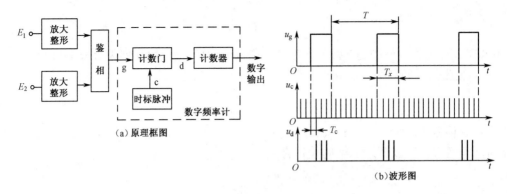

图 3-3-2　相位-时间转换式数字相位计原理框图及波形图

3.3.3　高频周期信号相位差的测量

周期信号相位差测量公式为

$$\Delta\varphi=\frac{360°\times\Delta T}{T}\tag{3-3-12}$$

式中，T 为信号的周期；ΔT 为两个被测信号的时间差。

由(3-3-12)式可知，测量信号的频率越高，周期越小，相位差测量误差就越大。如果直接对两个高频周期信号的相位差进行测量，必然导致测量精度不高。为了提高测量精度，通过混频技术，先对信号进行外差降频，然后在低频的条件下利用微处理器对相位差进行测量。相位差测量原理框图如图 3-3-3 所示。

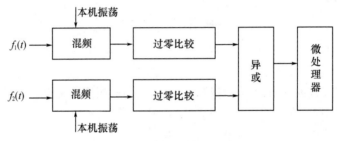

图 3-3-3　相位差测量原理框图

采用混频技术把频率变换到低频段，以提高相位差的测量精度。混频的基本方法是：将待测的高频信号与本机振荡信号相乘，形成频率和及频率差信号，再通过低通滤波器滤除频率和信号，得到频率差信号。例如，信号 $f_1(t)$ 和 $f_2(t)$ 的频率为 2MHz，本机振荡信号的频率为 1.998MHz，经过混频低通滤波处理，滤除频率为 3.998MHz 的信号，保留频率为 2kHz 的信号，通过此方法的变换，实现了将高频信号的相位差测量在低频段进行，从而提高相位差的测量精度。

在低频区利用过零比较器对混频低通滤波后的信号整形，产生方波信号，如图 3-3-4(a)中的 $x_1(t)$ 和 $x_2(t)$，对两路方波信号进行异或逻辑操作，将相位差信息转变成周期内高电平维持的时间宽度，如图 3-3-4(b)中的 count，利用标准时钟脉冲对高电平维持的时间宽度进行测量，再利用微处理器对高电平维持的时间宽度进行测量，通过程序计算得到信号的相位差。需要注意的是，一个周期内出现两次高电平，所以计算相位差时要将测量的高电平时间宽度除以 2。利用混频技术，将高频信号的相位差测量转换到低频段进行测量，通过降低频率，提高相位差的测量精度。

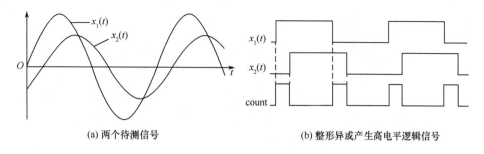

(a) 两个待测信号　　　　　　　　(b) 整形异或产生高电平逻辑信号

图 3-3-4　相位差测量时序示意图

3.4　基于频率和时间计数的检测仪表

3.4.1　频率计数式检测仪表

图 3-1-6 所示计数器的 A 端配接频率式传感器,B 端配接时基信号发生器,就构成了频率计数式检测仪表,其简化框图如图 3-4-1 所示。

因为人们习惯于十进制读数,所以采用脉冲计数方式生成测量数据的数字仪表,一般都用十进制计数器对脉冲进行计数。十进制计数器通过锁存/译码/驱动器和 LED 或 LCD 显示器连接。目前,已有把十进制计数器、锁存/译码/驱动器和 LED 或 LCD 显示器组合

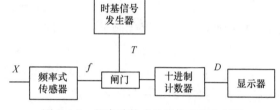

图 3-4-1　频率计数式检测仪表简化框图

在一起的计数显示器件,如 CL102 等,只需把几个这样的计数显示器件连接起来,就能实现多位十进制计数和显示。

频率式传感器将被测量 X 转换成频率为 f 的电压信号

$$f=XS \tag{3-4-1}$$

式中,S 为频率式传感器的转换系数,即灵敏度。

此频率的电压信号经放大整形成为频率为 f 的计数脉冲,时基信号发生器周期性地打开和关闭闸门,在闸门开通期间,十进制计数器从零开始对通过闸门的计数脉冲进行计数,计数结果为

$$D=fT \tag{3-4-2}$$

式中,T 为闸门打开的持续时间。

被测量 X 以其测量数字 N 和测量单位 x_1 表示为

$$X=x_1N \tag{3-4-3}$$

测量单位 x_1 就是 $N=1$ 所对应的被测量 X。将(3-4-1)式、(3-4-3)式代入(3-4-2)式得

$$D=x_1STN \tag{3-4-4}$$

由上式可见,为实现标度变换 $D=N$,须满足以下条件

$$x_1ST=1 \tag{3-4-5}$$

由上式可见,通过调整电路来实现标度变换的方法有以下两种:调整频率式传感器的转换系数即灵敏度 S;调整时基信号发生器中时基信号的频率,以改变闸门打开的持续时间 T。

3.4.2　时间计数式检测仪表

图 3-1-6 所示计数器的 A 端配接标准频率发生器,B 端配接计时式传感器,就构成了时间计

数式检测仪表,其简化框图如图 3-4-2 所示。

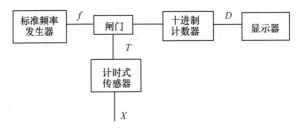

图 3-4-2 时间计数式检测仪表简化框图

图 3-4-2 中计时式传感器将被测量 X 转换为与之成正比的时间

$$T=XS \tag{3-4-6}$$

在 T 时间内闸门打开,计数器对通过闸门的频率为标准频率 f 的计数脉冲从零开始进行计数,闸门关闭即 T 结束时,计数结果为

$$D=fT=XSf \tag{3-4-7}$$

将(3-4-3)式代入上式得

$$D=x_1SfN \tag{3-4-8}$$

为实现标度变换 $D=N$,必须满足以下条件

$$x_1Sf=1 \tag{3-4-9}$$

由上式可见,通过调整电路来实现标度变换的方法有以下两种:调整计时式传感器的转换系数即灵敏度 S;调整标准频率发生器的频率 f。

思考题与习题

1. 采用图 3-1-6 测量被测信号的频率 f_x,已知标准频率 $f_c=1\text{MHz}$,准确度为 2×10^{-7},采用 $m=10^3$ 分频,若 $f_x=10\text{kHz}$,试分别计算"测频"与"测周"时的最大相对误差 $\Delta f_x/f_x$。

2. 已知图 3-1-6 中计数器为 4 位十进制计数器,$m=10^2$,计数器计数脉冲频率的最大允许值为 50MHz,标准频率 $f_c=5\text{MHz}$,$\Delta f_c/f_c=1\times10^{-7}$,要求最大相对误差 $\Delta f_x/f_x=\pm1\%$,求该频率计的测频范围。若已知计数结果 $N=500$,求被测信号频率和相对测量误差。

3. 以图 3-2-2 为例说明怎样用图 3-2-1(a)电路测量时间间隔。

4. 采用图 3-3-2 测量两个频率为 1kHz、相位差为 $72°$ 的正弦信号,若时标脉冲频率为 500kHz,试计算相位量化误差和计数器计数结果。

5. 为什么图 3-3-1 测量相位差无须先测量信号周期,而图 3-3-2 测量相位差须先测量信号周期?

6. 试比较频率计数式检测仪表和时间计数式检测仪表的异同。

7. 基于等精度方法进行频率测量,测量误差的主要来源是什么? 若需要频率的测量精度达到 10^{-6},标准计数脉冲的频率是多少?

第 3 章例题解析 　　　　第 3 章思考题与习题解答

第4章 阻抗(电阻、电容、电感)的测量

电阻、电感和电容既是电路的三种基本元件,也是许多传感器如电阻式传感器、电感式传感器和电容式传感器的输出电量。电路中使用的电阻、电感和电容,其参数值一般是恒定的;而非电量测量中使用的电阻式传感器、电感式传感器和电容式传感器,其输出电量都随被测非电量的变化而变化。这三种传感器的测量电路实际上就是电阻、电感和电容的测量电路。由于电阻值、电感值和电容值都属于阻抗参数,它们的测量方法及测量电路有很多相似之处,所以本章把电阻、电感、电容的测量方法和电阻式传感器、电感式传感器和电容式传感器的测量方法归并一起,统称为阻抗测量。下面介绍几种常见的测量阻抗参数的方法。

4.1 电 桥 法

4.1.1 惠斯通电桥

普通的惠斯通(Wheatstone)电桥如图 4-1-1 所示,由被连接成四边形的 4 个阻抗、跨接在其中一条对角线上的激励源(电压源或电流源)和跨接在另一条对角线上的电压检测器构成。电压检测器测量跨接在激励源上的两个分压器输出之间的电位差。图中 4 个桥臂 Z_1、Z_2、Z_3、Z_4 以顺时针方向为序,A、B 为电源端,C、D 为输出端,电压检测器等效为负载 Z_L。

按供电电源分,电桥可分为直流电桥(直流电源供电的电桥,只能接入电阻)和交流电桥(交变电源供电的电桥,可接入电阻、电感、电容)。

对负载 Z_L 而言,即从输出端向电桥看去,电桥可等效为输出阻抗 Z_o 与开路输出电压 U_o 的串联,电桥输出阻抗(或内阻)Z_o 为

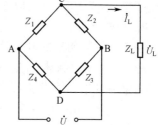

图 4-1-1 普通的惠斯通电桥

$$Z_o = (Z_1 /\!/ Z_2) + (Z_3 /\!/ Z_4) = \frac{Z_1 Z_2}{Z_1 + Z_2} + \frac{Z_3 Z_4}{Z_3 + Z_4} \quad (4\text{-}1\text{-}1)$$

电桥输出端开路($Z_L \to \infty$),输出电压 U_o 为

$$\dot{U}_o = \dot{U}\left(\frac{Z_1}{Z_1 + Z_2} - \frac{Z_4}{Z_3 + Z_4}\right) = \dot{U}\,\frac{Z_1 Z_3 - Z_2 Z_4}{(Z_1 + Z_2)(Z_3 + Z_4)} \quad (4\text{-}1\text{-}2)$$

$$\dot{I}_L = \frac{\dot{U}_o}{Z_o + Z_L}$$

负载电压为

$$\dot{U}_L = \dot{U}_o\,\frac{Z_L}{Z_o + Z_L} \quad (4\text{-}1\text{-}3)$$

若 $Z_L \gg Z_o$,则有 $U_L \approx U_o$。

由(4-1-2)式可知,电桥平衡($U_o = 0$)的条件为相对两臂阻抗乘积相等,即

$$Z_1 \cdot Z_3 = Z_2 \cdot Z_4 \quad (4\text{-}1\text{-}4)$$

或相邻两臂阻抗比值相等,即

$$Z_2/Z_1 = Z_3/Z_4 \quad (4\text{-}1\text{-}5)$$

令 $Z_i = R_i + jX_i (i = 1,2,3,4)$,代入(4-1-4)式可知,交流电桥平衡必须同时满足两个条件,即

$$R_2 R_4 - X_2 X_4 = R_1 R_3 - X_1 X_3 (\text{实部相等}) \quad (4\text{-}1\text{-}6)$$

$$X_2R_4 + R_2X_4 = R_1X_3 + X_1R_3 \text{(虚部相等)} \tag{4-1-7}$$

输出为零的电桥称为平衡电桥,由(4-1-4)式可知,利用平衡电桥,可以测量电桥任一臂的阻抗,这种方法称为平衡电桥法。输出不为零的电桥称为不平衡电桥,由(4-1-2)式可知,利用不平衡电桥,可以把被测阻抗转换为电压进行测量,这种方法称为不平衡电桥法。

4.1.2 平衡电桥法

1. 测电阻

测电阻的平衡电桥原理如图 4-1-2 所示,当电桥平衡时,有

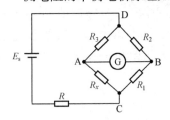

图 4-1-2 平衡电桥法测电阻

$$R_x = \frac{R_1}{R_2}R_3 \tag{4-1-8}$$

通常是先大致调整比率 R_1/R_2,再调整标准电阻 R_3,直至电桥平衡,此时即可从标准电阻 R_3 的读数按(4-1-8)式求得被测电阻 R_x 的值。

为避免分布参数的影响,电桥电源应采用直流电源或频率较低的交流电源。为得到较高的准确度,R_1、R_2、R_3 应选用高精度电阻,指零仪表 G 应选用高灵敏度的电流表或检流计。

由(4-1-8)式可见,这种方法实质上是用标准电阻与被测电阻 R_x 相比较,用指零仪表指示被测量与标准量是否相等(平衡),从而求得被测量。因此这种方法又称为零位式测量法或比较测量法。只要指零仪表的灵敏度足够高,零位式测量法的测量准确度就几乎等于标准量的准确度,这是它的重要优点,常用在实验室作为精密测量的一种方法。

这种测量方法的缺点是在测量过程中,为获得平衡状态,需要进行反复调节,不仅麻烦,而且测试速度慢,不能适应大量、快速测量的需要,也不适合于电阻式传感器的变化电阻的测量。

2. 测电容

平衡电桥法测量电阻一般采用直流电桥,测量电感、电容则采用交流电桥。

图 4-1-3(a)是测量电容的串联电阻式比较电桥。C_x 是被测电容,R_x 是其等效串联损耗电阻。测量时,先根据被测电容的范围,改变 R_3,选取一定的量程,然后调节 R_4 和 R_2 使电桥平衡(指示仪表读数最小)。从 R_4、R_2 刻度读 C_x 和损耗因数 D_x 值。

$$R_x = \frac{R_3}{R_4}R_2, \quad C_x = \frac{R_4}{R_3}C_2, \quad D_x = \omega C_x R_x = 2\pi f C_2 R_2 \tag{4-1-9}$$

这种电桥适合于测量损耗小的电容。式中,ω 为电桥电源角频率。

图 4-1-3(b)是并联电阻式比较电桥,C_x 为被测电容,R_x 是其等效并联损耗电阻。测量时,调节 C_2 和 R_2 使电桥平衡,此时

$$C_x = \frac{R_4}{R_3}C_2, \quad R_x = \frac{R_3}{R_4}R_2, \quad D_x = \frac{1}{\omega C_x R_x} = \frac{1}{2\pi f C_2 R_2} \tag{4-1-10}$$

这种电桥适合于测量损耗较大的电容。式中,ω 为电桥电源角频率。

3. 测电感

当测量低 Q 值($Q<10$)电感时,采用图 4-1-4(a)所示电桥(Maxwell 电桥)。图中 L_x 为被测电感,R_x 为其等效损耗电阻。由电桥平衡条件求得

$$L_x = R_2R_3C, \quad R_x = \frac{R_2R_3}{R}, \quad Q = \frac{\omega L_x}{R_x} = \omega RC \tag{4-1-11}$$

一般用 R_2 和 R 做可调元件,反复调节 R_2 和 R 使指示仪表读数为最小,这时即可由 R_2 刻度直接读 L_x 值,由 R 刻度直接读 R_x 值。采用开关换接 R_3 作为量程选择。

当测量高 Q 值($Q>10$)电感时,采用图 4-1-4(b)所示电桥(Hay 电桥),由电桥平衡条件可求得与(4-1-11)式完全相同的结果。同样选择 R_2 和 R 做可调元件,根据被测电感范围调节 R_3,选取合适的量程,反复调节 R_2 和 R 使指示仪表读数为最小,这时即可从 R_2 刻度上直接读 L_x 值,从 R 刻度上直接读 R_x 值。

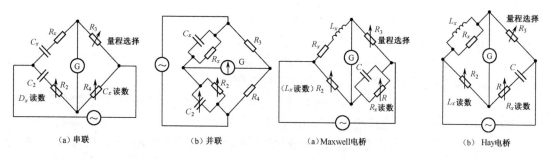

$$\text{(a) 串联} \qquad\qquad \text{(b) 并联} \qquad\qquad \text{(a) Maxwell电桥} \qquad\qquad \text{(b) Hay电桥}$$

图 4-1-3 测电容电桥   图 4-1-4 测电感电桥

4.1.3 不平衡电桥法

上述平衡电桥法只适合于测量电阻、电感、电容的固定参数值,对于阻抗参数值随被测非电量变化的电阻式、电感式和电容式三种阻抗型传感器,一般采用不平衡电桥。不平衡电桥法的工作原理是:将阻抗参数值随被测非电量变化的阻抗型传感器接入电桥,初始状态即被测非电量为 0 时,让电桥平衡即输出电压为 0,当被测非电量变化而不为 0 时,引起阻抗参数值变化,使电桥不平衡即输出电压不为 0。被测非电量越大,电桥输出电压也越大,这样就把被测非电量变化转换成电桥电压的变化。只要测得电桥电压,就可求得非电量。

由(4-1-2)式可知,不平衡电桥的输出电压与电源电压有关:直流不平衡电桥采用直流电源供电,其输出电压也为直流电压;交流不平衡电桥采用交流电源供电,其输出电压也为交流电压。众所周知,直流电压不便于放大,而交流电压便于放大。因此,直流不平衡电桥主要用于电桥输出可直接显示而无须中间放大的场合,交流不平衡电桥主要用于电桥输出还需放大的场合。由于不平衡电桥输出电压与电桥供电电源电压成正比,因此,电源电压的波动对电桥输出电压信号的影响比较大,故一般要求使用稳定性比较高的电源作为电桥供电电源。

常见的不平衡电桥有以下几种。

1. 直流不平衡电桥

(1) 恒压电源供电

直流电桥由于采用直流电源供电,因此,电桥四臂只能接入电阻。令 $Z_i=R_i(i=1,2,3,4)$,代入(4-1-2)式得

$$U_o=U\left(\frac{R_1}{R_1+R_2}-\frac{R_4}{R_3+R_4}\right) \qquad\qquad (4\text{-}1\text{-}12)$$

把非电量 x 转换为电阻变化的传感器称为电阻式传感器,其电阻值是非电量 x 的函数 $R(x)=R+\Delta R$。初始时,$x=0$,$\Delta R=0$,$R(x)=R$。直流不平衡电桥接入电阻式传感器,称为电阻式传感器电桥。图 4-1-1 中,令

$$Z_i=R_i+\Delta R_i, \quad R_i=R$$

代入(4-1-2)式,得电桥的开路输出电压为

$$U_o=\frac{(R_1+\Delta R_1)(R_3+\Delta R_3)-(R_2+\Delta R_2)(R_4+\Delta R_4)}{(R_1+\Delta R_1+R_2+\Delta R_2)(R_3+\Delta R_3+R_4+\Delta R_4)}U \qquad (4\text{-}1\text{-}13)$$

通常 $$\Delta R_i \ll R_i \qquad\qquad (4\text{-}1\text{-}14)$$

因此可略去 ΔR_i 的二阶微量,将上式近似为

$$U_o \approx U_o' = \frac{U}{4}\left(\frac{\Delta R_1}{R_1} - \frac{\Delta R_2}{R_2} + \frac{\Delta R_3}{R_3} - \frac{\Delta R_4}{R_4}\right) \tag{4-1-15}$$

非线性误差近似为

$$e = \frac{U_o' - U_o}{U_o} \approx \frac{1}{2}\left(\frac{\Delta R_1}{R_1} + \frac{\Delta R_2}{R_2} + \frac{\Delta R_3}{R_3} + \frac{\Delta R_4}{R_4}\right) \tag{4-1-16}$$

注意上面两式中 $\Delta R_i/R_i$ 前的"+""−"号,我们可以从中得到以下几点结论:

① 由于温度引起的电阻变化是相同的,因此,如果电阻式传感器接在电桥横跨电源的相邻两臂,温度引起的电阻变化将相互抵消,其影响将减小或消除;

② 被测非电量若使两电阻式传感器的电阻变化符号相同,则应将这两电阻式传感器接在电桥的相对两臂,但是这只能提高电桥输出电压,并不能减小温度变化的影响和非线性误差。

③ 被测非电量若使两电阻式传感器的电阻变化符号相反,则应将这两电阻式传感器接在电桥的横跨电源的相邻两臂即构成差动电桥,这样既能提高电桥输出电压,又能减小温度变化的影响和非线性误差。

电桥初始平衡时四臂阻值都相等的电桥称为等臂电桥。在等臂条件下,电阻式传感器电桥有如下几种工作情况,如图 4-1-5 所示。

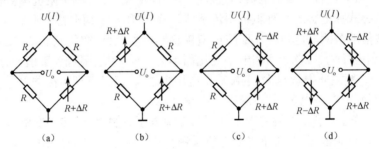

图 4-1-5　电阻式传感器电桥的实例

i. 电桥单臂变化(单臂等臂电桥)

电桥四臂中只有一臂接入电阻式传感器,其余三臂均为固定电阻,如图 4-1-5(a)所示。将 $R_1 = R + \Delta R$ 和 $R_2 = R_3 = R_4 = R$ 代入(4-1-12)式得

$$U_o = \frac{U}{2}\frac{\Delta R}{2R + \Delta R} = \frac{U}{4}\frac{\Delta R}{R}\frac{1}{1 + \frac{\Delta R}{2R}} \tag{4-1-17}$$

在 $\Delta R \ll R$ 时,(4-1-17)式可近似为

$$U_o \approx U_o' = \frac{U}{4}\frac{\Delta R}{R} \tag{4-1-18}$$

非线性误差为

$$e = \frac{U_o' - U_o}{U_o} = \frac{1}{2}\frac{\Delta R}{R} \tag{4-1-19}$$

ii. 电桥相对两臂同向变化

电桥相对两臂接入同向变化电阻式传感器,其余两臂均为固定电阻,如图 4-1-5(b)所示。将 $R_1 = R_3 = R + \Delta R$ 和 $R_2 = R_4 = R$ 代入(4-1-12)式得

$$U_o = U\frac{\Delta R}{2R + \Delta R} = \frac{U}{2}\frac{\Delta R}{R}\frac{1}{1 + \frac{\Delta R}{2R}} \tag{4-1-20}$$

在 $\Delta R \ll R$ 时,(4-1-20)式可近似为

$$U_o \approx U_o' = \frac{U}{2} \frac{\Delta R}{R} \tag{4-1-21}$$

非线性误差为

$$e = \frac{U_o' - U_o}{U_o} = \frac{1}{2} \frac{\Delta R}{R} \tag{4-1-22}$$

iii. 电桥相邻两臂反向变化(半差动等臂电桥)

电桥横跨电源的相邻两臂接入差动电阻式传感器,其余两臂均为固定电阻,如图 4-1-5(c)所示。将 $R_1 = R + \Delta R, R_2 = R - \Delta R, R_3 = R_4 = R$ 代入(4-1-12)式得

$$U_o = \frac{U}{2} \frac{\Delta R}{R} \tag{4-1-23}$$

非线性误差为 $\qquad e = 0$

iv. 电桥四臂差动工作(全差动等臂电桥)

电桥每对相邻两臂均接入差动电阻式传感器,如图 4-1-5(d)所示。将 $R_1 = R_3 = R + \Delta R$ 和 $R_2 = R_4 = R - \Delta R$ 代入(4-1-12)式得

$$U_o = U \frac{\Delta R}{R} \tag{4-1-24}$$

非线性误差为 $\qquad e = 0$

由 4 种情况对比可见,采用差动等臂电桥,不仅可成倍提高输出电压,而且可消除非线性误差。但是,电桥相对两臂接入同向变化的电阻式传感器,虽然可以成倍提高输出电压,却不能消除非线性误差。

(2) 恒流电源供电

图 4-1-1 中电桥电源若从恒压源 U 供电改为恒流源 I 供电,电桥四臂均接入电阻即 $Z_i = R_i$,则电桥横跨电源的相邻两臂 R_1、R_2 的电流 I_1 和 R_3、R_4 的电流 I_2 分别为

$$I_1 = \frac{R_3 + R_4}{R_1 + R_2 + R_3 + R_4} I, \quad I_2 = \frac{R_1 + R_2}{R_1 + R_2 + R_3 + R_4} I \tag{4-1-25}$$

电桥开路输出电压为

$$U_o = I_1 R_1 - I_2 R_4 = \frac{R_1 R_3 - R_2 R_4}{R_1 + R_2 + R_3 + R_4} I \tag{4-1-26}$$

为便于将恒流源供电和恒压源供电的电桥进行对比,把图 4-1-5 电阻式传感器电桥改为恒流源供电,并将(4-1-26)式应用于图 4-1-5,推导出改用恒流源供电后图 4-1-5(a)、(b)、(d)各电路电桥输出电压及非线性误差的计算公式,列于表 4-1-1。

表 4-1-1　电桥恒压源供电和恒流源供电的对比

传感器接入电桥的情况	恒压源供电	恒流源供电
图 4-1-5(a)	$U_o = \frac{U}{4} \frac{\Delta R}{R} \frac{1}{1 + \frac{\Delta R}{2R}}, \quad e = \frac{1}{2} \frac{\Delta R}{R}$	$U_o = \frac{I\Delta R}{4} \frac{1}{1 + \frac{\Delta R}{4R}}, \quad e = \frac{1}{4} \frac{\Delta R}{R}$
图 4-1-5(b)	$U_o = \frac{U}{2} \frac{\Delta R}{R} \frac{1}{1 + \frac{\Delta R}{2R}}, \quad e = \frac{1}{2} \frac{\Delta R}{R}$	$U_o = \frac{I\Delta R}{2}, \quad e = 0$
图 4-1-5(c)	$U_o = \frac{U}{2} \frac{\Delta R}{R}, \quad e = 0$	$U_o = \frac{I\Delta R}{2}, \quad e = 0$
图 4-1-5(d)	$U_o = U \frac{\Delta R}{R}, \quad e = 0$	$U_o = I\Delta R, \quad e = 0$

由表 4-1-1 可见,电桥从恒压源供电改为恒流源供电,可以减小和消除非线性。

此外,恒流源供电比恒压源供电更能消除温度变化的影响。以全差动等臂电桥为例,若被测非电量使差动电阻式传感器的电阻变化$\pm\Delta R$,温度变化使每个传感器电阻都增加ΔR_T,则恒压源供电情况下,电桥输出电压变为$U_o=U\dfrac{\Delta R}{R+\Delta R_T}$,可见不能消除温度变化即$\Delta R_T$的影响。而恒流源供电情况下,电桥输出电压仍为$U_o=I\Delta R$,可见能消除温度变化的影响。

2. 交流不平衡电桥

(1) 电阻平衡臂交流电桥

用作电感式或电容式传感器测量电路的电阻平衡臂交流电桥如图 4-1-6(a)所示,$R_1=R_2=R$。当电桥输出端开路即$Z_L \to \infty$时,输出电压为

$$\dot{U}_o = \dot{E}\frac{Z_2}{Z_1+Z_2} - \frac{\dot{E}}{2} = \frac{\dot{E}}{2}\frac{Z_2-Z_1}{Z_1+Z_2} \tag{4-1-27}$$

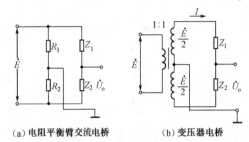

这种电桥结构简单,两个电阻R_1和R_2可用两个电阻和一个电位器组成,调零方便。

(2) 变压器电桥

如图 4-1-6(b)所示,变压器电桥由变压器次级线圈中心抽头提供$E/2$电压。而电阻平衡臂电桥则用两个平衡电阻$R_1=R_2$分压提供$E/2$电压,因此,(4-1-27)式对变压器电桥同样是适用的。变压器电桥与电阻平衡臂电桥相比,使用元件少,输出阻抗

(a) 电阻平衡臂交流电桥　　　(b) 变压器电桥

图 4-1-6　两种交流电桥

小,因而获得广泛应用。

图 4-1-6 中,Z_1和Z_2若为两个电阻式传感器,即$Z_1=R_1$,$Z_2=R_2$,代入(4-1-27)式得

$$\dot{U}_o = \frac{\dot{E}}{2}\frac{R_2-R_1}{R_1+R_2} \tag{4-1-28}$$

图 4-1-6 中,Z_1和Z_2若为两个电感式传感器,即$Z_1=j\omega L_1$,$Z_2=j\omega L_2$,代入(4-1-27)式得

$$\dot{U}_o = \frac{\dot{E}}{2}\frac{L_2-L_1}{L_1+L_2} \tag{4-1-29}$$

图 4-1-6 中,Z_1和Z_2若为两个电容式传感器,即$Z_1=1/j\omega C_1$,$Z_2=1/j\omega C_2$,代入(4-1-27)式得

$$\dot{U}_o = \frac{\dot{E}}{2}\frac{C_1-C_2}{C_1+C_2} \tag{4-1-30}$$

(4-1-28)式~(4-1-30)式都包含两参数的差与两参数的和之比,在第 5 章我们将会看到,正是这一特点使变压器电桥与电阻平衡臂电桥都适合于差动阻抗(电阻、电感、电容)式传感器。

3. 有源电桥

图 4-1-7 中,R_1、R_2、R_3均为固定电阻R,R_x为电阻式传感器电阻$R_x=R+\Delta R$。图(b)、(c)和(d)为三种有源电桥,电阻式传感器R_x接在运放负反馈回路中,同图 4-1-7(a)相比,输出电压的线性度高,灵敏度高,且有很低的输出电阻,所以在测温电路中得到了广泛应用。

图 4-1-7(a)为单臂电桥,由(4-1-17)式可知,输出电压U_o为

$$U_o = \frac{E}{2}\frac{\Delta R}{2R+\Delta R} = \frac{E}{4}\frac{\Delta R}{R}\frac{1}{1+\dfrac{\Delta R}{2R}} \tag{4-1-31}$$

由于(4-1-31)式的分母中包含被测电阻相对变化$\Delta R/R$,因此,电桥的输出电压U_o与被测电阻相对变化$\Delta R/R$成非线性关系。

图 4-1-7(b)为双端激励有源电桥,图 4-1-7(c)为单端激励有源电桥,两者的输出电压U_o均为

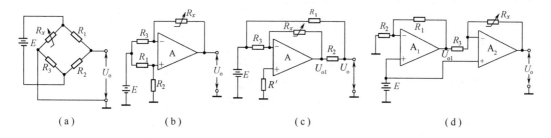

（a）　　　　　　（b）　　　　　　（c）　　　　　　（d）

图 4-1-7　有源电桥

$$U_o = -\frac{E}{2}\frac{\Delta R}{R} \tag{4-1-32}$$

图 4-1-7(d)电路将激励电源接入运放同相端,比图 4-1-7(c)电路有更高的输入电阻,该电路输出电压为

$$U_o = -E\frac{\Delta R}{R} \tag{4-1-33}$$

若图 4-1-7(d)中 R_x 与 R_1 互换,上述结果仍相同。

将(4-1-32)式、(4-1-33)式与(4-1-31)式对比可知,图 4-1-7(b)、(c)和(d)所示电桥的输出电压不仅比图 4-1-7(a)所示电桥成倍提高,而且消除了图 4-1-7(a)所示电桥的非线性。

4.2　阻抗-电压转换法

4.2.1　欧姆法(恒流法)

欧姆法就是应用欧姆定律,让一个已知的标准恒定电流通过被测阻抗,由于被测阻抗两端电压正比于被测阻抗,所以可把被测阻抗转换为电压来测量。图 4-2-1 所示为两种阻抗-电压转换基本电路。对于图 4-2-1(a)所示电路,有

$$U_x = I_N\left(1+\frac{R_2}{R_1}\right)R_x \tag{4-2-1}$$

对于图 4-2-1(b)所示电路,有

$$U_x = -I_N R_x \tag{4-2-2}$$

两个电路输出电压 U_x 在 I_N 与 R_x 无关的条件下,均与被测电阻 R_x 成线性正比关系,其中图 4-2-1(a)适合于测量小阻值 R_x,图 4-2-1(b)适合于测量大阻值 R_x。

图 4-2-2 与图 4-2-3 都类似于图 4-2-1(a)在被测电阻 R_x 上产生恒定电流。图 4-2-2 称为自举式阻抗-电压转换器,其输出电压 U_o 与 R_x 成正比,即

$$U_o = \frac{E_N}{R_N}R_x \tag{4-2-3}$$

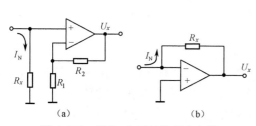

（a）　　　　　　（b）

图 4-2-1　阻抗-电压转换基本电路

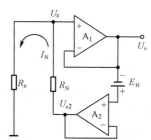

图 4-2-2　自举式阻抗-电压转换器

图 4-2-3 称为恒流桥式阻抗-电压转换器,图中 A_1、VT_1 和 A_2、VT_2 分别组成两个恒流源电路,产生基准电流 I_{ref} 和 I'_{ref},调节电位器 R_{P1} 和 R_{P2} 使 $I_{ref} = I'_{ref}$,A_3 为同相放大器,增益为 10,可由 R_{P3} 调整,其输入电压为

$$U = I_{ref}(R_x - R_5)$$

放大后输出电压为

$$U_o = 10 I_{ref}(R_x - R_5) \qquad (4-2-4)$$

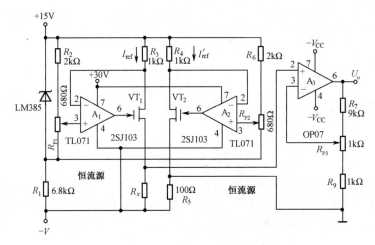

图 4-2-3 恒流桥式阻抗-电压转换器

图 4-2-4 为反馈电阻式阻抗-电压转换器,图中运放 A_1 组成基准电压源电路,$U_{ref} = -2V$,S 为量程选择开关,A_2 为反相比例运放,以被测电阻 R_x 作为其反馈电阻,若令 R_N 表示其输入端电阻,则其输出电压为

$$U_o = -U_{ref} \frac{R_x}{R_N} = I_{ref} \cdot R_x \qquad (4-2-5)$$

若 U_o 量程选定为 10V,则当 S 所连电阻 R_N 分别为 200Ω、2kΩ、20kΩ、200kΩ、2MΩ 时,对应 R_x 的量程分别为 1kΩ、10kΩ、100kΩ、1MΩ、10MΩ。

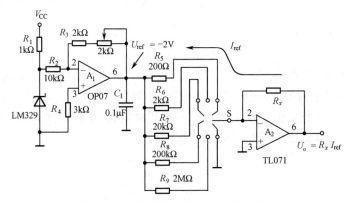

图 4-2-4 反馈电阻式阻抗-电压转换器

4.2.2 比例运算法

电容式传感器的比例运算法测量电路如图 4-2-5 所示。图中 C_x 为传感器电容,C_0 为固定电容,通常取其值等于传感器初始电容(C_0 最好采用与 C_x 同型号电容式传感器,且与 C_x 处于同一温度环境中,但不随被测量 x 变化,这样可抵消温度变化的影响)。对于图 4-2-5(a)有

$$U_o = -U_E \frac{C_0}{C_x} \qquad (4\text{-}2\text{-}6)$$

这种接法的特点是输出电压与被测电容 C_x 成反比。

对图 4-2-5(b)有

$$U_o = -U_E \frac{C_x}{C_0} \qquad (4\text{-}2\text{-}7)$$

这种接法的特点是输出电压与被测电容 C_x 成正比。

对图 4-2-5(c)有

$$U_o = U_E \frac{C_2 - C_1}{C_0} \qquad (4\text{-}2\text{-}8)$$

这种接法的特点是输出电压与两个电容的差 $(C_2 - C_1)$ 成正比。

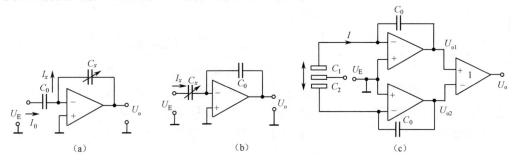

图 4-2-5　比例运算法测量电路

4.2.3　差动脉冲调宽法

差动脉冲调宽电路也称脉冲调制电路,如图 4-2-6 所示。C_1 和 C_2 为差动电容式传感器的两个电容。双稳态触发器两端分别输出高电平 U_E 和低电平 0。当 Q 端从零跳变到 U_E、$\overline{Q}$ 端从 U_E 跳变到 0 时,C_2 通过 VD_2 迅速放电到 0,U_E 通过 R_1 对 C_1 充电,其电压方程为

$$u_{C1} = U_E(1 - e^{-t/R_1 C_1}) \qquad (4\text{-}2\text{-}9)$$

在 C_1 充电达到 U_R 时,比较器发生跳变,使触发器翻转。于是 C_2 开始充电,而 C_1 则通过 VD_1 放电,重复上面的同一过程。U_E 使 C_1 充电到 U_R 的时间 T_1 可用下式求出

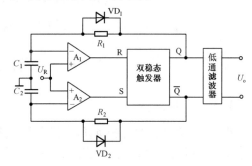

$$u_{C1} = U_R = U_E(1 - e^{-T_1/R_1 C_1}) \qquad (4\text{-}2\text{-}10)$$

解之得　　　$$T_1 = R_1 C_1 \ln \frac{U_E}{U_E - U_R} \qquad (4\text{-}2\text{-}11)$$

同理,可得电容 C_2 的充电时间为

图 4-2-6　差动脉冲调宽电路

$$T_2 = R_2 C_2 \ln \frac{U_E}{U_E - U_R} \qquad (4\text{-}2\text{-}12)$$

图 4-2-7 为几个主要点的波形图。由图可见,Q 端和 $\overline{Q}$ 端的输出是幅值为 U_E 而宽度分别为 T_1 和 T_2 的方波,Q 端与 $\overline{Q}$ 端间的差模电压经低通滤波后,输出电压为

$$U_o = \overline{U}_{AB} = \overline{U}_Q - \overline{U}_{\overline{Q}} = U_E \frac{T_1 - T_2}{T_1 + T_2} \qquad (4\text{-}2\text{-}13)$$

取 $R_1 = R_2$,将(4-2-11)式、(4-2-12)式代入(4-2-13)式得

$$U_o = \overline{U}_{AB} = U_E \frac{C_1 - C_2}{C_1 + C_2} \qquad (4\text{-}2\text{-}14)$$

下面讨论低通滤波器应具有的截止频率 f_h。令 $R_1 = R_2 = R_0$,C_0 代表 C_1、C_2 的初始电容,由

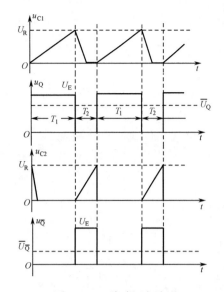

图 4-2-7 脉冲调宽波形

(4-2-11)式和(4-2-12)式可得方波基波频率 f_0 为

$$f_0 = \frac{1}{T_1 + T_2} \approx \frac{1}{2R_0 C_0 \ln \dfrac{U_E}{U_E - U_R}} \qquad (4\text{-}2\text{-}15)$$

为了滤去方波基波及其谐波而且允许频率为 f_x 的被测非电信号通过,一般选取

$$f_h = (3 \sim 5) f_x = \frac{f_0}{(3 \sim 5)} \qquad (4\text{-}2\text{-}16)$$

图 4-2-6 电路也适用于差动电阻式传感器,只需把图中 C_1 和 C_2 改为固定电容,且取 $C_1 = C_2$,R_1 和 R_2 改为差动电阻式传感器,将(4-2-11)式、(4-2-12)式代入(4-2-13)式得

$$U_o = \overline{U}_{AB} = U_E \frac{R_1 - R_2}{R_1 + R_2} \qquad (4\text{-}2\text{-}17)$$

由(4-2-9)式和(4-2-10)式和图 4-2-7 可见,图 4-2-6 电路利用了 RC 电路的充、放电过程。同理,利用 RL 电路的充、放电过程,也可构成适合于差动自感式传感器的差动脉冲调宽电路,如图 4-2-8 所示。图中 L_1 和 L_2 为差动自感式传感器的电感,取 $R_1 = R_2$,同样也可推导出与(4-2-14)式相似的公式

$$U_o = \overline{U}_{AB} = U_E \frac{L_1 - L_2}{L_1 + L_2} \qquad (4\text{-}2\text{-}18)$$

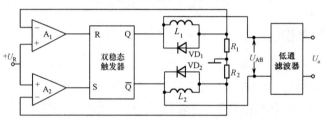

图 4-2-8　差动电感脉冲调宽电路

4.3　阻抗-频率转换法

4.3.1　调频法

调频法的基本原理是把 R、L、C 接入 RC 或 LC 振荡电路,使振荡电路的频率随 R、L、C 变化。例如,把传感器电感 L 和一个固定电容 C 接入振荡器的振荡回路,如图 4-3-1 所示,使振荡频率为

$$f = \frac{1}{2\pi \sqrt{LC}} \qquad (4\text{-}3\text{-}1)$$

当 $L = L_0$ 时,$f = f_0$;当 $L = L_0 + \Delta L$ 时

$$f = \frac{1}{2\pi \sqrt{(L_0 + \Delta L)C}} = \frac{f_0}{\sqrt{1 + \dfrac{\Delta L}{L_0}}} \qquad (4\text{-}3\text{-}2)$$

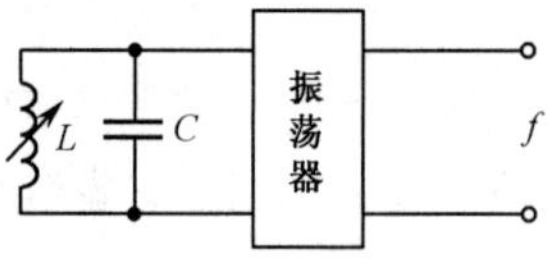

图 4-3-1　调频电路

根据数学近似公式:当 $x \ll 1$ 时,有

$$\frac{1}{\sqrt{1+x}} \approx 1 - \frac{1}{2}x \qquad (4\text{-}3\text{-}3)$$

由(4-3-2)式和(4-3-3)式可知,当 $\Delta L/L_0 \ll 1$ 时,有

$$\Delta f = f_0 - f \approx \frac{f_0}{2} \frac{\Delta L}{L_0} \tag{4-3-4}$$

调频电路具有严重的非线性关系,要求后续电路做适当的线性处理。此外,调频电路只有在 f_0 较大的情况下才能达到较高的精度。例如,若测量频率的精度为 1Hz,那么当 $f_0 = 1MHz$ 时,相对误差为 10^{-6}。

图 4-3-1 所示调频电路中,把固定电感 L 和传感器电容 C 接入振荡器的振荡回路,类似于 (4-3-4) 式,当 $C = C_0 + \Delta C$ 且 $\frac{\Delta C}{C_0} \ll 1$ 时,有

$$\Delta f = f_0 - f \approx \frac{f_0}{2} \frac{\Delta C}{C_0} \tag{4-3-5}$$

式中

$$f_0 = \frac{1}{2\pi \sqrt{LC_0}} \tag{4-3-6}$$

一般 f_0 都取得相当高(达兆赫级)。减小 C_0 可提高灵敏度但会加大非线性,因此要全面考虑,并在后续电路中采取线性化措施。

对于差动电容式传感器,可采用如图 4-3-2 所示差频电路。图中选频器输出差频 f_d 为

$$f_d = f_2 - f_1 = \frac{f_0}{\sqrt{1 - \frac{\Delta C}{C_0}}} - \frac{f_0}{\sqrt{1 + \frac{\Delta C}{C_0}}} \xrightarrow{\frac{\Delta C}{C_0} \ll 1} f_0 \frac{\Delta C}{C_0}$$

由上式可见,差频信号仍然是受被测信号调制的调频波,但 $f_d \ll f_0$,载频频率下降了,有利于信号的放大和处理。此外,两个振荡器频率漂移中有规律性部分(如温度变化的影响)经过差频后将互相抵消。这种电路的特点是灵敏度高,可测量 0.01pF 甚至更小的变化量。缺点是振荡频率受温度和电缆电容的影响大。

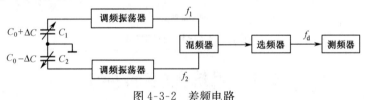

图 4-3-2 差频电路

4.3.2 积分法

电阻-频率转换器的组成原理框图如图 4-3-3(a) 所示,图中 R_x 为传感器电阻,$R_x = R + \Delta R$,且 $R_2 = R_3 = R_4 = R$,由 (4-1-18) 式得单臂电桥输出电压为

$$U = \frac{U_r}{4R} \Delta R$$

电桥电源电压 U_r 由电路末级的比较器输出所决定。

积分器对电桥电压被放大 A 倍后的电压 $U_a = -AU$ 进行积分

$$U_c = -\frac{1}{C} \int_0^t \frac{U_a}{R_5} dt \qquad (0 < t \leqslant \frac{T_1}{2})$$

设 $t = 0$ 时,$U_c = 0$,$U_r > 0$,积分器和电压比较器的输出波形如图 4-3-3(b) 所示。电压比较器的参考电压 U_b 也由 U_r 决定,即

$$U_b = \frac{R_6}{R_6 + R_7} U_r$$

U_c 随时间线性增长,当 $U_c = U_b$ 时,电压比较器动作,改变基准电压 U_r 的极性,从而改变 ΔU、U_a、U_b 的极性,使积分器向相反方向积分,当 U_c 下降到 $-U_b$ 时,电压比较器翻转,如此重复下去,

就形成如图 4-3-3(b)所示的方波,输出电压的频率为

$$f = \frac{1}{T} = \frac{(R_6 + R_7)A}{16R_5R_6C} \frac{\Delta R}{R}$$ (4-3-7)

可见,转换器输出信号频率 f 与 ΔR 成正比,具有线性变换关系。

实际电阻-频率转换器电路如图 4-3-3(c)所示。该电路只能测 ΔR 的单方向变化(增大或减小),若要测 ΔR 的双向变化,可在积分器输入端加一预置电压或加一极性判别和反相电路。

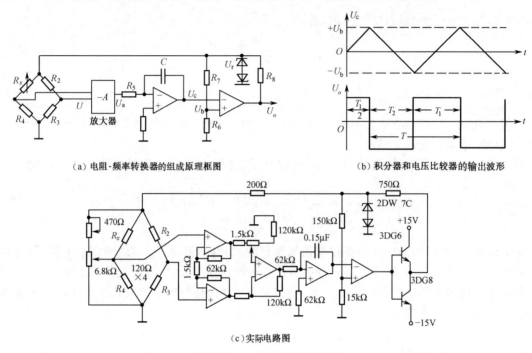

(a) 电阻-频率转换器的组成原理框图　　(b) 积分器和电压比较器的输出波形

(c)实际电路图

图 4-3-3　电阻-频率转换器

4.4　阻抗-数字转换法

4.4.1　电阻-数字转换法

1. 单斜积分法

图 4-2-4 所示方法一般适合于几百欧至几十兆欧的中值电阻的测量,对于高值电阻的测量,可采用单斜积分法,其原理框图如图 4-4-1(a)所示。这种方法能以 0.1% 的精度对 $10^9 \sim 10^{14}\,\Omega$ 的电阻进行数字测量。

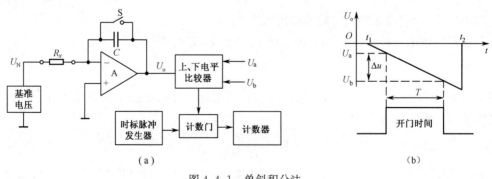

(a)　　　　　　　　　　　(b)

图 4-4-1　单斜积分法

图 4-4-1(b)为积分输出波形,t_1 时将开关 S 断开,开始对基准电压 U_N 积分,积分器输出电压 U_o 下降,当下降到上比较电平 U_a 时,比较器动作,打开计数门,计数器开始对时标脉冲计数,当 U_o 下降到下比较电平 U_b 时,比较器翻回原状态,关闭计数门,计数器停止计数。然后在 t_2 时 S 闭合,积分器迅速返回 0,计数器在 U_o 从 U_a 下降到 U_b 期间所计时标脉冲数 N 为

$$N = \frac{U_b - U_a}{U_N T_c} C R_x \tag{4-4-1}$$

式中,T_c 为时标脉冲的周期。

2. 双斜积分法

双斜积分法测电阻的原理如图 4-4-2 所示。图中电压跟随器 A_1 用以增大积分器的输入阻抗,记忆电容 C_0 和参考电容 C_r 用以消除偏移电压 e_1、e_2、e_3 的影响。对电阻 R_x 测量过程分为 3 步,恒流源提供的工作电流 I 一直保持不变。

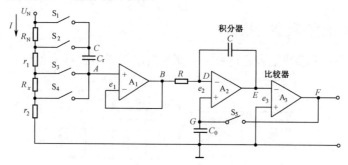

图 4-4-2　双斜积分法

(1) 初始状态——S_1、S_4、S_5 闭合,S_2、S_3 断开

当系统达到平衡后,积分过程停止,R 上无电流流过,$U_D = U_B$,图中各点电位为

$$U_A = I r_2$$
$$U_C = I(R_N + R_x + r_1 + r_2)$$
$$U_{C_r} = U_C - U_A = I(R_N + R_x + r_1)$$
$$U_D = U_B = U_A - e_1 = I r_2 - e_1$$

比较器输入电压为 $U_{E0} = e_3$(因 $U_{E0} - e_3 = 0$),比较器输出电压为

$$U_F = U_{C_0} = U_G = U_D - e_2 = I r_2 - e_1 - e_2$$

(2) 对 $I R_x$ 的定时积分——S_1、S_2、S_4、S_5 断开,S_3 闭合

$$U_A = I(R_x + r_2)$$
$$U_B = U_A - e_1 = I(R_x + r_2) - e_1$$
$$U_D = U_{C_0} + e_2 = (I r_2 - e_1 - e_2) + e_2 = I r_2 - e_1$$
$$U_{BD} = U_B - U_D = [I(R_x + r_2) - e_1] - (I r_2 - e_1) = I R_x$$

经固定时间 T_1 后,比较器 A_3 输入电压为

$$U_{E1} = U_{E0} - \frac{I R_x T_1}{RC} = e_3 - \frac{I R_x T_1}{RC}$$

(3) 对 $I R_N$ 的定值积分——S_1、S_3、S_4、S_5 断开,S_2 闭合

$$U_C = I(R_x + r_1 + r_2)$$

初始状态时,C_r 上曾存储电压 $U_{C_r} = I(R_N + R_x + r_1)$,在定时积分阶段 S_1、S_2 断开,故 C_r 上仍保持该电压,因此

$$U_A = U_C - U_{C_r} = I(r_2 - R_N)$$
$$U_B = U_A - e_1 = I(r_2 - R_N) - e_1$$
$$U_D = U_{C_0} + e_2 = I r_2 - e_1$$
$$U_{BD} = U_B - U_D = [I(r_2 - R_N) - e_1] - (I r_2 - e_1) = -I R_N$$

经 T_2 时间后,比较器输入电压又返回 e_3,比较器动作,测量结束,此时有

$$U_{E2}=U_{E1}+\frac{IR_N T_2}{RC}=U_{EO}$$

即

$$\left[-\frac{1}{RC}(IR_x)T_1+e_3\right]+\left[-\frac{1}{RC}(-IR_N)T_2\right]=e_3$$

故得

$$T_2=\frac{T_1}{R_N}R_x \tag{4-4-2}$$

由此可见,T_2 仅与 T_1 和 R_N 有关,I 的大小及偏移电压的影响均已消除,因而可实现较高精度的电阻测量。

像单斜式积分法一样,也可用脉冲计数法测得时间间隔 T_2,若时标脉冲周期为 T_c,则与 R_x 相对应的 T_2 的计数值为

$$N=\frac{T_2}{T_c}=\frac{T_1}{T_c}\frac{R_x}{R_N} \tag{4-4-3}$$

4.4.2 电感、电容-数字转换法

采用同步分离法对电感或电容进行数字化测量的原理图如图 4-4-3 所示。

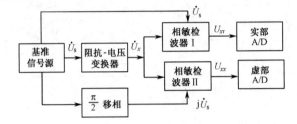

4-4-3 同步分离法对电感或电容进行数字化测量的原理图

图 4-4-3 中阻抗-电压变换器示于图 4-4-4。图 4-4-4(a) 为电感-电压变换器,L_x 为被测电感,r_x 为其损耗电阻,变换器输出电压为

$$\dot{U}_x=-\dot{U}_s\left(\frac{r_x+j\omega L_x}{R}\right)=-\dot{U}_s\frac{r_x}{R}-j\dot{U}_s\frac{\omega L_x}{R} \tag{4-4-4}$$

图 4-4-4(b) 为电容-电压变换器,C_x 为被测电容,G_x 为其损耗电导,变换器输出电压为

$$\dot{U}_x=-\dot{U}_s R(G_x+j\omega C_x)=-\dot{U}_s RG_x-j\dot{U}_s\omega RC_x \tag{4-4-5}$$

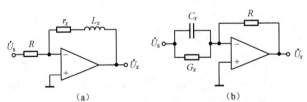

(a)　　　　　　　　　　(b)

图 4-4-4　阻抗-电压变换器

由以上两式可见,因阻抗元件(电感或电容)本身包含实部和虚部,所以阻抗-电压变换器的输出电压也包含实部和虚部,输出电压的实部与信号源电压 U_s 的频率相同,相位差 180°,其大小与阻抗的实部(电阻或电导)成正比;输出电压的虚部与信号源电压 U_s 的频率相同,相位差 270°,其大小与阻抗的虚部(电感或电容)成正比。因此,只要把阻抗-电压变换器的电压的实部和虚部分离开来,并分别进行数字化测量,就可求得被测电感 L_x(或电容 C_x) 及其损耗电阻 r_x(或损耗电导 G_x)。

图 4-4-3 中的两个相敏检波器就是用来实现实部与虚部分离的。相敏检波器 I 的两个输入电压为 $\dot{U}_s$ 和 $\dot{U}_x$,$\dot{U}_x$ 的虚部与 $\dot{U}_s$ 频率相同而相位正交($\theta=270°$),在相敏检波器 I 中产生的输出为 0。由于 $\dot{U}_x$ 的实部与 $\dot{U}_s$ 频率相同而相位相反,因此在相敏检波器 I 中产生的输出为

测电感时
$$U_{xr} = \frac{kU_s^2}{2R} r_x \qquad (4\text{-}4\text{-}6)$$

测电容时
$$U_{xr} = \frac{k}{2} U_s^2 R G_x \qquad (4\text{-}4\text{-}7)$$

式中，k 为相敏检波器的检波系数。

相敏检波器 Ⅱ 的两个输入电压为 $\dot{U}_x$ 和 $j\dot{U}_s$，由于 $\dot{U}_x$ 的实部与 $j\dot{U}_s$ 频率相同而相位正交，在相敏检波器 Ⅱ 中产生的输出为 0，而 $\dot{U}_x$ 的虚部与 $j\dot{U}_s$ 频率相同而相位相反（$\theta = 180°$），因此在相敏检波器 Ⅱ 中产生的输出为

测电感时
$$U_{xx} = \frac{kU_s^2}{2R} \omega L_x \qquad (4\text{-}4\text{-}8)$$

测电容时
$$U_{xx} = \frac{k}{2} U_s^2 R \omega C_x \qquad (4\text{-}4\text{-}9)$$

由(4-4-6)式和(4-4-7)式可见，相敏检波器 Ⅰ 的输出只与被测阻抗（或导纳）的实部即电阻或电导成正比，与被测阻抗的虚部即电感或电容无关。而由(4-4-8)式、(4-4-9)式可见，相敏检波器 Ⅱ 的输出只与被测阻抗的虚部即电感（或电容）成正比，与被测阻抗的实部即电阻或电导无关。这样就实现了实部和虚部的分离。用两个 A/D 转换器分别对两个相敏检波器的输出进行数字化测量，就可实现对阻抗的实部（电阻或电导）和虚部（电感或电容）的数字化测量。

思考题与习题

1. 交流电桥如题 1 图所示，试问：

(1) 该电桥能否平衡？为什么？如果能平衡，写出其平衡方程式。

(2) 若只调节 R_2 和 R_4，电桥能否平衡？为什么？

2. 差动电阻式传感器如果不是接入电桥横跨电源的相邻两臂，而是接入电桥的相对两臂，会产生什么不好的结果？

3. 差动电阻式传感器电桥与单臂电阻式传感器电桥相比，有哪些优越性？为什么会有这些优越性？

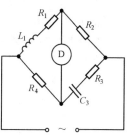

题 1 图

4. 图 4-2-4 电路输出端若接入一个量程为 5V 的电压表，相应的 R_x 的量程会变为多少？当量程开关 S 置于 1 挡时，若测得 $U_o = 2.5V$，试问 R_x 为多少？

5. 怎样选取图 4-2-6 中滤波器的类型及频率？为什么要这样选择？

6. 试推导图 4-2-8 的计算公式(4-2-18)。

7. 试用恒流源、555 定时器和通用计数器设计一个电容-数字转换电路，画出其框图，并说明其工作原理。

8. 试设计一个采用热敏电阻的温度-频率变换电路，说明其原理。

第 4 章例题解析

第 4 章思考题与习题解答

第 5 章　阻抗型传感器

5.1　电阻式传感器

电阻式传感器是将非电量变化转换为电阻变化的传感器。电阻式传感器的用途很广,种类很多,本节介绍 7 种电阻式传感器,光敏电阻将在 7.1 节中予以介绍。

5.1.1　电位器式传感器

电位器是一种常用的机电元件,主要把机械位移转换为与其成一定函数关系的电阻或电压输出,广泛用于各种电气和电子设备中。它除了用于线位移和角位移测量,还可用于测量一切能转换为位移的其他非电量,如压力、加速度、液位等。

电位器的优点是:结构简单、尺寸小、质量轻、输出特性精度高(可达 0.1% 或更高)且稳定性好,可以实现线性及任意函数特性;受环境因素(如温度、湿度、电磁干扰等)影响较小;输出信号较大,一般不需放大。因此,它是最早获得工业应用的传感器之一,至今在某些场合下还在使用。

1. 基本工作原理

电位器式传感器由电阻器和电刷两部分组成,如图 5-1-1(a)、(b)所示。当电刷触点 C 在电阻器 R_{AB}(阻值为 R)上移动时,AC 间的电阻就会发生变化,而且阻值 R_{AC} 与电刷触点的直线位移或角位移 x 成一定的函数关系。如果把 CB 短接,如图 5-1-1(c)所示,则电位器便作为变阻器使用,其电阻值为位移 x 的函数,即

$$R_x = R_{AB} = R_{AC} = f(x) \tag{5-1-1}$$

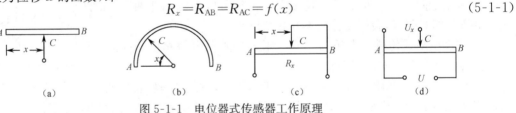

图 5-1-1　电位器式传感器工作原理

如果把电位器作为分压器使用,如图 5-1-1(d)所示,则输出电压为位移 x 的函数,即

$$U_x = U_{AC} = \frac{U}{R_{AB}} R_{AC} = \frac{U}{R} f(x) \tag{5-1-2}$$

2. 输入/输出特性

按输入/输出特性分类,电位器式传感器可分为线性电位器和非线性电位器。

空载时输出电压(电阻)与电刷位移之间具有线性函数关系的电位器称为线性电位器,其输出电压(电阻)与电刷位移成正比,即

$$R_x = \frac{R}{L} x, \quad U_x = \frac{U}{R} R_x = \frac{U}{L} x \tag{5-1-3}$$

式中,L 为电位器电刷触点的行程;x 为电位器电刷触点的位移;U 为输入电压;U_x 为输出电压;R_x 为输出电阻。

非线性电位器是指在空载时输出电压(电阻)与电刷位移之间具有非线性函数关系的电位器,也称函数电位器。用非线性电位器可使传感器获得各种特殊要求的非线性函数(如指数函数、三角函数、对数函数及其他任意函数)输出;也可以通过它的非线性来修正仪表与传感器或带有负载的电位器的非线性,从而最终获得线性输出特性。

3. 结构形式

按结构形式分类,电位器式传感器可分为线绕电位器和非线绕电位器。

线绕电位器的电阻器是由电阻系数很高的极细的绝缘导线,按照一定规律整齐地绕在一个绝缘骨架上制成的。在它与电刷相接触的部分,将导线表面的绝缘层去掉,然后加以抛光,形成一个电刷可在其上滑动的光滑而平整的接触道。电刷通常由具有弹性的金属薄片或金属丝制成,其末端常弯曲成弧形。利用电刷本身的弹性变形所产生的弹性力,使电刷与电阻器之间有一定的接触压力,以使两者在相对滑动过程中保持可靠的接触和导电。

线绕电位器的优点是精度高、性能稳定,易于达到较高的线性度并实现各种非线性特性。但它也存在许多缺点,如阶梯误差、分辨率低、耐磨性差、寿命较短等。因此发展了在某些性能方面优于线绕电位器的非线绕电位器。

非线绕电位器目前常见的有合成膜、金属膜、导电塑料、导电玻璃釉电位器等。它们在结构上的共同特点是在绝缘基座上制成各种电阻薄膜元件,因此比线绕电位器具有高得多的分辨率,且耐磨性好,寿命长,如导电塑料电位器的使用寿命可达上千万次。它们的缺点是对温度和湿度变化比较敏感,且要求接触压力大,只能用于推动力大的敏感元件。

上述几种电位器都是接触式电位器。光电电位器是一种非接触式电位器,它以光束代替常规的电刷,克服了接触式电位器共有的耐磨性差、寿命短的缺点。

光电电位器的结构原理如图 5-1-2 所示。图中基体(常用材料为氧化铝)上沉积一层硫化镉或硒化镉的光电导层,然后在其上沉积一条金属(金或银)导电条作为导电电极和一条薄膜电阻(镍铝合金等)带,在电阻带和导电电极间留有很窄的间隙,作为电刷的窄光束就照射在这个窄间隙上。由于处在间隙中的光电导材料(光电导层)的暗电阻(无光照射的电阻)和亮电阻(有光照射的电阻)之比可达 $10^5 \sim 10^8$,所以当一窄光束照射到间隙上时,就相当于把电阻带和导电电极接

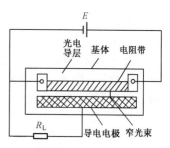

图 5-1-2　光电电位器原理图

通,在外施电源 E 的情况下,负载电阻 R_L 上便有输出电压,且输出电压值随光束位置而改变。

光电电位器阻值宽($500\Omega \sim 15M\Omega$)、无摩擦、无磨损、寿命长(可达亿万次循环)、分辨率也高。缺点是由于光电导层虽经窄光束照射而导通,但照射处的电阻还相当高(可达 $10k\Omega$ 或更高),因而光电电位器输出大电流困难,需配高输入阻抗放大器工作。另外,它的结构比较复杂,工作温度范围比较窄(目前最高达 $150℃$),线性度也不高。

5.1.2　应变式传感器与压阻式传感器

1. 应变电阻效应和压阻效应

导体或半导体材料在受到外界力(拉力或压力)作用时,产生机械变形,机械变形导致其阻值变化,这种因形变而使其阻值发生变化的现象称为"应变电阻效应"。

对于横截面均匀的导体(或半导体),其电阻为

$$R = \rho \frac{l}{A} \tag{5-1-4}$$

式中,l 为导体(或半导体)长度;A 为导体(或半导体)截面积;ρ 为导体(或半导体)电阻率。

当它受到轴向力 F 而被拉伸(或压缩)时,其 l,A,ρ 均发生变化,如图 5-1-3 所示,因而其电阻值随之变化。通过对(5-1-4)式两边取对数再求微分,即可求得其电阻相对变化

$$\frac{\mathrm{d}R}{R} = \frac{\mathrm{d}l}{l} - \frac{\mathrm{d}A}{A} + \frac{\mathrm{d}\rho}{\rho} \tag{5-1-5}$$

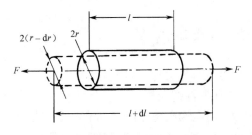

图 5-1-3　导体受拉伸后的参数变化

在材料力学中,(5-1-5)式等号右边第一项称为轴向线应变(或纵向线应变)ε,即

$$\varepsilon = \mathrm{d}l/l \qquad (5\text{-}1\text{-}6)$$

受拉(或受压)时,半径缩小(或扩大)产生径向线应变(或横向线应变)$\mathrm{d}r/r$,它与轴向(纵向)线应变符号相反,二者的比值称为泊松比,即

$$\mu = \frac{\mathrm{d}r/r}{\mathrm{d}l/l} = -\frac{\mathrm{d}r/r}{\varepsilon} \quad (\mu > 0) \qquad (5\text{-}1\text{-}7)$$

(5-1-5)式中等号右边第二项称为面应变,因 $A = \pi r^2$,故有

$$\frac{\mathrm{d}A}{A} = 2\frac{\mathrm{d}r}{r} = -2\mu\varepsilon \qquad (5\text{-}1\text{-}8)$$

因体积 $V = Al$,故相应的体应变为

$$\frac{\mathrm{d}V}{V} = \frac{\mathrm{d}l}{l} + \frac{\mathrm{d}A}{A} = (1-2\mu)\varepsilon \qquad (5\text{-}1\text{-}9)$$

实验证明,金属导体材料的电阻率相对变化与其体应变成正比,即

$$\frac{\mathrm{d}\rho}{\rho} = C\frac{\mathrm{d}V}{V} = C(1-2\mu)\varepsilon \qquad (5\text{-}1\text{-}10)$$

式中,C 为由一定的材料和加工方式决定的常数。

半导体材料受到应力作用时,其电阻率会发生变化,这种现象称为"压阻效应"。由半导体理论可知,锗、硅等单晶半导体材料的电阻率相对变化与作用于材料的轴向应力 σ 成正比,即

$$\frac{\mathrm{d}\rho}{\rho} = \pi\sigma \qquad (5\text{-}1\text{-}11)$$

式中,π 为半导体材料在受力方向的压阻系数。

由材料力学可知,轴向应力 σ 与轴向力 F 及轴向线应变 ε 关系为

$$\sigma = \frac{F}{A} = \varepsilon E \qquad (5\text{-}1\text{-}12)$$

式中,E 为半导体材料的弹性模量。

将(5-1-6)式、(5-1-8)式和(5-1-10)式代入(5-1-5)式得金属材料的电阻相对变化为

$$\frac{\Delta R}{R} \approx \frac{\mathrm{d}R}{R} = (1+2\mu)\varepsilon + C(1-2\mu)\varepsilon = K_\mathrm{m}\varepsilon \qquad (5\text{-}1\text{-}13)$$

式中,K_m 为金属材料应变的灵敏系数,且

$$K_\mathrm{m} = (1+2\mu) + C(1-2\mu) \qquad (5\text{-}1\text{-}14)$$

将(5-1-6)式、(5-1-8)式、(5-1-11)式和(5-1-12)式代入(5-1-5)式得半导体材料的电阻相对变化为

$$\frac{\Delta R}{R} \approx \frac{\mathrm{d}R}{R} = [(1+2\mu) + \pi E]\varepsilon = K_\mathrm{s}\varepsilon \qquad (5\text{-}1\text{-}15)$$

式中,K_s 为半导体材料的应变灵敏系数,且

$$K_\mathrm{s} = 1 + 2\mu + \pi E \qquad (5\text{-}1\text{-}16)$$

由(5-1-5)式可见,电阻相对变化由两部分引起:一部分是由于材料受力后几何尺寸变化(应变)即(5-1-5)式中前两项引起的;另一部分是由于受力后电阻率发生变化而引起的。对于金属材料,一般 $\mu \approx 0.3$,$1+2\mu \approx 1.6$,以康铜为例,$C \approx 1$,$(1-2\mu) \approx 0.4$,根据(5-1-14)式得 $K_\mathrm{m} \approx 2.0$。显然,金属材料的应变电阻效应以结构尺寸变化为主。对于半导体材料,$\pi E \gg 1+2\mu$,$K_\mathrm{s} \approx \pi E$,因此

半导体材料的电阻变化主要基于压阻效应。以硅材料为例，$\pi=(48\sim80)\times10^{-11}\,\mathrm{m^2/N}$，$E=1.67\times10^{11}\,\mathrm{Pa}$，$K_s=50\sim100$。可见，半导体材料的灵敏系数要比金属材料的灵敏系数高出几十倍。

2. 电阻式应变传感器

电阻式应变传感器是基于应变电阻效应的电阻式传感器。综合(5-1-13)式和(5-1-15)式可得应变电阻效应的表达式为

$$\frac{\Delta R}{R}=k\varepsilon \tag{5-1-17}$$

由金属或半导体制成的应变-电阻转换元件称为电阻应变片，简称应变片，它是电阻式应变传感器中的传感元件。电阻式应变传感器的组成有两种：一种是直接将应变片粘贴在被测量的受力构件上，使应变片随受力构件一起变形，从而将受力构件的应变转换为应变片的电阻变化；另一种是将应变片粘贴到弹性敏感元件上，由弹性敏感元件将被测物理量（如力、压力、加速度等）转换为应变，再由应变片将应变转换为电阻变化。这两种情况都必须将应变片接入测量电路，以便将应变片的电阻变化转换为电压或电流信号。因此，电阻式应变传感器的基本组成部件包括：应变片、测量电路、弹性敏感元件及一些附件（如壳体、连接装置等），其中应变片是电阻式应变传感器的核心。

（1）应变片的组成结构和类型

应变片的形式各异，但其基本结构大体相同，一般由敏感栅、引出线、基底、盖片、黏合层等组成，如图 5-1-4 所示。

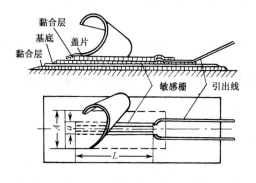

图 5-1-4 应变片的基本结构

敏感栅是应变片内实现应变-电阻转换的传感元件。为保持敏感栅固定的形状、尺寸和位置，通常用黏结剂将它固定在纸质或胶质的基底上，再在敏感栅上面粘贴一层纸质或胶质的覆盖层，起防潮、防蚀、防损等作用。敏感栅引出线用以与外接测量电路连接。应变片使用时，用黏结剂将基底粘贴到试件表面的被测部位。基底及其黏合层起着把试件应变传递给敏感栅的作用。为此，基底必须很薄，而且还应有良好的绝缘、抗潮和耐热性能。

按制造敏感栅的材料，应变片可分为金属应变片和半导体应变片两大类。按敏感栅的形状和制造工艺不同，金属应变片又可分为丝式、箔式和薄膜式三种。半导体应变片的敏感栅一般为单根状。

丝式应变片的敏感栅由直径 0.015～0.05mm 的金属丝绕成如图 5-1-5(a)所示的栅状，是应用最早的应变片。

箔式应变片的敏感栅由金属箔经光刻腐蚀成栅状，如图 5-1-5(b)所示。由于箔式应变片具有横向效应小、测量精度高、散热好、工作电流大、测量灵敏度高和易于成批生产等多方面优点，已经在许多场合下取代了丝式应变片。

薄膜式应变片采用真空蒸发或真空沉积方法在薄的绝缘基底上形成金属电阻材料薄膜（厚度0.1μm 以下）作为敏感栅，其优点是应变灵敏系数高，允许电流密度大，易实现工业化生产，是一种很有前途的新型应变片，目前实际使用中的主要问题是尚难控制其电阻对温度和时间的变化关系。

半导体应变片的优点是尺寸、横向效应、机械滞后都很小，灵敏系数极大，因而输出也大，可以不需放大器直接与记录仪连接，使得测量系统简化。缺点是电阻值和灵敏系数的温度稳定性差，测量较大应变时非线性严重；灵敏系数随受拉或受压而变，且分散度大，一般在 3%～5% 之间，因而使测量结果有 ±(3～5)% 的误差。

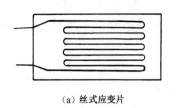

(a) 丝式应变片

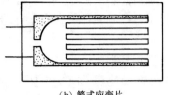

(b) 箔式应变片

图 5-1-5 丝式应变片与箔式应变片

（2）应变片的灵敏系数

当应变片安装于试件表面，在其轴线方向的单向应力作用下，应变片的阻值相对变化与试件表面上安装应变片区域的轴向应变 ε_x 之比称为应变片的灵敏系数 k，即

$$k=\frac{\Delta R/R}{\varepsilon_x} \tag{5-1-18}$$

电阻应变片的灵敏系数 k 并不等于制作该应变片的应变电阻材料本身的灵敏系数 k_0，必须重新用实验测定。因应变片粘贴到试件上后不能取下再用，所以只能在每批产品中抽样测定，取平均 k 值作为该批产品的"标称灵敏系数"。实验表明：$k<k_0$，究其原因，除黏合层传递应变有失真外，另一个重要原因是存在横向效应。

由图 5-1-5 可见，敏感栅通常由多条轴向纵栅和圆弧横栅组成。当试件承受单向应力时，其表面处于平面应变状态，即轴向拉伸 ε_x 和横向收缩 ε_y。粘贴在试件表面的应变片，其纵栅和横栅分别感受 ε_x 和 ε_y，从而引起总的电阻变化为

$$\frac{\Delta R}{R}=k_x\varepsilon_x+k_y\varepsilon_y=k_x(1+\alpha H)\varepsilon_x \tag{5-1-19}$$

式中，k_x 为轴向灵敏系数；k_y 为横向灵敏系数；$\alpha=\dfrac{\varepsilon_y}{\varepsilon_x}$ 为双向应变比（$\alpha<0$）；$H=\dfrac{k_y}{k_x}$ 为横向效应系数或横向灵敏度。

若令 $k=\dfrac{\Delta R/R}{\varepsilon_x}$，则由(5-1-19)式可见，因 $\alpha<0$，故有 $k<k_x$。

（3）应变片的选择和安装

应变片的种类很多，选择何种应变片是测试前应确定的问题。一般根据实验环境、应变性质、试件状况及测试精度选择合适的应变片。

应变片在试件上的安装质量是决定测试精度及可靠性的关键之一，必须予以高度重视。安装方法有三种：粘贴法是最常用的，焊接法适用于金属基底的应变片，喷涂法主要用于高温应变测量。

应变片在安装之前，应对其外观和电阻值进行检查。为了使应变片粘贴牢固，需事先对试件粘贴表面进行机械、化学处理，处理面积约为应变片面积的 3 倍。在贴片时，可按规范对黏结剂进行加温固化或者加压。固化后的应变片阻值会有变化，其变化量一般应为零点几欧。

（4）应变电桥

应变片粘贴好后，通常要接入图 4-1-1 所示惠斯通电桥，称为应变电桥，以便把应变片电阻值的变化转换为电压进行测量。下面先讨论 4 个应变片工作的一般情况。

实际工作中，通常采用同型号的应变片，即 4 个应变片的阻值 R 和灵敏系数 k 都相同，分别接入惠斯通电桥四臂。在应变为 0 的初始状态下，电桥平衡，没有输出电压；在应变片承受应变时，电桥失去平衡，产生输出电压。

将 $\Delta R_i/R_i=k\varepsilon_i$ 代入(4-1-15)式得

$$U_o=\frac{kU}{4}(\varepsilon_1-\varepsilon_2+\varepsilon_3-\varepsilon_4) \tag{5-1-20}$$

由上式可见,为了尽可能提高应变电桥的灵敏度,应将承受同向应变的应变片接在电桥的相对两臂,而将承受反向应变的应变片接在电桥横跨电源的相邻两臂,如图 4-1-15 所示。实际工作中,应变片的粘贴和连接,常见有以下几种情况。

① 单应变片工作:把一个工作应变片接入电桥的一臂,另三臂接固定电阻 $R_2=R_3=R_4=R$,如图 4-1-5(a)所示。将 $\Delta R_1/R_1=k\varepsilon$, $\Delta R_2=\Delta R_3=\Delta R_4=0$ 代入(4-1-15)式得

$$U_o=\frac{kU}{4}\varepsilon \tag{5-1-21}$$

② 双应变片工作:把两个工作应变片接入电桥相邻两臂,另两臂接固定电阻 $R_3=R_4=R$,将 $\Delta R_1/R_1=k\varepsilon_1$, $\Delta R_2/R_2=k\varepsilon_2$, $\Delta R_3=\Delta R_4=0$ 代入(4-1-15)式得

$$U_o=\frac{kU}{4}(\varepsilon_1-\varepsilon_2) \tag{5-1-22}$$

粘贴应变片时,使一片受拉,另一片受压,即 $\varepsilon_1=\varepsilon_x$, $\varepsilon_2=-\varepsilon_x$,代入 (5-1-22)式得

$$U_o=\frac{kU}{2}\varepsilon_x \tag{5-1-23}$$

粘贴应变片时,使一片承受纵向应变 ε_x,即 $\varepsilon_1=\varepsilon_x$,另一片承受横向应变 ε_y,即 $\varepsilon_2=\varepsilon_y$。因 $\varepsilon_y=-\mu\varepsilon_x$($\mu$ 为泊松比),代入(5-1-22)式得,应变电桥输出电压为

$$U_o=\frac{kU}{4}(1+\mu)\varepsilon_x \tag{5-1-24}$$

③ 四应变片工作:把 4 个应变片接入电桥四臂,粘贴应变片时,使 R_1 和 R_3 受拉,R_2 和 R_4 受压,即 $\varepsilon_1=\varepsilon_3=\varepsilon_x$, $\varepsilon_2=\varepsilon_4=-\varepsilon_x$,代入(5-1-20)式得,应变电桥输出电压为

$$U_o=kU\varepsilon_x \tag{5-1-25}$$

粘贴应变片时,使 R_1 和 R_3 承受纵向应变,R_2 和 R_4 承受横向应变,即 $\varepsilon_1=\varepsilon_3=\varepsilon_x$, $\varepsilon_2=\varepsilon_4=\varepsilon_y$, $\varepsilon_y=-\mu\varepsilon_x$($\mu$ 为泊松比),代入 (5-1-20)式得,应变电桥输出电压为

$$U_o=\frac{kU}{2}(1+\mu)\varepsilon_x \tag{5-1-26}$$

由(5-1-21)~(5-1-26)式可见,在电桥电源电压稳定不变的情况下,只要测出应变电桥输出电压,就可求得相应的应变。此外,应变片的灵敏系数 k 越大,应变电桥输出电压就越高。半导体应变片的灵敏系数比金属应变片的灵敏系数大几十倍,应变电桥输出电压不必再放大,因此多采用直流电桥;相反,金属应变片多采用交流电桥。

(5)温度误差及其补偿

温度变化时,电阻应变片的电阻也会变化,而且,由温度所引起的电阻变化与试件应变所造成的电阻变化几乎具有相同数量级,这就是说,只要温度发生变化,即使没有应变,应变电桥也会有输出电压。如果把由温度变化所引起的应变电桥输出电压误认为是试件应变所造成的,就会产生误差,这个误差称为温度误差。

① 造成温度误差的原因:温度变化引起应变片电阻变化而造成温度误差的原因有两个。

i. 应变片电阻本身随温度的变化

$$R_t=R_0(1+\alpha\Delta t), \quad \Delta R_{t\alpha}=R_t-R_0=R_0\alpha\Delta t \tag{5-1-27}$$

式中,R_t、R_0 为应变片在温度为 t 和 t_0 时的电阻值;α 为应变片电阻的温度系数;Δt 为温度的变化值。

ii. 试件材料与应变片材料的线膨胀系数不同,使应变片产生附加变形,从而造成电阻变化。设应变片材料和试件材料的线膨胀系数分别为 β_s 和 β_g,温度 t_0 时长度为 l_0 的应变片材料和试件材料,如果不黏结一起,在温度改变到 t 时,其长度将分别膨胀为

$$l_{st}=l_0(1+\beta_s\Delta t), \quad l_{gt}=l_0(1+\beta_g\Delta t) \tag{5-1-28}$$

但应变片粘贴到试件表面上后,应变片被迫从 l_{st} 拉长到 l_{gt},由图 5-1-6 可见产生的附加变形为

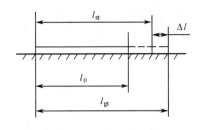

图 5-1-6 应变片的温度误差

$$\Delta l = l_{gt} - l_{st} = (\beta_g - \beta_s)\, l_0 \Delta t$$

即附加应变为

$$\varepsilon_\beta = \frac{\Delta l}{l_0} = (\beta_g - \beta_s)\, \Delta t$$

从而产生电阻变化为

$$\frac{\Delta R_{t\beta}}{R_0} = k\varepsilon_\beta = k(\beta_g - \beta_s)\,\Delta t \qquad (5\text{-}1\text{-}29)$$

由(5-1-27)式、(5-1-29)式可得温度变化引起的总的电阻变化为

$$\frac{\Delta R_t}{R_0} = \frac{\Delta R_{t\alpha} + \Delta R_{t\beta}}{R_0} = \alpha \Delta t + k(\beta_g - \beta_s)\,\Delta t \qquad (5\text{-}1\text{-}30)$$

折算成虚假视应变为

$$\varepsilon_t = \frac{\Delta R_t / R_0}{k} = \left[\frac{\alpha}{k} + (\beta_g - \beta_s)\right]\Delta t \qquad (5\text{-}1\text{-}31)$$

这就是说,不仅因受力引起的真实应变 ε 会使应变片电阻发生变化,温度变化也会使应变片电阻发生变化,而温度变化引起的应变片电阻变化可等效为是一个应变 ε_t 引起的。由于应变 ε_t 并不真正存在,故称为"虚假视应变"。应变片所粘贴的试件受力引起的真实应变 ε 和温度变化引起的虚假视应变 ε_t 使应变片电阻总的变化为

$$\frac{\Delta R}{R_0} = \frac{\Delta R_\varepsilon + \Delta R_t}{R_0} = k(\varepsilon + \varepsilon_t) \qquad (5\text{-}1\text{-}32)$$

如果采用单应变片工作,将(5-1-32)式代入(5-1-21)式得

$$U_o = \frac{kU}{4}(\varepsilon + \varepsilon_t) \qquad (5\text{-}1\text{-}33)$$

如果不考虑温度的影响,而误以为电桥电压都是受力应变引起的,此时,从电桥输出电压 U_o 求出的应变值 $\dfrac{4U_o}{kU} = \varepsilon + \varepsilon_t$,与真实应变 ε 是有差别的,两者之差 ε_t 就是因温度变化引起的测量误差。虽然采取恒温措施,理论上可避免温度误差,但实际上这往往是成本很高或根本办不到的。因此实际工作中,一般都从电路上采取措施,不让温度变化影响电路输出电压。这种减小或消除温度误差的办法称为温度补偿。

(2) 补偿温度误差的办法:补偿温度误差的办法有多种。

i. 补偿块法:用两个参数相同的应变片 R_1、R_2,R_1 粘贴在试件上,接入电桥作工作臂,R_2 粘贴在材料与试件相同的补偿块上,环境温度与试件相同但不承受机械应变,接入电桥相邻臂作补偿臂,如图 5-1-7 所示。R_1 承受机械应变,由(5-1-32)式可知,温度变化时,其电阻变化为

$$\frac{\Delta R_1}{R_1} = \frac{\Delta R_{1\varepsilon} + \Delta R_{1t}}{R_1} = k(\varepsilon + \varepsilon_t) \qquad (5\text{-}1\text{-}34)$$

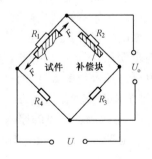

图 5-1-7 补偿块法原理

R_2 不承受机械应变,但由于 R_1 与 R_2 所处环境温度及所粘贴材料相同,故因温度引起的电阻变化相同,由(5-1-31)式可知,其电阻变化为

$$\frac{\Delta R_2}{R_2} = \frac{\Delta R_{2t}}{R_2} = k\varepsilon_t \qquad (5\text{-}1\text{-}35)$$

将(5-1-34)式、(5-1-35)式代入 (5-1-22)式得

$$U_{\circ}=\frac{kU}{4}\varepsilon \qquad (5\text{-}1\text{-}36)$$

对比(5-1-33)式和(5-1-36)式可见,补偿块法能消除单应变片工作时的温度误差。

ii. 差动电桥补偿法:在测量梁的弯曲应变或应用悬臂梁测力时,还可以不用补偿块,直接将两个参数相同的应变片分别粘贴在梁的上、下两面对称位置,再将两应变片接入电桥横跨电源的相邻两臂。此时,两应变片承受的应变大小相同而符号相反,只要梁的上、下面温度一致,就会使两应变电阻随温度的变化大小相同,符号也相同,因此 $\varepsilon_1=\varepsilon_x+\varepsilon_t$,$\varepsilon_2=-\varepsilon_x+\varepsilon_t$,代入(5-1-22)式得

$$U_{\circ}=\frac{kU}{2}\varepsilon_x \qquad (5\text{-}1\text{-}37)$$

在采用双应变片工作(一个承受纵向应变,一个承受横向应变)时,只要将两应变片接入电桥横跨电源的相邻两臂,也可消除应变片工作时的温度误差。因为

$$\varepsilon_1=\varepsilon_x+\varepsilon_t,\varepsilon_2=\varepsilon_y+\varepsilon_t,\varepsilon_y=-\varepsilon_x\mu$$

代入(5-1-22)式得

$$U_{\circ}=\frac{kU}{4}(1+\mu)\varepsilon_x \qquad (5\text{-}1\text{-}38)$$

由(5-1-37)式和(5-1-38)式可见,双应变片工作时,如果两应变片型号参数、所处环境温度及所粘贴材料均相同,只要将两应变片接入电桥的相邻两臂,就可消除温度变化引起的测量误差。但是,如果不将两应变片接入电桥的相邻两臂,而接入电桥的相对两臂,则不仅不能消除温度变化引起的测量误差,反而会增大温度误差。如果两应变片所处环境温度及所粘贴材料不同,即使将两应变片接入电桥的相邻两臂,也不能完全消除温度变化引起的测量误差。这两点留给读者自己去证明。

还有其他一些温度补偿方法,有兴趣的读者可参阅有关文献。

3. 压阻式传感器

如前所述,当受到应力作用时,半导体材料的电阻率会发生变化,这种现象称为压阻效应。依据半导体的压阻效应,现已制成两类传感器:一类是利用半导体材料的体电阻制成粘贴式应变片,做成半导体应变式传感器,如(5-1-16)式所示;另一类是在半导体材料的基片上用集成电路工艺制成扩散电阻,作为测量传感元件,称为扩散型压阻式传感器。这类传感器的应变电阻与基底是同一块材料,通常是半导体硅,因此又称扩散硅压阻式传感器。由于取消了胶接,滞后、蠕变及老化现象大为减少,而且不存在胶层热阻的妨碍,使导热性能大为改善。此外,由于这类传感器是用半导体硅利用集成电路工艺制成的,在制备传感器的芯片时,如果同时设计制造一些温度补偿、信号处理与放大电路,就能构成集成传感器。如果进一步与微处理器相结合,就有可能做成智能传感器。因此,这类传感器一出现就受到人们的极大重视,并得到迅猛发展。扩散硅压阻式传感器主要用来测量压力和加速度等物理量,已在力学量传感器中占有重要地位。

压阻式传感器的优点是:

① 灵敏度非常高,有时传感器的输出不需放大就可直接用于测量;

② 分辨率高,例如测量压力时可测出 $10\sim20$Pa 的微压;

③ 测量元件的有效面积可做得很小,故频率响应高;

④ 可测量低频加速度和直线加速度。

压阻式传感器的最大缺点是温度误差较大,故需温度补偿或在恒温条件下使用。压阻式传感器受到温度影响后,将产生零位温漂和灵敏度温漂,因而会产生温度误差。在压阻式传感器中,扩

散电阻的温度系数较大,各电阻值随温度变化的变化量很难做到相等,故引起传感器的零位温漂。灵敏度温漂是由于压阻系数随温度变化而引起的。当温度升高时,压阻系数变小,传感器的灵敏度降低,反之灵敏度升高。

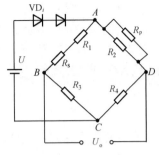

图 5-1-8　温漂补偿电路

零位温漂一般可用串、并联电阻的方法进行补偿,如图 5-1-8 所示。图中 $R_1 \sim R_4$ 是在硅基片上用集成电路工艺制成的 4 个接成惠斯通电桥的扩散电阻,串联电阻 R_s 主要起调零作用,而并联电阻 R_p 则主要起补偿作用。例如温度升高,R_2 的增量较大,则 B 点电位高于 D 点电位,两点电位差就是零位温漂。为了消除此电位差,在 R_2 上并联一个负温度系数的阻值较大的电阻 R_p,用以约束 R_2 的变化,从而实现补偿。当然,在 R_4 上并联一个正温度系数的阻值较大的电阻也可以。R_s 和 R_p 要根据 4 个桥臂在低温和高温下的实测电阻值计算得出,才能取得较好的补偿效果。

电桥的电源回路中串联的二极管 VD_i 是补偿灵敏度温漂的。二极管的 PN 结为负温度特性,温度每升高 1℃,正向压降减少 $1.9 \sim 2.4 \text{mV}$。这样,当温度升高时,二极管正向压降减少,因电源采用恒压源,则电桥电压必然提高,使输出变大,以补偿灵敏度的下降。所串联的二极管个数,要依实际情况进行计算。

5.1.3　热电阻与热敏电阻

利用电阻率随温度变化的特性制成的传感器称为电阻式温度传感器,按采用的电阻材料可分为金属热电阻(简称热电阻)和半导体热敏电阻(简称热敏电阻)两大类。

1. 热电阻

虽然各种金属材料的电阻率均随温度变化,但适于制作温度测量敏感元件的电阻材料要具备以下要求:

- 要有尽可能大且稳定的电阻温度系数;
- 电阻率要大,以便在同样灵敏度下减小元件的尺寸;
- 电阻温度系数要保持单值,并且最好是常数,以保证电阻随温度变化的线性关系;
- 性能要稳定,在电阻的使用环境和温度范围内,其物理、化学性能基本保持不变。

根据以上要求,纯金属是制造热电阻的主要材料。目前,广泛应用的热电阻材料有铂、铜、镍、铁等。

(1) 铂电阻

铂金属的主要优点是物理、化学性能极为稳定,并且有良好的工艺性,易于提纯,可以制成极细的铂丝(直径可达 0.02mm 或更细)或极薄的铂箔;缺点是电阻温度系数较小。

用铂丝双绕在云母、石英或陶瓷支架上,或采用溅射工艺在石英或陶瓷基座上生成铂薄膜,构成电阻体,电阻体端线与银丝焊接引出连线,外面再套上玻璃或陶瓷或涂釉加以绝缘和保护,这样就构成了铂电阻传感器。

铂电阻除用于一般的工业测温外,在国际实用温标中,还作为在 $-259.34℃ \sim 630.74℃$ 温度范围内的温度基准。

铂电阻与温度之间的关系近似为直线,可用下式表示为

在 $-200℃ \sim 0℃$ 范围内　　　　$R_t = R_0 [1 + At + Bt^2 + C(t-100℃)t^3]$ 　　　　(5-1-39)

在 $0℃ \sim 650℃$ 范围内　　　　$R_t = R_0 [1 + At + Bt^2]$ 　　　　(5-1-40)

式中,R_0,R_t 为分别为 0℃ 和 t℃ 时的铂电阻值。

对于常用工业铂电阻

$$A = 3.96847 \times 10^{-3}/\text{℃}, \quad B = -5.847 \times 10^{-7}/\text{℃}^2, \quad C = -4.22 \times 10^{-12}/\text{℃}^4$$

铂电阻的精度与铂的提纯程度有关,通常用百度电阻比 $W(100)$ 表示铂的纯度,即

$$W(100) = \frac{R_{100}}{R_0} \tag{5-1-41}$$

式中,R_{100} 为 100℃时的电阻阻值;R_0 为 0℃时的电阻阻值。

国内统一设计的工业用标准铂电阻的百度电阻比 $W(100) \geqslant 1.391$,其 R_0 分为 10Ω 和 100Ω 两种,它们的分度号(型号)分别为 Pt10 和 Pt100,其中 Pt100 更为常用。选定 R_0 根据(5-1-39)式和(5-1-40)式即可列出铂电阻的分度表——温度与电阻值的对照数据表,只要测出热电阻 R_t,通过查分度表就可确定被测温度。

(2) 铜电阻

铂是贵重金属,在一些测量精度要求不高而温度又较低的场合,用铜电阻更为普遍。这是因为在 -50℃～150℃ 范围内铜电阻的阻值与温度关系接近线性,并且铜的温度系数比铂高,也容易提纯加工,价格便宜。但是铜易于氧化,不适于在腐蚀性介质或高温下工作,铜的电阻率较小,所以铜电阻的体积较大。

铜电阻传感器是用漆包铜线双绕在圆柱形陶瓷或塑料支架上(由于铜的电阻率较小,需要多层绕制)引出连线,然后整体用环氧树脂封固(以提高导热性和机械强度)而构成的。

在 -50℃～150℃ 温度范围内,铜电阻与温度之间的关系为

$$R_t = R_0(1 + At + Bt^2 + Ct^3) \tag{5-1-42}$$

式中,R_t、R_0 为温度为 t℃和 0℃时的铜电阻值。

$$A = 4.288\,99 \times 10^{-3}/\text{℃}, \quad B = -2.133 \times 10^{-7}/\text{℃}^2, \quad C = 1.233 \times 10^{-9}/\text{℃}^3$$

按国内统一设计,工业用铜电阻 R_0 取 100Ω 和 50Ω 两种,它们的分度号分别为 Cu50 和 Cu100。铜电阻的百度电阻比 $W(100) \geqslant 1.425$。

(3) 其他热电阻

镍和铁电阻的温度系数都较大,电阻率也较高,因此也适合做成热电阻,但由于存在易氧化或非线性严重等缺点,所以这两种热电阻目前应用较少。铂、铜热电阻不适宜进行低温和超低温测量。近年来,一些新颖的测量低温领域的热电阻材料相继出现,如铟电阻、锰电阻、碳电阻等。

2. 热敏电阻

(1) 热敏电阻的类型和特点

热敏电阻是用半导体材料制成的热敏器件。按电阻-温度特性,可分为三类:① 负温度系数热敏电阻(NTC);② 正温度系数热敏电阻(PTC);③ 临界温度系数热敏电阻(CTC),如图 5-1-9 所示。由图可见,PTC 和 CTC 在一定温度范围内,阻值将随温度而剧烈变化,因此可用作开关元件。在温度测量中使用最多的是NTC,本书只介绍这种热敏电阻。

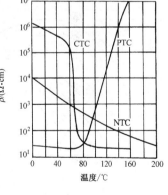

图 5-1-9 热敏电阻典型特性

负温度系数热敏电阻是一种氧化物的复合烧结体,通常用它测量 -100℃～+300℃ 范围内的温度,与热电阻相比,其特点是:

① 电阻温度系数大,灵敏度高,约为热电阻的 10 倍;

② 结构简单,体积小,可以测量点温度;

③ 电阻率高,热惯性小,适宜动态测量。

（2）热敏电阻的结构

热敏电阻主要由热敏探头、引线、壳体构成，其结构及符号如图5-1-10所示。根据不同的使用要求，热敏电阻可做成不同的形状结构。其典型结构如图5-1-11所示。

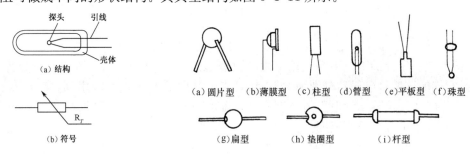

图 5-1-10　热敏电阻的结构及符号　　　　图 5-1-11　热敏电阻的典型结构

（3）NTC 的特性

NTC 的电阻-温度特性在不太宽的温度范围内（小于450℃）可以用如下公式描述

$$R=R_0\exp B\left[\left(\frac{1}{T}-\frac{1}{T_0}\right)\right] \tag{5-1-43}$$

式中，R、R_0 为温度为 T（K）和 T_0（K）时的电阻值；B 为热敏电阻的材料常数，一般情况下，$B=2000\sim6000$K。

若定义 $\frac{1}{R}\frac{\mathrm{d}R}{\mathrm{d}T}$ 为热敏电阻的温度系数 α（温度变化1℃时电阻值的相对变化量），则由上式得

$$\alpha=\frac{1}{R}\frac{\mathrm{d}R}{\mathrm{d}T}=-\frac{B}{T^2} \tag{5-1-44}$$

例如，$B=4000$K，当 $T=293.15$K（20℃）时，热敏电阻的 $\alpha=4.7\%/℃$，约为铂电阻的 12 倍。由于温度变化引起的阻值变化大，因此测量时引线电阻影响小，并且体积小，非常适合测量微弱温度变化。由(5-1-44)式可见，α 随温度降低而迅速增大，由于热敏电阻的非线性严重，所以在实际使用时要对其进行线性化处理。

对热敏电阻进行线性化处理的简单方法是给热敏电阻并联一个温度系数很小的固定电阻，使等

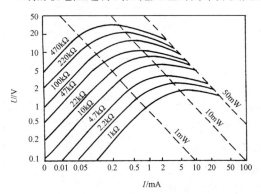

图 5-1-12　热敏电阻的伏安特性

效电阻与温度的关系在一定的温度范围内是线性的。所需的这个固定电阻的阻值 R 可按下式计算

$$R=\frac{R_{T2}(R_{T1}+R_{T3})-2R_{T1}R_{T3}}{R_{T1}+R_{T3}-2R_{T2}} \tag{5-1-45}$$

式中，R_{T1} 为测量范围的最低温度处 T_1 的热敏电阻阻值；R_{T3} 为测量范围的最高温度处 T_3 的热敏电阻阻值；R_{T2} 为测量范围中点处 $T_2=(T_1+T_3)/2$ 的热敏电阻阻值。

热敏电阻的伏安特性也是十分重要的，如图5-1-12所示。由图可见，开始时电流与电压成较好的比例关系，这时在电阻上消耗的功率小，以致不会发生自身发热现象。随着电流的增加，电阻释放热量并自身发热，阻值下降，其两端电压也就不再按比例随电流增大而增大。在一小区间内，电流的增大和电阻的减小相互补偿，这时电压基本保持不变，直至电阻的下降幅度超过相应电流的增大幅度时，电压才开始减小。因此要根据热敏电阻的允许功耗来确定电流。

5.1.4 气敏电阻

气敏电阻是利用半导体与气体接触而电阻发生变化的效应制成的气敏元件。

1. 材料与结构

早在 20 世纪 30 年代就发现许多金属氧化物具有气敏效应。这些金属氧化物都是利用陶瓷工艺制成的具有半导体特性的材料,因此称为半导体陶瓷,简称半导瓷。由于半导瓷与半导体单晶相比具有工艺简单、价格低廉等优点,因此已经用它制作了多种具有实用价值的气敏元件。在诸多的气敏元件中,由氧化锡(SnO_2)制成的气敏电阻应用最为广泛。

气敏电阻按其结构可分为烧结型、薄膜型和厚膜型,如图 5-1-13 所示。

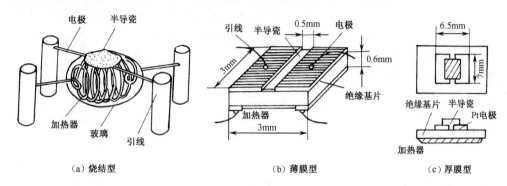

（a）烧结型　　　　　　　（b）薄膜型　　　　　　　（c）厚膜型

图 5-1-13　气敏电阻的结构

（1）烧结型气敏电阻

如图 5-1-13(a)所示,电极与加热器均埋入半导瓷中,而半导瓷是加压成型后低温烧结制成的。由于制作简单,绕结型气敏电阻是一种最普通的结构形式。

（2）薄膜型气敏电阻

如图 5-1-13(b)所示,采用蒸发或溅射方法,在绝缘基片上形成氧化物薄膜(厚度在 $0.1\mu m$ 以下),这种方法也很简单,但气敏电阻的性能差异较大。

（3）厚膜型气敏电阻

如图 5-1-13(c)所示,采用丝网印刷的方法,在绝缘基片上,印刷一层氧化物浆料形成厚膜(膜厚 μm 级)。厚膜型气敏电阻的工艺性和强度均较好,特性也相当一致,可降低成本和提高批量生产能力。

以上三类气敏电阻都附有加热器,以便烧掉附着在探测部位处的油雾、尘埃,同时加速气体的吸附,从而提高气敏电阻的灵敏度和响应速度,一般将气敏电阻加热到 200℃～400℃。

2. 工作原理

气敏电阻按其电阻变化的机理可分为表面控制型和体控制型,前者使半导体载流子增多或减少来引起半导体电阻率变化,后者使半导体内晶格发生变化而引起电阻变化。目前常见的气敏电阻大都属于表面控制型。下面以 SnO_2 材料为例说明表面控制型气敏电阻的工作原理。

SnO_2 属于 N 型半导体,这类气敏电阻工作时通常都需要加热。加热开始时,其阻值急剧下降,然后上升,一般经 2～4min 才达到稳定,称之为初始稳定状态。气敏电阻只有在达到初始稳定状态后才可用于气体检测。气敏电阻在大气中因吸附的氧气量固定不变(空气中氧气含量几乎固定不变),所以阻值保持一定。一旦某种浓度的被测气体流过气敏电阻,则在气敏电阻表面产生吸附,阻值将随气体浓度变化而变化。如果被测气体是氧化性气体(如 O_2 和 NO_x),被吸附气体分子从气敏电阻夺取电子,使 N 型半导体气敏电阻中的载流子(电子)减少,因而阻值增大。如果被测气体为还原性气体(如 H_2、CO、乙醇等),气体分子向气敏电阻释放电子,使气敏电阻中的载流子

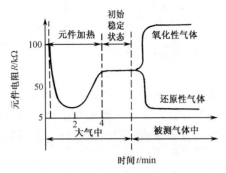

图 5-1-14 N型半导体气敏电阻的阻值变化

(电子)增多,因而阻值下降。N型半导体气敏电阻在气体检测过程中的阻值变化如图 5-1-14 所示。气敏电阻对不同气体的检测灵敏度(阻值对气体浓度的变化率)差别很大,对乙醚、乙醇、H_2、正己烷等有较高的灵敏度,而对 CO 和甲烷的灵敏度则较低。如在材料中掺入某些金属氯化物(如 $NiCl_2$、$InCl_3$)或贵金属(如 Pt、Pd),可提高气敏电阻的吸附活性,显著提高气敏电阻的灵敏度和扩大测量范围。

3. 测量电路

SnO_2 气敏电阻的基本测量电路如图 5-1-15 所示。图中 5-1-15(a)为直流电源供电,图 5-1-15(b)、(c)为交流电源供电。图 5-1-15(a)、(b)为旁热式气敏电阻电路,图 5-1-15(c)为直热式气敏电阻电路。图中 U_H 为加热回路供电电压,U_C 为测试回路供电电压。负载电阻 R_L 上的电压为

$$U_{RL} = \frac{U_C R_L}{R_S + R_L} \tag{5-1-46}$$

式中,R_S 为气敏电阻的阻值。

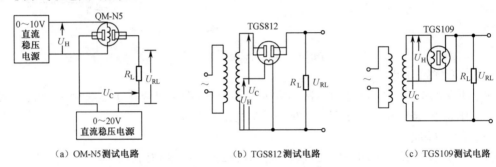

(a) OM-N5测试电路   (b) TGS812测试电路   (c) TGS109测试电路

图 5-1-15 SnO_2 气敏电阻的测量电路

气敏电阻也可接入电阻电桥的一臂,如图 5-1-16所示。图中,电池 E 既作为电桥的工作电源,又作为气敏电阻的加热电源,R_{P4} 用来调整加热电流,R_{P2} 和 R_{P3} 分别为电桥零点的微调和粗调电阻,R_{P1} 是指示表 M 的灵敏度调整电阻。

5.1.5 湿敏电阻

人们早就发现了人的头发随大气湿度变化而伸长或缩短的现象,因而制成了毛发湿度计。这类早期的湿度计的响应速度、灵敏度、准确性

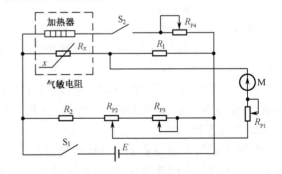

图 5-1-16 气敏电阻测量电路

等指标都不高。20 世纪 50 年代以后,人们研制出了氯化锂湿敏电阻,后来又研制出了半导瓷湿敏电阻和高分子膜湿敏电阻。

1. 氯化锂湿敏电阻

氯化锂湿敏电阻是利用吸湿性盐类潮解,离子导电率发生变化而制成的测湿元件。典型的氯化锂湿敏电阻有登莫(Dunmore)式和浸渍式两种。登莫式湿敏电阻是在聚苯乙烯圆管上涂覆一层经过碱化处理的聚乙烯醋酸盐和氯化锂水溶液的混合液,以形成均匀薄膜。浸渍式湿敏电阻是在基片材料上直接浸渍氯化锂溶液构成的,基片材料为天然树皮。这种方式与登莫式不同,它部分地避免了高

温下所产生的湿敏膜的误差。由于采用了表面积大的基片材料,并直接在基片上浸渍氯化锂溶液,因此这种湿敏电阻具有小型化的特点,适用于微小空间的湿度检测。

氯化锂是典型的离子晶体,其湿敏机理可如下解释:高浓度的氯化锂溶液中,锂和氯以正、负离子形式存在,而溶液中的离子导电能力与溶液的浓度有关。实践证明,溶液的当量电导随溶液的浓度增加而下降。当溶液置于一定温度的环境中时,若环境的相对湿度高,溶液将因吸收水分而浓度降低;反之,环境的相对湿度低,则溶液的浓度就高。因此,氯化锂湿敏电阻的阻值将随环境相对湿度的改变而变化,从而实现了湿度的电测量。

2. 半导瓷湿敏电阻

制造半导瓷湿敏电阻的材料主要是不同类型的金属氧化物。有些半导瓷材料的电阻率随湿度的增加而下降,称为负特性湿敏半导瓷;还有一类半导瓷材料的电阻率随湿度的增加而增大,称为正特性湿敏半导瓷。用这些材料制成的湿敏电阻,其阻值随着表面所吸附水分的多少而变化,是目前使用较为广泛的湿度传感器。

半导瓷湿敏电阻按其结构可分为烧结型和涂覆膜型两大类。

(1)烧结型湿敏电阻

烧结型半导瓷湿敏电阻的结构如图 5-1-17 所示。其感湿体为 $MgCr_2O_4\text{-}TiO_2$ 多孔陶瓷,气孔率达 30％～40％。$MgCr_2O_4$ 属于 P 型半导体,其特点是感湿灵敏度适中,电阻率低,阻值温度特性好。为改善烧结特性并提高湿敏电阻的机械强度和抗热骤变特性,在原料中加入 30％的 TiO_2,这样在 1300℃的空气中可烧结成相当理想

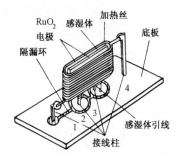

图 5-1-17 烧结型半导瓷湿敏电阻结构

的陶瓷体。材料烧结成型后,切割成所需薄片。在薄片的两面,再印制并烧结叉指型氧化钌(RuO_2)电极,就制成了感湿体。由于 500℃左右的高温短期加热,可去除油污、有机物和尘埃等污染,因此在感湿体外往往罩上一层加热丝,以便对湿敏电阻经常进行加热清洗,排除恶劣气氛对湿敏电阻的污染。湿敏电阻安装在一种高致密、疏水性的陶瓷片底板上,为避免底板上测量电极 2、3 之间因吸湿和玷污而引起漏电,在测量电极 2、3 的周围设置了隔漏环。图中 1、4 是加热器引出线。

(2)涂覆膜型湿敏电阻

除上述烧结型半导瓷外,还有一种由金属氧化物微粒经过堆积、黏结而成的材料,它也具有较好的感湿特性。用这种材料制作的湿敏电阻,一般称为涂覆膜型或瓷粉膜型湿敏电阻。涂覆膜型湿敏电阻有多个品种,其中比较典型且性能较好的是 Fe_3O_4 湿敏电阻。Fe_3O_4 湿敏电阻采用滑石瓷作为基片,在基片上用丝网印刷工艺印制成梳状金电极。将纯净的 Fe_3O_4 胶粒,用水调制成适当黏度的浆料,然后将其涂覆在已有金电极的基片上,经低温烘干后,引出电极即可使用。

涂覆膜型 Fe_3O_4 湿敏电阻的感湿膜是结构松散的 Fe_3O_4 微粒的集合体。它与烧结型半导瓷相比,缺少足够的机械强度。Fe_3O_4 微粒之间依靠分子力和磁力的作用构成接触型结合。虽然 Fe_3O_4 微粒本身的体电阻较小,但微粒间的接触电阻却很大,这就导致 Fe_3O_4 感湿膜的整体电阻很高。当水分子透过松散结构的感湿膜而吸附在微粒表面上时,将扩大微粒间的面接触,导致接触面电阻的减小,因而这种湿敏电阻具有负感湿特性。

Fe_3O_4 湿敏电阻的主要优点是:在常温、常湿下性能比较稳定,有较强的抗结露能力。在全湿范围内有相当一致的湿敏特性,而且其工艺简单、价格便宜。在精度要求不高(小于±2％～±4％RH),测湿范围广,工作在室温附近,无油气及其他污染的场合下还是适用的。

由湿敏电阻的工作机理可知,湿敏电阻是一种体效应元件。当环境湿度发生变化时,水分子要在数十微米厚的感湿体内充分扩散,才能与环境湿度达到新的平衡。这一扩散和平衡过程需时较

长,使湿敏电阻响应缓慢。并且由于吸湿和脱湿过程中响应速度的差别,使湿敏电阻具有较明显的湿滞效应。这是湿敏电阻的缺点。

3. 高分子膜湿敏电阻

高分子膜湿敏电阻是采用人工合成的有机高分子膜作为湿敏材料的电阻式湿度传感器,可分为两种类型。

（1）碳湿敏电阻

在一个憎水性的聚苯乙烯塑料基片的两边印刷制成一对金电极,再在电极之间的基片表面上浸涂一层由高分子羟乙基纤维素、碳粉和润湿性分散剂组成的混合液,干燥后,即成为一层有胀缩特性、碳粉悬浮其中的高分子感湿膜。通过一对金电极可测量感湿膜的电阻值。

羟乙基纤维素是非导电体,而碳粉是导电体。由于悬浮状的碳粉相互接触,在两电极间呈现出一定的电阻值,该电阻值的大小与感湿膜中碳粉的数量、碳粒的大小、碳粒之间接触情况及羟乙基纤维素的性质有关。羟乙基纤维素具有良好的吸水性能和胀缩特性,当环境湿度增加时,羟乙基纤维素膨胀,碳粒间接触变得松散,感湿膜的电阻值随之增大;反之,当环境湿度减少时,羟乙基纤维素收缩,碳粒间接触密切,感湿膜的电阻值减小。

（2）聚苯乙烯磺酸锂湿敏电阻

作为基片的聚苯乙烯是一种机械强度和绝缘性能都很好的憎水性高分子聚合物,经化学磺化处理后,其表面形成一层由高分子电解质——聚苯乙烯磺酸锂组成的感湿膜。此感湿膜与基片有机连成一体,结合非常牢固,不会在高湿时发生流失现象。在感湿膜上用丝网印刷技术形成一对叉指状电极(该电极材料由石墨、碳黑和黏结剂调制而成)。这种高分子电解质感湿膜,随吸湿量的多少,离解出能自由移动的离子数也发生变化,于是感湿膜的电阻值明显改变——环境湿度增加时,电阻值减小。

4. 测湿电路

（1）不平衡电桥

此法适用于离子导电型测湿元件(如瓷粉膜型湿敏电阻),其电路方框图如图 5-1-18 所示。图中,振荡器对电路提供交流电源,标准频率为 1000Hz。测量时,在电阻电桥的其中一臂插入湿敏电阻作为该桥臂电阻的一个组成部分。湿度变化导致湿敏电阻的阻值变化,由此在电桥中所产生的不平衡信号经放大器放大后,再经整流器转换为直流信号,最后由直流微安表读出湿度值。

（2）欧姆定律回路

此法适用于允许流经较大电流、以电子导电为主的烧结型湿敏电阻。由于测湿回路本身可以获得较强的信号,故在电路中可省去电桥和放大器两部分。若直接以 50Hz 市电作为交流电源,则可以用一降压变压器代替振荡器,获得最简单的电路,如图 5-1-19 所示。图中,R_d 为校满电阻,其阻值与所用的湿敏电阻在电表满量程湿度下所具有的阻值相同,在测湿探头尚未接入之前,R_d 接在回路中,电表指示满量程;插上测湿探头后,电表示值即为探头所在处的湿度值。

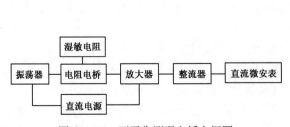

图 5-1-18 不平衡测湿电桥方框图

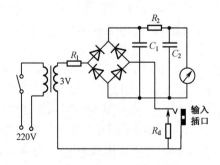

图 5-1-19 欧姆定律回路测湿电路

（3）对供电电源的要求

所有湿敏电阻的供电电源都必须是交流或换向直流(注意:不是脉动直流),以免在工作过程中出现离子的定向迁移和积累,致使湿敏电阻失效或性能降低。交流或换向直流的频率在不产生正、负离子定向积聚的情况下要尽可能低一些,如电源频率太高,将会由于测量回路的附加阻抗而影响测湿的灵敏度和准确度。此外,水本身是一种介电常数较高的介质,频率太高也会由于其电容效应而影响准确度。然而,从振荡电源的产生、稳定和耦合角度来考虑,若频率偏高一些,则便于设计处理。所以,对于离子导电型测湿元件,采用不平衡电桥法测试时,电源频率应大于 50Hz,一般以 1000Hz 为宜;而对于电子导电型测湿元件,采用欧姆定律回路法测试时,其频率可低于 50Hz。

5.2 电容式传感器

5.2.1 基本原理与结构类型

1. 基本原理

电容式传感器是以各种类型的电容作为传感元件,将被测量的变化转换为电容量变化的一种传感器。典型的电容式传感器中的电容通常做成平行平面形或平行曲面形。

当极板的几何尺寸(长和宽)远大于极间距离和介质均匀条件下(此时电场的边缘效应可忽略),平行平面形电容为

$$C = \frac{\varepsilon S}{d} \tag{5-2-1}$$

式中,S 为两个极板相互覆盖的面积;d 为两个极板间的距离;ε 为极板间介质的介电常数(空气或真空的介电常数为 $\varepsilon_0 = 8.85 \times 10^{-12} F/m$)。

当极板间有三层绝缘介质(介电常数分别为 ε_1、ε_2、ε_3,厚度分别为 d_1、d_2、d_3)时

$$C = \frac{S}{\dfrac{d_1}{\varepsilon_1} + \dfrac{d_2}{\varepsilon_2} + \dfrac{d_3}{\varepsilon_3}} \tag{5-2-2}$$

平行曲面形电容的典型结构是同轴圆筒形。两个覆盖长度为 L,半径分别为 R 和 r 的同轴圆筒,在 $L \gg (R-r)$ 条件下(其电场的边缘效应可忽略),其电容可表示为

$$C = \frac{2\pi\varepsilon L}{\ln(R/r)} \tag{5-2-3}$$

当 $(R-r) \ll r$ 时,近似有
$$C = \frac{\pi\varepsilon L(R+r)}{R-r} \approx \frac{2\pi\varepsilon r L}{R-r} \tag{5-2-4}$$

由(5-2-1)式可见,电容量取决于 ε、S、d 三个参数,如果让其中一个参数随被测量变化而变化,保持其余两个参数不变,这样就能使电容量与被测量有单值的函数关系,从而把被测量变化转换为电容量的变化。这就是电容式传感器的基本工作原理。

2. 结构类型

电容式传感器按被测量所改变的电容的参数分,可分为变极距型、变面积型和变介质型三种类型;按被测位移分,可分为角位移型和线位移型;按组成方式分,可分为单一式和差动式;按电容极板形状分,可分为平板电容和圆筒电容或平行平面型与平行曲面型。下面分别介绍这些类型的电容式传感器的输出特性。

5.2.2 输出特性

1. 变极距型电容式传感器

变极距型电容式传感器如图 5-2-1(a)所示,设初始时,动极板与定极板间距(极距)为 d_0,电容为

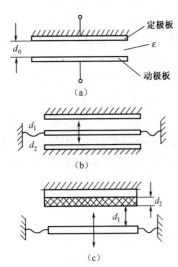

$$C_0 = \frac{\varepsilon S}{d_0} \tag{5-2-5}$$

当被测量变化使动极板上移 Δd 时,电容为

$$C = \frac{\varepsilon S}{d_0 - \Delta d} = \frac{\varepsilon S}{d_0\left(1 - \dfrac{\Delta d}{d_0}\right)} = \frac{C_0}{1 - \dfrac{\Delta d}{d_0}} \tag{5-2-6}$$

差动式电容由两个定极板和一个公用的动极板构成,如图 5-2-1(b)所示。当动极板位移 Δd 时,$d_1 = d_0 - \Delta d$,$d_2 = d_0 + \Delta d$,据(5-2-6)式,两个电容分别为

$$C_1 = C_0 \bigg/ \left(1 - \frac{\Delta d}{d_0}\right), \quad C_2 = C_0 \bigg/ \left(1 + \frac{\Delta d}{d_0}\right) \tag{5-2-7}$$

由上面两式可得差动式变极距型电容式传感器的差动电容公式,即

$$\frac{C_1 - C_2}{C_1 + C_2} = \frac{\Delta d}{d_0} \tag{5-2-8}$$

图 5-2-1　变极距型电容式传感器

2. 变面积型电容式传感器

（1）线位移式变面积型电容式传感器

线位移式变面积型电容式传感器的结构如图 5-2-2(a)所示,被测量使动极板左右移动,引起两极板有效覆盖面积 S 改变,从而使电容相应改变。设极板长为 l_0、宽为 b、极板间距为 d、介电常数为 ε,则初始电容为

$$C_0 = \frac{\varepsilon b l_0}{d} \tag{5-2-9}$$

在保持 d 不变的前提下,动极板沿长度方向平移 Δl,则电容变为

$$C = \frac{\varepsilon b (l_0 - \Delta l)}{d} = C_0\left(1 - \frac{\Delta l}{l_0}\right) \tag{5-2-10}$$

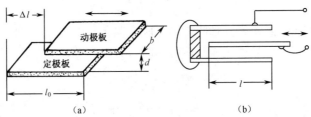

图 5-2-2　线位移式变面积型电容式传感器的结构

上述结论是在保持 d 不变的前提下得出的。在极板移动过程中,若 d 不能精确保持不变,就会导致测量误差。为了减少这种影响,可以采用图 5-2-2(b)所示中间极移动的结构。

（2）角位移式变面积型电容式传感器

角位移式变面积型电容式传感器的结构如图 5-2-3 所示。对图 5-2-3(a),初始时据(5-2-1)式有

$$C_{AC_0} = C_{BC_0} = C_0 = \frac{\varepsilon \pi (R^2 - r^2)}{2\pi d}\alpha_0 = \frac{\varepsilon (R^2 - r^2)}{2d}\alpha_0 \tag{5-2-11}$$

动极板转动 $\Delta\alpha$ 后,差动电容分别为

$$C_1 = C_0\left(1 - \frac{\Delta\alpha}{\alpha_0}\right), \quad C_2 = C_0\left(1 + \frac{\Delta\alpha}{\alpha_0}\right)$$

由以上两式得,图 5-2-3(a)所示电容式传感器的差动电容公式为

$$\frac{C_1-C_2}{C_1+C_2}=\frac{\Delta\alpha}{\alpha_0} \tag{5-2-12}$$

对图 5-2-3(b)，初始时据(5-2-4)式有

$$C_{AC_0}=C_{BC_0}=C_0=\frac{\varepsilon l r}{R-r}\alpha_0 \tag{5-2-13}$$

动极板转动 $\Delta\alpha$ 后，电容变化同(5-2-12)式。

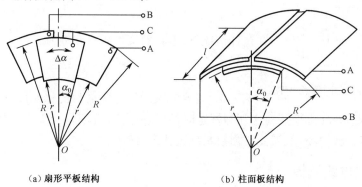

（a）扇形平板结构　　　　　（b）柱面板结构

图 5-2-3　角位移式变面积型电容式传感器的结构

3. 变介质型电容式传感器

两电容极板之间的介质变化引起电容变化，常见有两种情况：一是两电容极板之间只有一种介质，介质的介电常数随被测非电量如温度、湿度而变化，电容式温度传感器和电容式湿度传感器就属于这种情况；二是两电容极板之间有两种介质，两种介质的位置或厚度变化，电容式位移传感器、电容式厚度传感器、电容式物（液）位传感器就属于这种情况。下面仅以电容式位移传感器为例来说明，其他变介质型电容式传感器将在后面的有关章节介绍。

线位移式变介质型电容式传感器的结构如图 5-2-4 所示。设极板长为 l，宽为 b，间距为 d；固体介质相对介电常数为 ε_r，长、宽分别为 l、b，厚为 d，空气介电常数为 ε_0。初始时固体介质居中，有

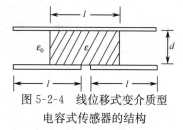

图 5-2-4　线位移式变介质型
电容式传感器的结构

$$C_1=C_2=C_0=\frac{lb}{2d}(\varepsilon_0+\varepsilon_0\varepsilon_r) \tag{5-2-14}$$

当固体介质偏离中间位置 Δl 时，差动电容公式为

$$\frac{C_1-C_2}{C_1+C_2}=\frac{1-\varepsilon_r}{1+\varepsilon_r}\frac{2\Delta l}{l} \tag{5-2-15}$$

5.2.3　等效电路分析

前面的所有讨论都是在将电容式传感器视为纯电容的条件下进行的，这在大多数实用情况下是允许的。因为对于大多数电容，除在高温、高湿条件下工作外，其损耗通常可以忽略。在低频工作时，其电感效应也是可以忽略的。

在电容的损耗和电感效应不可忽略时，电容式传感器的等效电路如图 5-2-5 所示。图中 R_p 为并联损耗电阻，它代表极板间的泄漏电阻和极板间的介质损耗。这部分损耗的影响通常在低频时较大，随着频率增高，容抗减小，其影响也就减弱了。串联电阻 R_s 代表引线电阻，电容支架和极板的电阻在几兆赫以下频率工作时，R_s 通常极小，但随着频率的增高而产生的趋肤效应，R_s 增大。因此，只有在很高的工作频率时才要加以考虑。电感 L 是电容本身的电感和外部引线电感，它与电容的结构形式和引线长度有关。如果用电缆与电容式传感器相连，则 L 中应包括电缆的电感。

由图 5-2-5 可见,等效电路有一谐振频率,通常为几十兆赫。在谐振时或接近谐振时,谐振频率破坏了电容的正常作用。因此,只有低于谐振频率(通常为谐振频率的 $1/2\sim1/3$)才能获得电容式传感器的正常运用。

同时,由于电路的感抗抵消了一部分容抗,传感元件的有效电容 C_e 将有所增加,C_e 可以近似由下式求得

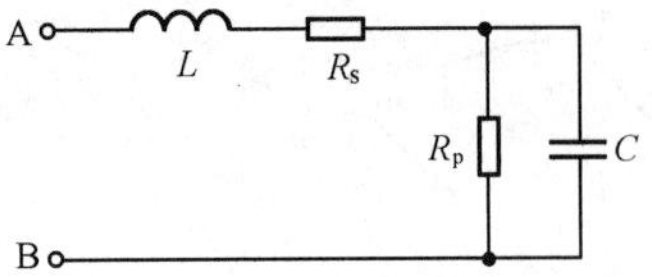

$$1/{\rm j}\omega C_e={\rm j}\omega L+\frac{1}{{\rm j}\omega C} \quad \text{或} \quad C_e=\frac{C}{1-\omega^2 LC} \qquad (5\text{-}2\text{-}16)$$

在这种情况下,电容的实际相对变量为

$$\frac{\Delta C_e}{C_e}=\frac{\Delta C/C}{1-\omega^2 LC} \qquad (5\text{-}2\text{-}17)$$

图 5-2-5　电容式传感器的等效电路

上式表明,电容的实际相对变量与传感元件的固有电感(包括引线电感)有关。因此,在实际应用时必须与标定时的条件相同,否则将会引入测量误差。如果改变激励频率或者更换传输电缆,就需要对测量系统重新进行标定。

5.2.4　测量电路选择

电容式传感器将位移等非电量转换为电容的变化,为了将电容的变化转换为电压或频率,还须选择适当的测量电路。选择的基本原则是尽可能使输出电压或频率与被测非电量成线性关系。

单一的变极距型电容式传感器宜选择图 4-2-5(a)所示的测量电路,将(5-2-6)式代入(4-2-6)式得

$$\dot{U}_{\rm o}=-\dot{U}_{\rm E}\left(1-\frac{\Delta d}{d_0}\right) \qquad (5\text{-}2\text{-}18)$$

可见,输出电压与被测位移 Δd 成线性关系。

单一的变面积型电容式传感器宜选择图 4-2-5(b)所示的测量电路,将(5-2-10)式代入(4-2-7)式得

$$\dot{U}_{\rm o}=-\dot{U}_{\rm E}\left(1-\frac{\Delta l}{l_0}\right) \qquad (5\text{-}2\text{-}19)$$

可见,输出电压与被测位移 Δl 成线性关系。

差动电容式传感器宜选择图 4-2-5(c)、图 4-1-6、图 4-2-6 所示的测量电路,例如,将(5-2-8)式代入(4-1-30)式得

$$U_{\rm o}=\frac{E}{2}\frac{\Delta d}{d_0} \qquad (5\text{-}2\text{-}20)$$

将(5-2-8)式代入(4-2-14)式得

$$U_{\rm o}=U_{\rm E}\frac{\Delta d}{d_0} \qquad (5\text{-}2\text{-}21)$$

可见,输出电压与被测位移 Δd 成线性正比关系。同理,将(5-2-12)式、(5-2-15)式代入(4-1-30)式、(4-2-14)式,也可得到同样的结论。

5.3　电感式传感器

电感式传感器是一种利用磁路磁阻变化引起传感器线圈的电感(自感或互感)变化来检测非电量的一种机电转换装置。

这类传感器的主要特征是具有线圈绕组。它的优点是:结构简单可靠、输出功率大、输出阻抗小、抗干扰能力强、对工作环境要求不高、分辨率较高(如在测长度时,一般可达 $0.1\mu{\rm m}$)、示值误差一般为示值范围的 $0.1\%\sim0.5\%$、稳定性好;缺点是频率响应低,不宜用于快速动态测量。一般说

来,电感式传感器的分辨率和示值精度与示值范围有关,示值范围大时,分辨率和示值精度将相应降低。

电感式传感器种类很多,本节主要介绍自感式传感器(有人习惯称为电感式传感器)、互感式传感器(常称为差动变压器式传感器)、电涡流式传感器、压磁式传感器和感应同步器。

5.3.1 自感式传感器

自感式传感器由线圈、铁心、衔铁三部分组成,当衔铁随被测量变化而移动时,铁心与衔铁之间的气隙磁阻随之变化,引起线圈的自感发生变化。因此,自感式传感器实质上是一个具有可变气隙的铁心线圈。

目前,常用的自感式传感器按磁路几何参数变化形式的不同,有变气隙型、变面积型和螺管型三种;按铁心的结构形状分,有 Π 形、E 形或罐形等;按组成方式分,有单一式与差动式两种。

1. 变气隙型自感传感器

(1) 单一式变气隙型自感传感器

单一式变气隙型自感传感器的基本结构如图 5-3-1 所示。由电工学知识知,线圈自感为

$$L = \frac{N^2}{R_{\mathrm{m}}} = \frac{N^2}{\sum\limits_{i=1}^{n} R_{\mathrm{m}i}} \tag{5-3-1}$$

式中,N 为线圈的匝数;R_{m} 为磁路的总磁阻;$R_{\mathrm{m}i}$ 为第 i 段磁路的磁阻,且为

$$R_{\mathrm{m}i} = \frac{l_i}{\mu_i A_i} \tag{5-3-2}$$

式中,l_i 为第 i 段磁路的平均长度;μ_i 为第 i 段磁路的磁导率;A_i 为第 i 段磁路的截面积。

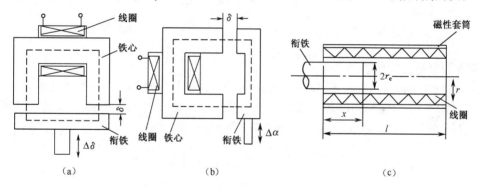

图 5-3-1 单一式变气隙型自感传感器

对于图 5-3-1(a)所示的传感器,整个磁路分为铁心、衔铁和空气隙 3 段,磁路总磁阻为

$$R_{\mathrm{m}} = \frac{l_1}{\mu_1 A_1} + \frac{l_2}{\mu_2 A_2} + \frac{2\delta}{\mu_0 A} \tag{5-3-3}$$

当铁心工作在非饱和状态时,铁心与衔铁的磁阻远小于空气隙的磁阻,于是(5-3-3)式前两项可忽略不计而简化为

$$R_{\mathrm{m}} \approx \frac{2\delta}{\mu_0 A} \tag{5-3-4}$$

式中,μ_0 为空气磁导率,A 为空气隙的截面积,δ 为空气隙的长度。

将(5-3-4)式代入(5-3-1)式得

$$L = \frac{N^2 \mu_0 A}{2\delta} \tag{5-3-5}$$

设初始气隙为 δ_0,初始自感由(5-3-5)式得

$$L_0 = \frac{N^2 \mu_0 A}{2\delta_0} \qquad (5-3-6)$$

当图 5-3-1(a) 中衔铁向下移动 $\Delta\delta$,即 $\delta = \delta_0 + \Delta\delta$ 时,自感 L 由 (5-3-5) 式得

$$L = \frac{N^2 \mu_0 A}{2(\delta_0 + \Delta\delta)} = \frac{N^2 \mu_0 A}{2\delta_0} \frac{1}{1 + \frac{\Delta\delta}{\delta_0}} = \frac{L_0}{1 + \frac{\Delta\delta}{\delta_0}} \qquad (5-3-7)$$

为保证一定的测量范围和线性度,对变气隙型自感传感器,常取 $\delta_0 = (0.1 \sim 0.5)\,\mathrm{mm}$,$\Delta\delta = \left(\frac{1}{5} \sim \frac{1}{10}\right)\delta_0$。

(2) 差动式变气隙型自感传感器

差动式变气隙型自感传感器由两只完全对称的单一式自感传感器公用一个活动衔铁而构成,如图 5-3-2(a) 所示。设 $\delta_1 = \delta_0 + \Delta\delta$,$\delta_2 = \delta_0 - \Delta\delta$,则由 (5-3-7) 式可知,两个线圈的自感分别为

$$L_1 = L_0 \Big/ \left(1 + \frac{\Delta\delta}{\delta_0}\right), \quad L_2 = L_0 \Big/ \left(1 - \frac{\Delta\delta}{\delta_0}\right) \qquad (5-3-8)$$

故差动自感为

$$\frac{L_2 - L_1}{L_1 + L_2} = \frac{\Delta\delta}{\delta_0} \qquad (5-3-9)$$

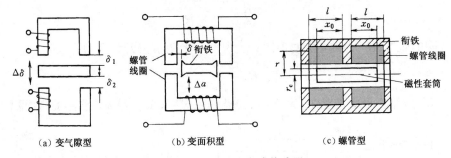

(a) 变气隙型　　　　　(b) 变面积型　　　　　(c) 螺管型

图 5-3-2　差动式自感传感器

2. 变面积型自感传感器

图 5-3-1(b) 为单一式变面积型自感传感器,图 5-3-2(b) 为差动式变面积型自感传感器。(5-3-5) 式对图 5-3-2 仍然适用,但变面积型自感传感器只是改变气隙截面积 A,而并不改变铁心截面积。设图 5-3-2(b) 中,$A_1 = (a_0 - \Delta a)b$,$A_2 = (a_0 + \Delta a)b$,代入 (5-3-5) 式得

$$L_1 = \frac{N^2 \mu_0 a_0 b}{2\delta} \left(1 - \frac{\Delta a}{a_0}\right) = L_0 \left(1 - \frac{\Delta a}{a_0}\right) \qquad (5-3-10)$$

$$L_2 = \frac{N^2 \mu_0 a_0 b}{2\delta} \left(1 + \frac{\Delta a}{a_0}\right) = L_0 \left(1 + \frac{\Delta a}{a_0}\right) \qquad (5-3-11)$$

$$\frac{L_2 - L_1}{L_1 + L_2} = \frac{\Delta a}{a_0} \qquad (5-3-12)$$

3. 螺管型自感传感器

图 5-3-1(c) 为螺管型自感传感器结构原理图。它由螺管线圈、衔铁和磁性套筒等组成。磁性套筒构成线圈的外部磁路,并作为传感器的磁屏蔽。随着衔铁插入深度的不同,将引起线圈泄漏磁通路径中磁阻变化,从而使线圈的自感发生变化。

为分析简单起见,假设线圈的长径比 l/r 足够大,因此线圈内部的磁场可以认为是均匀的,这样可求得图 5-3-1(c) 衔铁未插入时空心线圈电感为

$$L_0 = \frac{\mu_0 A N^2}{l} = \frac{\pi r^2 \mu_0 N^2}{l} \qquad (5-3-13)$$

式中,l 为线圈长度;r 为线圈半径;N 为线圈匝数。

当衔铁插入线圈时,被其覆盖的那部分线圈的局部电感增大。据推导,其电感增量为

$$\Delta L = \frac{(\mu_r - 1)\mu_0 N_x^2 A_c}{x} \tag{5-3-14}$$

式中，x 为衔铁插入线圈中的长度；A_c 为衔铁截面积，$A_c = \pi r_c^2$；N_x 为衔铁覆盖线圈的匝数。

显然
$$N_x = \frac{N}{l}x \tag{5-3-15}$$

代入(5-3-14)式得

$$\Delta L = \frac{(\mu_r - 1)\mu_0 N^2 \pi r_c^2}{l^2}x \tag{5-3-16}$$

由(5-3-13)式和(5-3-16)式得

$$\frac{\Delta L}{L_0} = (\mu_r - 1)\frac{r_c^2}{r^2}\left(\frac{x}{l}\right) \quad 或 \quad L = L_0 + \Delta L = L_0\left[1 + (\mu_r - 1)\frac{r_c^2}{r^2}\frac{x}{l}\right] \tag{5-3-17}$$

对于图 5-3-2(c)所示差动式螺管型自感传感器，E 形铁心使两个线圈有各自的独立磁路，没有磁通的相互耦合，因此可看作两个单一式螺管线圈组装在一起，类似上面的推导，可得

$$L_1 = \frac{\mu_0 N^2 \pi r^2}{l}\left[1 + (\mu_r - 1)\left(\frac{r_c}{r}\right)^2\frac{x_1}{l}\right] \tag{5-3-18}$$

$$L_2 = \frac{\mu_0 N^2 \pi r^2}{l}\left[1 + (\mu_r - 1)\left(\frac{r_c}{r}\right)^2\frac{x_2}{l}\right] \tag{5-3-19}$$

式中，N 为每个绕组的匝数；l 为线圈长度；r 为线圈平均半径；x_1、x_2 为处在线圈 1 和线圈 2 中衔铁的长度。

当衔铁处于中间位置时，$x_1 = x_2 = x_0$，两个电感相等，即 $L_1 = L_2$。若衔铁偏离中间位置 Δx，令 $x_1 = x_0 - \Delta x$，$x_2 = x_0 + \Delta x$，则

$$\frac{L_2 - L_1}{L_1 + L_2} = \frac{(\mu_r - 1)\left(\frac{r_c}{r}\right)^2\frac{\Delta x}{l}}{1 + (\mu_r - 1)\left(\frac{r_c}{r}\right)^2\frac{x_0}{l}} \approx \frac{\Delta x}{x_0} \tag{5-3-20}$$

变气隙型、变面积型和螺管型这三种类型的自感传感器相比较，变气隙型灵敏度最高，螺管型灵敏度最低。变气隙型的主要缺点是：非线性严重，为了限制非线性误差，示值范围只能较小；它的自由行程受铁心限制，制造装配困难。变面积型和螺管型的优点是具有较好的线性，因而示值范围可取得大一些，自由行程可按需要安排，制造装配也较方便。此外，螺管型与变面积型相比，批量生产中的互换性好。由于具备上述优点，而灵敏度低的问题可在放大电路方面加以解决，因此目前螺管型自感传感器的应用越来越多。

4. 等效电路分析

在前面分析自感式传感器工作原理时，把自感线圈看成一个理想的纯电感 L。实际上，线圈导线存在铜损电阻 R_c，传感器中的铁磁材料在交变磁场中一方面被磁化，另一方面形成涡流及损耗，这些损耗可分别用磁滞损耗电阻 $R_h(f)$ 和铁心涡流损耗电阻 R_e 表示。此外，还存在线圈的匝间电容和电缆线分布电容，因此，自感式传感器的等效电路如图 5-3-3 所示。由于电缆线分布电容是并联寄生电容 C 的组成部分，因此自感式传感器在更换连接电缆后应重新校正或采用并联电容加以调整。由于各损耗电阻的存在，使线圈电感的品质因数降低且与激励频率有关，因此最好选择最佳激励频率——使线圈电感品质因数最高的激励频率。

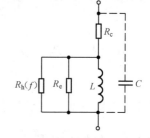

图 5-3-3 自感式传感器的等效电路

5. 测量电路选择

自感式传感器将位移等非电量转换为电感的变化，为了将电感的变化转换为电压、电流或频率，还要选择适当的测量电路。选择的基本原则是尽可能使输出电压、电流或频率与被测非电量成线性关系。

图 4-1-6(b)变压器电桥和图 4-2-8 差动电感脉冲调宽电路对三种差动式电感传感器都是适合的。例如,让图 5-3-2(a)差动式变气隙型自感传感器接入图 4-1-6(b)变压器电桥的两臂,将(5-3-9)式代入(4-1-29)式得

$$\dot{U}_{\circ} = \frac{\dot{E}}{2} \frac{\Delta\delta}{\delta_0} \tag{5-3-21}$$

可见,输出电压与被测位移成线性关系。同理,将(5-3-12)式、(5-3-20)式代入(4-1-29)、(4-2-18)式,也可得到同样的结论。

如果让图 5-3-1(a)单一式变气隙型自感传感器接入图 4-1-6(b)变压器电桥的一臂,另一臂接固定电感,令

$$L_1 = \frac{L_0}{1+\dfrac{\Delta\delta}{\delta_0}}(自感传感器), \qquad L_2 = L_0(固定电感)$$

代入(4-1-29)式得

$$\dot{U}_{\circ} = \frac{\dot{E}}{4} \frac{\Delta\delta}{\delta_0} \frac{1}{1+\dfrac{\Delta\delta}{2\delta_0}} \tag{5-3-22}$$

可见,输出电压与被测位移成非线性关系。对比(5-3-21)式、(5-3-22)式可见,差动式变气隙型自感传感器接入图 4-1-6(b),不仅可消除非线性,而且还可使灵敏度提高一倍。

如果不采用差动式自感传感器,而采用单一式自感传感器,则可配接图 4-3-1 调频电路,或配接比例运算法测量电路(把图 4-2-5 中 C_x、C_0 分别改为 L_x、L_0 即可)。也可配接欧姆法测量电路,即用恒流源激励或恒压源 U 激励,将 L_x 转换为电压或电流。

当采用频率为 ω 的恒流源 I 激励自感传感器时,线圈电压 U_L 将随 L 的变化而变化。若线圈直流电阻远小于其感抗,则

$$U_L = I\omega L$$

将(5-3-11)式代入上式得

$$U_L = I\omega L_0 \left(1+\frac{\Delta a}{a_0}\right) \tag{5-3-23}$$

由上式可见,线圈电压 U_L 与被测位移成线性关系,因此,变面积型自感传感器宜采用恒流源激励。

当采用频率为 ω 的恒压源 U 激励自感传感器时,线圈电流 I_L 将随 L 的变化而变化,即

$$I_L = \frac{U}{\omega L}$$

将(5-3-7)式代入上式得

$$I_L = \frac{U}{\omega L_0} \left(1+\frac{\Delta\delta}{\delta_0}\right) \tag{5-3-24}$$

由上式可见,线圈电流 I_L 与被测位移成线性关系,因此,变气隙型自感传感器宜采用恒压源激励。

5.3.2 互感式传感器

1. 工作原理与类型

互感式传感器由初、次级线圈、铁心、衔铁三部分组成。工作时,初级线圈接入交流激励电压,次级线圈感应产生输出电压。被测量使衔铁移动,引起初、次级线圈间的互感变化,输出电压因而也相应变化。一般这种传感器的次级线圈有两个,且按差动方式连接,如图 5-3-4(a)所示,故常称为差动变压器式传感器,简称差动变压器。

在忽略线圈寄生电容与铁心损耗的情况下,差动变压器的等效电路如图 5-3-4(b)所示。图中,$\dot{U}_1$、$\dot{I}_1$ 为初级线圈激励电压与电流(频率为 ω);L_1、r_1 为初级线圈电感与电阻;M_1、M_2 为初级线圈分别与次级线圈 1、2 间的互感;L_{21}、L_{22}、r_{21}、r_{22} 为两个次级线圈的电感和电阻。

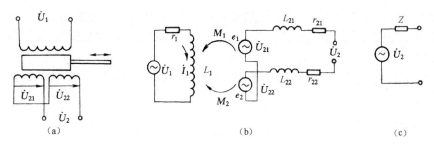

（a） （b） （c）

图 5-3-4　差动变压器及其等效电路

由图可见，当次级开路时，初级电流为

$$\dot{I}_1 = \frac{\dot{U}_1}{r_1 + j\omega L_1}$$

由于 $\dot{I}_1$ 和 M_1、M_2 的存在，两个次级线圈的感应电压分别为

$$\dot{U}_{21} = -j\omega M_1 \dot{I}_1, \quad \dot{U}_{22} = -j\omega M_2 \dot{I}_1$$

由于两个次级线圈按差动方式连接，因此，差动变压器开路（空载）输出电压为

$$\dot{U}_2 = \dot{U}_{21} - \dot{U}_{22} = -j\omega(M_1 - M_2)\dot{I}_1 = -\frac{j\omega(M_1 - M_2)}{r_1 + j\omega L_1}\dot{U}_1 \qquad (5\text{-}3\text{-}25)$$

差动变压器的输出阻抗为

$$Z = r_{21} + r_{22} + j\omega L_{21} + j\omega L_{22} = r_2 + j\omega L_2 \qquad (5\text{-}3\text{-}26)$$

式中

$$r_2 = r_{21} + r_{22}, \quad L_2 = L_{21} + L_{22}$$

这样，差动变压器可等效为图 5-3-4（c）所示开路电压为 $\dot{U}_2$、内阻为 Z 的电压源。

差动变压器也有变气隙型、变面积型和螺管型三种类型，如图 5-3-5 所示，其中图（a）、（b）、（c）为变气隙型，灵敏度较高，但测量范围小，一般用于测量几微米到几百微米的位移；图（d）、（e）为变面积型，除图示 E 形与四极型外，还常做成八极型、十六极型，一般可分辨零点几秒以下的角位移，线性范围达 $\pm 10°$；图（f）为螺管型，可测量几毫米到 1 米的位移，但灵敏度稍低。

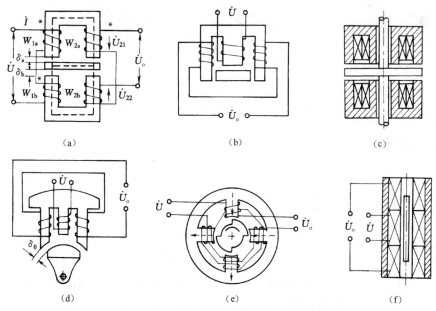

（a） （b） （c）

（d） （e） （f）

图 5-3-5　各种差动变压器的结构示意图

2. 输出特性

下面以图 5-3-6 所示 Ⅱ 形铁心的变气隙型差动变压器为例来推导差动变压器的输出特性。图 5-3-6 所示差动变压器实际上是在图 5-3-2(a)基础上增加两个检测线圈 N_2 并与两个激励线圈 N_1 紧耦合构成的。

设 Φ_{11} 为线圈 N_1 电流 i_1 产生的磁通，Φ_{21} 为 Φ_{11} 穿过线圈 N_2 的部分，根据电工学上关于自感与互感的定义可知

线圈 N_1 的自感
$$L=\frac{N_1\Phi_{11}}{i_1} \tag{5-3-27}$$

线圈 N_1 与线圈 N_2 的互感
$$M=\frac{N_2\Phi_{21}}{i_1} \tag{5-3-28}$$

在线圈 N_1 与线圈 N_2 双线并绕的紧耦合情况下，一个线圈电流产生的磁通全部通过另一个线圈，即 $\Phi_{21}=\Phi_{11}$，由(5-3-27)式、(5-3-28)式得

$$M=L\frac{N_2}{N_1} \tag{5-3-29}$$

即互感与自感之比等于两个线圈匝数之比。

为区别起见，设图 5-3-6 中上对线圈 N_1 的自感为 L_1，N_1 与 N_2 之间的互感为 M_1，即

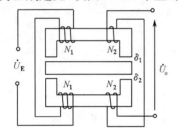

$$M_1=L_1\frac{N_2}{N_1} \tag{5-3-30}$$

下对线圈 N_1 的自感为 L_2，N_1 与 N_2 之间的互感为 M_2，即

$$M_2=L_2\frac{N_2}{N_1} \tag{5-3-31}$$

由以上两式可知，衔铁移动使 L_1、L_2 变化，也将使 M_1、M_2 变化。由于两个检测线圈 N_2 按差动方式（反相

图 5-3-6　Ⅱ 形铁心的变气隙型差动变压器

串联）连接，故开路输出电压为

$$\dot{U}_o=-\mathrm{j}\omega(M_1-M_2)\dot{I}_1=-\mathrm{j}\omega\dot{I}_1(L_1-L_2)\frac{N_2}{N_1} \tag{5-3-32}$$

设上、下两激励线圈 N_1 的直流电阻分别为 r_{11}、r_{12}，激励电压为 $\dot{U}_E$，则激励电流为

$$\dot{I}_1=\frac{\dot{U}_E}{(r_{11}+r_{22})+\mathrm{j}\omega(L_1+L_2)} \tag{5-3-33}$$

将(5-3-33)式代入(5-3-32)式得

$$\dot{U}_o=\dot{U}_E\frac{N_2}{N_1}\frac{L_2-L_1}{L_1+L_2}\bigg/\left[1+\frac{(r_{11}+r_{22})}{\mathrm{j}\omega(L_1+L_2)}\right] \tag{5-3-34}$$

设 $\delta_1=\delta_0+\Delta\delta$，$\delta_2=\delta_0-\Delta\delta$，将(5-3-9)式代入上式得

$$\dot{U}_o=\dot{U}_E\frac{N_2}{N_1}\frac{\Delta\delta}{\delta_0}\bigg/\left(1+\frac{1}{\mathrm{j}Q}\right) \tag{5-3-35}$$

式中，$Q=\omega L_1/r_{11}\approx\omega L_2/r_{12}$ 为激励线圈的品质因数。

$$\dot{U}_o=\dot{U}_E\frac{N_2}{N_1}\frac{\Delta\delta}{\delta_0}\left(1+\mathrm{j}\frac{1}{Q}\right)\bigg/\left(1+\frac{1}{Q^2}\right) \tag{5-3-36}$$

由上式可见，差动变压器输出电压中包含两个分量：一个不带 j 的分量，与 $\dot{U}_E$ 同相，称为同相分量；一个带 j 的分量，与 $\dot{U}_E$ 相位差 90°，称为正交分量。为了减少正交分量，应提高 Q 值。

由(5-3-36)式可得输出电压幅值为

$$U_o = \frac{U_E \frac{N_2}{N_1} \frac{\Delta\delta}{\delta_0}}{\sqrt{1+\frac{1}{Q^2}}} = U_E \frac{\frac{N_2}{N_1} \frac{\Delta\delta}{\delta_0}}{\sqrt{1+\left(\frac{R}{\omega L_0}\right)^2}} \qquad (5\text{-}3\text{-}37)$$

当激励频率过低,即 $\omega \ll \frac{R}{L_0}$ 时,据上式有

$$U_o = U_E \frac{N_2}{N_1} \frac{\Delta\delta}{\delta_0} \frac{L_0}{R}\omega \qquad (5\text{-}3\text{-}38)$$

可见,灵敏度随频率增加而增加。

当激励频率增加到使 $\omega \gg \frac{R}{L_0}$ 时,输出电压为

$$U_o = U_E \frac{N_2}{N_1} \frac{\Delta\delta}{\delta_0} \qquad (5\text{-}3\text{-}39)$$

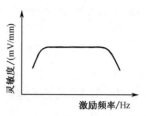

图 5-3-7　灵敏度与激励频率的关系

与频率无关,为一常数。当 ω 继续增加到超过某一数值时(该值视铁心材料而异),由于导线趋肤效应和铁损等影响而使灵敏度下降,如图 5-3-7 所示。通常应按灵敏度-频率特性,选取合适的较高的激励频率,以保持灵敏度不变。这样既可放宽对激励频率稳定度的要求,又可在一定激励电压条件下减小磁通和匝数,从而减小尺寸。

3. 测量电路

差动变压器的测量电路一般采用反串电路和桥路两种。

反串电路是指直接把两个次级线圈反向串接,如图 5-3-4 所示,此时空载输出电压等于两个次级线圈感应电压之差,即

$$\dot{U}_2 = \dot{U}_{21} - \dot{U}_{22}$$

桥路如图 5-3-8 所示。R_P 是供调零用的电位器,当两桥臂电阻相等时,空载输出电压为

$$\dot{U}_o = \frac{1}{2}(\dot{U}_{21} + \dot{U}_{22}) - \dot{U}_{22} = \frac{1}{2}(\dot{U}_{21} - \dot{U}_{22})$$

可见,这种电路的灵敏度为反串电路的 1/2。其优点是不再需要另外配置调零电路。

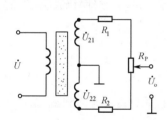

图 5-3-8　差动变压器使用的桥路

由(5-3-39)式可知,差动变压器的输出电压是调幅波,为了判别衔铁的移动方向,需要进行解调。常用的解调电路有差动相敏检波电路与差动整流电路。图 5-3-9 为差动变压器最常用的差动整流电路,其中,图(a)、(b)分别为全波电流输出型和半波电流输出型,用在连接低阻抗负载的场合;图(c)、(d)分别为全波电压输出型和半波电压输出型,用在连接高阻抗负载的场合。图中可调电阻用于调整零点输出。

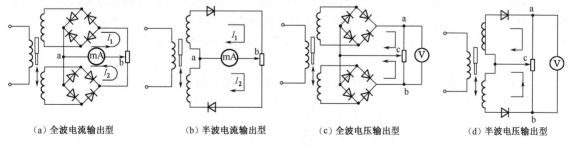

(a) 全波电流输出型　　　(b) 半波电流输出型　　　(c) 全波电压输出型　　　(d) 半波电压输出型

图 5-3-9　差动整流电路

图 5-3-9(a)、(b)的输出电流为 $I_{ab} = I_1 - I_2$,图 5-3-9(c)、(d)的输出电压为 $U_{ab} = U_{ac} - U_{bc}$。当衔铁位于零位时,$I_1 = I_2$,$U_{ac} = U_{bc}$,故 $I_{ab} = 0$,$U_{ab} = 0$;当衔铁位于零位以上时,$I_1 > I_2$,$U_{ac} > U_{bc}$,

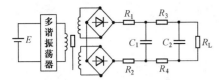

图 5-3-10　直流差动变压器电路

故 $I_{ab}>0$，$U_{ab}>0$；当衔铁位于零位以下时，$I_1<I_2$，$U_{ac}<U_{bc}$，故 $I_{ab}<0$，$U_{ab}<0$。

在需要远距离测量、便携、防爆及同时使用若干个差动变压器测头，且需避免相互间或对其他仪器设备产生干扰的场合，常采用图 5-3-10 所示的直流差动变压器电路。该电路的初级采用直流供电的多谐振荡器，形成直流输入、直流输出，从而抑制了干扰。

5.3.3　压磁式传感器

压磁式传感器是利用铁磁物质的压磁效应(又称磁弹性效应)工作的传感器，又称为磁弹性式传感器。

1. 压磁效应

铁磁材料在磁场中被磁化时，有些材料(如 Fe)在磁场方向会伸长，有些材料(如 Ni)在磁场方向会缩短，这种现象称为"磁致伸缩效应"，前者称为"正磁致伸缩"，后者称为"负磁致伸缩"。

正磁致伸缩材料在受到拉应力作用时，在拉应力方向上磁导率会增大，在垂直拉应力的方向上磁导率会减小；受压应力作用时，其效果正相反。负磁致伸缩材料的情况与上述情况正好相反。铁磁材料在机械应力(拉、压、扭)作用下，磁导率发生变化，外力取消后，磁导率复原，这种现象称为"压磁效应"。

铁磁材料的压磁效应还与外磁场有关。就同一种铁磁材料而言，在机械应力作用下，磁导率的改变与磁场强度有密切的关系。如当磁场较强时，磁导率随机械应力的增加而减小；而当磁场较弱时，则有相反的结果。因此，为了使磁感应强度与机械应力间有单值函数关系，必须使外磁场强度的数值一定。

铁磁材料的相对磁导率变化与机械应力 σ 之间有如下关系

$$\frac{\Delta\mu}{\mu}=\frac{2\varepsilon_s}{B_s^2}\sigma\mu \tag{5-3-40}$$

式中，ε_s 为铁磁材料在磁饱和时的应变，$\varepsilon_s=\Delta l/l$，也称为磁致伸缩系数；B_s 为饱和磁感应强度；μ 为铁磁材料的磁导率。

由上式可知，用于压磁式传感器的铁磁材料要求能承受大的机械应力、磁导率高、饱和磁感应强度小。目前大多采用硅钢片。

2. 基本结构

压磁式传感器主要包括压磁元件和绕制在压磁元件上的线圈两部分。压磁元件由硅钢片粘叠而成，其特点是做成完全闭合的磁路(不像前述自感式和互感式传感器那样存在气隙和活动衔铁)。压磁元件上若只绕一组线圈，则构成自感型压磁式传感器，如图 5-3-11(a)、(b)、(c)所示，压力 F 使铁心的磁导率发生变化，由(5-3-1)式、(5-3-2)式可知，这将使线圈电感发生变化，即

$$L=k_1\mu\approx k_2F \tag{5-3-41}$$

式中，k_1、k_2 为与激励电流大小有关的系数，在一定条件下可认为是近似的常数。

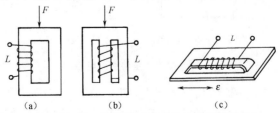

(a)　　　　(b)　　　　(c)

图 5-3-11　自感型压磁式传感器的结构

压磁元件上若同时绕制激励绕组和输出绕组,则构成互感型压磁式传感器,如图 5-3-12 所示。压力 F 使铁心的磁导率变化,导致磁路磁阻、线圈间耦合系数发生变化,从而使输出绕组的感应电压发生变化

$$U_2 = U_1 \frac{N_2}{N_1} k(F) F \qquad (5\text{-}3\text{-}42)$$

式中,U_2 为输出绕组的感应电压;U_1 为激励绕组的激励电压;N_1、N_2 为初级和次级绕组的匝数;$k(F)$ 为系数,它与激励电压频率及幅值有关,同时也与压力 F 有关,但当 F 范围不大时,$k(F)$ 也可认为是常数。

图 5-3-11(c) 所示结构称为压磁应变片,它是在日字形铁心凸起在外的中间铁舌上绕上绕组构成的。使用时,将它粘在被测应变的工件表面,使其整体与被测工件同时发生变形,从而引起铁心中磁导率改变,导致电感值改变。这种结构也可在铁舌上绕两个绕组做成互感型压磁应变片。

图 5-3-12(c) 所示结构在未受力时,激励绕组 1 所产生的磁通主要通过铁心的中心磁路来形成回路,而通过输出绕组 2 所围绕的铁心的磁通则很少,感应电压极小。在被测力(如压力)作用下,导磁体(磁性材料)3 在中心磁路部分的磁阻增大,一部分磁通分流到输出绕组 2 所围绕的铁心上,从而在输出绕组中感应出电压。

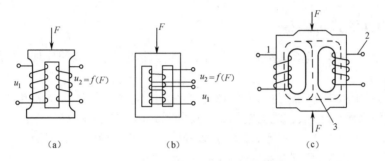

图 5-3-12　互感型压磁式传感器的结构

图 5-3-13 为一种常用的互感型压磁式传感器。由硅钢片粘叠而成的压磁元件上冲有 4 个对称的孔。孔 1、2 的连线与孔 3、4 的连线相互垂直,孔 1、2 间绕有初级(激磁)绕组,孔 3、4 间绕有次级(输出)绕组,在不受力时,铁心的磁阻在各个方向上是一致的,初级线圈的磁力线对称地分布,不与次级线圈发生交链,因而不能在次级线圈中产生感应电动势。当传感器受压力 F 时,在平行于作用力方向上磁导率减小、磁阻增大,在垂直于作用力方向上磁导率增大、磁阻减小,初级线圈产生的磁力线将重新分布,如图 5-3-13(c) 所示。此时一部分磁力线与次级绕组交链而产生感应电动势。F 越大,交链的磁通量越多,感应电动势也越大。感应电动势经变换处理后,就可以用来表示被测力 F 的数值。这种传感器在机械工程上常用来测量几万牛顿(N)的压力,特别是耐过载能力强,线性度可在 $3\%\sim5\%$。

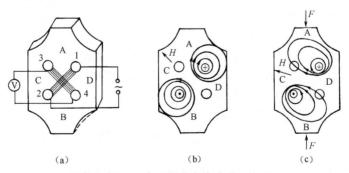

图 5-3-13　互感型压磁式传感器工作原理

3. 测量电路

压磁元件的次级绕组输出电压较大,因此一般不需要放大,只要通过滤波整流即可。如图5-3-14所示为压磁式传感器测量电路。T_1 是供给初级绕组励磁电压的降压变压器,T_2 是一升压变压器,用来提高压磁式传感器的输出电压。从变压器 T_2 输出的电压,通过滤波器 Z_1 把高次谐波滤去,然后用电桥整流,用滤波器 Z_2 消除脉动,最后以直流输出供给电压表及负载。线路A(虚线框内电路)是一补偿电路,用来补偿零位电压,其中 R_1 用来调电压幅值,R_2 用来调电压相位。

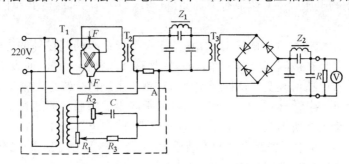

图 5-3-14   压磁式传感器测量电路

5.3.4   电涡流式传感器

电涡流式传感器是基于电涡流效应而工作的传感器,其主要优点是可实现非接触式测量。

1. 电涡流效应

成块的金属置于激励线圈产生的交变磁场中,金属导体内就要产生感应电流,这种电流的流线呈闭合曲线,类似水涡形状,故称之为电涡流。这种现象称为电涡流效应。

如图 5-3-15(a)所示,若产生交变磁场的激励线圈1外半径为 R,激励电流为 I_1,金属导体2表面离激励线圈的距离为 X,则金属导体上的电涡流强度为

$$I_2 = I_1\left(1 - \frac{X}{\sqrt{X^2 + R^2}}\right) \tag{5-3-43}$$

依据(5-3-43)式作出的归一化曲线如图 5-3-15(b)所示。由图可见,电涡流强度 I_2 正比于激励电流 I_1,并随 X/R 的增加而急剧减小。因此,利用电涡流式传感器测量位移时,只在很小的范围内(一般取 $X/R = 0.05 \sim 0.15$)能得到较好的线性和较高的灵敏度。

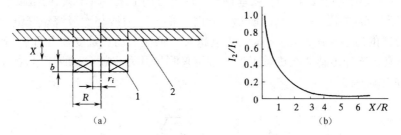

图 5-3-15   电涡流强度与 X/R 关系曲线

由于趋肤效应的缘故,电涡流只能在金属导体靠近激励线圈一侧的表面薄层内形成,而且电涡流强度随距表面深度增加而按指数规律下降。电涡流轴向渗透(贯穿)深度 h 定义为电涡流强度减小到表面电涡流强度的 $1/e$ 处的表面厚度,即

$$h = \sqrt{\frac{\rho}{\pi \mu f}} \tag{5-3-44}$$

式中,ρ 为金属导体的电阻率;μ 为金属导体的磁导率;f 为激磁频率。

由于线圈产生的磁场在金属导体内不可能波及无限大的区域,因此电涡流形成区(电涡流区)

也有一定范围,如图 5-3-16 所示,基本上在内径为 $2r$、外径为 $2R$、厚度为 h 的矩形截面圆环内。据近似推导,电涡流区大小与激励线圈外径 D 的关系为

$$2R=1.39D, \qquad 2r=0.525D$$

因此,被测金属导体的表面不应少于激励线圈外径的两倍,否则就不能全部利用所能产生的电涡流效应,致使灵敏度降低。

激励线圈 L_1 产生的交变磁场 H_1 在金属导体表面形成电涡流环,电涡流环所产生的磁场 H_2 也必将反过来抵消激励磁场 H_1,或者在另一侧线圈 L_2 中感应出新的电动势 e_2(当金属导体很薄时),如图 5-3-17 所示。利用电涡流的前一种作用方式而工作的传感器称为反射式电涡流传感器,利用后一种作用方式而工作的传感器称为透射式电涡流传感器。

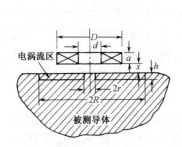
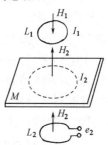

图 5-3-16　电涡流区的形成　　　　　图 5-3-17　电涡流的两种作用方式

2. 反射式电涡流传感器

反射式电涡流传感器由产生交变磁场的传感器线圈和置于激励线圈附近的金属导体两部分组成,如图 5-3-18(a)所示。当线圈通以交变电流 $\dot{I}_1$ 时,线圈周围就产生一个交变磁场 H_1。置于该磁场范围内的金属导体内便产生电涡流 $\dot{I}_2$,$\dot{I}_2$ 也将产生一个新磁场 H_2;H_2 与 H_1 方向相反,对原磁场 H_1 起抵消削弱作用,从而导致线圈的电感量、阻抗和品质因数都发生变化。金属导体表面感应的电涡流对线圈的这种“反射作用”,可以用图 5-3-18(b)所示等效电路来说明。图中把金属导体中形成的电涡流等效为一匝短路环中的电流 $\dot{I}_2$,短路环的电阻为 R_2,电感为 L_2,线圈电阻为 R_1,电感为 L_1。电涡流产生的磁场对线圈产生的磁场的“反射作用”,可理解为线圈与短路环之间存在着互感 M,M 随线圈与金属导体之间的距离 X 减小而增大。根据基尔霍夫定律,可列出图 5-3-18(b)所示等效电路的电压平衡方程,即

$$\begin{cases} \dot{I}_1(R_1+j\omega L_1)-j\omega M\dot{I}_2=\dot{U}_1 \\ \dot{I}_2(R_2+j\omega L_2)-j\omega M\dot{I}_1=0 \end{cases}$$

解此方程组可求得线圈的等效阻抗为

$$Z=\frac{\dot{U}_1}{\dot{I}_1}=R+j\omega L \qquad (5\text{-}3\text{-}45)$$

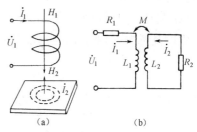

式中 $R=R_1+R_2\dfrac{\omega^2M^2}{R_2^2+\omega^2L_2^2}$, $\quad L=L_1-L_2\dfrac{\omega^2M^2}{R_2^2+\omega^2L_2^2}$ $\quad(5\text{-}3\text{-}46)$

图 5-3-18　反射式电涡流传感器

线圈的品质因数由无电涡流时的 $Q_0=\omega L_1/R_1$ 下降为

$$Q=\frac{\omega L}{R}=Q_0\left(1-\frac{L_2}{L_1}\frac{\omega^2M^2}{R_2^2+\omega^2L_2^2}\right)\bigg/\left(1+\frac{R_2}{R_1}\frac{\omega^2M^2}{R_2^2+\omega^2L_2^2}\right) \qquad (5\text{-}3\text{-}47)$$

由以上三式可知,线圈-金属导体系统的阻抗 Z、电感 L 和品质因数 Q 都是互感 M 平方的函数,而互感 M 又是线圈与金属导体之间距离 X 的非线性函数。金属导体的电阻率 ρ、磁导率 μ 及线圈激励频率 f,将决定电涡流环的厚度,影响短路环的电阻 R_2 和电感 L_2 及互感 M。因此可以

说,反射式电涡流传感器的阻抗 Z、电感 L 和品质因数 Q 都是由 ρ、μ、X、f 等参数决定的多元函数。若只改变其中一个参数,其余参数均保持不变,反射式电涡流传感器便成为测定这个可变参数的传感器。

反射式电涡流传感器应用大致有下列 4 个方面。

① 利用位移 X 作为变换量,可以测量位移、厚度、振动、转速等;也可做成接近开关、计数器等。

② 利用 ρ 作为变换量,可以测量温度、判别材质。

③ 利用 μ 作为变换量,可以测量应力、硬度等。

④ 利用变换量 ρ、μ 等综合影响,可以做成探伤装置和金属探寻器等。

反射式电涡流传感器常用于测量物体位移、距离、振动和转速等,如被测物体为非导电体,只要在被测物体靠近线圈一侧表面上附贴一块面积足够大的金属片即可。按照线圈与被测金属导体的相对运动形式,用以测量位移的反射式电涡流传感器也可分变间隙型、变面积型、螺管型三种结构类型。需要指出的是,由于电涡流式传感器是利用线圈与被测金属导体之间的电磁耦合进行工作的,因而被测金属导体作为"实际传感器"的一部分,其材料的物理性质、尺寸与形状都与传感器特性密切相关,因此有必要对被测金属导体给予注意。

被测参数的变化可引起线圈的 Z、L、Q 变化,所以反射式电涡流传感器可以选择 Z、L、Q 中的任一参数构成测量电路,不过目前较多的方案还是用电感 L 的变化组成测量电路,这正是把电涡流式传感器归入电感式传感器的原因。

3. 透射式电涡流传感器

透射式电涡流传感器由发射线圈 L_1、接收线圈 L_2 和位于两线圈中间的被测金属板组成,如图 5-3-19 所示。当在 L_1 两端加交流激励电压 $\dot{U}_1$ 时,L_2 两端将产生感应电压 $\dot{U}_2$。若两线圈之间无金属板时,L_1 的磁场就能直接贯穿 L_2,这时 $\dot{U}_2$ 最大。当有金属板后,其产生的电涡流削弱了 L_1 的磁场,造成 $\dot{U}_2$ 下降,或者说电涡流磁场在 L_2 中也产生感应电压,抵消 L_1 在 L_2 中的感应电压,造成 $\dot{U}_2$ 下降。金属板厚度 d 越大,电涡流越大,$\dot{U}_2$ 就越小,即

$$U_2 = kU_1 e^{-d/h} \tag{5-3-48}$$

式中,d 为金属板厚度;h 为电涡流贯穿深度,由(5-3-44)式决定;k 为比例常数。

感应电压 U_2 与金属板厚度 d 的关系如图 5-3-20 所示,由此可利用 U_2 来反映金属板的厚度。由图可见,激励频率 f 较低时,线性度较好,因此从线性度好考虑,应选择较低的激励频率(通常为 1kHz 左右),同时由图可见,d 较小时,f_3 曲线的斜率较大;d 较大时,f_1 曲线的斜率较大。因此从灵敏度高考虑,测薄板时应选较高的激励频率,测厚板时应选较低的激励频率。

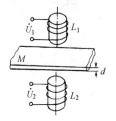

图 5-3-19　透射式电涡流传感器

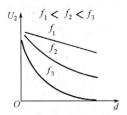

图 5-3-20　不同频率下的 $U_2 = f(d)$ 曲线

由(5-3-44)式和(5-3-48)式可见,为使测量不同 ρ 的材料所得的 $U_2 = f(d)$ 曲线相近,即 h 一致,要相应改变激励频率。例如,对紫铜等 ρ 较小的材料应选用较低的频率(500Hz),对黄铜、铝等 ρ 较大的材料应选用较高的频率(2kHz),可保证不同材料时的线性度、灵敏度一致。

此外,因温度的变化会引起材料 ρ 的变化,故应使材料温度恒定。

5.3.5 感应同步器

感应同步器是应用电磁感应原理把位移量转换为数字量的传感器。它具有两个平面形的印刷绕组,相当于变压器的初级绕组和次级绕组。通过两个绕组的互感变化来检测其相互位移。从这个意义上说,感应同步器也可归入电感式传感器中。

1. 感应同步器的类型与结构

感应同步器可分为两类:测量直线位移的称为长感应同步器或直线式感应同步器;测量角位移的称为圆感应同步器或旋转式感应同步器。无论哪一类感应同步器,其结构都包括固定部分和运动部分,这两部分对于直线式则分别称为定尺和滑尺,如图 5-3-21 所示;对于旋转式则分别称定子和转子,如图 5-3-22 所示。

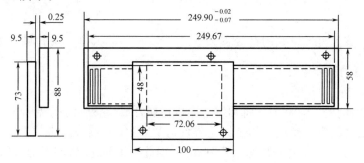

图 5-3-21　长感应同步器示意图(单位:mm)

这两类感应同步器是采用同样的工艺方法制造的。一般情况下,首先用黏合剂把铜箔粘牢在金属(或玻璃)基板上,然后按设计要求腐蚀成不同曲折形状的平面绕组。这种绕组一般称为印制电路绕组。

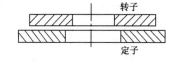

图 5-3-22　圆感应同步器结构示意图

安装时,定尺和滑尺、转子和定子上的平面绕组面对面放置。由于气隙的变化要影响到电磁耦合度的变化,因此气隙一般必须保持在 0.25mm±0.05mm 的范围内。工作时,如果其中一种绕组上通以交流激励电压,由于电磁耦合,在另一种绕组上就产生感应电动势。

图 5-3-23 所示为定尺、滑尺绕组结构示意图。定尺为连续绕组,见图 5-3-23(a),节距 $W_2 = 2(a_2 + b_2)$,其中 a_2 为导电片片宽,b_2 为片间间隔。滑尺上配置断续绕组,且分为正弦绕组和余弦绕组两部分,这两部分绕组的中心线间距应为

$$l_1 = \left(\frac{n}{2} + \frac{1}{4}\right)W_1 \tag{5-3-49}$$

式中,n 为正整数。两部分绕组的节距都相同,为 $W_1 = 2(a_1 + b_1)$,其中 a_1 为导电片片宽,b_1 为片间间隔。滑尺绕组呈 W 形[见图 5-3-23(b)],或呈 U 形[见图 5-3-23(c)]。滑尺的节距 W_1 通常与定尺节距 W_2 相等,即 $W_1 = W_2 = W$。典型的长感应同步器 $W = 2\text{mm}$,定尺长 250mm,滑尺长 100mm。

图 5-3-24 为定子、转子绕组结构示意图。转子绕组为连续绕组,若转子绕组径向导体数(也称极数)为 N(N 有 360、720、1080 和 512 等),则绕组节距为

$$\beta = \frac{2\pi}{N/2} = \frac{4\pi}{N}(\text{rad}) = \frac{720}{N}(\text{度}) \tag{5-3-50}$$

定子上配置断续绕组,也分为正弦绕组和余弦绕组两部分,这两部分绕组的中心间距应为

$$\gamma_1 = \left(\frac{n}{2} + \frac{1}{4}\right)\beta = \frac{(2n+1)\pi}{N}(\text{rad}) \tag{5-3-51}$$

式中,n 为正整数。

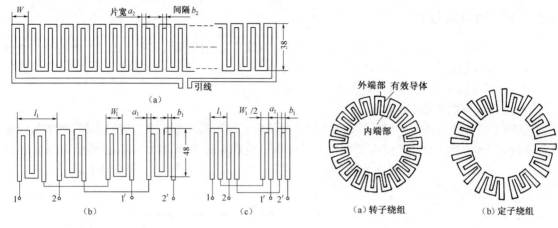

图 5-3-23　定尺、滑尺绕组结构示意图

图 5-3-24　定子、转子绕组结构示意图

2. 感应同步器的工作原理

（1）感应同步器中的互感

下面以长感应同步器为例（或者将圆感应同步器展开成长感应同步器）来讨论感应同步器连续绕组与断续绕组之间的电磁感应。为了讨论方便起见，假定断续绕组中只有一个 U 形绕组，如图 5-3-25 所示。由于绕组导电片长度远大于其端部，因此为了简化，先不考虑绕组端部的影响，将导电片视为无限长导线。

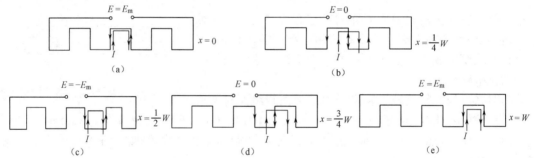

图 5-3-25　感应同步器中的电磁感应

当 U 形绕组通以交变激磁电流 i 时，其周围便产生交变磁场，位于此交变磁场中与激励导线相平行的连续绕组的导线上将产生感应电动势。连续绕组两端的电动势等于该绕组中各感应导线上感应电动势之和。感应电动势 e 与两绕组之间的互感 M 成正比，与激磁电流 i 的导数成正比，即

$$e = -M\frac{\mathrm{d}i}{\mathrm{d}t}（复数形式 \dot{E} = -\mathrm{j}\omega M\dot{I}） \tag{5-3-52}$$

当 U 形激励绕组位于图 5-3-25（a）所示位置时，各感应导线上的感应电动势方向一致，彼此相加，使连续绕组两端感应电动势达到正最大值，可认为此时两绕组为正向紧耦合（耦合系数为 +1），两者互感 M 取最大正值 $+M_0$。

当 U 形激励绕组处于如图 5-3-25（b）和（d）所示位置时，各感应导线上的感应电动势方向相反，互相抵消，使连续绕组两端感应电动势为 0，可认为此时两绕组之间互感为 0。

当 U 形绕组处于如图 5-3-25（c）所示位置时，各感应导线上的感应电动势方向也是一致的，彼此相加，使整个连续绕组两端的感应电动势达到最大值。但感应电动势方向与图 5-3-25（a）所示的相反，因此感应电动势达到负的最大值，可认为此时两绕组之间为反向紧耦合（耦合系数为 -1），两者互感取最大负值 $-M_0$。

如果把图 5-3-25 中连续绕组的中心线作为运动参照点,U 形绕组中心线相对该参照点的位移代表滑尺与定尺的相对位移,记为 x,那么图 5-3-25(a)、(b)、(c)、(d)、(e)就分别对应于 $x=0$、$x=\frac{1}{4}W$、$x=\frac{1}{2}W$、$x=\frac{3}{4}W$、$x=W$ 的情况。推而广之,当 x 分别等于 nW、$\left(n+\frac{1}{4}\right)W$、$\left(n+\frac{1}{2}\right)W$、$\left(n+\frac{3}{4}\right)W$ 时(n 为整数),M 分别为 M_0、0、$-M_0$、0。可见,滑尺与定尺的两绕组之间的互感是相对位移 x 的周期函数 $M(x)$,其周期为 W。由于 $x=0$ 或 $x=nW$ 时,$M(x)=M_0$,因此,若忽略周期函数 $M(x)$ 的其他谐波,则定尺绕组与滑尺某绕组间的互感可写为

$$M_c(x) = M_0 \cos\frac{2\pi}{W} x = M_0\cos\theta \qquad (5\text{-}3\text{-}53)$$

式中,M_0 为绕组间的最大互感;θ 为两绕组相对位置的电相角。

对长感应同步器来说,θ 与相对位移 x 关系为

$$\theta = \frac{2\pi}{W} x = 360° \frac{x}{W} \qquad (5\text{-}3\text{-}54)$$

式中,W 为长感应同步器绕组的节距。

断续绕组中,与连续绕组间的互感为余弦函数的绕组称为余弦绕组。距余弦绕组 $l_1 = \left(\frac{n}{2}+\frac{1}{4}\right)W$ 的另一断续绕组与连续绕组间的互感可看作是该余弦绕组再移动 l_1 后的互感,因此,由(5-3-53)式得

$$M_s(x) = M_0 \cos\frac{2\pi}{W}(x+l_1) = M_0\cos\frac{2\pi}{W}\left[x+\left(\frac{n}{2}+\frac{1}{4}\right)W\right]$$

$$= M_0\cos\left(\frac{2\pi}{W}x + n\pi + \frac{\pi}{2}\right)$$

当 n 为奇数时 $\qquad M_s(x) = M_0\sin\frac{2\pi}{W} x = M_0\sin\theta$

当 n 为偶数时 $\qquad M_s(x) = -M_0\sin\frac{2\pi}{W} x = -M_0\sin\theta$ $\qquad (5\text{-}3\text{-}55)$

可见,滑尺上距余弦绕组 l_1 的另一断续绕组与连续绕组的互感为正弦函数,因此称之为正弦绕组。

同样也可以说明,定子上相距 $\gamma_1 = \left(\frac{n}{2}+\frac{1}{4}\right)\beta$ 的两个绕组与转子绕组间的互感也分别为

$$M_c(\alpha) = M_0\cos\frac{2\pi}{\beta}\alpha = M_0\cos\theta, \quad M_s(\alpha) = M_0\sin\frac{2\pi}{\beta}\alpha = M_0\sin\theta$$

式中,α 为定子与转子的相对角位移。由(5-3-50)式得

$$\theta = \frac{2\pi}{\beta}\alpha = \frac{N}{2}\alpha \qquad (5\text{-}3\text{-}56)$$

因此,定子上相距 $\gamma_1 = \left(\frac{n}{2}+\frac{1}{4}\right)\beta$ 的两个绕组也分别称为正弦绕组和余弦绕组。

只要把图 5-3-25 中运动参照点即 $x=0$ 处另外规定,向左或向右偏移 $\frac{1}{4}W$,那么原来的正弦绕组就成了余弦绕组,原来的余弦绕组也就成了正弦绕组。所以,正弦绕组和余弦绕组只是相对而言的,两者相位保持正交关系。在断续绕组的两部分中,任一部分都可称为正弦绕组(或余弦绕组)。

(2)感应同步器的等效电路

由于感应同步器也是一种利用互感来实现能量传递的器件,其电气原理与由两个具有互感的线圈构成的变压器是相同的,因此感应同步器可看作一个平面型变压器。但是感应同步器与一般的变压器又有很大的差别。首先,它的输入、输出绕组并不是螺旋形线圈,而是平面形印制导电片。

在通常的工作频率(一般在 1~20kHz)下,绕组的感抗远小于电阻,绕组的阻抗可以认为是纯电阻性的。更重要的是,输入、输出绕组间的互感并不像普通变压器的互感是固定不变的,而是相对位置的正弦函数或余弦函数,如(5-3-53)式和(5-3-55)式所示。因此,感应同步器可简化成图 5-3-26 所示的等效电路。图中 R_i 和 R_o 分别为输入(激励)绕组和输出(感应)绕组的电阻,M_0 是绕组间的最大互感,θ 是由(5-3-54)式或(5-3-56)式决定的代表输入与输出绕组相对位置的电相角。图 5-3-26 是对应于正弦绕组为输入(激励)绕组的情况,由图可以写出空载时输入电压与输出电压的关系式,即

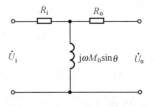

图 5-3-26 感应同步器的等效电路

$$\dot{U}_o = \dot{U}_i \frac{j\omega M_0 \sin\theta}{R_i + j\omega M_0 \sin\theta} \tag{5-3-57}$$

如前所述,一般 $R_i \gg j\omega M_0$,故有

$$\dot{U}_o = \frac{j\omega M_0 \sin\theta}{R_i}\dot{U}_i \tag{5-3-58}$$

当 $M(x)$ 取最大值 M_0 即 $\sin\theta = 1$ 时,$|\dot{U}_i/\dot{U}_o|$ 称为感应同步器的电压传递系数 k_u,由上式得

$$k_u = \frac{R_i}{\omega M_0} \tag{5-3-59}$$

可见,电压传递系数与感应同步器的尺寸、极数、工作频率及气隙大小有关。我国标准型直线式感应同步器在 10kHz 激励频率下,规定电压传递系数应在 90~150 之间。

由(5-3-57)式可知,适当增大励磁电压 U_i,将获得较大的输出电压,这是有利的,但过大的激励电压将引起过大的激励电流,甚至有可能导致温升过高而不能正常工作。同时,激励电流还受到电源功率的限制,通常激励电压为几百毫伏至几伏,输出电压幅值属毫伏级。

激励频率选低些,绕组感抗小,有利于提高精度。但是由(5-3-58)式可见,输出电压正比于激励频率。此外,激励频率选大些,允许的测量速度也增大。据此,国内外已将激励频率从 10kHz 提高到 20~40kHz。

(5-3-58)式为频率域输入/输出关系表达式,适合于计算感应电压的幅值。下面讨论时域内输出电压波形与输入电压波形的关系,以便了解感应同步器测量位移的工作原理。

(3) 感应同步器的激励和检测方式

感应同步器可以有两种激励(或称激磁、励磁)方式:一种是以滑尺(或定子)激励,由定尺(或转子)取出感应电动势信号;另一种是以定尺(或转子)激励,由滑尺(或定子)取出感应电动势信号。目前在实用中多数采用前一种激励方式——断续绕组激励方式。

为了在连续绕组中感应出互为正交的两个信号,作为辨向、细分和基础,需要同时把断续绕组的正弦绕组和余弦绕组作为激励绕组。感应同步器测量系统通常有以下两种激励方式。

① 调相式。正弦绕组与余弦绕组同时分别加频率和幅值均相同,但相位差 $\pi/2$ 的正弦激励电压

$$u_{is} = U_m \sin\omega t \tag{5-3-60}$$

$$u_{ic} = U_m \cos\omega t \tag{5-3-61}$$

若忽略激励绕组的感抗,只考虑激励绕组的电阻 R,则激励电流 i 与激励电压 u_i 的关系为

$$i = u_i/R$$

上式代入(5-3-52)式得

$$e = -\frac{M}{R}\frac{\mathrm{d}u_i}{\mathrm{d}t} \tag{5-3-62}$$

将(5-3-60)式、(5-3-61)式、(5-3-53)式和(5-3-55)式代入上式得,正弦绕组和余弦绕组单独激励

时在连续绕组中产生的感应电动势分别为

$$e_{os} = -kU_m\cos\omega t\sin\theta, \quad e_{oc} = kU_m\sin\omega t\cos\theta$$

依据叠加原理,两相绕组同时激励时,连续绕组中的感应电动势应为它们单独激励所产生的感应电动势之和,即

$$e_o = kU_m\sin\omega t\cos\theta - kU_m\cos\omega t\sin\theta = kU_m\sin(\omega t - \theta) \tag{5-3-63}$$

式中

$$k = \frac{\omega M_0}{R} \tag{5-3-64}$$

由(5-3-63)式可见,采用这种激励方式时,感应同步器可看作一个调相器,把相对位移转换为载波相位变化,因此将感应电动势 e_o 送到数字鉴相电路,测出相位变化即可测出位移。

② 调幅式。正弦绕组和余弦绕组同时分别加频率和相位均相同,但幅值不等的正弦激励电压(激励电压极性可通过改变激励绕组的输入端来改变,幅值比例系数 $\cos\varphi$ 和 $\sin\varphi$ 由变压器次级抽头改变)

$$u_{is} = -U_m\cos\varphi\cos\omega t \tag{5-3-65}$$

$$u_{ic} = U_m\sin\varphi\cos\omega t \tag{5-3-66}$$

将以上两式及(5-3-53)式、(5-3-55)式代入(5-3-62)式,可得连续绕组中的感应电动势为

$$\begin{aligned} e_o &= u_{oc} + u_{os} = kU_m\sin\omega t\sin\varphi\cos\theta - kU_m\sin\omega t\cos\varphi\sin\theta \\ &= kU_m\sin(\varphi - \theta)\sin\omega t \end{aligned} \tag{5-3-67}$$

式中,k 仍同(5-3-64)式。由(5-3-67)式可见,采用这种激励方式时,感应同步器可看作一个调幅器,将相对位移转换为载波幅值的变化,因此将感应电动势 e_o 送到数字鉴幅电路,测出幅值变化,即可测出位移。

思考题与习题

1. 为什么线绕式电位器容易实现各种非线性特性而且分辨率比非线绕式电位器低?

2. 电阻应变片的灵敏系数比应变电阻材料本身的灵敏系数小吗? 为什么?

3. 用应变片测量时,为什么必须采取温度补偿措施? 把两个承受相同应变的应变片接入电桥的相对两臂,能补偿温度误差吗? 为什么?

4. 热电阻与热敏电阻的电阻-温度特性有什么不同?

5. 为什么气敏电阻都附有加热器?

6. 试设计一个简易的家用有害气体报警电路。

7. 图 5-1-19 中电表是电流表还是电压表? 电表指示减小,表示湿度增大还是减小? 为什么? 怎样能调整该电路的测湿范围?

8. 测湿电路对供电电源有什么要求? 为什么?

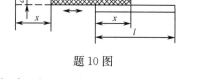

题 10 图

9. 为了减小变极距型电容式传感器的极距,提高其灵敏度,经常在两极板间加一层云母或塑料膜来改善电容的耐压性能,如图 5-2-1(c)所示。试推导这种双层介质差动式变极距型电容式传感器的电容与动极板位移的关系式。

10. 试证明题 10 图所示电容与介质块位移 x 成线性关系。

11. 自感式传感器有哪些类型? 各有何优缺点?

12. 为什么更换自感传感器连接电缆需重新进行校正?

13. 试比较差动式自感传感器与差动式变压器传感器的异同。

14. 试说明图 5-3-9 电路为什么能辨别衔铁移动方向和大小? 为什么能调整零点输出电压?

15. 何谓压磁效应？试说明图 5-3-13 互感型压磁式传感器的工作原理。

16. 当采用电涡流式传感器测量金属板厚度时,需不需要恒温？为什么？

17. 电涡流式传感器的主要优点是什么？它可以应用在哪些方面？

18. 反射式电涡流传感器与透射式电涡流传感器有何异同？

19. 收集一个电冰箱温控电路实例,剖析其工作原理。

20. 在长感应同步器的滑尺上,相邻正弦绕组与余弦绕组、相邻正弦绕组和正弦绕组、相邻余弦绕组与余弦绕组的间距分别为多少？

21. 感应同步器测量系统对位移的分辨率是由哪些因素决定的？怎样提高位移分辨率？

22. 感应同步器为什么要设置正弦绕组与余弦绕组？

第 5 章例题解析　　　　第 5 章思考题与习题解答

第6章 电压型传感器

6.1 磁电式传感器

磁电式传感器又称感应式传感器或电动式传感器,它是利用电磁感应原理将运动速度转换成感应电动势输出的传感器。它工作时不需要供电电源,而是直接从被测物体吸取机械能量并转换成电信号输出,是一种典型的有源传感器。由于它的输出功率较大(因而大大简化了配用电路),且性能稳定,又具有一定的工作带宽(一般为10~1000Hz),所以获得了较普遍的应用。

6.1.1 基本原理与组成

根据法拉第电磁感应定律可知,N 匝线圈若每匝通过相同变化的磁通量 Φ,则整个线圈中所产生的感应电动势为

$$e = -N \frac{\mathrm{d}\Phi}{\mathrm{d}t} \tag{6-1-1}$$

在电磁感应现象中,磁通量 Φ 的变化是关键,磁通量 Φ 的变化可以通过很多方法来实现,如磁铁与线圈之间做相对运动、磁路中磁阻的变化、恒定磁场中线圈面积的变化等,据此可以制成不同类型的磁电式传感器。

磁电式传感器基本上由以下三部分组成:

① 磁路系统,它产生一个恒定的直流磁场,为了减小传感器的体积,一般都采用永久磁铁;

② 线圈,它与磁铁中的磁通相交链产生感应电动势;

③ 运动机构,它感受被测物体的运动使线圈磁通发生变化。

6.1.2 结构类型

磁电式传感器有两种类型结构:变磁通式和恒磁通式。

1. 变磁通式

图 6-1-1 所示为两种变磁通式结构。图中线圈和永久磁铁(俗称磁钢)均固定不动,与被测物体连接而运动的部分是利用导磁材料制成的动铁心(衔铁),它的运动使气隙和磁路磁阻变化引起磁通变化,而在线圈中产生感应电动势,因此变磁通式结构又称变磁阻式结构。

图 6-1-1(a)所示结构与变气隙式电感传感器相似,但线圈绕在永久磁铁上,通过适当的设计可使感应电动势与衔铁相对于磁钢的振动速度成线性关系,从而可以用于振动速度的测量。

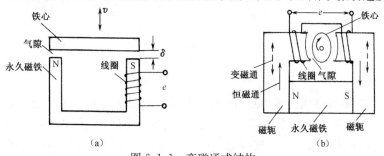

图 6-1-1　变磁通式结构

对图 6-1-1(b)所示结构,设椭圆形动铁心旋转的恒定角速度为 ω,线圈截面积为 A,磁路中最大与最小磁通密度之差为 $B=B_{max}-B_{min}$,则由(6-1-1)式可得两磁轭上串联的两个线圈中感应电动势为

$$e=-\omega ANB\cos2\omega t \qquad (6\text{-}1\text{-}2)$$

由上式可见,e 的幅值正比于铁心的转速 ω,而变化频率为 ω 的 2 倍,因此采用测频或测幅的方法都可以测得铁心的平均转速。

2. 恒磁通式

在恒磁通式结构中,工作气隙中的磁通恒定,感应电动势是由于永久磁铁与线圈之间有相对运动——线圈切割磁力线而产生的。这类结构有两种:一种是线圈不动、磁铁运动,称为动铁式,如图 6-1-2(a)所示;另一种是磁铁不动、线圈运动,称为动圈式,如图 6-1-2(b)、(c)所示。动圈式结构应用较为普遍,线圈中产生的感应电动势与线圈相对磁铁运动的线速度 v 或角速度 ω 成正比,即

$$e=Blv\sin\alpha\xrightarrow{\alpha=90^\circ}Blv,\quad e=BS\omega\sin\alpha\xrightarrow{\alpha=90^\circ}BS\omega \qquad (6\text{-}1\text{-}3)$$

式中,B 为气隙磁感应强度(Wb/m^2);l 为线圈导线总长度(m);S 为线圈所包围的面积(m^2);v 为线圈和磁铁间相对直线运动的速度(m/s);ω 为线圈和磁铁间相对旋转运动的角速度(rad/s);α 为运动方向与磁感应强度方向间的夹角,在大多数情况下 $\alpha=90^\circ$,$\sin\alpha=1$。

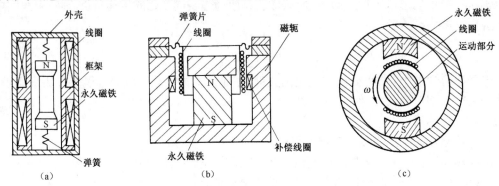

图 6-1-2 恒磁通式结构

6.1.3 测量电路

磁电式传感器直接输出感应电动势,所以任何具有一定工作频带的电压表或示波器都可采用,并且由于磁电式传感器通常具有较高的灵敏度,所以一般不需要高增益放大器,但磁电式传感器是速度传感器,如果获取位移或加速度信号,就需要配用积分电路或微分电路。

实际电路中,通常将积分电路或微分电路置于两级放大器的中间,以利于级间的阻抗匹配。图 6-1-3 为一般测量电路的方框图。

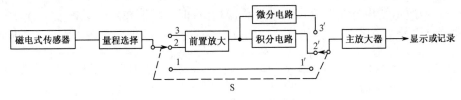

图 6-1-3 磁电式传感器一般测量电路方框图

需要指出的是,磁电式传感器虽然配用积分电路后也可测量位移,但它只能测量位移随时间的变化即动态位移,而不能像以前介绍的电阻式、电感式和电容式位移传感器那样测量固定不变的位移或距离。这是因为磁电式传感器产生的感应电动势是与磁通对时间的变化率成正比的,如果图 6-1-1(a)中衔铁位移不随时间变化,则磁路磁阻就不会随时间变化,线圈磁通也不会随时间变化,当然也就

不会产生感应电动势了。注意,图6-1-1(a)的线圈绕在永久磁铁上,而图5-3-1(a)所示单一式变气隙型自感传感器却只是个铁心线圈,并没有永久磁铁,虽然二者结构有些相似,但工作原理却有实质不同。前者把衔铁运动速度转换为电压,电压与位移对时间的变化率成正比;后者将衔铁位移转换为线圈电感变化,电感与位移成对应关系。

6.2　压电式传感器

压电式传感器是以具有压电效应的压电元件作为转换元件的有源传感器。它能测量力和可变换为力的物理量,如压力、加速度、机械冲击和振动等,是应用较多的一种传感器。

6.2.1　压电效应及其表达式

1. 压电效应

当沿着一定方向对某些电介质施力而使它变形时,电介质内部就产生极化现象,同时在它的两个相对表面上便产生符号相反的电荷;当外力去掉后,又重新恢复不带电的状态;当作用力的方向改变时,电荷的极性也随着改变。这种现象称为正压电效应,简称压电效应。相反,当在电介质的极化方向上施加电场时,这些电介质也会产生变形。这种现象称为逆压电效应(也称电致伸缩效应)。日常生活中常见的压电微音器和压电发声器就是应用这两种压电效应的实际例子,但在工业生产中主要是利用正压电效应进行动态非电量测量的。

2. 压电效应方程

设有一正六面体压电元件,在三维直角坐标系内的力、电作用状况如图6-2-1所示。图中,T_1、T_2、T_3分别表示沿x、y、z轴的正应力分量(拉应力为正,压应力为负);T_4、T_5、T_6分别表示绕x、y、z轴的切应力分量(逆时针方向为正,顺时针方向为负);σ_1、σ_2、σ_3分别表示在垂直于x、y、z轴的表面(称为x、y、z轴面)上的电荷密度。

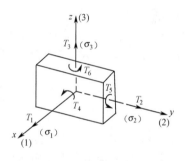

图 6-2-1　压电元件的力、电作用状况

单一应力作用下的压电效应可表示为

$$\sigma_i = d_{ij} T_j \qquad (6\text{-}2\text{-}1)$$

式中,i为表示电荷产生面的下标($i=1,2,3$);j为表示应力方向的下标($j=1,2,3,4,5,6$);d_{ij}为j方向应力引起i面产生电荷时的压电常数。

单一应力作用下的压电效应有以下4种类型。

① $i=j$,应力与电荷产生面垂直,称为纵向压电效应。例如d_{11}、d_{33}的压电效应,此时压电元件厚度伸缩,如图6-2-2(a)所示。

② $i \neq j$且$j \leqslant 3$,应力与电荷产生面平行,称为横向压电效应。例如d_{12}、d_{31}、d_{32}的压电效应,此时压电元件长度伸缩,如图6-2-2(b)所示。

③ $j-i=3$且$j \geqslant 4$,电荷产生面受剪切,称为面切压电效应。例如d_{14}、d_{25}的压电效应,如图6-2-2(c)所示。

④ $j-i \neq 3$且$j \geqslant 4$,电荷产生面不受剪切但厚度受剪切,称为剪切压电效应。例如d_{24}、d_{15}、d_{26}的压电效应,如图6-2-2(d)所示。

在多应力作用下的压电效应,称为全压电效应,可表示为

$$\sigma_i = \sum_{j=1}^{6} d_{ij} T_j \qquad (i=1,2,3) \qquad (6\text{-}2\text{-}2)$$

式中,σ_i为电荷产生面i上的总电荷密度。

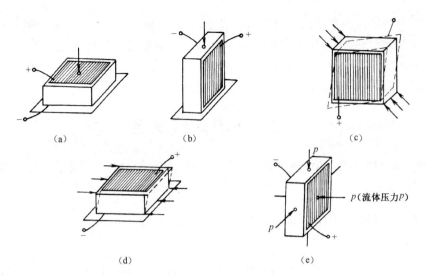

图 6-2-2　压电效应的几种类型

在三个单向力同时作用下，产生体积变形压电效应，如图 6-2-2(e)所示，可表示为

$$\sigma_i = \sum_{j=1}^{3} d_{ij} T_j \tag{6-2-3}$$

(6-2-1)式、(6-2-2)式和(6-2-3)式中各变量单位为：T_j 用帕(Pa)；σ_i 用库仑/米²(C/m²)；d_{ij} 用库仑/牛顿(C/N)。

由于电荷产生面有 x、y、z 轴面($i=1,2,3$)3 种情况，而应力方向有 $j=1,2,3,4,5,6$ 共 6 种情况，所以压电常数 d_{ij} 在理论上有 18 种可能值，写成矩阵形式为

$$\boldsymbol{d}_{ij} = \begin{bmatrix} d_{11} & d_{12} & d_{13} & d_{14} & d_{15} & d_{16} \\ d_{21} & d_{22} & d_{23} & d_{24} & d_{25} & d_{26} \\ d_{31} & d_{32} & d_{33} & d_{34} & d_{35} & d_{36} \end{bmatrix} \tag{6-2-4}$$

对于不同的压电材料，由于各向异性的程度不同，上述压电常数矩阵的 18 个压电常数中，有的常数为 0，表示不存在压电效应，有的常数与另一个常数在数字上相等或成倍数关系。压电常数值可通过测试获得。

3. 力-电荷转换公式

上述压电效应方程描述了压电效应产生的电荷密度与所受应力的关系，对于具有一定尺寸的压电元件，常常需要确定压电效应产生的电荷与所受外力的关系。若设电荷产生面的面积为 S_i，电荷量为 Q_i，则电荷密度 σ_i 为

$$\sigma_i = Q_i / S_i$$

设在 j 方向受力面积为 S_j，j 方向所受外力为 F_j，则 j 方向所受应力为

$$T_j = F_j / S_j$$

将以上两式代入(6-2-1)式可得

$$Q_i = d_{ij} F_j \frac{S_i}{S_j} \tag{6-2-5}$$

对于纵向压电效应，因 $i=j$，$S_i = S_j$，故有

$$Q_i = d_{ij} F_j = d_{ii} F_i \tag{6-2-6}$$

如图 6-2-3(a)所示，长 l、宽 b、厚 h 的左旋石英晶体切片，若在 x 轴方向施加压力 F_x，则晶体的 x 轴正向带正电，如图 6-2-3(b)所示。若 F_x 为拉力，则电荷极性相反。这种纵向压电效应产生的电荷量根据(6-2-6)式应为

$$Q_x = d_{11}F_x \qquad (6\text{-}2\text{-}7)$$

如果该晶体切片在 y 轴方向施加压力 F_y,则晶体的 x 轴正向带负电,如图 6-2-3(c)所示;若 F_y 为拉力,则电荷极性相反,这种横向压电效应产生的电荷根据(6-2-5)式为

$$Q_x = d_{12}F_y\frac{lb}{bh}$$

因对石英晶体而言,$d_{12} = -d_{11}$,故有

$$Q_x = -d_{11}F_y\frac{l}{h} \qquad (6\text{-}2\text{-}8)$$

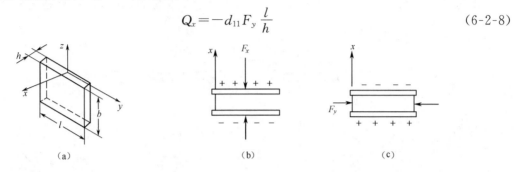

(a)   (b)   (c)

图 6-2-3　石英晶体切片上电荷极性与受力方向的关系

6.2.2　压电材料

具有压电效应的电介质称为压电材料。迄今已出现的压电材料可以分为三种类型:一是压电晶体(单晶),包括压电石英晶体和其他压电单晶;二是压电陶瓷(多晶半导瓷);三是新型压电材料,其中有压电半导体和有机高分子压电材料两种。在传感器技术中,目前国内普遍应用的是石英晶体和压电陶瓷。

压电材料的压电特性并不是在任何方向上都相同(并非各向同性),这取决于压电材料的内部结构和制作工艺。

1. 石英晶体

石英晶体是最常用的压电晶体之一。石英晶体是单晶体结构,外形如图 6-2-4(a)所示呈六角棱柱体,两端呈六角棱锥形状。石英晶体各个方向的特性是不同的,我们采用如图6-2-4(b)所示直角坐标系:z 轴与晶体上、下晶锥顶点连线重合,因光线沿该轴通过石英晶体时无折射,而且沿该轴方向上没有压电效应,故称 z 轴为光轴或中性轴;x 轴经过六角棱柱棱线垂直于光轴 z,因垂直于此轴的面上压电效应最强,故称 x 轴为电轴;y 轴垂直于光轴 z 和电轴 x,因在电场作用下沿该轴方向的机械变形最明显,故称 y 轴为机轴或机械轴。

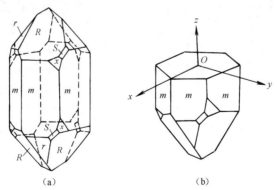

(a)   (b)

图 6-2-4　石英晶体

石英晶体的压电特性与其内部分子结构有关。由于石英晶体结构的较好对称性,它是介于各

向同性和完全各向异性之间的晶体,因此它独立的压电常数只有两个:d_{11}和d_{14},其压电常数矩阵可写为

$$\boldsymbol{d}_{ij} = \begin{bmatrix} d_{11} & -d_{11} & 0 & d_{14} & 0 & 0 \\ 0 & 0 & 0 & 0 & -d_{14} & -2d_{11} \\ 0 & 0 & 0 & 0 & 0 & 0 \end{bmatrix} \qquad (6\text{-}2\text{-}9)$$

式中,$d_{11}=2.31\times10^{-12}\,\mathrm{C/N}$;$d_{14}=0.73\times10^{-12}\,\mathrm{C/N}$。

由(6-2-9)式可知,石英晶体不是在任何方向上都存在压电效应,图6-2-5清楚地表明了这一点。

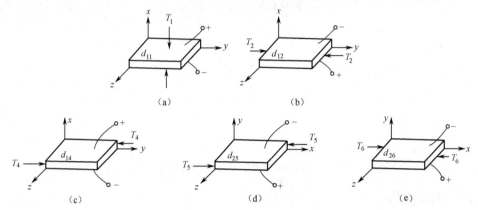

图 6-2-5　石英晶体的压电效应

① x方向:只有d_{11}的纵向压电效应[参见图 6-2-5(a)],$d_{12}(d_{12}=-d_{11})$的横向压电效应[参见图 6-2-5(b)]和d_{14}的面切压电效应[参见图 6-2-5(c)]。

② y方向:只有$d_{25}(d_{25}=-d_{14})$的面切压电效应[参见图 6-2-5(d)]和$d_{26}(d_{26}=-2d_{11})$的剪切压电效应[参见图 6-2-5(e)]。

③ z方向:无任何压电效应。

2. 压电陶瓷

压电陶瓷是一种经极化处理后的人工多晶铁电体。所谓"多晶",是指由无数细微的单晶组成的;所谓"铁电体",它具有类似铁磁材料磁畴的"电畴"结构。每个单晶形成单个电畴;无数单晶电畴的无规则排列,致使原始的压电陶瓷呈现各向同性而不具有压电特性,如图 6-2-6(a)所示。要使之具有压电特性,必须做极化处理,即在一定温度下对其施加足够强的直流电场,迫使"电畴"趋于外电场方向做规则排列,如图 6-2-6(b)所示。极化电场去除后,电畴趋向基本保持不变,形成很强的剩余极化,如图 6-2-6(c)所示。

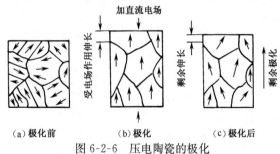

图 6-2-6　压电陶瓷的极化

当这种极化铁电陶瓷受到外力的作用时,原来趋于极化方向的电畴发生偏转,致使剩余极化强度随之变化,从而呈现出压电特性。对于压电陶瓷,通常将极化方向定义为z轴,垂直于z轴的平面内则各向同性,因此与z轴垂直的任何正交方向都可取作x轴和y轴,且压电特性相同。

以钛酸钡压电陶瓷为例,由实验测试所得的压电常数矩阵为

$$\boldsymbol{d}_{ij} = \begin{bmatrix} 0 & 0 & 0 & 0 & d_{15} & 0 \\ 0 & 0 & 0 & d_{15} & 0 & 0 \\ d_{31} & d_{31} & d_{33} & 0 & 0 & 0 \end{bmatrix} \qquad (6\text{-}2\text{-}10)$$

式中
$$d_{33} = 190 \times 10^{-12} \text{C/N}$$
$$d_{31} = d_{32} = -78 \times 10^{-12} \text{C/N}$$
$$d_{15} = d_{24} = 250 \times 10^{-12} \text{C/N}$$

由(6-2-10)式可见,钛酸钡压电陶瓷也不是在任何方向上都有压电效应,图 6-2-7 清楚地表明了这一点。

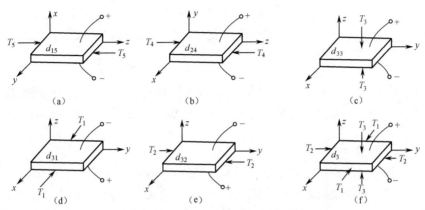

图 6-2-7　压电陶瓷的压电效应

① x 方向:只有 d_{15} 的厚度剪切压电效应[参见图 6-2-7(a)];

② y 方向:只有 d_{24} 的厚度剪切压电效应[参见图 6-2-7(b)];

③ z 方向:存在有 d_{33} 的纵向压电效应[参见图 6-2-7(c)];d_{31} 的横向压电效应[参见图 6-2-7(d)];d_{32} 的横向压电效应[参见图 6-2-7(e)];三向应力 T_1、T_2、T_3 同时作用下的体积变形压电效应[参见图 6-2-7(f)],当外加三向压力相等(如液体压力)时,由(6-2-3)式及(6-2-10)式得

$$\sigma_3 = (d_{31} + d_{32} + d_{33})T = (2d_{31} + d_{33})T = d_3 T \tag{6-2-11}$$

式中,$d_3 = 2d_{31} + d_{33}$,称为体积压缩压电常数。

6.2.3　压电元件

1. 压电元件的基本变形方式

如图 6-2-2 所示,压电元件有 5 种基本变形方式,结合图 6-2-5 和图 6-2-7,表 6-2-1 归纳列出石英晶体和压电陶瓷的基本变形方式和相应的压电常数。由表 6-2-1 可以看出,压电陶瓷的压电常数比石英晶体的大数十倍。石英晶体的长宽切变压电效应最差,故很少取用。压电陶瓷的厚度切变压电效应最好,应尽量取用。对三维空间力场(如液体压力)的测量,压电陶瓷的体积压缩压电效应显示了独特的优越性。

表 6-2-1　石英晶体和压电陶瓷的基本变形方式及相应的压电常数

变形方式	压电效应	压电常数($\times 10^{-12}$C/N)		图　　例	
		石英晶体	压电陶瓷	石英晶体	压电陶瓷
厚度伸缩	纵向	$d_{11}(2.31)$	$d_{33}(190)$	图 6-2-5(a)	图 6-2-7(c)
长宽伸缩	横向	$d_{12}(2.31)$	d_{31}、$d_{32}(78)$	图 6-2-5(b)	图 6-2-7(d)、(e)
厚度切变	剪切	$d_{26}(2\times2.31)$	d_{15}、$d_{24}(250)$	图 6-2-5(e)	图 6-2-7(a)、(b)
长宽切变	面切	d_{14}、$d_{25}(0.73)$		图 6-2-5(c)、(d)	
体积压缩	纵横向		$2d_{31}+d_{33}(34)$		图 6-2-7(f)

压电元件在传感器中必须有一定的预应力,以保证在作用力变化时压电元件始终受到压力。其次是保证压电元件与作用力之间的全面均匀接触,以获得输出电压(或电荷)与作用力的线性关

系。但是预应力也不能太大,否则将会影响其灵敏度。

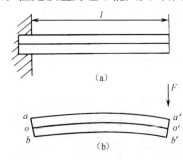

图 6-2-8 双晶片悬臂梁式压电元件

在压电式传感器中,一般较多利用压电元件的纵向压电效应,这时压电元件大多为圆片式。也有利用其横向压电效应的,如图 6-2-8 所示的双晶片悬臂梁式压电元件。当自由端受力 F 时,压电元件将产生形变,如图6-2-8(b)所示。其中心面 oo' 的长度没有改变,上面 aa' 被拉长了,下面 bb' 被压缩变短了,从而产生压电效应,这时每片压电晶片产生的电荷为

$$Q=\frac{3}{8}\frac{d_{31}l^2}{\delta^2}F \qquad (6-2-12)$$

式中,l 为压电元件的悬臂长度;δ 为单片压电晶片的厚度。产生的电荷呈现在 aa' 和 bb' 面上。这种压电元件可用作加速度传感器和测量粗糙度的轮廓仪的测头等。

2. 压电元件的等效电路

根据压电式传感器的应用需要和设计要求,以某种切型从压电材料切得的晶片,其电荷产生面经过镀覆金属(银)层或加金属薄片后形成电极,这样就构成了可供选用的压电元件。

压电元件的两电极间的石英晶体或压电陶瓷为绝缘体,因此就构成了一个电容,其电容量为

$$C_a=\frac{\varepsilon S}{h} \qquad (6-2-13)$$

式中,ε 为石英晶体或压电陶瓷的介电常数;S 为极板面积;h 为压电元件厚度(两极板间距离)。

当压电元件受外力作用时,两电极表面产生等量的正、负电荷 Q。因此,压电元件可以等效为一个电荷源 Q 与电容 C_a 的并联,如图 6-2-9(a)所示。

压电元件受外力作用,在电极表面产生电荷时,两电极间将形成电压,其值为

$$U_a=Q/C_a \qquad (6-2-14)$$

因此,压电元件又可以等效为一个电压源 U_a 与电容 C_a 的串联,如图 6-2-9(b)所示。

压电元件不受外力作用时,电极表面没有电荷产生,图 6-2-9 中电荷源开路(无电荷时电流为 0),电压源短路,此时的压电元件只等效为一个电容 C_a。

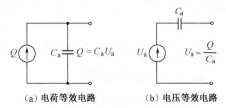

(a)电荷等效电路　　　(b)电压等效电路

图 6-2-9　压电元件的等效电路

3. 压电元件的串/并联

压电式传感器中一般不只是用一个压电元件,而是将两个或多个压电元件组合在一起。这种组合方法是:多个压电元件堆叠在一起,在力学上是串联结构,以保证所有压电元件受到同样大小的作用力,每个压电元件产生的应变及电荷都与单个时相同。在电路上可以采用串联,也可以采用并联。由图 6-2-3可见,压电元件的电荷是有极性的,压电元件的串/并联是指压电元件的极性连接方式。下面以纵向压电效应为例加以说明。

如图 6-2-10(a)所示,n 个压电元件并联时,相邻两个压电元件按相反极化方向粘贴,两个压电元件之间夹垫金属片并引出导线,将两端导线相间地并接起来,n 个压电元件组合起来可等效为一个压电元件。该等效压电元件的电容 C_e、电荷 Q_e 和电压 U_e 与单个压电元件的 C、Q、U 的关系为

$$C_e=nC,\quad Q_e=nQ,\quad U_e=U \qquad (6-2-15)$$

如图 6-2-10(b)所示,n 个压电元件串联时,相邻两个压电元件按相同极化方向粘贴(晶片之间用导电胶粘接),端面用金属垫片引出导线。这样组合后的等效压电元件的电容 C_e、电荷 Q_e 和电压 U_e 为

$$C_e = C/n, \quad Q_e = Q, \quad U_e = nU \quad (6\text{-}2\text{-}16)$$

串联使压电式传感器的时间常数减小,电压灵敏度增大,适用于电压输出、高频信号测量的场合;并联使压电式传感器的时间常数增大,电荷灵敏度增大,适用于电荷输出、低频信号测量的场合。

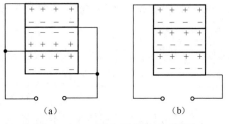

图 6-2-10 压电元件的串/并联

6.2.4 测量电路

如图 6-2-9(b)所示,压电式传感器等效为一个电压源 $U_a = Q/C_a$ 和一个电容 C_a 的串联电路。很显然,如果外部负载 R_L 不是无穷大,那么受力所产生的电荷就要以时间常数 $R_L C_a$ 放电,从而使电压跌落造成显著误差。为此压电式传感器要求负载电阻 R_L 必须有很大的数值,要达到数百兆欧以上,才能使测量误差小到一定数值以内。此外,压电式传感器输出的能量非常微弱,因此常在压电式传感器输出端后面,先接入一个高输入阻抗的前置放大器,然后接入一般的放大电路及其他电路。压电式传感器的输出可以是电压,也可以是电荷,因此,它的测量电路也有电压放大器和电荷放大器两种形式。

1. 压电式传感器的等效电路

压电式传感器与其前置放大器相连接时的等效电路如图 6-2-11(a)所示。图中,C_a 为压电元件的电容,R_a 为压电元件的漏电电阻,C_c 为连接电缆电容,R_i 和 C_i 分别为前置放大器的输入电阻和输入电容。图 6-2-11(a)可简化为图 6-2-11(b)。图 6-2-11(b)中有

$$C = C_a + C_c + C_i \quad (6\text{-}2\text{-}17)$$

$$R = \frac{R_a R_i}{R_i + R_a} \quad (6\text{-}2\text{-}18)$$

电流 $i = \dfrac{\mathrm{d}q}{\mathrm{d}t}$ 的复数形式定义为

$$\dot{I} = \mathrm{j}\omega \dot{Q} \quad (6\text{-}2\text{-}19)$$

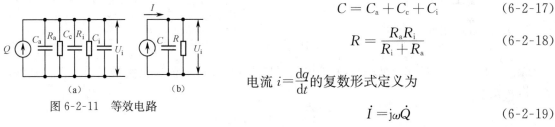

图 6-2-11 等效电路

2. 电压放大器

压电式传感器与电压放大器的连接电路如图 6-2-12 所示。图中电压放大器输入电压为

$$\dot{U}_i = \frac{\dot{I}}{\dfrac{1}{R} + \mathrm{j}\omega C} = \frac{\mathrm{j}\omega \dot{Q}}{\dfrac{1}{R} + \mathrm{j}\omega C} = \frac{\dot{Q}}{C} \cdot \frac{1}{1 + \dfrac{\omega_n}{\mathrm{j}\omega}} \quad (6\text{-}2\text{-}20)$$

式中,$\omega_n = \dfrac{1}{RC}$。

电压放大器增益为 $\quad G = 1 + \dfrac{R_2}{R_1} \quad (6\text{-}2\text{-}21)$

输出电压为 $\quad \dot{U}_o = G\dot{U}_i = \dfrac{\dot{Q}}{C} \cdot G \Big/ \Big(1 + \dfrac{\omega_n}{\mathrm{j}\omega}\Big) \quad (6\text{-}2\text{-}22)$

输出电压与输入电荷之间的转换关系为

$$\frac{\dot{U}_o}{\dot{Q}} = \frac{G}{C} \Big/ \Big(1 + \frac{\omega_n}{\mathrm{j}\omega}\Big) \quad (6\text{-}2\text{-}23)$$

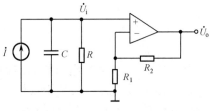

图 6-2-12 电压放大器电路

由上式可见,电压放大器的输出电压与输入电荷之间的转换关系具有一阶高通滤波特性,其灵敏度为

$$\frac{U_o}{Q} = \left| \frac{\dot{U}_o}{\dot{Q}} \right| = \frac{G}{C} \Big/ \sqrt{1 + \Big(\frac{\omega_n}{\omega}\Big)^2} \quad (6\text{-}2\text{-}24)$$

由(6-2-5)式可知,电荷量与所受力成正比,即

$$\dot{Q}=d\dot{F} \tag{6-2-25}$$

式中,d 为电荷灵敏度。将上式代入(6-2-23)式得

$$\frac{\dot{U}_{\mathrm{o}}}{\dot{F}}=\frac{Gd}{C}\bigg/\bigg(1+\frac{\omega_{\mathrm{n}}}{\mathrm{j}\omega}\bigg) \quad \text{或} \quad \frac{U_{\mathrm{o}}}{F}=\bigg|\frac{\dot{U}_{\mathrm{o}}}{\dot{F}}\bigg|=\frac{Gd}{C}\bigg/\sqrt{1+\bigg(\frac{\omega_{\mathrm{n}}}{\omega}\bigg)^2} \tag{6-2-26}$$

由上式可见,为扩展压电式传感器的工作频带的低频端,必须减小 ω_{n},根据(6-2-20)式就应增大 C 或增大 R,但由(6-2-24)式可知,增大 C 会降低灵敏度,所以一般采取增大 R,根据(6-2-18)式可知,应配置输入电阻 R_{i} 很大的前置放大器。

由(6-2-17)式和(6-2-24)式可知,连接电缆电容 C_{c} 改变会引起 C 改变,进而引起灵敏度改变,所以当更换连接电缆时,必须重新对传感器进行标定,这是采用电压型放大器的一个弊端。

3. 电荷放大器

压电式传感器与电荷放大器的连接电路如图6-2-13所示,在理想运放条件下,图中 R 和 C 两端电压均为零,即流过电流为零,因此电荷源电流全部流过 Z_{F},即 $R_{\mathrm{F}}/\!/C_{\mathrm{F}}$。故有

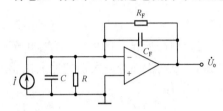

$$\dot{U}=-\dot{I}Z_{\mathrm{F}}=-\mathrm{j}\omega\dot{Q}Z_{\mathrm{F}}=-\frac{\mathrm{j}\omega\dot{Q}}{\dfrac{1}{R_{\mathrm{F}}}+\mathrm{j}\omega C_{\mathrm{F}}} \tag{6-2-27}$$

电荷放大器输出电压与输入电荷之间的转换关系为

$$\frac{\dot{U}_{\mathrm{o}}}{\dot{Q}}=-\frac{1}{C_{\mathrm{F}}}\bigg/\bigg(1+\frac{\omega_{\mathrm{n}}}{\mathrm{j}\omega}\bigg) \tag{6-2-28}$$

图 6-2-13　电荷放大器电路

式中

$$\omega_{\mathrm{n}}=\frac{1}{R_{\mathrm{F}}C_{\mathrm{F}}} \tag{6-2-29}$$

由(6-2-28)式可见,电荷放大器的输出电压与输入电荷之间的转换关系具有一阶高通滤波特性,其灵敏度为

$$\frac{U_{\mathrm{o}}}{Q}=\bigg|\frac{\dot{U}_{\mathrm{o}}}{\dot{Q}}\bigg|=\frac{1}{C_{\mathrm{F}}}\bigg/\sqrt{1+\bigg(\frac{\omega_{\mathrm{n}}}{\omega}\bigg)^2} \tag{6-2-30}$$

将(6-2-25)式代入(6-2-28)式得

$$\frac{\dot{U}_{\mathrm{o}}}{\dot{F}}=-\frac{d}{C_{\mathrm{F}}}\bigg/\bigg(1+\frac{1}{\mathrm{j}\omega R_{\mathrm{F}}C_{\mathrm{F}}}\bigg)=-\frac{d}{C_{\mathrm{F}}}\bigg/\bigg(1+\frac{\omega_{\mathrm{n}}}{\mathrm{j}\omega}\bigg) \tag{6-2-31}$$

可见,电荷放大器的输出电压 U_{o} 与压电式传感器所受力之间的转换关系也具有一阶高通滤波特性,其灵敏度为

$$\frac{U_{\mathrm{o}}}{F}=\bigg|\frac{\dot{U}_{\mathrm{o}}}{\dot{F}}\bigg|=\frac{d/C_{\mathrm{F}}}{\sqrt{1+\bigg(\dfrac{\omega_{\mathrm{n}}}{\omega}\bigg)^2}} \tag{6-2-32}$$

由上式可见,在采用电荷放大器的情况下,灵敏度只取决于反馈电容 C_{F},而与电缆电容 C_{c} 无关,因此在更换电缆或需要使用较长电缆(数百米)时,无须重新校正传感器的灵敏度。

在电荷放大器的实际电路中,灵敏度的调节可采用切换 C_{F} 的办法。通常 C_{F} 在 $100\sim 10\,000\mathrm{pF}$ 之间选择。为了减小零漂,提高放大器工作的稳定性,一般在反馈电容的两端并联一个大电阻 R_{F},约 $10^{10}\sim 10^{14}\,\Omega$,其作用是提供直流负反馈。

电荷放大器的时间常数 $R_{\mathrm{F}}C_{\mathrm{F}}$ 相当大($10^5\,\mathrm{s}$ 以上),下限截止频率 $f_{\mathrm{n}}=\dfrac{1}{2\pi R_{\mathrm{F}}C_{\mathrm{F}}}$ 低达 $3\times 10^{-6}\,\mathrm{Hz}$,上限频率高达 $100\mathrm{kHz}$,输入阻抗大于 $10^{12}\,\Omega$,输出阻抗小于 $100\,\Omega$,因此压电式传感器配用电荷放大器时,低频响应比配用电压放大器要好得多,可对准静态的物理量进行有效的测量。

因(6-2-27)式和(6-2-32)式中 ω 都不能为 0,所以不论采用电压放大还是电荷放大,压电式传感器都不能测量频率太低的被测量,特别是不能测量静态参数($\omega=0$),因此压电式传感器多用来测量加速度和动态力或压力。

6.3　热　电　偶

基于热电效应原理工作的传感器称为热电偶传感器,简称热电偶。它是目前接触式测温中应用最广的热电式传感器。

6.3.1　热电效应

如图 6-3-1 所示,两种导体(或半导体)A 和 B 的两端分别焊接或绞接在一起,形成一个闭合的回路。若两个接点处于不同的温度,回路中就会产生电动势(称为热电势),因而在回路中形成电流,通过电流表 A 可测得,这种现象称为热电效应。热电效应是1823 年由塞贝克(Seebeck)发现的,故又称为塞贝克效应,热电势也称为塞贝克电势。图中导体(或半导体)A 和 B 称为热电极,它们组成热电偶 AB。测温时,接点 1 置于被测温度场中,称为测量端(或工作端、热端);接点 2 一般处于某一恒定温度中,称为参考端(或自由端、冷端)。

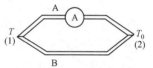

图 6-3-1　热电效应示意图

1. 热电势的产生

热电偶产生的热电势与两个电极的材料及两个接点的温度有关,通常写成 $E_{AB}(T,T_0)$。热电偶产生的热电势由单一导体的温差电势和两种导体的接触电势组成。

(1) 单一导体的温差电势

一根匀质的金属导体,如果两端的温度不同,则在导体内部会产生电势,这种电势称为温差电势。温差电势的形成是由于导体内高温端自由电子的动能比低温端自由电子的动能大。这样,高温端自由电子的扩散速率比低温端自由电子的扩散速率大,使得高温端因失去一些电子而带正电,低温端因得到电子而带负电,从而两端便形成一定的电位差。根据物理学推导,当导体 A 两端的温度分别为 T、T_0 时,温差电势可表示为

$$E_A(T,T_0) = \int_{T_0}^{T} \sigma_A dT \tag{6-3-1}$$

式中,σ_A 为导体 A 的温差系数。同理,导体 B 的温差电势可表示为

$$E_B(T,T_0) = \int_{T_0}^{T} \sigma_B dT \tag{6-3-2}$$

(2) 两种导体的接触电势

当 A、B 两种金属导体接触在一起时,由于两种金属导体内自由电子密度不同,在接点处就会发生电子迁移扩散,若导体 A 的电子密度 N_A 大于导体 B 的电子密度 N_B,则由导体 A 扩散到导体 B 的电子数要比从导体 B 扩散到导体 A 的电子数多。这样,导体 A 因失去电子而带正电,导体 B 因得到电子而带负电,于是在接触面处形成电场。此电场将阻止电子由导体 A 进一步向导体 B 扩散,直到扩散作用与电场的阻止作用相等时,这一过程便处于动态平衡。此时,在 A、B 两导体接触面形成一个稳定的电位差,这就是接触电势。接触电势写成 $E_{AB}(T)$,表示它的大小与两导体的材料有关,也与接触面处的温度有关。根据物理学的推导,接触电势的表达式为

$$E_{AB}(T) = \frac{kT}{e} \ln \frac{N_A}{N_B} \tag{6-3-3}$$

式中,k 为玻耳兹曼常数;T 为接触处的热力学温度;e 为电子电荷量;N_A、N_B 为分别为导体 A、B

的自由电子密度。

同理,在接触面(接点)的温度为 T_0 时的接触电势为

$$E_{AB}(T_0) = \frac{kT_0}{e} \ln \frac{N_A}{N_B} \tag{6-3-4}$$

(3) 热电偶回路的总热电势

对于图 6-3-1 所示的由 A 和 B 两种导体构成的热电偶回路,热端和冷端温度分别为 T、T_0 时,其总热电势用 $E_{AB}(T, T_0)$ 表示,它等于整个回路中各接触电势与各温差电势的代数和。我们从热端出发沿回路一周,按照遇到的导体和温度的顺序,依次写出各接触电势和温差电势,并将它们相加起来便是整个回路的总热电势。对图 6-3-1 有

$$E_{AB}(T, T_0) = E_{AB}(T) + E_B(T, T_0) + E_{BA}(T_0) + E_A(T_0, T) \tag{6-3-5}$$

将(6-3-1)式~(6-3-4)式代入上式得

$$E_{AB}(T, T_0) = \frac{k}{e}(T - T_0) \ln \frac{N_A}{N_B} + \int_{T_0}^{T} (\sigma_B - \sigma_A) dT \tag{6-3-6}$$

上式右边第一项称为接触电势,第二项称为温差电势,接触电势一般大于温差电势。

由(6-3-6)式可见,如果导体 A 和 B 的材料相同,即 $N_A = N_B$,$\sigma_A = \sigma_B$,即使两端温度 T、T_0 不同,总热电势也为 0,因此热电偶必须用两种不同成分的材料做热电极。此外,如果热电偶的两电极材料不同,但热电偶的两端温度相同,即 $T = T_0$,总的热电势也为 0。

2. 热电偶的基本定律

(1) 中间导体定律

在实际应用热电偶测量温度时,必须在热电偶回路中接入测量热电势的仪表,其接法如图 6-3-2 所示。图 6-3-2(a) 为在电极 B 中间断开并接入连接导线 C,而图 6-3-2(b) 为在热电偶的参考端断开并接入连接导线 C。热电偶回路中接入测量仪表和连接导线相当于热电偶回路中接入第三种导体。可以证明:在热电偶回路中接入第三种导体后,只要第三种导体两端的温度相同,就不会影响热电偶回路的总热电势。这就是热电偶的中间导体定律。下面来证明中间导体定律。为与由两种导体构成的热电偶相区别,把由 A、B、C 三种导体构成的热电偶回路在热端和冷端温度分别为 T 和 T_0 时的总热电势用 $E_{ABC}(T, T_0)$ 表示。

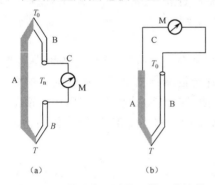

图 6-3-2 热电偶回路接入第三种导体

对于图 6-3-2(a) 的电路有

$$E_{ABC}(T, T_0) = E_{AB}(T) + E_B(T, T_n) + E_{BC}(T_n) + E_C(T_n, T_n) +$$
$$E_{CB}(T_n) + E_B(T_n, T_0) + E_{BA}(T_0) + E_A(T_0, T)$$

根据数学上定积分的性质和对数性质,由(6-3-1)式和(6-3-3)式可知

$$E_B(T, T_n) + E_B(T_n, T_0) = E_B(T, T_0)$$
$$E_C(T_n, T_n) = 0$$
$$E_{BC}(T_n) + E_{CB}(T_n) = 0$$

故有

$$E_{ABC}(T, T_0) = E_{AB}(T) + E_B(T, T_0) + E_{BA}(T_0) + E_A(T_0, T)$$

将上式右边与(6-3-5)式右边对比可见

$$E_{ABC}(T, T_0) = E_{AB}(T, T_0) \tag{6-3-7}$$

对于图 6-3-2(b) 电路有

$$E_{ABC}(T,T_0)=E_{AB}(T)+E_B(T,T_0)+E_{BC}(T_0)+E_C(T_0,T_0)+E_{CA}(T_0)+E_A(T_0,T)$$

根据数学中对数的性质,由(6-3-3)式可知

$$E_{BC}(T_0)+E_{CA}(T_0)=\frac{KT_0}{e}\ln\frac{N_B}{N_C}+\frac{KT_0}{e}\ln\frac{N_C}{N_A}=\frac{KT_0}{e}\ln\frac{N_B}{N_A}=E_{BA}(T_0)$$

故有 $\quad E_{ABC}(T,T_0)=E_{AB}(T)+E_B(T,T_0)+E_{BA}(T_0)+E_A(T_0,T)=E_{AB}(T,T_0)$

根据中间导体定律,我们可以在回路中引入各种仪表和连接导线,而不必担心会对热电势有影响,同时也允许采用任意的焊接方法来焊制热电偶。而且,应用这一定律,还可以采用开路热电偶测量液态金属和固态金属表面的温度,如图 6-3-3 所示。图中液态金属和金属壁面可看成接入的第三种导体,而且两端温度是一致的。

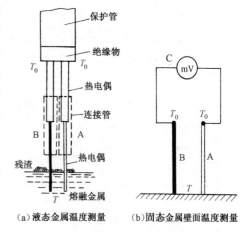

图 6-3-3　开路热电偶的使用

（2）中间温度定律

热电偶 AB 在接点温度为 T、T_0 时的热电势等于该热电偶在接点温度为 T、T_n 和 T_n、T_0 时的热电势之和,即

$$E_{AB}(T,T_0)=E_{AB}(T,T_n)+E_{AB}(T_n,T_0)$$

$$(6-3-8)$$

T_n 称为中间温度(上式的证明留给读者自己去做)。根据中间温度定律,只要知道参考温度为 0℃时的热电势与温度的关系,即分度表,就可根据(6-3-8)式求出参考温度不等于 0℃时的热电势与温度的关系

$$E_{AB}(T,T_0)=E_{AB}(T,0)-E_{AB}(T_0,0) \qquad (6-3-9)$$

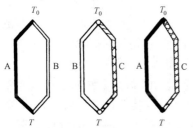

图 6-3-4　3 种材料的导体分别组成的热电偶

（3）标准电极定律

由 3 种材料成分不同的热电极 A、B、C 分别组成 3 对热电偶(见图6-3-4)。在相同接点温度(T,T_0)下,如果热电极 A 和 B 分别与热电极 C (称为标准电极)组成的热电偶所产生的热电势已知,则由热电极 A 和 B 组成的热电偶的热电势可按下式求出(下式的证明留给读者自己去做)

$$E_{AB}(T,T_0)=E_{AC}(T,T_0)-E_{BC}(T,T_0) \qquad (6-3-10)$$

标准电极 C 通常用纯度很高、物理化学性能非常稳定的铂制成,称为标准铂热电极。利用标准电极定律可大大简化热电偶的选配工作,只要已知任意两种电极分别与标准电极配对的热电势,即可求出这两种热电极配对的热电偶的热电势而不需要测定。

6.3.2　热电偶的材料、型号及结构

1. 热电偶的材料

理论上讲,似乎任何两种导体都可以组成热电偶,用来测量温度。但是为了保证在工程技术中应用可靠,并具有足够精度,一般说来,对热电偶的材料有以下要求:

① 在测温范围内,热电性质稳定,不随时间和被测介质变化;物理化学性能稳定,不易氧化或腐蚀。

② 导电率要高,并且电阻温度系数要小。

③ 它们组成的热电偶,热电势随温度的变化率要大,并且希望该变化率在测温范围内接近常数。

④ 材料的机械强度要高,复制性要好,复制工艺要简单,价格便宜。

实际上并非所有材料都能满足上述全部要求,目前国际上被公认的比较好的热电材料只有几

种。所谓标准化热电偶是指由这些材料组成的热电偶,它们已列入工业标准化文件中,具有统一的分度表。标准化文件还对同一型号的标准化热电偶规定了统一的热电极材料及其化学成分、热电性质和允许偏差,故同一型号的标准化热电偶具有良好的互换性。

2. 热电偶的型号

目前国际上已有 8 种标准化热电偶。这些热电偶的型号(通常也称分度号)、热电极材料及可测的温度范围见表 6-3-1。表中所列的每一种型号的材料,前者为热电偶的正极,后者为负极。如"铂铑 10"表示铂铑合金,其中铂 90%、铑 10%,以此类推。温度的测量范围是指热电偶在良好的使用环境下允许测量温度的极限值。实际使用中特别是长时间使用时,一般允许测量的温度上限是极限值的 60%~80%。

表 6-3-1　标准化热电偶

型 号 标 志	材　　料	温度范围/℃	型 号 标 志	材　　料	温度范围/℃
S	铂铑 10-铂	−50~1768	N	镍铬硅-镍硅	−270~1300
R	铂铑 13-铂	−50~1768	E	镍铬-康铜	−270~1000
B	铂铑 30-铂铑 6	0~1820	J	铁-康铜	−210~1200
K	镍铬-镍硅	−270~1372	T	铜-康铜	−270~400

3. 热电偶的结构

(1) 普通热电偶

工业上常用的普通热电偶的结构由热电极、绝缘套管(防止两个热电极在中间位置短路)、保护套管(使热电极免受化学侵蚀及机械损伤)、接线盒(连接导线通过接线盒与热电极连接)、接线盒盖

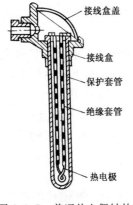

(防止灰尘、水分及有害气体进入保护套管内)组成,如图 6-3-5 所示。普通热电偶主要用于气体蒸汽和液体等介质的温度测量,这类热电偶已做成标准形式,可根据测温范围和环境条件来选择合适的热电极材料和保护套管。

(2) 铠装热电偶(又称缆式热电偶)

铠装热电偶是将热电极、绝缘材料连同金属保护套一起拉制成型的,可做得很细、很长,其外径可小到 1~3mm,而且可以弯曲,适合于测量狭小的对象上各点的温度。铠装热电偶种类多,可制成单芯、双芯和四芯等。主要特点是测量端热容量小,动态响应快(时间常数可达 0.01s);有良好的柔性,便于弯曲;抗振性能好,强度高。

图 6-3-5　普通热电偶结构

(3) 薄膜热电偶

用真空蒸镀(或真空溅射)的方法,将热电偶材料沉积在绝缘基板上而制成的热电偶称为薄膜热电偶。由于热电偶可以做得很薄(厚度可达 0.01~0.1μm),测表面温度时不影响被测表面的温度分布,其本身热容量小,动态响应快,故适合于测量微小面积和瞬时变化的温度。

除此之外,还有用于测量圆弧形固体表面温度的表面热电偶和用于测量液态金属温度的浸入式热电偶等。

6.3.3　冷端恒温式热电偶测温电路

1. 测温原理和方法

由(6-3-6)式可知,热电偶两个电极的材料确定以后,热电偶的热电势 $E_{AB}(T, T_0)$ 就只与热电偶两端温度有关。如果使参考端温度 T_0 恒定不变,则对给定材料的热电偶,其热电势就只与工作

端温度 T 呈单值函数关系,即

$$E_{AB}(T,T_0) = f(T) \qquad (6\text{-}3\text{-}11)$$

因此,当保持热电偶参考端(冷端)温度 T_0 不变时,只要用仪表测得热电势 $E_{AB}(T,T_0)$,就可求得工作端(热端)温度即被测温度 T。热电偶中,A、B 热电极材料的电子密度与温度有关,但其严格的数学函数关系难以准确得到,故热电势与温度的一一对应关系不是用计算的方法而是用实验的方法得到的。国际温标规定:在 $T_0 = 0℃$ 时,用实验的方法测出各种不同热电极组合的热电偶在不同的工作温度 T 下所产生的热电势值,并制成一张张表格,这些表格是"热电偶热电势 $E_{AB}(T,0)$ 与温度 T 对应关系数据表",也就是常说的热电偶的分度表。它是热电偶测温的主要依据。国际温标 ITS—90 的标准热电偶分度表可从 NIST(National Institute of Standards and Testing)的官方网站下载。

对给定的热电偶,通过实验测得 $T_0 = 0℃$,T 取不同温度时的热电势数据,也可绘成相应的曲线,如图 6-3-6 所示。

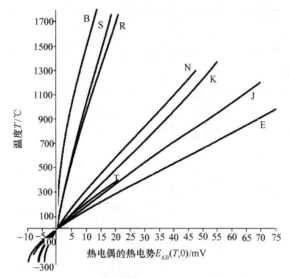

图 6-3-6 热电偶的热电势与温度关系曲线($T_0 = 0℃$)

热电偶的热电势 $E_{AB}(T,0)$ 对温度 T 的一阶导数称为塞贝克系数,塞贝克系数越大,热电偶的灵敏度越高。当选择某种热电偶来测量特定温度范围时,应选择其塞贝克系数在该温度范围的变化尽可能小的热电偶。

利用热电偶测量温度有两种方法。一种是用测量电压的毫伏表测出热电偶的热电势 $E_{AB}(T,0)$,然后查该热电偶的分度表,确定出对应的被测温度 T,这种方法称为查表法。另一种是把热电偶与专用的测量仪表配套一起使用,通常该测量仪表的刻度就按热电偶型号所对应的分度表标定成温度值,这样在用该热电偶及其配套测量仪表测温时,如 $T_0 = 0℃$,便可直接从仪表上读取温度值 T,这种方法称为直读法。

2. 热电偶冷端的恒温和延伸

为了使热电偶的热电势与被测温度呈如(6-3-11)式的单值函数关系,需要使热电偶冷端的温度保持恒定或进行其他处理。

(1) 冷端的恒温方式

把冰屑和清洁的水相混合,放在保温瓶中,并使水面略低于冰屑面,然后把热电偶的冷端置于其中,在一个大气压的条件下,即可使冰水保持在 0℃,这时热电偶输出的热电势符合分度表的对应关系。这种方法称为冰浴法,适用于实验室中。

为使冷端保持恒温,也可以将冷端置于恒温槽中,使冷端恒温值略高于环境最高温度。也可将冷端置于温度变化缓慢的容器中,或置于深埋于地下的铁盒,或充满绝热体的铁管中。

（2）冷端的延伸

工业测温时,被测点与指示仪表之间往往有很长的距离,同时为了避免冷端温度受被测点温度变化的影响,也需要使热电偶的冷端远离工作端。然而热电偶材料较昂贵,热电偶尺寸不能过长（一般 1m 左右）。为了解决这一问题,一般采用一种廉价合金丝导线将热电偶的冷端延伸出来,如图 6-3-7 所示。图中 C 为仪表连接线,一般采用普通铜导线。$A'B'$ 为专用的冷端延伸导线,通常称冷端补偿导线或冷端延长线。为保证接入补偿导线后不影响原热电偶回路热电势的测量值,必须注意以下几点:

① 补偿导线与热电偶的两个接点的温度必须相同（图中都为 T_n）,且不得超过规定的范围（一般为 0～100℃）。

② 不同的热电偶要求配用不同的补偿导线,也就是说,补偿导线的热电特性在一定范围内（一般为 0～100℃）,要与所配用的热电偶的热电特性相同,即满足

$$E_{A'B'}(T_n, T_0) = E_{AB}(T_n, T_0) \tag{6-3-12}$$

③ 补偿导线的正、负极以其绝缘层的颜色来区分。在使用时,一定要使补偿导线与热电偶的同性电极相接,切记不可接反。

可以证明,只要满足上述三个条件,图 6-3-7 所示回路的热电势就等于原热电偶回路的热电势 $E_{AB}(T, T_0)$。应当指出,补偿导线只能把热电偶的冷端从热电偶的接线盒处延伸出来,使之远离被测热源,而延伸后的冷端 T_0 仍需采取恒温措施,不要误以为采用补偿导线即可补偿冷端温度波动对指示值的影响。

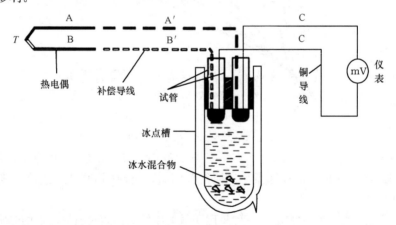

图 6-3-7　冷端恒温式热电偶测温电路

3. 冷端温度恒定但 $T_0 \neq 0℃$ 的处理办法

一般来说,热电偶的分度表和相配的测温仪表都是规定在参考温度 T_0 为 0℃ 的情况下使用的。在参考温度 T_0 恒定为已知值但不是 0℃ 的情况下,应该采取如下的办法。

（1）查分度表法

若用查表法测温,则应在测出 $E_{AB}(T, T_0)$ 和已知 T_0 后,先从分度表上查出与已知的 T_0 对应的 $E_{AB}(T_0, 0)$,再按(6-3-9)式计算出 $E_{AB}(T, 0)$,最后从分度表查出与 $E_{AB}(T, 0)$ 对应的温度 T。

若采用直读法测温,则应先从分度表上查出与仪表指示温度 T' 对应的 $E_{AB}(T', 0)$ 和与已知的 T_0 对应的 $E_{AB}(T_0, 0)$。由于热电偶的显示仪表是按热电偶分度表刻度的,若显示仪表的指针在 T' 的位置上,则表明加到显示仪表的热电势 $E_{AB}(T, T_0) = E_{AB}(T', 0)$,因此有 $E_{AB}(T', 0) + E_{AB}(T_0, 0) = E_{AB}(T, T_0) + E_{AB}(T_0, 0) = E_{AB}(T, 0)$。这就是说,只要从分度表查出与仪表指示温

度 T' 对应的 $E_{AB}(T',0)$ 和与已知的 T_0 对应的 $E_{AB}(T_0,0)$，将二者相加计算出 $E_{AB}(T,0)$，再从分度表查出与 $E_{AB}(T,0)$ 对应的 T，就是真实的温度值。

（2）查修正系数法

若采用直读法测温，因此时的热电势是 $E_{AB}(T,T_0)$ 且 $T_0 \neq 0℃$，而仪表刻度却是按照 $E_{AB}(T,0)$ 与 T 的关系标定的，故此时仪表指示温度 T' 并不是真实温度 T，通常热电偶测温仪表产品说明书上都会给出与指示温度 T' 相对应的修正系数 k，应按下式计算出真实温度 T

$$T = T' + kT_0 \qquad (6\text{-}3\text{-}13)$$

（3）仪表机械零点调整法

在温度测量精度要求不高，而且热电偶的热电势与温度关系的线性度较好的情况下，可采取将指示温度 T' 与参考温度 T_0 相加以近似求得 T，即 $T \approx T' + T_0$，也可以把仪表的机械零点调整到 T_0。对于具有零位调整的显示仪表（如动圈指示调节仪表）的机械零点调整方法为：将显示仪表的电源和输入信号切断，用螺丝刀在指针零位调整器上将仪表指针调整到已知的参考温度 T_0 上。这样，以后显示仪表的读数就直接代表热电偶测量端的温度 T。这两种方法虽然精度不高，有一定的误差，但简单方便，因此在工业生产过程中还经常使用。

6.3.4 冷端补偿式热电偶测温电路

使冷端温度保持恒定需要用冰浴法或恒温槽，而且当 $T_0 \neq 0℃$ 时，还需要用计算修正测量结果，因此不大方便。在实际热电偶测温中，经常使用的是能自动补偿冷端温度波动对温度指示值影响的"冷端自动补偿"方式。

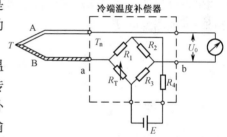

图 6-3-8 冷端自动补偿的原理图

冷端自动补偿的原理如图 6-3-8 所示。图中冷端温度补偿器是由温度传感器组成的冷端补偿电路，其温度传感器与热电偶冷端所处温度相同，均为 T_n。冷端温度补偿器与热电偶正向串联，其输出电压 $U_{ab}(T_n)$ 与热电偶输出的热电势 $E_{AB}(T,T_n)$ 相加得 U_0，输入到测量仪表。即

$$U_0 = E_{AB}(T,T_n) + U_{ab}(T_n) \qquad (6\text{-}3\text{-}14)$$

只要在 T_n 允许波动范围内，冷端温度补偿器输出电压 $U_{ab}(T_n)$ 满足以下条件：

$$U_{ab}(T_n) = 0 \text{，当 } T_n = T_0 \text{ 时} \qquad (6\text{-}3\text{-}15)$$

$$U_{ab}(T_n) = E_{AB}(T_n,T_0) \text{，当 } T_n \neq T_0 \text{ 时} \qquad (6\text{-}3\text{-}16)$$

由（6-3-8）式可知，这样就能使得无论 $T_n = T_0$ 还是 $T_n \neq T_0$，都有

$$U_0 = E_{AB}(T,T_n) + U_{ab}(T_n) = E_{AB}(T,T_n) + E_{AB}(T_n,T_0) = E_{AB}(T,T_0) \qquad (6\text{-}3\text{-}17)$$

可见，冷端温度 T_n 波动的热电偶在正向串接一个满足（6-3-15）式和（6-3-16）式条件的冷端温度补偿器后，就等效为一个冷端温度 T_0（T_0 取决于冷端温度补偿器输出电压为 0 的温度）恒定的热电偶，即 $U_0 = E_{AB}(T,T_0)$。只要 T 不变，尽管 T_n 波动，测量仪表驱动电压 U_0 及仪表指示值都不会改变。这是因为 T_n 变化时，冷端温度补偿器输出电压 $U_{ab}(T_n)$ 的变化正好抵消或者说补偿了热电势 $E_{AB}(T,T_n)$ 的变化。

由（6-3-17）式可知，对冷端温度波动的自动补偿实质上就是补加一个等于或近似等于 $E_{AB}(T_n,T_0)$ 的电压。能提供这样的补偿电压的电路有很多种，图 6-3-8 所示就是常见的采用热电阻电桥的冷端温度补偿器。该补偿电桥的一个桥臂电阻 R_T 用电阻温度系数大的铜丝制成，其阻值随 T_n 变化；另外三个桥臂电阻 R_1、R_2、R_3 用电阻温度系数极小的锰铜丝制成，可以认为其阻值是定值，即不随 T_n 变化；R_4 为电桥电源限流电阻。由（6-3-15）式可知，$T_n = T_0$ 时，补偿电桥应处

于平衡状态,为此,通常选 $R_1 = R_2 = R_3 = R_0$(R_0 为热电阻 R_T 在 $T_n = T_0$ 时的电阻值)。除此之外,为了满足(6-3-16)式的条件,还需要依据所配接的热电偶的温度特性及所选用的热电阻的温度特性,确定适当的电桥电源限流电阻。

由(6-3-17)式可知,各种冷端温度补偿器只能与相应型号的热电偶及在所规定的温度范围内(一般要求 T_n 为 0~40℃)配套使用,而且冷端温度补偿器与热电偶连接时,极性切勿接反,否则不但起不到补偿作用反而会增大温度误差。

目前国内外都有热电阻电桥式冷端温度补偿器供应,电桥平衡温度 T_0 一般为 0℃或 20℃。由于国内生产的 WBC 型冷端温度补偿器(电路与图 6-3-8 相同)的电桥平衡温度不是 0℃,而是20℃。因此在采用 WBC 型冷端温度补偿器时,冷端温度补偿器的输出电压与热电偶的输出电压 $E_{AB}(T, T_0)$ 相加得到的不是 $E_{AB}(T, 0)$,而是 $E_{AB}(T, 20)$。这样就需要将测温仪表(通常是动圈式毫伏计)的指针机械零点调到 20℃处。

除以上介绍的热电阻电桥式冷端补偿器外,温敏管、集成温度传感器也可构成冷端补偿器,而且工作原理基本相同或相似,这里不再赘述。国外生产的 AD594/595 是一种带冷端补偿的热电偶集成放大器,分别适用于 J 型热电偶和 K 型热电偶,其工作原理请见本书参考文献[2]和[4]。

因为冷端恒温既不方便也不经济,所以,一般的模拟式和数字式温度测量仪表大多采用冷端补偿式测温电路,而不采用冷端恒温式测温电路。而微机化的温度测量仪表或系统,既不采用冷端补偿器,更不采用冷端恒温器,而是在采集热电偶的热电势 $E_{AB}(T, T_0)$ 数据的同时,用另一个温度传感器测量热电偶的冷端参考温度 T_0,再用软件实现查分度表的相关运算,精确地计算出 $E_{AB}(T, 0)$ 及对应的被测温度 T。

6.4 霍尔传感器

6.4.1 霍尔效应

半导体薄片置于磁场中,当有电流流过时,在垂直于电流和磁场的方向上将产生电势,这种物理现象是美国物理学家霍尔发现的,故称为霍尔效应,相应的电势被称为霍尔电势,半导体薄片称为霍尔片或霍尔元件。

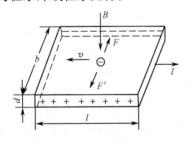

图 6-4-1 霍尔效应原理图

霍尔效应的产生是由于电荷受磁场中洛伦兹力作用的结果。如图 6-4-1 所示,一块长为 l、宽为 b、厚度为 d 的 N 型半导体薄片(称为霍尔基片),沿基片长度通以电流 I(称为激励电流或控制电流),在垂直于半导体薄片平面的方向上加以磁场 B,则半导体中的载流子——电子要受到洛伦兹力 F 的作用,由物理学知识可知

$$F = qvB \tag{6-4-1}$$

式中,q 为电子的电荷量(1.602×10^{-19}C);v 为半导体中电子运动速度;B 为外磁场的磁感应强度。

在力 F 的作用下,电子被推向半导体的一侧并在该侧面积累负电荷,而在另一侧面积累正电荷,这样在基片两侧面间建立起静电场,电子又受到电场力 F' 的作用,且

$$F' = qE_H$$

式中,E_H 为霍尔电场强度。

F' 将阻止电子继续偏移,当 $F' = F$ 时,电荷积累处于动态平衡,即

$$qE_H = qvB \tag{6-4-2}$$

基片宽度两侧面间由于电荷积累形成的电位差 U_H，称为霍尔电势，它与霍尔电场强度 E_H 的关系为

$$U_H = bE_H \tag{6-4-3}$$

将(6-4-2)式代入(6-4-3)式得

$$U_H = bvB \tag{6-4-4}$$

假设流过基片的电流 I 是分布均匀的，则有

$$I = nqvbd \tag{6-4-5}$$

式中，n 为 N 型半导体载流子浓度（单位体积中的电子数）；bd 为与电流方向垂直的截面积。

将(6-4-4)式与(6-4-5)式合并整理得

$$U_H = \frac{BI}{nqd} = R_H \frac{IB}{d} \tag{6-4-6}$$

式中，R_H 为霍尔系数，它是由材料性质决定的常数。对 N 型半导体有

$$R_H = \frac{1}{nq} \tag{6-4-7}$$

对 P 型半导体有

$$R_H = \frac{1}{pq} \tag{6-4-8}$$

式中，p 为 P 型半导体的载流子浓度（单位体积中的空穴数）。

令

$$K_H = \frac{R_H}{d} \tag{6-4-9}$$

代入(6-4-6)式得霍尔电势的表达式为

$$U_H = K_H IB \tag{6-4-10}$$

由上式可见，霍尔电势 U_H 正比于激励电流 I 和磁感应强度 B，比例系数 K_H 表征霍尔元件的特性，称为霍尔元件的灵敏度。

6.4.2 霍尔传感器的组成及基本特性

1. 霍尔传感器的组成

利用霍尔效应实现磁电转换的传感器称为霍尔传感器，其基本组成包括霍尔元件、电路部分（加于激励电极两端的激励电源、与霍尔电极输出端相连的测量电路）、磁路部分（产生某种具有磁场特性的装置）。

（1）霍尔元件

霍尔元件的结构很简单，由霍尔片、引线和壳体组成。霍尔片是一块半导体（多采用 N 型半导体）矩形薄片，如图 6-4-2(a)所示。在短边的两个端面焊上两根控制电流端（称控制电极或激励电极）引线 1 和 1'，在长边的中间以点的形式焊上两根霍尔输出端（称霍尔电极）引线 2 和 2'。在焊接处要求接触电阻小，而且呈纯电阻性质（欧姆接触），霍尔片一般用非磁性金属、陶瓷或环氧树脂封装。在电路中霍尔元件可用两种符号表示，如图 6-4-2(b)所示。

（a）   （b）

图 6-4-2　霍尔元件的结构和符号

（2）电路部分

霍尔电压的基本测量电路如图 6-4-3 所示。激励电流 I 由电源 U_E（可以是直流电源或交流电源）供给，电位器 R_P 调节激励电流 I 的大小。R_L 是霍尔元件输出端的负载电阻，它可以是显示仪表或放大电路的输入电阻。霍尔电势一般在毫伏数量级，实际使用时必须加差分放大器。霍尔元件大体分为线性应用和开关应用两种方式，因此输出电路有如图 6-4-4 所示的两种结构。

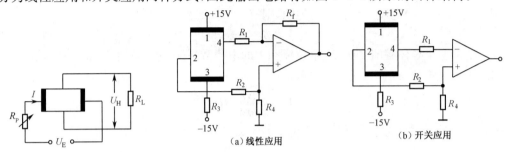

图 6-4-3 霍尔电压的基本测量电路　　　图 6-4-4 霍尔元件的输出电路

为了增加输出的霍尔电压或功率，在直流供电情况下，可采用图 6-4-5(a) 的连接方式，控制电流端并联，由 R_{P1} 和 R_{P2} 调节两个元件的输出霍尔电势，AB 端输出电势为单个霍尔元件的 2 倍。在交流供电情况下，采用图 6-4-5(b) 的连接方式，控制电流端串联，各元件输出端接输出变压器的初级绕组，变压器的次级便有叠加的霍尔电势信号输出。

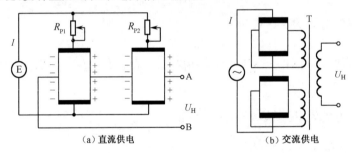

图 6-4-5 霍尔元件输出连接方式

（3）磁路部分

用于非电量检测的霍尔传感器，通常是通过弹性元件和其他传动机构将待测非电量（如力、压力、应变和加速度等）转换为霍尔元件在磁场中的微小位移。为了获得霍尔电势随位移变化的线性关系，霍尔传感器的磁场应具有均匀的梯度变化特性。这样当霍尔元件在这种磁场中移动时，若使激励电流 I 保持恒定，则霍尔电势就只取决于它在磁场中的位移量，并且磁场梯度越大，灵敏度越高，梯度变化越均匀，霍尔电势与位移的关系越接近于线性。图 6-4-6(a) 是一种产生梯度磁场的磁路系统，由极性相反、磁场强度相同的两个磁钢形成一个如图 6-4-6(b) 所示的梯度磁场，位移 x 轴的零点位于两个磁钢的正中间处，在一定范围内有

$$B = cx$$

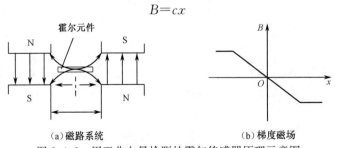

（a）磁路系统　　　　　　　（b）梯度磁场

图 6-4-6 用于非电量检测的霍尔传感器原理示意图

当放置在两个磁钢气隙中的霍尔片沿 x 方向移动时,若控制电流 I 保持不变,则霍尔电势为

$$U_H = K_H IB = K_H Icx = kx \qquad (6\text{-}4\text{-}11)$$

由上式可见,U_H 与位移 x 成线性关系,其极性反映位移的方向。

2. 霍尔传感器的基本特性

由霍尔传感器的组成不难看出,霍尔传感器的灵敏度和线性度等基本特性主要取决于它的磁路系统和霍尔元件的特性,即磁场梯度的大小和均匀性,霍尔元件的材料几何尺寸、电极的位置与宽度等。另外,由(6-4-10)式可知,提高磁感应强度 B 和增大激励电流 I,也可获得较大的霍尔电势。但 I 的增大受到霍尔元件发热的限制。由于霍尔传感器的可动部分只有霍尔元件,而霍尔元件具有小型、坚固、结构简单、无触点、磁电转换惯性小等特点,所以霍尔传感器的动态性能好,只有在 $10^5\,\mathrm{Hz}$ 以上的高频时,才需要考虑频率对输出的影响。

6.4.3 霍尔传感器的应用

依据(6-4-10)式,霍尔传感器的应用可分为下述三个方面。

1. 利用 U_H 与 I 的关系

当磁场恒定时,在一定温度下,霍尔电势 U_H 与控制电流 I 成很好的线性关系,利用这一特性,霍尔元件可用于直接测量电流,也可用于测量能转换为电流的其他物理量。

2. 利用 U_H 与 B 的关系

如前所述,如果保持霍尔元件的控制电流不变,而让霍尔元件在一个如图 6-4-6(b)所示的均匀梯度磁场中移动时,则其输出的霍尔电势就取决于它在磁场中的位置。利用这一原理可以测量微位移和可转换为微位移的其他量,如压力、加速度、振动等。利用此原理还研制出了霍尔罗盘、方位传感器、转速传感器、接近开关、无触点开关、导磁产品计数器等。

当控制电流一定时,霍尔电势与磁感应强度成正比。利用这个关系可以测量交、直流磁感应强度、磁场强度等。利用霍尔元件制作的钳形电流表可以在不切断电路的情况下,通过测量电流产生的磁场而测得该电流值。

图 6-4-7 为霍尔式钳形电流表结构示意图。冷轧硅钢片圆环的作用是将被测电流产生的磁场集中到霍尔元件上,以提高灵敏度。作用于霍尔片的磁感应强度 B 为

$$B = K_B I_x \qquad (6\text{-}4\text{-}12)$$

式中,K_B 为电磁转换灵敏度。

线性集成霍尔片的输出电压为

$$U_o = K_H IB = K_H K_B I I_x = K I_x \qquad (6\text{-}4\text{-}13)$$

式中,I 为霍尔片控制电流;K 为电流表灵敏度,$K = K_H K_B I$。

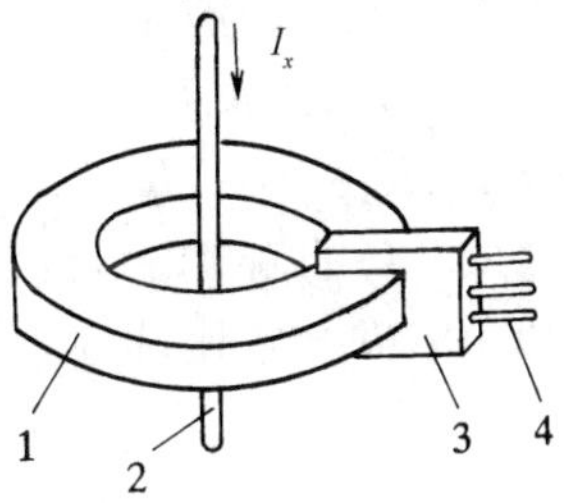

图 6-4-7 霍尔式钳形电流表结构示意图
1—冷轧硅钢片圆环;2—被测电流导线;
3—霍尔元件;4—霍尔元件引脚

若 I_x 为直流,则 U_o 亦为直流;若 I_x 为交流,则 U_o 亦为交流。霍尔式钳形电流表可测的最大电流达 100kA 以上,可用来测量输电线上的电流,也可用来测量电子束、离子束等无法用普通电流表直接进行测量的电流。图 6-4-7 中被测电流导线如果在硅钢片圆环上绕几圈,电流表灵敏度便会增大几倍。用这种办法可调整霍尔式钳形电流表的灵敏度和量程。

3. 利用 U_H 与 IB 的关系

如果控制电流为 I_1,磁感应强度 B 由励磁电流 I_2 产生,则据(6-4-10)式,霍尔电势可表示为

$$U_H = K I_1 I_2$$

利用上述乘法关系,将霍尔元件与激励线圈、放大器等组合起来,可以做成模拟运算的乘法器、开方器、平方器、除法器等各种运算器。同样道理,依据(6-4-10)式也可利用霍尔元件进行功率测量。

采用霍尔元件作为乘法器实现平均功率运算的电路即霍尔功率变换器如图 6-4-8 所示。

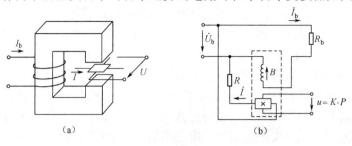

（a）   （b）

图 6-4-8 霍尔功率变换器原理

现以正弦交流电路为例讨论其变换原理。设被测网络的电压为 $\dot{U}_b$，电流为 $\dot{I}_b$，$\dot{U}_b$ 和 $\dot{I}_b$ 的相位差为 φ。让 $\dot{U}_b$ 通过电阻 R 产生霍尔元件的控制电流 $\dot{I}$，即

$$\dot{I} = \dot{U}_b K_I \tag{6-4-14}$$

将上式表示为瞬时值，即

$$i = K_I U_{bm} \sin \omega t \tag{6-4-15}$$

式中，K_I 为电路转换系数；$\dot{U}_{bm}$ 为 U_b 的峰值。

让 $\dot{I}_b$ 通过激励线圈产生磁场 B，即

$$B = K_B I_{bm} \sin(\omega t + \varphi_A) \tag{6-4-16}$$

式中，K_B 为转换系数；$\dot{I}_{bm}$ 为 I_b 的峰值。

由 i 与 B 使霍尔元件所产生的霍尔电势 u 为

$$u = K_H i B \tag{6-4-17}$$

将(6-4-15)式及(6-4-16)式代入(6-4-17)式中，得

$$u = K_H K_I K_B U_{bm} \sin\omega t I_{bm} \sin(\omega t + \varphi) = K_H K_I K_B U_{bm} I_{bm} \frac{1}{2}\left[\cos\varphi - \cos(2\omega t + \varphi)\right]$$

$$= K_H K_I K_B U_b I_b \left[\cos\varphi - \cos(2\omega t + \varphi)\right] = K U_b I_b \cos\varphi - K U_b I_b \cos(2\omega t + \varphi)$$

式中，$K = K_H K_I K_B$；U_b、I_b 分别为负载电压、电流的有效值。

在霍尔电势的输出端接有源滤波器，滤去二倍频交流分量，所得变换电路的输出电压与被测网络的有功功率 P 成正比，即

$$U = K U_b I_b \cos\varphi = KP \tag{6-4-18}$$

6.4.4 测量误差及其补偿办法

由于制造工艺问题，以及实际使用时所存在的各种影响霍尔元件性能的因素，如元件安装不合理、环境温度变化等，都会影响霍尔元件的转换精度，因此而带来误差。

1. 零位误差及其补偿

霍尔元件在不加控制电流或不加磁场时出现的霍尔电势称为零位误差，它主要有下面几种。

（1）不等位电压 U_0

如图 6-4-9 所示，由于工艺上的原因，很难保证霍尔电极 C、D 装配在同一等位面上，这时即使不加外磁场只通以额定控制电流 I，在 C、D 两电极间也有电压 U_0 输出，这就是不等位电压。U_0 是由 C、D 两电极间的电阻 R_0 决定的，即

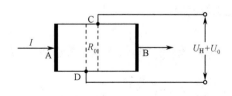

图 6-4-9 霍尔元件不等位电压示意图

$$U_0 = I R_0$$

此外,霍尔元件的电阻率不均匀或厚度不均匀也会产生不等位电压。不等位电压是霍尔元件的一个主要的零位误差,其数值甚至会超过霍尔电势,所以必须从工艺上设法减小,并采用电路补偿措施。补偿的基本思想是:把矩形霍尔元件等效为一个四臂电桥,如图 6-4-10 所示,图中 A、B 为控制电极,C、D 为霍尔电极,在极间分布的电阻用 R_1、R_2、R_3、R_4 表示,构成电桥的 4 个臂,不等位电压相当于该电桥在不满足理想条件 $R_1=R_2=R_3=R_4$ 情况下的不平衡输出电压。因而,一切使电桥平衡的方法均可作为不等位电压的补偿措施。图 6-4-10 所示为三种补偿方案,图 6-4-10(a)是在阻值较大的臂上并联电阻,图 6-4-10(b)、(c)是在两个臂上同时并联电阻。显然,图 6-4-10(c)方案调整比较方便。

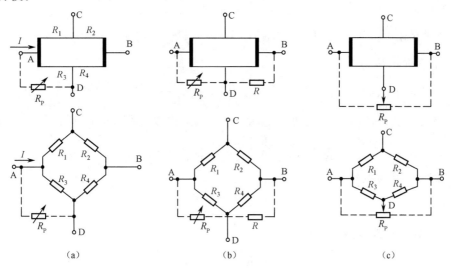

（a）   （b）   （c）

图 6-4-10　不等位电压补偿原理

（2）寄生直流电势

当霍尔元件通以交流控制电流而不加外磁场时,霍尔电势除交流不等位电压外,还有直流电势分量,称为寄生直流电势。该电势是由于元件的两对电极不是完全欧姆接触而形成整流效应,以及两个霍尔电极的焊点大小不等,热容量不同引起温差而产生的。它随时间而变化,导致输出漂移。因此在制作和安装霍尔元件时,应尽量使电极欧姆接触,并做到散热均匀,有良好的散热条件。

另外,霍尔电极、激励电极和引线布置不合理,也会产生零位误差,也需予以注意。

2. 温度误差及其补偿

一般半导体材料的电阻率、迁移率和载流子浓度等都随温度而变化。霍尔元件由半导体材料制成,因此它的性能参数如输入和输出电阻、霍尔常数等也随温度变化,致使霍尔电势变化,产生温度误差。为了减小温度误差,除选用温度系数较小的材料(如砷化铟等)做霍尔基片外,还可以采用适当的补偿电路。下面简单介绍几种温度补偿办法。

（1）恒流源供电和输入回路并联电阻

温度变化引起霍尔元件输入电阻变化,在稳压源供电时,使控制电流变化而带来误差。为了减小这种误差,最好采用恒流源(稳定度±0.1%)提供控制电流。但霍尔元件的灵敏度系数 K_H 也是温度的函数,因此采用恒流源后仍有温度误差。为了进一步提高 U_H 的温度稳定性,对于具有正温度系数的霍尔元件,可在其输入回路中并联电阻 R,如图 6-4-11 所示。

假设温度从 T_0 上升到 $T(\Delta T=T-T_0)$ 时霍尔元件的输入电阻从 r_0 变到 r,灵敏度系数从 K_{H0} 变到 K_H,选用的温度补偿电阻从

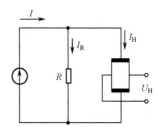

图 6-4-11　恒流源温度补偿电路

R_0 变到 R,且有如下关系

$$K_H = K_{H0}(1 + \alpha \Delta T) \tag{6-4-19}$$

$$r = r_0(1 + \beta \Delta T) \tag{6-4-20}$$

$$R = R_0(1 + \delta \Delta T) \tag{6-4-21}$$

据电路有 $\qquad I = I_H + I_R, \quad I_H r = I_R R$

联立求解以上电路方程组得 $\qquad I_H = \dfrac{R}{R+r} I$

上式在温度 T_0 时为 $\qquad I_{H0} = \dfrac{R_0}{R_0 + r_0} I$

温度 T_0 时霍尔电势为 $\qquad U_{H0} = K_{H0} I_{H0} B = K_{H0} \dfrac{R_0}{R_0 + r_0} IB$

温度 T 时霍尔电势为

$$U_H = K_H I_H B = K_H \frac{R}{R+r} IB = K_{H0}(1 + \alpha \Delta T) \frac{R_0(1 + \delta \Delta T) IB}{R_0(1 + \delta \Delta T) + r_0(1 + \beta \Delta T)}$$

为使温度改变 ΔT 后,霍尔电势仍不变,即 $U_H = U_{H0}$,由以上两式可知,须满足以下关系

$$\frac{(1 + \alpha \Delta T)(1 + \delta \Delta T)}{R_0(1 + \delta \Delta T) + r_0(1 + \beta \Delta T)} = \frac{1}{R_0 + r_0}$$

忽略上式中 $\alpha\delta(\Delta T)^2$ 项后整理得

$$R_0 = \frac{\beta - \alpha - \delta}{\alpha} r_0 \tag{6-4-22}$$

一般 δ 很小,可忽略不计,且 $\alpha \ll \beta$,故有

$$R_0 \approx \frac{\beta}{\alpha} r_0 \tag{6-4-23}$$

对一个确定的霍尔元件,其参数 r_0、α、β 是确定值,可由上式求得并联的温度补偿电阻 R_0。

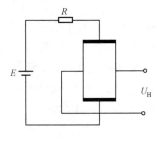

图 6-4-12　恒压源温度补偿电路

(2) 恒压源供电和输入回路串联电阻

当霍尔元件采用稳压电源供电,且霍尔输出端开路状态下工作时,可在输入回路中串入适当电阻来补偿温度误差,如图 6-4-12 所示。

利用等效电源原理可将图 6-4-11 中恒流源与补偿电阻 R 的并联转换为图 6-4-12 中恒压源与补偿电阻 R 的串联,因此,由等效电源原理可知,图 6-4-11 中的补偿电阻与图 6-4-12 中的补偿电阻是相等的。

(3) 合理选取负载电阻 R_L 的阻值

霍尔元件的输出电阻 R_o 和霍尔电势都是温度的函数,即

$$U_H = U_{H0}(1 + a\Delta T), \qquad R_o = R_{o0}(1 + b\Delta T)$$

式中,U_{H0} 和 R_{o0} 分别为霍尔电势和输出电阻在温度变化前的初始值。

当霍尔元件接有负载电阻 R_L 时,R_L 上的电压为

$$U_L = \frac{R_L}{R_o + R_L} U_H = \frac{R_L U_{H0}(1 + a\Delta T)}{R_L + R_{o0}(1 + b\Delta T)}$$

为了使 U_L 不随温度变化,应使 U_L 对 ΔT 的导数为 0。令 $\mathrm{d}U_L/\mathrm{d}\Delta T = 0$,求解上式得

$$R_L = R_{o0}\left(\frac{b}{a} - 1\right) \tag{6-4-24}$$

（4）采用温度补偿元件

这是一种常用的温度误差补偿方法,尤其适用于锑化铟材料的霍尔元件。图 6-4-13 示出了几种不同连接方式的例子。热敏电阻 R_T 具有负温度系数,电阻丝具有正温度系数。图6-4-13(a)、(b)、(c)是补偿霍尔输出具有负温度系数的温度误差电路,图 6-4-13(d)是补偿霍尔输出具有正温度系数的温度误差电路。使用热敏电阻时,要求尽量靠近霍尔元件,以使它们具有相同的温度变化。

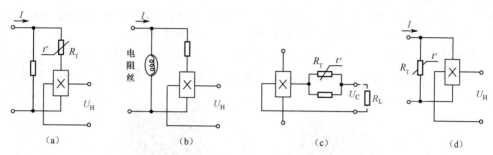

图 6-4-13　采用热敏元件的温度误差补偿电路

（5）不等位电压 U_0 的温度补偿

不等位电压 U_0 受温度的影响,可采用如图 6-4-14 所示的桥路补偿办法。图中,调节 R_P 用来补偿 U_0,在霍尔输出端串入温度补偿电桥,R_T 是热敏电阻。桥路输出随温度变化的补偿电压与霍尔电势相加作为传感器输出(电桥中除 R_T 外的 4 个电阻均为锰铜电阻,其温度系数极小,可忽略不计),电桥一臂并联热敏电阻后,使电桥输出电压与温度成非线性关系。只要细心调整这个不平衡的非线性电压,就可以补偿霍尔片元件的温度漂移,在 ±40℃ 范围内效果是令人满意的。

应该指出,霍尔元件因通入控制电流 I_H 而温度升高,且 I_H 变化随温度改变,都会影响元件内阻和霍尔输出,因此在

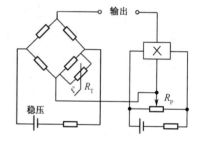

图 6-4-14　桥路补偿电路

安装元件时,要尽量做到散热情况良好,只要有可能,应选用面积大些的元件,以降低其温升。

思考题与习题

1. 图 6-1-1(a)磁电式传感器与图 5-3-1(a)自感式传感器有哪些异同? 为什么后者可测量静位移或距离而前者却不能?

2. 为什么磁电式传感器又称为速度传感器? 怎样用它测量运动位移和加速度?

3. 磁电式传感器有哪几种类型? 它们有什么相同点? 有什么不同点?

4. 用压电式传感器能测量静态和变化缓慢的信号吗? 为什么?

5. 为什么压电式传感器多采用电荷放大器而不采用电压放大器?

6. 压电元件的串联与并联分别适用于什么测量场合?

7. 石英晶体压电式传感器的面积为 1cm²,厚度为 1mm,固定在两金属极板之间,用来测量通过晶体两面力的变化。石英晶体的弹性模量为 9×10^{10} Pa,电荷灵敏度为 2pC/N,相对介电常数为 5.1,晶体相对两面间电阻为 $10^{14}\Omega$,传感器后接电路的输入电容为 20pF,输入电阻为 100MΩ,若所加力 $F=0.01\sin(10^3 t)$N,求两极板间电压的峰峰值。

8. 压电效应有哪几种类型? 各有何特点? 以石英晶体或压电陶瓷为例说明。

9. 有一压电陶瓷长 20mm,宽 20mm,厚 5mm,其相对介电常数为 1200(真空介电常数为 8.85

$\times 10^{-12}\text{F/m}$),将它置于液压 $T=10\text{kPa}$ 的硅油中,试计算其两极板间产生的电压。

10. 试证明热电偶的中间温度定律和标准电极定律。

11. 图 6-3-8 中电池 E 的极性可否接反? 为什么?

12. 将一个灵敏度为 0.08mV/℃ 的热电偶与毫伏表相连,已知接线端温度为 50℃,毫伏表读数为 60mV,热电偶热端温度是多少?

13. 试说明怎样增大或减少霍尔式钳形电流表的灵敏度。

14. 为什么霍尔元件会存在不等位电压和温度误差? 怎样从电路上采取措施加以补偿?

15. 图 6-4-13(a)、(b)中热敏电阻和电阻丝能不能互换位置? 为什么?

16. 某霍尔元件的 $l\times b\times d$ 为 1.0cm×0.35cm×0.1cm,沿 l 方向通以电流 $I=1.0\text{mA}$,在垂直 lb 方向加有均匀磁场 $B=0.3\text{T}$,传感器灵敏度系数为 22V/(A·T),试求其霍尔电势及载流子浓度。

第 6 章例题解析　　　　第 6 章思考题与习题解答

第7章 光电式传感器

光电式传感器是以光电器件作为转换元件的传感器。它可用于检测直接引起光量变化的非电量,也可用于检测能转换成光量变化的其他非电量。光电式传感器具有响应快、性能可靠、能实现非接触测量等优点,因而在检测和控制领域获得广泛应用。

7.1 普通光电式传感器

7.1.1 光电效应

光电器件或光敏元件的物理基础是光电效应。光电效应一般分为外光电效应、内光电效应和光生伏特效应三种类型。

1. 外光电效应

在光线照射下,物体内的电子逸出物体表面的现象称为外光电效应,也叫光电发射。向外发射的电子称为光电子,能产生光电效应的物质称为光电材料。

根据爱因斯坦的假设,光是一粒一粒运动着的粒子流,这些光粒子称为光子。每个光子的能量为 hf,f 是光的频率,h 为普朗克常数,$h = 6.626 \times 10^{-34}$ J·s。光子打在光电材料上,单个光子把它的全部能量交给光电材料中的一个自由电子,其中一部分能量消耗于该电子从物体表面逸出时所做的功,即逸出功 A,另一部分能量转换为逸出电子的初动能。设电子质量为 m,电子逸出物体表面时初速度为 v,则根据能量守恒定律有

$$hf = \frac{1}{2}mv^2 + A \tag{7-1-1}$$

这个方程称为爱因斯坦的光电效应方程。能使光电材料产生光电子发射的光的最低频率称为红限频率,由上式可知其大小为

$$f_0 = A/h \tag{7-1-2}$$

不同的物质具有不同的红限频率。当入射光的频率低于红限频率时,不论入射光多强、照射时间多久,都不能激发出光电子;当入射光频率高于红限频率时,不管它多么微弱,也会使被照射的物体激发出电子。光越强,单位时间里入射的光子数就越多,激发出的电子数目越多,因此光电流就越大,光电流与入射光强度成正比关系。从光开始照射到释放光电子几乎在瞬间发生,所需时间不超过 10^{-9} s。

基于外光电效应原理工作的光电器件有光电管和光电倍增管。

2. 内光电效应

绝大多数的高电阻率半导体,受光照射吸收光子能量后,会产生电阻率降低而易于导电的现象,这种现象称为光导效应。这里没有电子自物体内部向外发射,仅改变物体内部的电阻,为与外光电效应对应,光导效应也称为内光电效应。

内光电效应的物理过程是:光照射到半导体材料上,材料中处于价带的电子吸收光子能量,越过禁带跃入导带,从而形成自由电子,与此同时价带也会相应地形成自由空穴,即激发出电子-空穴对,从而使导电性能增强,光线越强,阻值越低。

如图 7-1-1 所示,为了使电子从键合状态过渡到自由状态,即实现能级的跃迁,入射光的能量

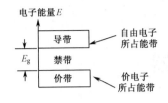

图 7-1-1　电子能级示意图

必须大于光电材料的禁带宽度 E_g，即入射光的频率应高于由 E_g 决定的红限频率 f_0。

$$f_0 = \frac{E_g}{h} \qquad (7\text{-}1\text{-}3)$$

式中，h 为普朗克常数。

基于内光电效应原理工作的光电器件有光敏电阻、光敏二极管和光敏三极管。

3. 光生伏特效应

当适当波长的光照射半导体的 PN 结时，由于结电场的作用，在 PN 结两端产生电动势（光生电压）；若将 PN 结短路，则会出现光电流（光生电流）。这种在光照射下由结电场引起的光电效应，称为光生伏特效应。

基于光生伏特效应原理工作的光电器件有光电池等。

7.1.2　光电管和光电倍增管

1. 光电管

光电管类型很多，最典型的是真空光电管和充气光电管，两者结构相同，都在光电管玻璃泡内装有两个电极：阴极和阳极。阴极涂有光电发射材料，接电源的负极，阳极接电源的正极。当入射光透过玻璃管壳照射到阴极时，便打出电子，电子被阳极吸引，光电管内就形成电流，在外电路的串联负载电阻 R_L 上产生正比于光电流的压降，如图 7-1-2 所示，这样就实现了光电转换作用。

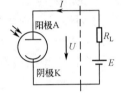

图 7-1-2　光电管基本电路

真空光电管和充气光电管的区别在于：前者玻璃管内抽成真空，后者玻璃管内充有少量惰性气体。由于光电子在飞向阳极的途中与惰性气体的原子碰撞而使气体电离，产生更多的自由电子，增加了光电流，使灵敏度增加。但充气光电管的光电流与入射光强不成比例关系，而且稳定性较差，温度影响大，容易衰老。在要求温度影响小和灵敏度稳定的场合，一般多采用真空光电管。

当光电器件电极上的电压一定时，光电流 I 与入射于光电器件上的光通量 Φ 之间的关系即 $I = F(\Phi)$，称为光电特性。

真空光电管的阳极电流仅由阴极发射的电子决定，故光电特性成线性关系，如图 7-1-3（a）所示。充气光电管中有少量的惰性气体，它所产生的电流不仅取决于阴极发射的电子，而且也取决于气体游离后的电子和离子，因此，充气光电管的灵敏度比真空光电管大 5～10 倍，但充气光电管的光电特性成非线性。

光电器件两端的电压一定，如果照射在光电器件上的是波长一定的单色光，则对相同的入射功率，输出的光电流 I 会随波长 λ 的不同而变化。光电流（一般以最大值的百分数或相对灵敏度表示）与入射光波长的关系 $I = f(\lambda)$ 为光谱特性。

光电管的光谱特性如图 7-1-3（b）所示。由图可见，光电管阴极的材料不同，对应于最大灵敏度的波长也各不相同，因此选择光电器件时应使其最大灵敏度在需要测定的光谱范围内。

在给定的光通量或照度下，光电流 I 与光电器件两端电压 U 的关系即 $I = F(U)$ 称为伏安特性。伏安特性的意义在于帮助我们计算选择光电器件的负载电阻，设计整个线路。光电管的伏安特性曲线如图 7-1-3（c）所示。

在同样的电压和同样幅值的光强度下，当入射光强度以不同的正弦交变频率调制时，光电器件输出的光电流 I 或灵敏度 S 会随调制频率 f 变化，它们的关系 $I = F_1(f)$ 或 $S = F_2(f)$ 称为频率特性。光电管的频率特性曲线如图 7-1-3（d）所示。

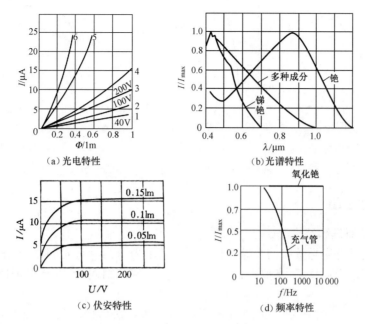

（a）光电特性　　　　　　　　　　　　（b）光谱特性

（c）伏安特性　　　　　　　　　　　　（d）频率特性

图 7-1-3　光电管的基本特性

2. 光电倍增管

光电倍增管在光电管阴极和阳极之间装了若干个"倍增极"（或叫"次阴极"）。各个倍增极上，涂有在电子轰击下能发射更多电子的材料，倍增极的形状和位置设计成正好使前一级倍增极发射的电子继续轰击后一级倍增极。在倍增极间均依次增大加速电压，如图 7-1-4(a) 所示。

设每个倍增极的电子收集效率为 C，倍增率为 δ（一个电子能轰击产生出 δ 个次级电子），若有 n 个倍增极，则总的光电流倍增系数 M 将为 $(C\delta)^n$。即光电倍增管阳极电流 I 与阴极电流 I_0 的关系为 $I = I_0 \cdot M = I_0(C\delta)^n$，阳极电流 I 流经负载电阻 R_L，就形成了光电倍增管的输出电压。

常用光电倍增管的电路如图 7-1-4(b) 所示，各倍增极电压由电阻分压获得，一般阳极与阴极之间的电压为 1000～2500V，两个相邻倍增电极的电位差为 50～100V。因光电流倍增系数 M 与所加的电压有关，故所加电压越稳定越好，以减少倍增系数的波动引起的测量误差。

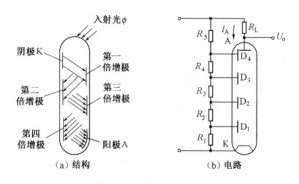

（a）结构　　　　　　　　　　（b）电路

图 7-1-4　光电倍增管的结构及电路

由于光电倍增管的光电流倍增系数 M 为 $(C\delta)^n$，灵敏度非常高，所以适合在微弱光下使用，但是不能接受强光刺激，否则易于损坏。

光电倍增管的基本特性如图 7-1-5 所示。

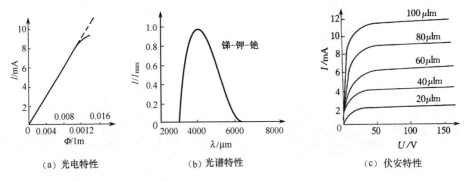

|（a）光电特性|（b）光谱特性|（c）伏安特性|

图 7-1-5　光电倍增管的基本特性

7.1.3　光敏电阻

1. 光敏电阻的原理和结构

光敏电阻是用具有光导效应的半导体材料制成的电阻。当受到光照时,光敏电阻的电阻值下降,光线越强,阻值也变得越低,光照停止,阻值又恢复原值。因此,光敏电阻是把光强变化转换成电阻值变化的传感器。

把光敏电阻连接到外电路中,如图 7-1-6 所示,在外加电压(直流偏压或交流电压)作用下,电路中的电流及其在负载电阻 R_L 上的压降将随光线强度变化而变化,这样就将光信号转换为电信号。

光敏电阻的结构如图 7-1-7 所示。绝缘衬底上均匀地涂上一层具有光导效应的半导体材料,作为光电导层,在光电导层薄膜上蒸镀金属,形成梳状电极,然后接出引线并用带有玻璃的外壳严密地封装起来,以减少潮湿对灵敏度的影响。光敏电阻的灵敏度高,体积小,重量轻,性能稳定,价格便宜,因此在自动化技术中应用广泛。

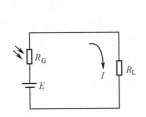

图 7-1-6　光敏电阻基本电路

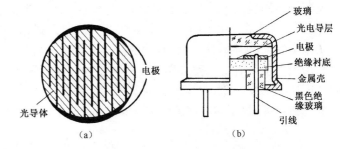

图 7-1-7　光敏电阻的结构

2. 光敏电阻的主要参数和特性

光敏电阻在不受光照时的电阻值称为暗阻,受光照时的电阻值称为亮阻,我们希望暗阻越大越好,亮阻越小越好,这样光敏电阻的灵敏度就高。实际光敏电阻的暗阻一般在兆欧数量级,亮阻在几千欧以下,暗阻和亮阻之比一般在 $10^2 \sim 10^6$ 之间。

光敏电阻的基本特性如图 7-1-8 所示。图 7-1-8(a)表示光敏电阻的光照特性。光照特性是指当光电器件电极上的电压一定时光电流 I 与光电器件上照度 E 的关系,即 $I = f(E)$。由于光敏电阻的光照特性曲线呈非线性,因此它不宜作为测量元件,这是光敏电阻的不足之处。一般在自动控制系统中常用作开关式光电信号传感元件。

由图 7-1-8(b)所示的光谱特性可见,各种敏感材料对于不同波长的灵敏度不一样;每种材料只对某种波长的灵敏度最高。硫化铅光敏电阻在较宽的光谱范围内有较高的灵敏度。

从图 7-1-8(c)所示的伏安特性中可以看出,所加电压越高,光电流越大,而且无饱和现象。但是电压不能无限地增大,因为任何光敏电阻都受额定功率、最高工作电压和额定电流的限制。

从图 7-1-8(d)可见,光敏电阻的频率特性较差,当入射光强上升时,被俘获的自由载流子到相应的数值需要一定时间。同样,入射光强降低时,被俘获的电荷释放出来也是比较慢的。光敏电阻的阻值要花一段时间后才能达到相应的数值,故其频率特性较差。有时以时间常数说明频率响应的好坏,当光敏电阻突然受到光照时,电导率上升到最终值的 63%所需的时间称为上升时间,同样,下降时间是使光敏电阻突然黑暗即无光照射时,其电导率降低 63%所需的时间。不同材料的光敏电阻具有不同的时间常数,因而它们的频率特性也就不相同。

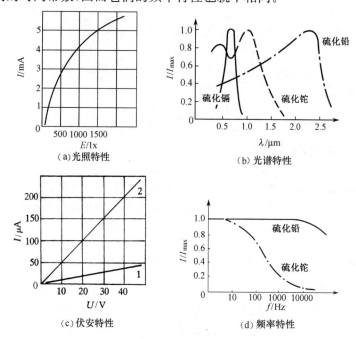

图 7-1-8　光敏电阻的基本特性

光敏电阻和其他的半导体器件一样,性能受温度的影响较大。随着温度的升高,灵敏度下降。硫化镉的光电流 I 和温度 T 的关系如图 7-1-9(a)所示。有时为了提高灵敏度,将元件降温使用。例如,可利用制冷器使光敏电阻的温度降低。

随着温度的升高,光敏电阻的暗电流上升,但是亮电流增加不多。因此,它的光电流下降,即光电灵敏度下降;不同材料的光敏电阻,温度特性互不相同,一般硫化镉的温度特性比硒化镉好,硫化铅的温度特性比硒化铅好。

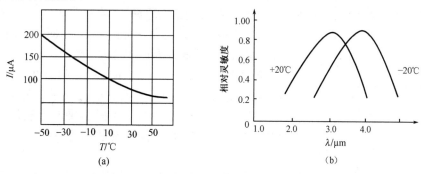

图 7-1-9　温度对光敏电阻性能的影响

光敏电阻的光谱特性也随温度变化。例如硫化铅光敏电阻,在+20℃与—20℃温度下,随着温度的升高,其光谱特性向短波长方向移动,如图 7-1-9(b)所示。因此,为了使光敏电阻对波长较长的光有较高的响应,有时也可采用降温措施。

在密封良好、使用合理的情况下,光敏电阻的使用寿命几乎是无限长的。

3. 光敏电阻与负载的匹配

图 7-1-6 所示电路的电流为

$$I = \frac{E}{R_G + R_L} \tag{7-1-4}$$

式中,E 为电源电压,R_L 为负载电阻,R_G 为光敏电阻。流过光敏电阻的电流由光敏电阻最大允许耗散功率 P_{max} 决定,即 $I^2 R_G < P_{max}$。

设光强变化引起光敏电阻变化 ΔR_G,由此引起的负载电压变化为

$$\Delta U = \frac{E \times R_L}{R_G + R_L} - \frac{E \times R_L}{R_G + \Delta R_G + R_L} \approx \frac{E \Delta R_G R_L}{(R_G + R_L)^2}$$

由此可得信号电压灵敏度为

$$\frac{\Delta U}{\Delta R_G} \approx \frac{E \times R_L}{(R_G + R_L)^2} \tag{7-1-5}$$

令上式右边对 R_L 的导数为零,可解得

$$R_L = R_G$$

即当负载电阻 R_L 与光敏电阻 R_G 相等时,可获得最大的信号电压灵敏度。

当光敏电阻在较高频率下工作时,除选用高频响应好的光敏电阻外,负载电阻 R_L 应取较小值,否则时间常数较大,对高频影响不利。

7.1.4　光电池

光电池是利用光生伏特效应把光直接转变成电能的器件。由于它广泛用于把太阳能直接转换成电能,因此又称为太阳电池。通常,把光电池的半导体材料的名称冠于光电池(或太阳电池)名称之前以示区别,如硒光电池、砷化镓光电池、硅光电池等。一般来说,能用于制造光敏电阻的半导体材料,均可用于制造光电池。目前,应用最广、最有发展前途的是硅光电池。硅光电池的价格便宜,光电转换效率高、寿命长,比较适于接收红外光。硒光电池虽然光电转换效率低(只有 0.02%)、寿命短,但出现得最早,制造工艺较成熟,适于接收可见光(响应峰值波长 0.56μm),所以仍是制造照度计最适宜的器件。砷化镓光电池的理论光电转换效率比硅光电池稍高一点,光谱响应特性则与太阳光谱最吻合,而且工作温度最高,更耐受宇宙射线的辐射,因此它在宇宙电源方面的应用是有发展前途的。

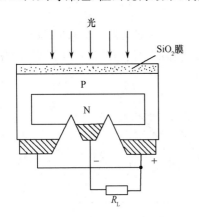

图 7-1-10　硅光电池的结构

1. 光电池的结构原理

常用硅光电池的结构如图 7-1-10 所示。制造方法是:在 N 型硅片上,扩散硼形成 P 型层;然后,分别用电极引线把 P 型和 N 型层引出,形成正、负电极。如果在两电极间接上负载电阻 R_L,则受光照后就会有电流流过。为了提高效率,防止表面反射光,在器件的受光面上要进行氧化,以形成 SiO_2 保护膜。此外,向 P 型硅片扩散 N 型杂质,也可以制成硅光电池。

光电池工作原理如图 7-1-11 所示。当 N 型半导体和 P 型半导体结合在一起构成一块晶体时,由于热运动,N 区中的电子就向 P 区扩散,而 P 区中的空穴则向 N 区扩散,结果在 N 区靠近交界处聚集起较多的空穴,而在 P 区靠近交界处聚集起较多的电子,于是在过渡区形成了一个内电场。内电场的方向由 N 区指向 P 区。这个内电场阻止电子进一步由 N 区向 P 区扩散,阻止空穴进一

步由 P 区向 N 区扩散。但它却能推动 N 区中的空穴(少数载流子)和 P 区中的电子(少数载流子)分别向对方运动。

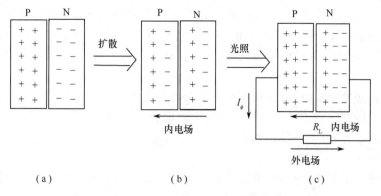

图 7-1-11　光电池的工作原理

当有外界光照射 PN 结及其附近时,只要入射光子的能量大于半导体的禁带宽度 E_{g},就将在 PN 结附近激发出电子-空穴对。在 PN 结电场的作用下,N 区的光生空穴被拉向 P 区,P 区的光生电子被拉向 N 区,结果就在 N 区聚积了负电荷、P 区聚积了正电荷,从而形成一个附加的外电场,方向与内电场相反,如图 7-1-11(c)所示。该附加电场对外电路来说将产生由 P 区到 N 区的电动势。若将 PN 结两端用导线连接起来,电路中就有电流流过,电流的方向由 P 区流经外电路至 N 区。若将外电路断开,就可以测出光生电势。这就是光电池受光照时产生光生电势和光电流的简单原理。

光电池的符号、基本电路及等效电路如图 7-1-12(a)、(b)、(c)所示。由图 7-1-12(c)可见,光电池等效为一个普通二极管和一个恒流源(光电流源)的并联。

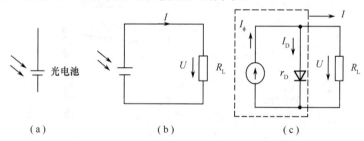

图 7-1-12　光电池的符号、基本电路及等效电路

普通二极管的伏安特性为

$$I_{\mathrm{D}} = I_{\mathrm{S}}(\mathrm{e}^{qU/kT} - 1) \tag{7-1-6}$$

式中,I_{S} 为反向饱和电流;U 为两端电压;q 为电子电荷;k 为玻耳兹曼常数;T 为热力学温度。设光照产生的电流为 I_{ϕ},则光电池的总电流为

$$I = I_{\phi} - I_{\mathrm{D}} = I_{\phi} - I_{\mathrm{S}}(\mathrm{e}^{qU/kT} - 1) \tag{7-1-7}$$

在短路($R_{\mathrm{L}} = 0, U = 0$)情况下,将 $U = 0$ 代入上式可得,短路电流 I_{SC} 就是光电流 I_{ϕ},即

$$I_{\mathrm{SC}} = I_{\phi} = SE \tag{7-1-8}$$

式中,S 是光电池的电流灵敏度,E 是光照度。

在开路($R_{\mathrm{L}} = \infty, I = 0$)情况下,将 $I = 0$ 代入(7-1-7)式得,开路电压为

$$U_{\mathrm{OC}} = \frac{kT}{q}\ln\left(\frac{I_{\phi}}{I_{\mathrm{S}}} + 1\right) \tag{7-1-9}$$

2. 光电池的基本特性

（1）光照特性

光电池的光照特性如图 7-1-13(a)所示。由图可见,光电池的光生电势即开路电压与光照度为非线性关系,当照度为 2000lx 时便趋向饱和。光电池的短路电流与照度成线性关系,而且受光面积越大,短路电流也越大。从这两条曲线可以得到一个结论:光电池为检测元件应用时,应接成电流源的形式。

所谓光电池的短路电流,指外接负载相对于光电池内阻而言是很小的。光电池在不同光照度下,其内阻也不同,因而应选取适当的外接负载近似地满足"短路"条件。负载电阻越小,光电流与光照度的线性关系越好,且线性范围越宽。

（2）光谱特性

光电池的光谱特性取决于材料,从图 7-1-13(b)可见,硒光电池在可见光谱范围内有较高的灵敏度,峰值波长在 $0.54\mu m$ 附近,适宜测可见光。硅光电池应用的范围为 $0.40\sim1.10\mu m$,峰值波长在 $0.85\mu m$ 附近,因此硅光电池可以在很宽的范围内应用。

实际使用中,可以根据光源性质来选择光电池;反之,也可根据现有的光电池来选择光源。

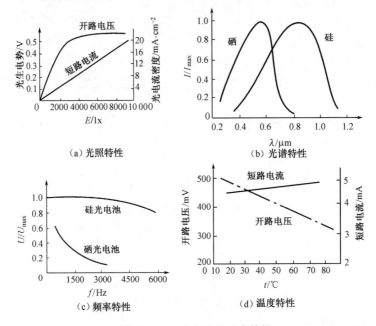

图 7-1-13　光电池的基本特性

（3）频率特性

光电池作为测量、计算、接收元件时常用调制光输入,光电池的频率特性就是指输出电流随调制光频率变化的关系。图 7-1-13(c)为光电池的频率特性曲线。由图可知,硅光电池具有较高的频率响应,而硒光电池则较差。因此,在高速计算器中一般采用硅光电池。

（4）温度特性

光电池的温度特性是指开路电压和短路电流随温度变化的关系。由于关系到应用光电池仪器设备的温度漂移,影响到测量精度和控制精度等重要指标,因此,温度特性是光电池的重要特性之一。

从图 7-1-13(d)可以看出,开路电压随温度上升而下降,电压温度系数约为 $-2mV/℃$;而短路电流随温度增加却缓慢上升,输出电流的温度系数较小。由于温度对光电池的工作有很大影响,因此当它作为测量元件使用时,最好保证温度恒定,或采取温度补偿措施。

（5）内阻

由图 7-1-12(c)可见,光电池在无光照时,没有光电流产生,相当于电流源开路,就像一个普通二极管。在室温及无光照条件下,其正向电阻为 1.5～3kΩ,反向电阻为 15～3000kΩ。

3. 光电池的负载选择

硒光电池的光照特性与负载电阻的关系如图 7-1-14(a)所示。硅光电池也有与此相类似的关系。从图可以看出,负载电阻 R_L 越小,光电流和光照度的线性关系越好,而且线性范围也较广。所以光电池作为测量元件时,所用负载电阻的大小应根据光照度或光强而定。当光照度较大时,为保证测量有线性关系,所用负载电阻应较小。

负载电阻增大时,光电流变小,而且光照特性的线性区域也变小,这是因为光电池的内阻随光照度和电压而改变。硅光电池的内阻一般属于低阻范围,其大小与受光面积和光强有关。

光电池的伏安特性如图 7-1-14(b)所示。图中还画出了负载电阻 R_L 为 0.5kΩ、1kΩ、3kΩ 的负载线,光电池的负载线由 $U = R_L T$ 决定。图 7-1-14(a)的光照特性与负载电阻的关系也可用图 7-1-14(b)解释。负载电阻短接或很小时,负载线垂直或接近于垂直。它与伏安特性的交点为等距离,电流正比于光照度,数值也较大。负载电阻增大时,交点的距离不等,例如 3kΩ 这条负载线与伏安特性的交点相互间距离不等,即电流不与光照度成正比,光照特性不是直线,电流也减小。

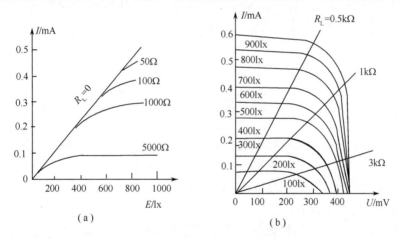

图 7-1-14 光电池的光照特性和伏安特性

4. 光电池的测量电路

光电池作为检测元件应用时,通常接成电流源的形式。图 7-1-15(a)所示电路是典型的电流-电压转换电路,其输出电压与光照度 E 成正比,即

$$U_0 = -I_\phi R_f = -R_f SE \qquad (7\text{-}1\text{-}10)$$

图中电容 C 为几 pF,作用是降低高频噪声,它在电路中对高频有 100% 的负反馈。

有时对输出信号与入射光照度间的线性关系要求不高,又希望有比较简单的电路形式,可采用光电池与晶体管直接耦合的方式放大。由于常用的硅光电池和硒光电池的开路电压都不大,在 0.5V 以下,而硅管的基极工作电压为 0.6～0.7V,锗管的基极工作电压为 0.2～0.3V,因此只能与锗管联用,并采用将光电池直接接锗管基极的方法,如图 7-1-15(b)所示,此时晶体管集电极电流与光照度成正比,即

$$I_c = \beta I_b = \beta I_\phi = \beta SE \qquad (7\text{-}1\text{-}11)$$

硅管的基极工作电压为 0.6～0.7V,单个光电池的电压输出太小,不能驱动工作。可采用附加某一电压与光电池同时控制硅管的基极电压,如图 7-1-16 所示。图 7-1-16 (a)所示是采用 R_P 提供某可调电压,如 0.3～0.5V,而光电池只要提供 0.2～0.4V 即可。图 7-1-16(b)所示是用二极管 VD 提供一定电压,这一方案的好处是 VD 与 BG 间有一定的温度补偿作用。

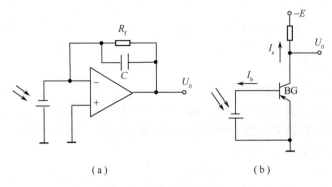

(a)   (b)

图 7-1-15   光电池的两种放大电路

光电池常用于开关自动控制,如图 7-1-17 所示。这种电路对光电池无线性要求。光电池受光照射时,有电流输出,信号由 BG 进行放大,继电器 J 发生动作。无光照射时,状态与上述相反。因此,无光照射时,系统处于某一工作状态(如通态或断态);当受光照射时,系统的工作状态即发生改变。

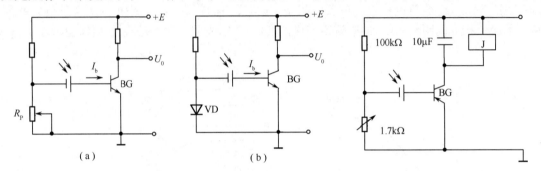

(a)   (b)

图 7-1-16   光电池采用硅晶体管放大的电路   图 7-1-17   光电池用于开关自动控制电路

7.1.5   普通光电式传感器的基本组成与类型

1. 光电式传感器的基本组成

光电式传感器是以光为介质、以光电效应为基础的传感器,主要由光源、光学通路、光电器件及测量电路等组成,如图 7-1-18 所示。

图 7-1-18   光电式传感器的基本组成

(1)光源

光电式传感器中的光源可采用白炽灯、气体放电灯、激光器、发光二极管及能发射可见光谱、紫外线光谱和红外线光谱的其他器件。此外,还可采用 X 辐射及同位素放射源,这时一般需要把辐射能变成可见光谱的转换器。

(2)光学通路

光学通路中常用的光学元件有透镜、滤光片、光阑、光楔、棱镜、反射镜、光通量调制器、光栅及光纤等,主要是对光参数进行选择、调整和处理。

被测信号可通过两种作用途径转换成光电器件的入射光通量 Φ_2 的变化:①被测量(如图中 X_1)直接对光源作用,使光通量 Φ_1 的某一参数发生变化;②被测量(如图中 X_2)作用于光学通路中,对传播过程中的光通量进行调制。

（3）光电器件

光电器件的作用是检测照射其上的光通量。选用何种形式的光电器件,取决于被测参数、所需灵敏度、反应速度、光源特性及测量环境和条件等。

（4）测量电路

大多数情况下,光电器件的输出电信号较小,需设置放大器。对于变化的被测信号,在光路系统中常采用光调制,因而放大器中有时包含相敏检波及其他运算电路,对信号进行必要的加工和处理。总之,测量电路的功能是把光电器件输出电信号变换成后续电路可用的信号。

2. 光电式传感器的基本类型

按照被测信号转换为光电器件的入射光通量变化的形式,光电式传感器可分为以下几类。

（1）透射式光电传感器

光源发出一定的光通量,穿过被测对象,部分被吸收,其余到达光敏元件,转变为电信号输出,如图 7-1-19 所示。被吸收的光取决于被测对象的被测参数,利用到达光敏元件的光通量来确定被测对象所吸收的光通量,这时

$$\Phi_p = \Phi_o - \Phi_A$$

式中,Φ_o 为光源发出一定的光通量;Φ_A 为被测对象 A 所吸收的光通量;Φ_p 为光敏元件接收的光通量。所以,光敏元件上光电流是被测对象所吸收光通量的函数,即

$$I = F(\Phi_p) = F'(\Phi_A)$$

测量液体、气体和固体的透明度及混浊度的传感器就是这类例子。

（2）反射式光电传感器

光源发出一定的光通量到被测对象,由于物体的性质或状态损失了一部分光通量,余下部分反射到光敏元件上,如图 7-1-20 所示。此时

$$\Phi_p = \Phi_o - \Phi_A$$

式中,Φ_A 为在被测对象上损失的光通量。

光敏元件上的光电流是被测对象所吸收光通量的函数,即

$$I = F(\Phi_p) = F'(\Phi_A)$$

测量表面粗糙度等参数的传感器就是这类例子。

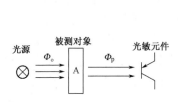

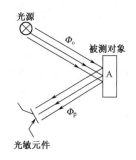

图 7-1-19　透射式光电传感器　　　　图 7-1-20　反射式光电传感器

（3）辐射式光电传感器

光源本身就是被测对象,被测对象发出的光通量强弱与被测量(如温度的高低)有关,由光电器件接收的光可确定被测量的大小,如图 7-1-21 所示。此时可认为

$$\Phi_p = \Phi_o$$

式中,Φ_o 为光源发出的光通量。

辐射式光电传感器中光电流的变化是被测对象发出光通量的函数,即

$$I = F(\Phi_p) = F(\Phi_o)$$

如光电高温计和炉子燃烧监视装置的传感器就是这类例子。

（4）遮挡式光电传感器

光源发出一定的光通量，射到光敏元件上，途中遇到了被测对象遮挡了一部分光，由此改变了光敏元件的光通量，如图 7-1-22 所示。即

$$\Phi_p = \Phi_o - \Phi_A$$

式中，Φ_A 为被测对象遮挡的光通量。光敏元件的光电流是被遮挡的光通量 Φ_A 的函数，即

$$I = F(\Phi_p) = F'(\Phi_A)$$

利用这个原理可测量物体面积、尺寸和位移等。

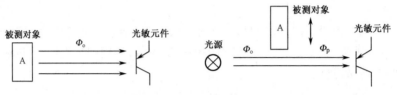

图 7-1-21　辐射式光电传感器　　　图 7-1-22　遮挡式光电传感器

（5）开关式光电传感器

光源与光敏元件间的光路上，有物体时光路被遮断，没有物体时光路畅通。光敏元件上表现出有光就有电信号，无光则无电信号，仅为"有"或"无"两种状态，简言之，就是"通"与"断"的开关状态。开关式光电传感器的用法形式有三种：①开关，如光电继电器；②计数，将光脉冲转换为电脉冲进行产品计数或测量转速等；③编码，利用不同的码反映不同的参数。

7.2　光纤传感器

光导纤维（光纤）是 20 世纪 70 年代发展起来的一种新兴的光电子材料，光纤的最初研究是为了通信，它用于传感器始于 1977 年。由于光纤传感器具有灵敏度高、电绝缘性能好、抗电磁干扰、耐腐蚀、耐高温、体积小、重量轻等优点，可广泛用于位移、速度、加速度、压力、温度、液位、流量、电流、磁场、放射性射线等物理量测量，发展极为迅速。

7.2.1　光纤的结构和传光原理

1. 光纤的结构

光纤由纤芯、包层、外套组成，如图 7-2-1 所示。纤芯位于光纤的中心，是直径约 $5\sim75\mu m$、由玻璃或塑料制成的圆柱体，光主要在纤芯中传输。围绕着纤芯的圆筒形部分称为包层，直径约 $100\sim200\mu m$，是用较纤芯折射率小的玻璃或塑料制成的。在包层外面通常有一层尼龙外套，直径约 1mm。外套一方面增强光纤的机械强度，起保护作用；另一方面以颜色区分各种光纤。

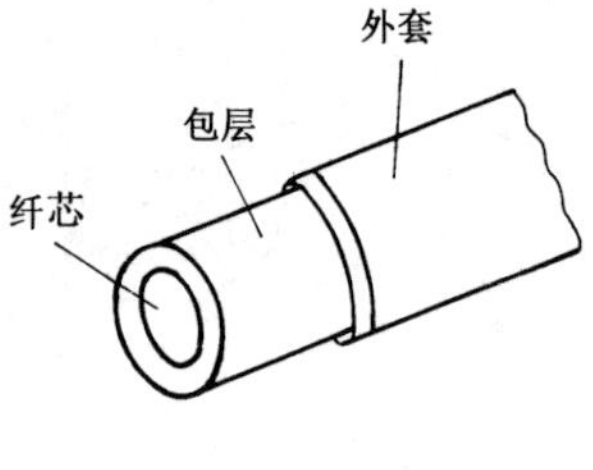

2. 光纤的种类

从构成光纤的材料看，有玻璃光纤和塑料光纤两大类，从性能和可靠性考虑，当前大都采用玻璃光纤。

图 7-2-1　光纤的基本结构

光纤按其传输模式分为单模光纤和多模光纤。单模光纤和多模光纤在结构上有不同之处。一般纤芯的直径只有光波波长几倍的光纤是单模光纤，纤芯的直径比光波波长大很多倍的是多模光纤。两者断面结构有明显不同，如图 7-2-2 所示。多模光纤的断面是纤芯粗、包层薄、制造、连接容易；单模光纤是纤芯细、包层厚，传输性能好，但制造、连接困难。

光纤按折射率分布可分为阶跃型光纤和缓变型(梯度型)光纤,如图 7-2-3 所示。图 7-2-3(a)为阶跃型光纤,纤芯的折射率沿径向为定值 n_1;图 7-2-3(b)为缓变型光纤,折射率在中心轴上最大,沿径向逐渐变小。光射入缓变型光纤后会自动向轴心处会聚,故也称为自聚焦光纤。

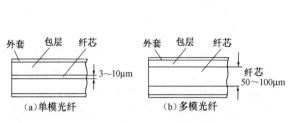

图 7-2-2 单模光纤和多模光纤结构

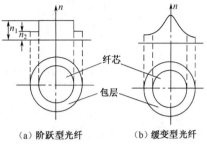

图 7-2-3 阶跃型光纤和缓变型光纤

3. 光纤的传光原理

根据几何光学的理论,当光线以较小的入射角 θ_1 由折射率(n_1)较大的光密介质 1 射向折射率(n_2)较小的光疏介质 2($n_1>n_2$)时,一部分入射光以折射角 θ_2 折射入介质 2,另一部分以入射角 θ_1 反射回光密介质,如图 7-2-4(a)所示。据 Snell 定律有

$$n_1\sin\theta_1 = n_2\sin\theta_2 \tag{7-2-1}$$

由于 $n_1>n_2$,所以 $\theta_1<\theta_2$。当入射角 θ_1 加大到 $\theta_1 = \theta_c = \arcsin\left(\dfrac{n_2}{n_1}\right)$ 时,$\theta_2 = 90°$,折射光就沿着界面传播,此时的入射角 θ_c 称为临界角。当继续加大入射角,即 $\theta_1 > \theta_c$ 时,光不再产生折射,只有反射,也就是说,光不能穿过两个介质的分界面而完全反射回来,因此称为全反射。产生全反射的条件为

$$\theta_1 > \theta_c = \arcsin\left(\frac{n_2}{n_1}\right) \qquad (n_1 > n_2) \tag{7-2-2}$$

由于光纤纤芯的折射率大于包层的折射率,所以在纤芯中传播的光只要满足上述条件,光线就能在纤芯和包层的界面上不断地产生全反射,呈锯齿形路线在纤芯内向前传播,从光纤的一端以光速传播到另一端,这就是光纤传光原理。

在光纤的入射端,光线从空气(折射率为 n_0)中以入射角 φ_0 射入光纤,在光纤内折射成角 φ_1,然后以 $\theta_1 = 90° - \varphi_1$ 角入射到纤芯与包层的界面,如图 7-2-4(b)所示。据 Snell 定律有

$$n_0\sin\varphi_0 = n_1\sin\varphi_1 = n_1\cos\theta_1 \tag{7-2-3}$$

据(7-2-2)式,为满足全反射条件,须使

$$\sin\theta_1 > \frac{n_2}{n_1} \quad 即 \quad \cos\theta_1 < \sqrt{1-\left(\frac{n_2}{n_1}\right)^2}$$

将上式代入(7-2-3)式可得,能在光纤内产生全反射的入射角 φ_0 的最大允许值 φ_c,其正弦值称为光纤的数值孔径(NA),即

$$\mathrm{NA} = \sin\varphi_c = \frac{\sqrt{n_1^2 - n_2^2}}{n_0} \tag{7-2-4}$$

式中,n_0 为光纤所处环境的折射率,一般为空气,$n_0=1$。

数值孔径(NA)是光纤的一个基本参数,它反映了光纤的集光能力。光纤端面的入射光只有处于 $2\varphi_c$ 的锥角内,进入光纤后才能满足全反射条件(7-2-2)式。当入射角 $\varphi_0' > \varphi_c = \arcsin(\mathrm{NA})$ 时,就会使 $\theta_1 < \theta_c$ 不满足全反射条件,光线便折射入包层中,如图 7-2-4(b)中虚线表示,这样就会造成损耗。在满足全反射条件时,界面的损耗很小,反射率可达 0.9995。

光纤的可弯曲性是它的一大优点。若一根直径为 d 的圆柱形光纤,被弯曲成曲率半径为 R 的

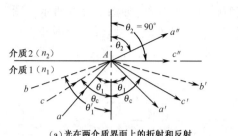 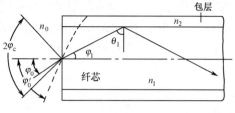

| （a）光在两介质界面上的折射和反射 | （b）光纤的结构及传光原理 |

图 7-2-4　光纤传光原理

圆弧形。只要 $R \geqslant 4d$，在给定的 NA 值范围以内的光线，都可在弯曲光纤中传播。由于实际使用的光纤直径只有几十微米，光纤即使特别弯曲，局部光路仍可当成近似直线，特别是玻璃光纤，往往在出现弯曲之前早已折断了。

7.2.2　光纤传感器的基本原理与类型

1. 光纤传感器的基本原理

光纤传感器的基本原理是：被测量对光纤传输的光进行调制，使传输光的强度（振幅）、相位、频率或偏振态随被测量变化而变化，再通过对被调制过的光信号进行检测和解调，从而获得被测量。

2. 光纤传感器的分类

按照光纤在传感器中的作用，通常可将光纤传感器分为两种类型：一类是功能型（又称 FF 型），另一类是非功能型（又称 NF 型）。

功能型光纤传感器以光纤自身作为敏感元件来感受被测量的变化，被测量通过使光纤的某些光学特性变化来实现对光纤传输光的调制，因此功能型光纤传感器又称传感型光纤传感器，这类传感器常使用单模光纤。

非功能型光纤传感器利用其他敏感元件来感受被测量的变化以实现被测量对光纤传输光的调制，光纤只是作为传播光的介质，因此非功能型光纤传感器又称为传光型光纤传感器，这类传感器多使用多模光纤。

3. 传输光的调制方式

被测量对传输光的调制方式有光通量（光强）调制、光相位调制、光频率调制、光波长调制、光偏振调制等。光通量调制不论在机理上还是在结构上都是比较简单的，是目前光纤传感器中应用较多的一种调制方式。

常用的光通量调制方法有以下几种。

（1）辐射式

被测对象本身就是辐射源，它发出的辐射能强弱与被测对象的量值有关，而且是直接进入出射光纤的。光电器件接收并测量出其辐射能，就可测定被测量的大小。

（2）光纤位移式

这种调制方法用两根光纤：一根为入射光纤，另一根为出射光纤，如图 7-2-5 所示。两者间距约 $2 \sim 3 \mu m$，端面为平面。通常入射光纤不动，被测量使出射光纤做横向或纵向位移或转动等，于是出射光纤输出的光强就被其位移所调制。

（3）插入式

入射光纤与出射光纤间插入被测对象，入射光纤传送一定的光通量到达被测对象，受被测量调制后的光通量由出射光纤输出，出射光纤输出的光通量即为被测量的函数。图 7-2-6 是光路间插入被测对象调制光通量的各种形式，与 7.1.5 节介绍的光电式传感器的原理是相同的。

（4）微弯损耗式

当光纤发生弯曲到一定程度使光线入射角小于临界角时，射到纤芯与包层界面上的光有一部

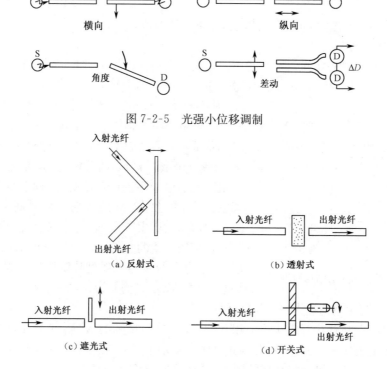

图 7-2-5 光强小位移调制

图 7-2-6 光路间插入被测对象调制光通量的形式

分将穿过界面透射进包层而造成传输损耗——微弯损耗,从而引起光纤出射端输出的光通量发生变化。微弯损耗光强调制原理如图 7-2-7 所示。通常应用这种原理来测量微压或微位移,两块波形板或一串滚筒组成变形器,一根多模光纤从波形板或滚筒之间通过。当变形器受力或位移时,变形器使光纤发生周期性微弯曲,引起传输光的微弯损耗。变形器的位移或所受力越大,光纤出射端输出的光强越小,通过检测光纤输出的光强变化就能测出位移或力信号。

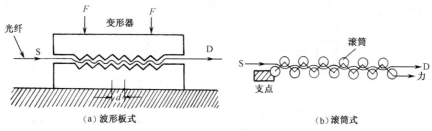

图 7-2-7 微弯损耗光强调制原理

7.3 CCD 图像传感器

电荷耦合器件(Charge Coupled Device,CCD)是 20 世纪 70 年代发展起来的集成半导体器件。由 CCD 构成的图像传感器是一种具有自扫描功能的摄像器件,它与传统的电子束扫描真空摄像管相比,具有体积小、重量轻、使用电压低(小于 20V)、可靠性高和不需要强光照明等优点,因此在军用设备、工业控制与检测、民用电器中均有广泛应用。

7.3.1 CCD 的工作原理

CCD 器件由 MOS 光敏元阵列和读出移位寄存器组成。

1. MOS 光敏元阵列

图 7-3-1 是 MOS 光敏元的结构原理图。它是在 P 型(或 N 型)硅单晶的衬底上生长出一层很薄的 SiO₂,再在其上沉积一层金属电极,这样就形成了一种"金属-氧化物-半导体"(MOS)结构元。

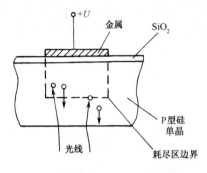

图 7-3-1　MOS 光敏元的结构原理图

从半导体原理知道,当在金属电极上施加一正偏压时,它所形成的电场排斥电极下面硅衬底中的多数载流子——空穴,形成一个耗尽区。这个耗尽区对带负电的电子而言,是一个势能很低的区域,故又称为"势阱"。金属电极上所加正偏压越大,电极下面的势阱越深,捕获少数载流子的能力就越强。如果此时有光线入射到硅衬底上,在光子的作用下,硅衬底上就产生电子-空穴对,光生电子被附近的势阱所俘获,而同时产生的空穴则被电场排斥出耗尽区。此时势阱所俘获的电子数量与入射到势阱附近的光强成正比。人们称这样一个 MOS 结构元为 MOS 光敏元或一个像素,把一个势阱所俘获的若干光生电荷称为一个"电荷包"。

通常在硅衬底上制有几百或几千个相互独立的、排列规则的 MOS 光敏元,称为光敏元阵列。如果在金属电极上施加一正偏压,则在该硅衬底上就形成几百或几千个相互独立的势阱。如果照射在这些光敏元上的是一幅明暗起伏的图像,那么这些光敏元就感生出一幅与光强相对应的光生电荷图像,这就是 CCD 器件的基本原理。

2. 读出移位寄存器

图 7-3-2(a)为读出移位寄存器的结构原理图。它也是 MOS 结构,与 MOS 光敏元的区别在于:①在半导体硅片的底部覆盖一层遮光层,防止外来光线的干扰;②它由三个十分邻近的电极组成一个耦合单元(传输单元)。相邻耦合单元的同相电极分别接在一起,都分别由三个相位相差 120° 的时钟脉冲 ϕ_1、ϕ_2、ϕ_3 来驱动,如图 7-3-2(b)所示。

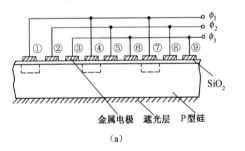
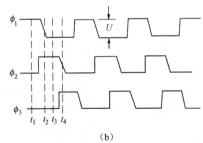

(a)　　　　　　　　　　　　　　　(b)

图 7-3-2　读出移位寄存器的结构原理和波形图

当 $t=t_1$ 时,即 $\phi_1=U$,$\phi_2=0$,$\phi_3=0$,此时半导体硅片上的势阱分布及形状如图 7-3-3(a)所示,即此时只有 ϕ_1 极下形成势阱(假设此时势阱中各自有若干个电荷)。

当 $t=t_2$ 时,即 $\phi_1=0.5U$,$\phi_2=U$,$\phi_3=0$,此时半导体硅片中的势阱分布及形状如图 7-3-3(b)所示,此时 ϕ_1 极下的势阱变浅,ϕ_2 极下的势阱最深,ϕ_3 极下没有势阱。根据势能的原理,原先在 ϕ_1 极下的电荷就逐渐向 ϕ_2 极下转移。

在 $t=t_3$ 时,见图 7-3-3(c),即经过 1/3 个时钟周期,ϕ_1 极下的电荷向 ϕ_2 极下转移完毕。

在 $t=t_4$ 时,见图 7-3-3(d),ϕ_2 极下的电荷向 ϕ_3 极下转移。经过 2/3 个时钟周期,ϕ_2 极下的电荷向 ϕ_3 极下转移完毕。

经过一个时钟周期，ϕ_3 极下的电荷向下一级的 ϕ_1 极下转移完毕。每三个电极构成 CCD 的一个级，每经历一个时钟周期，电荷就向右转移三极即转移一级。以上过程重复下去，就可使电荷逐级向右进行转移。

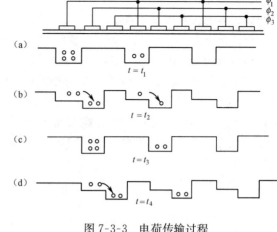

图 7-3-3　电荷传输过程

当 $t = t_2$ 时，我们还可以看到，由于 ϕ_3 极的存在，ϕ_1 极下的电荷只能朝一个方向转移（如图 7-3-3 中只能向右移）。因此，ϕ_1、ϕ_2、ϕ_3 三个这样结构的电极在三相交变脉冲的作用下，就能将电荷包沿着 SiO_2 界面的一个方向移动，在它的末端，我们就能依次接收到原先存储在各个 ϕ 极下的光生电荷。

这样一个电荷传输过程，实际上是一个电荷耦合的过程。因此把这类器件称为"电荷耦合器件"，在电荷耦合器件中担任电荷传输的单元称为"读出移位寄存器"。

由于上述信号输出的过程中，没有借助扫描电子束，故称为自扫描器件。

根据读出移位寄存器输出电荷包的先后，可以辨别出电荷包是从哪个光敏元来的（可寻址），并根据输出电荷包的电荷量，可知该光敏元受光的强弱。无光照处则无光生电荷。

7.3.2　CCD 图像传感器的结构

利用 CCD 器件的光电转换和电荷转移功能可制成 CCD 图像传感器。CCD 图像传感器有线列阵和面列阵两种形式。

1. 线列阵

线列阵 CCD 图像传感器的结构如图 7-3-4 所示，由排成直线的 MOS 光敏元阵列、转移栅和读出移位寄存器三部分组成。转移栅的作用是将光敏元中的光生电荷并行转移到对应位的读出移位

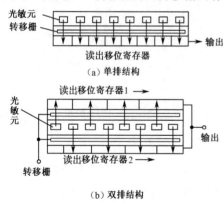

图 7-3-4　线列阵 CCD 图像传感器的结构

寄存器中，以便将光生电荷逐位转移输出。图 7-3-4（a）为单排结构，用于低位数 CCD 图像传感器。图 7-3-4（b）为双排结构，当中间的光敏元阵列收集到光生电荷后，奇、偶单元的光生电荷分别送到上、下两列读出移位寄存器后串行输出，最后合二为一，恢复光生电荷的原有顺序。显然，双排结构的图像分辨率比单排结构高 1 倍。

在光敏元进行曝光（或叫光积分）时，整个阵列所有光敏元的金属电极上都施加正电压脉冲 ϕ_P，使光敏元产生势阱并俘获附近的光生电荷。在光积分即将结束时，在转移栅上施加转移脉冲 ϕ_T，将转移栅打开，此时每个光敏元所俘获的光生电荷就通过转移栅耦合到各自对应的读出移位寄存器 ϕ_1 极下（这是一次并行转移过程）。转移栅接着关闭，ϕ_1、ϕ_2 和 ϕ_3 三相脉冲开始工作，读出移位寄存器的输出端并依次输出各位的信息，直至输出最后一位信息为止。这是一次串行输出的过程，ϕ_P、ϕ_T、ϕ_1、ϕ_2 和 ϕ_3 的波形和相位如图 7-3-5 所示。

从上面分析可以看出，CCD 器件输出信息是一个个脉冲，脉冲的幅度取决于对应光敏元上所受的光强，而输出脉冲的频率则和驱动脉冲 ϕ_1 等的频率相一致。因此，只要改变驱动脉冲的频率，

就可以改变输出脉冲的频率。工作频率的下限主要受光生电荷的寿命所制约,工作频率的上限主要与势阱俘获电荷的时间有关。

2. 面列阵

线列阵 CCD 图像传感器只能在一个方向上实现电子自扫描,为获得二维图像,人们研制出了在 x、y 两个方向上都能实现电子自扫描的面列阵 CCD 图像传感器。面列阵 CCD 图像传感器由感光区、信号存储区和输出转移部分组成,并有多种结构形式。图 7-3-6 是一种叫"帧转移面阵图像传感器"的结构示意图,它由一个光敏元面阵(由若干列光敏元线阵组成)、一个存储器面阵(可视为由若干列读出移位寄存器组成)和一个水平读出移位寄存器组成。

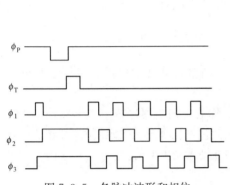

图 7-3-5　各脉冲波形和相位

图 7-3-6　帧转移面阵图像传感器的结构示意图

为了对面阵器件的工作原理叙述简单起见,假设它是一个 4×4 的面阵。在光积分时间,各个光敏元曝光,吸收光生电荷。曝光结束时,器件实行场转移,即在一个瞬间内将感光区整帧的光电图像迅速转移到存储器面阵中。譬如,将脚注为 a_1、a_2、a_3 和 a_4 的光敏元中的光生电荷分别转移到脚注相同的存储单元中。此时光敏元开始第二次光积分,而存储器面阵则将它里面存储的光生电荷信息一行行地转移到读出移位寄存器。在高速时钟驱动下,读出移位寄存器读出每行中各位的光敏信息,如第一次将 a_1、b_1、c_1 和 d_1 这一行信息转移到读出移位寄存器,读出移位寄存器立即将它们按 a_1、b_1、c_1 和 d_1 的次序有规则地输出,接着再将 a_2、b_2、c_2 和 d_2 这一行信息传送到读出移位寄存器,直至最后由读出移位寄存器输出 a_4、b_4、c_4 和 d_4 的信息为止。

7.3.3　CCD 数码相机

CCD 图像传感器的发明使传统照相机产生了革命性的变革,它取代传统照相机的胶卷作为感光介质,并与计算机技术相结合,造就出全新一代照相机——数码相机。

图 7-3-7 所示为面阵 CCD 数码相机的内部结构图。

数码相机中镜头的作用与传统照相机相同,都是将外界物体无失真地成像到相机内部的感光介质上。数码相机中的感光介质是面阵 CCD 图像传感器,它是数码相机的核心部件,其功能是把光信号转换为电信号,得到对应于拍

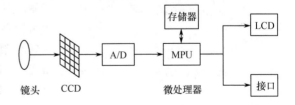

图 7-3-7　面阵 CCD 数码相机的内部结构图

摄景物的电子图像。面阵 CCD 图像传感器的每一个光敏元对应图像中的一个像素,采用一次拍摄成像,光敏元的数量越多,图像越清晰。CCD 图像传感器本身不能分辨色彩,为了获得彩色图像,需要把代表红、绿、蓝三基色的信号 R、G、B 分离出来。分离色度信号的办法是采用一种彩色阵列

式网格滤色片罩在 CCD 图像传感器感光面上,通过这层特殊的网格滤色片分离出三基色信号 R、G、B,分别用三片 CCD 图像传感器接收,这些图像再经过数学计算,合成出一幅高分辨率的、颜色精确的图像。

数码相机的 A/D 转换器将由 CCD 图像传感器得到的模拟电信号转换为数字信号,再传送到微处理器(MPU)进行处理。数码相机的测光、运算、曝光、闪光控制、拍摄逻辑控制,以及图像的压缩处理等操作,都在 MPU 统一协调和控制下有条不紊地进行。

数码相机中存储器的作用是保存数字图像数据。存储器分为内置存储器和可移动存储器。早期数码相机多采用内置存储器,内置存储器为半导体存储器,安装在相机内部,用于临时存储图像。当向计算机传送图像时,通过接口与主机相连。它的缺点是存满之后要及时向计算机转移图像文件,否则就无法再往里面存入图像数据。可移动存储器能有效地提高存储图像的能力,可以是闪存卡、PC(PCMCIA)卡、SmartMedia(SM)卡等,这些可移动存储器使用方便,拍摄完毕后可以取出更换。存储器保存图像的多少取决于存储器的容量和图像文件的大小。存储器的容量越大,能保存的图像就越多;图像的质量越高,图像文件就越大,需要的存储空间就越多,能保存的图像就越少。

数码相机的拍摄过程是:景物通过镜头成像于 CCD 图像传感器上,CCD 图像传感器把相应的光强转化为对应的电信号,再由 A/D 转换器将模拟信号转换为数字信号,MPU 对数字信号进行压缩并转化为特定的图像格式,再由相机的内置存储器或可移动存储器保存。拍摄结束,将图像文件送入计算机中处理和输出。

7.4　激光与红外传感器

7.4.1　激光传感器

1. 激光的形成与特性

(1) 激光的形成

在正常分布状态下,原子多处于稳定的 E_1 低能级,如无外界的作用,原子可长期保持此状态。但在外界光子作用下,赋予原子一定的能量 ε,原子就从 E_1 低能级跃迁到 E_2 高能级,这个过程称为光的受激吸收。光子能量 ε 与原子能级跃迁的关系为

$$\varepsilon = h\nu = E_2 - E_1 \tag{7-4-1}$$

式中,h 为普朗克常数;ν 为光的频率。

处于高能级 E_2 的原子在外来光的诱发下,跃迁至低能级 E_1 而发光,这个过程称为光的受激辐射。受激辐射发出的光子与外来光子具有完全相同的频率、传播方向、偏振方向。一个外来光子诱发出一个光子,在激光器中得到两个光子,这两个光子又可诱发出两个光子,得到四个光子,这些光子进一步诱发出其他光子,这个过程称为光放大。

如果通过光的受激吸收,使介质中处于高能级的粒子比处于低能级的多——粒子数反转,则光放大作用大于光吸收作用,这时受激辐射占优势,光在这种工作物质内被增强,这种工作物质就称为增益介质。

若增益介质通过提供能量的激励源装置形成粒子数反转状态,这时大量处于低能级的原子在外来能量作用下将跃迁到高能级。

为了使受激辐射的光有足够的强度,还要设置一个光学谐振腔。光学谐振腔内设有两个面对面的反射镜,一个为全反射镜,另一个为半反半透镜。当沿轴线方向行进的光遇到反射镜后,就被反射折回,如此在两个反射镜间往复运行并不断对有限容积内的工作物质进行受激辐射,产生雪崩式的放大,从而形成了强大的受激辐射光——激光,再通过半反半透镜输出。

可见,激光的形成必须具备三个条件:

① 具有能形成粒子数反转状态的工作物质——增益介质；

② 具有供给能量的激励源；

③ 具有提供反复进行受激辐射场所的光学谐振腔。

（2）激光的特性

激光与普通光源发出的光相比，除了具有一般光的特征（如反射、折射、干涉、衍射、偏振等），还具有以下特点。

① 高方向性。从激光的形成过程可知，激光只能沿着光学谐振腔的轴向传播，激光束的平行度很高，发散角很小（一般激光束的立体角可小至 10^{-6} 的数量级），这样的光束即使照射到 1km 远处，其光斑直径也仅约 10cm。

② 高亮度。由于激光束的发散角小，光能在空间高度集中，从而提高了亮度。一台较高水平的红宝石激光器的亮度，比普通光源中以亮度著称的高压脉冲氙灯的亮度高 37 亿倍，把这种高亮度的激光束会聚后能产生几百万度的高温。

③ 高单色性。光的颜色不同，实际上是其波长（或频率）不同，单色光即所谓波长（或频率）单一的光。但实际上，单色光的频率也并非是单一的，而具有一定的谱线宽度 $\Delta\lambda$，谱线宽度越窄（$\Delta\lambda$ 越小），表明光的单色性越好。普通光源中最好的单色光源是氪灯，其光波波长为 $\lambda = 608.7nm$，$\Delta\lambda = 0.000\,47nm$，而氦氖激光器产生的激光波长 $\lambda = 632.8nm$，$\Delta\lambda < 10^{-8}nm$。由此可见，激光的单色性要比普通光源所发之光高几万倍。

④ 高相干性。两束光交叠时，产生明暗相间的条纹（单色光）或彩色条纹（自然光）的现象称为光的干涉。只有频率和振动方向相同，周相相等或周相差恒定的两束光才具有相干性。

普通光源主要依靠自发辐射发光，各发光中心彼此独立。因此，一束普通光是由频率、振动方向、相位各不相同的光波组成的，这样两束光交叠时，当然不会产生干涉现象。

激光是由受激辐射产生的，各发光中心是相互关联的，能在较长时间内形成稳定的相位差，振幅也是恒定的，所以具有良好的相干性。

为了度量相干性，引入了时间相干性与空间相干性的概念。时间相干性是指光源在不同时刻发出的光束间的相干性。激光由于单色性好，因而具有良好的时间相干性。空间相干性是指光源的不同部分发出的光波间的相干性，满足设计要求的激光器发出的激光，可以有几乎无限的空间相干性。

2. 激光传感器

由发射激光的激光器、光学零件和光电器件所构成的激光测量装置能将被测量（如长度、流量、速度等）转换成电信号，因此广义上可将激光测量装置称为激光传感器。激光传感器实际上是以激光为光源的光电式传感器，按照它所应用的激光的特性不同，可分为以下几类。

（1）激光干涉传感器

这类传感器是应用激光的高相干性进行测量的。通常是将激光器发出的激光分为两束，一束作为参考光，另一束射向被测对象，然后使两束光重合（就频率而言是使两者混合），重合（或混合）后输出的干涉条纹（或差频）信号即反映了检测过程中的相位（或频率）变化，据此可判断被测量的大小。

激光干涉传感器可应用于精密长度计量和工件尺寸、坐标尺寸的精密测量，还可用于精密定位，如精密机械加工中的控制和校正、感应同步器的刻划、集成电路制作等。

（2）激光衍射传感器

光束通过被测对象产生衍射现象时，其后面的屏幕上形成光强有规则分布的光斑。这些光斑条纹称为衍射图样。衍射图样与衍射物（障碍物或孔）的尺寸及光学系统的参数有关，因此，根据衍射图样及其变化就可确定衍射物（也就是被测对象）的尺寸。

光的衍射现象虽早已被发现，但由于过去一直未找到一种理想的单色光源，而使衍射原理在检测技术中的应用受到一定程度的限制。激光因其良好的单色性，在小孔、细丝、狭缝等小尺寸的衍射测量中得到了广泛应用。

（3）激光扫描传感器

激光束以恒定的速度扫描被测物体（如圆棒），由于激光方向性好、亮度高，因此光束在物体边缘形成强对比度的光强分布，经光电器件转换成脉冲电信号，脉冲宽度与被测尺寸（如圆棒直径）成正比，从而实现了物体尺寸的非接触测量。激光扫描传感器适用于柔软的、不允许有测量力的物体、不允许测头接触的高温物体，以及不允许表面划伤的物体等的在线测量。由于扫描速度可高达95m/s，所以允许测量快速运动或振幅不大、频率不高、振动着的物体的尺寸，因此，激光扫描传感器经常用于加工中（在线）非接触主动测量。

激光传感器除在长度等测量中的一些应用外，还可测量物体或微粒的运动速度，测量流速、振动、转速、加速度、流量等，并有较高的测量精度。

7.4.2 红外传感器

1. 红外线及其特性

红外线也称红外光或红外辐射，它是一种电磁波，其波长范围在电磁波谱中的位置如图 7-4-1 所示。由图可见，它是位于可见光和微波之间的一种不可见光。

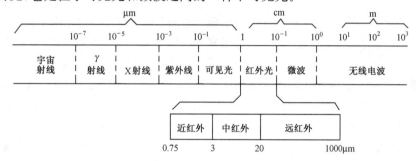

图 7-4-1 电磁波谱

可见光所具有的一切特性，红外光也都具有，即红外光也是按直线前进的，也服从反射定律和折射定律，也有干涉、衍射和偏振等现象。

红外光的最大特点是具有光热效应，能辐射热量，它是光谱中最大的光热效应区。

自然界中的任何物体，只要其本身温度高于热力学零度（−273.15℃），就会不断地辐射红外光，物体温度越高，发的红外光就越多。因此，可利用红外光来测量物体的温度。

红外光在介质中传播时，由于介质的吸收和散射作用而被衰减。各种气体和液体对于不同波长的红外光的吸收是有选择性的，即不同的气体或液体只能吸收某一波长或几个波长范围的红外辐射能，这是利用红外光进行成分分析的依据之一。

2. 红外探测器的类型

红外探测器是能够把红外辐射能的变化转换为电能变化的器件，它是红外传感器的关键部件。按其所依据的物理效应可分为光敏和热敏两大类型，其中光敏红外探测器用得最多。

（1）光敏红外探测器

光敏红外探测器可以是电真空器件（光电管、光电倍增管），也可以是半导体器件。其主要性能要求是高响应度和低噪声。

半导体型光敏红外探测器可分为光电导型、光生伏特（光伏）型、光电磁型，以及红外场效应探测器、红外多元列阵探测器等。

光电导型红外探测器是基于光电导效应的光敏器件，通常由硫化铅、硒化铅、砷化铟、砷化锑等半导体材料制成。

光伏型红外探测器是基于光生伏特效应的半导体器件。凡是本征激发的并能做成 PN 结的半导体都能制成光伏型红外探测器。光伏型红外探测器具有和光电导型相同的探测率,而响应时间却可短得多,从而扩大了使用范围。

光电磁型红外探测器是利用某些材料的光电磁效应而工作的。所谓光电磁效应(PEM效应),是光生载流子的扩散运动在磁场作用下产生偏转的一种物理效应。

由许多个单元探测器所组成的红外多元列阵探测器,与单元探测器相比具有高分辨率、高信噪比和大视场等特点。此外,用于红外成像的电荷转移器件(红外CCD)也是一种很有发展前途的光敏红外探测器。

(2) 热敏红外探测器

与光敏红外探测器相比,热敏红外探测器的响应速度较低,响应时间较长,但具有宽广的、比较平坦的光谱响应,其响应范围能扩展到整个红外区域(见图7-4-2),所以热敏红外探测器仍有相当广泛的应用。

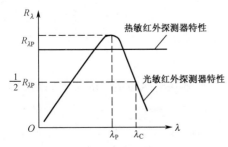

图 7-4-2　红外探测器的两种光谱响应

热敏红外探测器分为室温红外探测器和低温红外探测器,前者在工作时不需冷却,使用方便。热敏电阻、热电偶和热电堆均可用作室温红外探测器,其中热敏电阻型红外探测器在工业中得到了广泛应用。热敏电阻在工作时,首先由于辐射照射而温度升高,然后才由于温度升高而改变其电阻值。正因为有一个热平衡过程,所以往往具有较大的热惯性。为了减小热惯性,总是把热敏电阻做成薄片,并在它的表面涂上一层能100%吸收入射辐射的黑色涂层。采用适当的黑色涂料,在$1\sim5\mu m$的常用红外波段内,其响应度基本上与波长无关。

3. 热释电探测器

对于大多数电介质而言,当所加应力和外电场除去后,压电效应即消失但是对于极性晶体,即使在外电场和应力都为0的情况下,晶体内正、负电荷的中心并不重合,而呈现电偶极矩,即晶体本身具有自发的电极化。在单位体积内由自发极化产生的电矩称为自发极化强度,通常用P_s表示。它是温度的函数,温度升高,极化强度降低,故极性晶体又称热释电晶体。热释电晶体受热时,在垂直于其自发极化强度P_s的两电极表面将产生数量相等、符号相反的电荷,两电极间就出现一个与温度变化速率dT/dt成正比的电压,即

$$U_s = a A \frac{\mathrm{d}T}{\mathrm{d}t} \qquad\qquad (7\text{-}4\text{-}2)$$

式中,A为电极面积;a为比例常数。

这种由于温度变化产生的电极化现象称为热释电效应。目前性能最好的室温探测器就是利用某些材料的热释电效应来探测辐射能量的器件。

有些热释电晶体的自发极化方向可用外电场来改变,这些晶体称为铁电体,如$BaTiO_3$等。铁电体具有电畴结构,当红外辐射照射到已极化的铁电薄片上时,引起薄片的温度升高,表面电荷减少,这相当于释放一部分电荷。释放的电荷可用放大器转变成输出电压。若红外辐射继续,薄片的温度升高到新的平衡值,表面电荷达到新的平衡浓度,不再释放电荷,也无输出信号,即在稳定状态下,输出信号下降到0,这是与其他的传感元件根本不同的。另外,当温度升高到居里点,自发极化很快消失,所以设计时要使铁电薄片具有最有利的温度变化。

因为热释电信号正比于器件温升随时间的变化率,所以这种探测器的响应速度比其他热探测器快得多,它既可工作于低频,也可工作于高频。热释电探测器的应用日益广泛,不仅用于光谱仪、红外测温仪、热像仪、红外摄像管等,而且在快速激光脉冲监测和红外遥感技术中也得到了实际应用。

7.5 编 码 器

7.5.1 直接编码器

直接编码器即直接编码式传感器,又称绝对编码器,是直接将角位移或线位移转换为二元码("0"和"1")的数字式传感器。按用途可分为测长度的直线式(实际应用较少)和测角度的旋转式(实际应用较多)两类;按结构可分为电刷接触式、电磁式和光电式。其中以光电式直接编码器的性能价格比最高,应用最广。下面只介绍光电式直接编码器。

1. 工作原理

光电式直接编码器的结构如图 7-5-1 所示。码盘是一块圆形光学玻璃,上面刻有许多同心码道,每圈码道上都有按一定规律排列着的若干透光和不透光部分,即亮区和暗区。光源经过光学系统形成一束平行光投射到码盘上,通过亮区的光线经狭缝形成一束很窄的光束照射在光电元件上。对应每圈码道都有一个光电元件,当码盘处于不同位置时,各光电元件根据受光照与否转换输出相应的电平信号。码盘上的码道数等于光电元件的个数,它们决定着(等于)该编码器转换成的二元码的位数 n。这样,图 7-5-1 中码盘相对于狭缝的转角 α,通过光电转换就会得到一组 n 位二元码与之相对应,于是转角 α 这个模拟量便被转换成相应的由 n 位二元码表示的数字量。

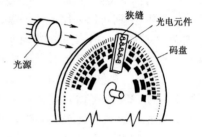

图 7-5-1 光电式直接编码器的结构

2. 码制与码盘

码盘按其所用码制可分为二进制码盘、循环码(格雷码)盘、十进制码盘、六十进制(度、分、秒进制)码盘等。4 位二元码(二进制码、循环码)盘如图 7-5-2 所示,图中黑色、白色区域分别表示透光、不透光区域。

图 7-5-2(a)是一个 4 位二进制码盘。二进制码盘的最内圈码道为第一码道,半圈透光、半圈不透光,对应最高位 C_1;最外圈为第 n 码道,共分成 2^n 个亮、暗间隔,对应最低位 C_n。n 位二元码盘的最小分辨率为

$$\theta_1 = 360° / 2^n \tag{7-5-1}$$

码盘转角 α 与转换出的二进制数 $C_1 C_2 \cdots C_n$ 及十进制数 N 的对应关系为

$$\alpha = 360° \sum_{i=1}^{n} C_i 2^{-i} = N\theta_1 \tag{7-5-2}$$

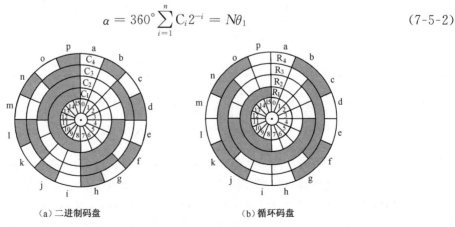

(a)二进制码盘　　　　　(b)循环码盘

图 7-5-2 二元码盘

例如，当图 7-5-1 中狭缝对准图 7-5-2(a)所示码盘的 a,b,c,…,p 位置时，得到的数码将分别为 0000,0001,0010,…,1111。

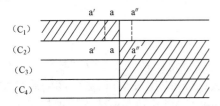

（C₁）
（C₂）
（C₃）
（C₄）

图 7-5-3　二进制码盘的粗误差

二进制码盘的缺点是：每个码道的黑白分界线总有一半与相邻内圈码道的黑白分界线是对齐的，这样就会因黑白分界线刻划不精确造成粗误差。采用其他有权编码时，也存在类似问题。图 7-5-3 是一个 4 位二进制码盘展开图，图中 aa 为最高位码道黑白分界线的理想位置，它与其他三位码道的黑白分界线正好对齐，当码盘转动、光束扫过这一区域时，输出数码从 0111 变为 1000 不会出现错误。如果 C₁ 道黑白分界线刻偏到 a'a'，当码盘转动时，输出数码就会从 0111 变为 1111 再变到 1000，中途出现了错误数码 1111。反之，若 C₁ 道黑白分界线刻偏到 a"a"，在输出数码 0111 与 1000 之间会出现错误数码 0000。为了消除这种粗误差，可以采用循环码盘。

图 7-5-2(b)是一个 4 位的循环码盘。它与二进制码盘相同的是，码道数也等于数码位数，因此最小分辨率也是(7-5-1)式，最内圈也是半圈透光、半圈不透光，对应 R_1 位，最外圈是第 n 码道，对应 R_n 位。与二进制码盘不同的是：第二码道也是一半透光另一半不透光，即分为两个黑白间隔，第 i 码道分 2^{i-1} 个黑白间隔，第 i 码道的黑白分界线与第 $i-1$ 码道黑白分界线错开 $360°/2^i$。循环码盘转到相邻区域时，编码中只有一位发生变化。只要适当限制各码道的制作误差和安装误差，就不会产生粗误差。由于这一原理，使得循环码盘获得了广泛的应用。

3. 二进制码与循环码的转换

由图 7-5-2 可见，4 位二进制码盘和 4 位循环码盘的分辨率都是 $\theta_1 = 360°/2^4$，它们所能表示的角度 α 值共有 2^4 个：$\alpha = N \times \theta_1$，$N = 0,1,2,\cdots,15$。十进制数 N、二进制码 $C_1C_2C_3C_4$ 和循环码 $R_1R_2R_3R_4$ 的对照关系可从图 7-5-2(a)与(b)对比看出来，如表 7-5-1 所列。

表 7-5-1　十进制数、二进制码及循环码对照表

十进制数 N	二进制码 $C_1C_2C_3C_4$	循环码 $R_1R_2R_3R_4$	十进制数 N	二进制码 $C_1C_2C_3C_4$	循环码 $R_1R_2R_3R_4$
0	0000	0000	8	1000	1100
1	0001	0001	9	1001	1101
2	0010	0011	10	1010	1111
3	0011	0010	11	1011	1110
4	0100	0110	12	1100	1010
5	0101	0111	13	1101	1011
6	0110	0101	14	1110	1001
7	0111	0100	15	1111	1000

从表 7-5-1 可见，十进制数 N 与 n 位二进制码满足

$$N = 2^n \sum_{i=1}^{n} C_i 2^{-i} = \sum_{i=1}^{n} C_i 2^{n-i} \tag{7-5-3}$$

由上式可见，二进制码为有权码，但循环码不满足以上关系式，故循环码为无权码。

由表 7-5-1 可见，任意相邻的两组循环码，都有 1 位而且仅有 1 位码发生变化，而相邻的两组二进制码，却可能有多位同时变化的情况，如 0111 与 1000 后 3 位都从"1"变为"0"，这就是图 7-5-3 所示产生粗误差的根本原因。而循环码的相邻两组码只有 1 位发生变化，这就可避免图 7-5-3 所示的粗误差。这是循环码及循环码盘的优越性，但是如前所述，循环码不是有权码，它与所对应的

角度不存在类似(7-5-2)式的关系。因此,必须找出循环码与二进制码的对应关系和相互转换规则。

由表7-5-1可见,将二进制码与其本身右移一位后并舍去末位的数码做不进位加法,所得结果就是循环码。用 $\oplus$ 表示不进位相加,二进制码转换为循环码的一般形式为

$$
\begin{array}{ll}
\quad C_1 C_2 C_3 \cdots C_n & \text{二进制码} \\
\oplus \quad C_1 C_2 \cdots C_{n-1} & \text{右移一位,舍去末位 } C_n \\
\hline
\quad R_1 R_2 R_3 \cdots R_n & \text{循环码}
\end{array}
$$

循环码转换为二进制码的一般形式为

$$
\left.
\begin{array}{l}
\quad R_1\ R_2\ R_3 \cdots R_n \\
\oplus \quad C_1\ C_2 \cdots C_{n-1} \\
\hline
\quad C_1\ C_2\ C_3 \cdots C_n
\end{array}
\right\}
\tag{7-5-4}
$$

图7-5-4为将二进制码转换为循环码的电路,其中图(a)为并行转换电路;图(b)为串行转换电路。采用串行转换电路时,工作之前先将D触发器 D_1 置0,Q=0,在 C_i 端送入 C_1,异或门 D_2 输出 $R_1=C_1 \oplus 0 = C_1$,随后加CP脉冲,使 $Q=C_1$;在 C_i 端加入 C_2, D_2 输出 $R_2=C_2 \oplus C_1$。以后重复上述过程,可依次获得 $R_1, R_2, \cdots, R_n$。

图7-5-5为将循环码转换为二进制码的电路,其中图(a)为并行转换电路;图(b)为串行转换电路。采用串行转换电路时,开始之前先将JK触发器D复位,Q=0。将 R_1 同时加到J、K端,再加入CP脉冲后,$Q=C_1=R_1$。以后若Q端为 C_{i-1},在J、K端加入 R_i。根据JK触发器的特性,若J、K为"1",则加入CP脉冲后,$Q=\overline{C}_{i-1}$;若J、K为"0",则加入CP脉冲后,保持 $Q=C_{i-1}$。这一逻辑关系可写成 $Q=C_i=R_i \cdot \overline{C}_{i-1}+\overline{R}_i \cdot C_{i-1}=C_{i-1} \oplus R_i$。重复上述过程,可依次获得 $C_1, C_2, \cdots, C_n$。

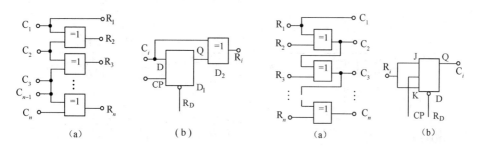

图7-5-4　二进制码转换为循环码的电路　　图7-5-5　循环码转换为二进制码的电路

循环码是无权码,采用循环码盘获得的循环码 $R_1 R_2 \cdots R_n$,必须按(7-5-4)式转换为对应的二进制码 $C_1 C_2 \cdots C_n$ 后,才能代入(7-5-2)式确定与之对应的角度 α。

7.5.2　增量编码器

1. 结构与工作原理

增量编码器又称脉冲盘式数字传感器。光电式增量编码器的基本组成如图7-5-6所示。它的码盘比直接编码器的码盘简单得多,一般只需三条码道,光电元件也只要三个。

码盘上最外圈码道上只有一条透光的狭缝,作为码盘的基准位置,所产生的脉冲将给计数系统提供一个初始的零位(清零)信号;中间一圈码道称为增量码道,最内一圈码道称为辨向码道。这两圈码道都等角距地分布着 m 个透光与不透光的扇形区,但彼此错开半个扇形区即 $90°/m$,如图7-5-7所示。扇形区的多少决定了增量编码器的分辨率

$$
\theta_1 = \frac{360°}{m}
\tag{7-5-5}
$$

码盘每转一周,与这两圈相对应的两个光电元件将产生 m 个增量脉冲和 m 个辨向脉冲。由于两圈

码道在空间上彼此错开半个扇形区即 $90°/m$，所以增量脉冲与辨向脉冲在时间上相差 1/4 个周期，即相位上相差 $90°$。

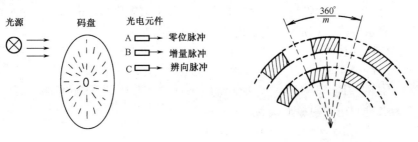

图 7-5-6　光电式增量编码器　　　　　图 7-5-7　增量码道与辨向码道

2. 旋转方向的判别

将图 7-5-6 中三个光电元件产生的信号送到图 7-5-8 的辨向和计数电路,经放大整形为三个方波信号:Z、S_1 和 S_2。其中,Z 是零位脉冲信号,用于使可逆计数器清零;S_1 是增量脉冲信号,用于形成可逆计数器的计数脉冲;S_2 是辨向脉冲信号,用于判别转动方向,以控制可逆计数器进行加法或减法计数。图 7-5-8 中各点波形如图 7-5-9 所示。由图 7-5-9 可见,当码盘正转时,与门 1 输出正脉冲,与门 2 输出"0"电平,使图 7-5-8 中触发器置"1",让可逆计数器进行加法计数;当码盘反转时,与门 2 输出正脉冲,而与门 1 输出"0"电平,使触发器置"0",让可逆计数器进行减法计数。这样,如果码盘转动过程中,转动方向发生过变化,那么码盘转动结束时,可逆计数器中的计数结果 N 是与正负抵消后的净转角 α 对应的,即

$$\alpha = N\frac{360°}{m}, \quad N = \frac{\alpha}{360°}m \qquad (7\text{-}5\text{-}6)$$

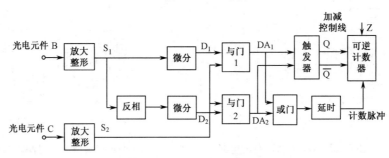

图 7-5-8　辨向和计数电路

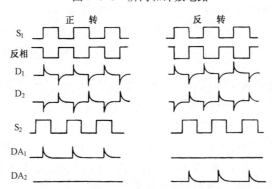

图 7-5-9　波形图

7.6 光　　栅

光栅是上面有很多等节距的刻线均匀相间排列的光器件。按工作原理,有物理光栅和计量光栅之分。前者利用光的衍射现象,通常用于光谱分析和光波长测定等;后者主要利用光栅的莫尔条纹现象,广泛应用于位移的精密测量与控制中。

计量光栅按对光的作用,可分为透射光栅和反射光栅;按光栅的表面结构又可分为幅值(黑白)光栅和相位(闪耀)光栅;按光栅的坯料不同,可分为金属光栅和玻璃光栅;按用途可分为长光栅(测量线位移)和圆光栅(测量角位移)。本节主要讨论用于长度测量的黑白透射式计量光栅。

1. 光栅传感器的结构和基本原理

(1) 光栅传感器的结构

光栅传感器主要由主光栅(又称标尺光栅)、指示光栅和光路系统组成,如图 7-6-1 所示。

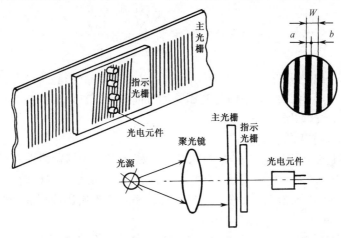

图 7-6-1　光栅及光栅传感器

主光栅是一块长条形的光学玻璃,上面均匀地刻划有宽度 a 与间距 b 相等的透光和不透光的线条,$a+b=W$ 称为光栅栅距或光栅常数。刻线密度一般为每毫米 10 条、25 条、50 条和 100 条线。

指示光栅比主光栅短得多,通常刻有与主光栅同样刻线密度的条纹。

光路系统除主光栅和指示光栅外,还包括光源、透镜和光电元件。光栅常用光电元件有硅光电池、光电二极管、光电三极管。

(2) 莫尔条纹的形成与特点

如图 7-6-2(a)所示,把主光栅与指示光栅相对叠合在一起(片间留有很小的间隙),并使两者栅线之间保持很小的夹角 β,于是在近乎垂直栅线的方向上出现了明暗相间的条纹。在 aa 线上,两光栅的透光线条彼此重合,光线从缝隙中通过,形成亮带;在 bb 线上,两光栅的透光线条彼此错开,挡住光线形成暗带。这种明暗条纹称为莫尔条纹。

图 7-6-2(b)表示主光栅和指示光栅透光线条中心线相交的情况。很显然,它们交点的连线也就是亮带的中心线。例如,图中 $\overline{DB}$ 是亮带 aa 的中心线,而 $\overline{CG}$ 则是亮带 $a'a'$ 的中心线,由图 7-6-2(b)可见莫尔条纹倾角 α 即图中 $\angle BDF$ 为两光栅栅线夹角 β 的一半,即

$$\alpha=\frac{\beta}{2} \tag{7-6-1}$$

从图 7-6-2(b)易求得横向莫尔条纹之间的距离 H(相邻两条亮带中心线或相邻两条暗带中心线之间的距离),从 $\triangle ANC$ 中求出 H 为

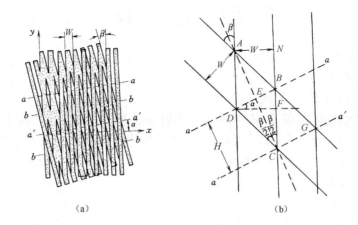

(a)   (b)

图 7-6-2　莫尔条纹的形成

$$H=\overline{CE}=\frac{1}{2}\overline{AC}=\frac{\overline{AN}}{2\sin\dfrac{\beta}{2}}=\frac{W}{2\sin\dfrac{\beta}{2}} \tag{7-6-2}$$

式中,H 为横向莫尔条纹之间的距离;W 为光栅栅距;β 为主光栅与指示光栅之间的夹角。

由(7-6-1)式可知,莫尔条纹的方向与光栅移动方向(x 方向)只相差 $\beta/2$,即近似垂直于栅线的方向,故称横向莫尔条纹,如图 7-6-2 所示。

莫尔条纹具有以下主要特性。

① 移动方向。设主光栅栅线与 y 轴平行,指示光栅相对主光栅栅线即 y 轴形成一个逆时针方向的夹角 β,如图 7-6-2 所示。由图可见,若指示光栅不动,主光栅向右移动,则莫尔条纹将向下移动;若主光栅左移,则莫尔条纹将向上移。当指示光栅相对主光栅栅线形成一个顺时针方向的夹角 β 时,莫尔条纹移动方向正好与上述方向相反。

② 移动距离。主光栅沿栅线垂直方向(x 轴方向)移动一个光栅栅距 W 时,莫尔条纹正好移动一个条纹间距 H。由(7-6-2)式可知,当 β 很小时,$H\gg W$,即莫尔条纹具有放大作用。通过测量莫尔条纹移动的距离,就可以测出主光栅的微位移,而且可通过调节 β 值来调节条纹宽度,这给实际应用带来了方便。

③ 平均效应。由于莫尔条纹是由光栅的大量刻线共同形成的,光电元件接收的光信号是进入指示光栅视场的线纹数的综合平均结果。若某个光栅栅距有局部误差,由于平均效应,其影响将大大减弱,即莫尔条纹具有减小光栅栅距局部误差的作用。

(3) 光电转换电压与光栅位移的关系

如前所述,当主光栅左、右移动时,莫尔条纹上、下移动。由图 7-6-2(b)可见,莫尔条纹与两光栅夹角的平分线保持垂直。当主光栅栅线与 y 轴平行,且主光栅沿 x 轴移动时,莫尔条纹沿夹角 β 的平分线的方向移动,严格地讲,莫尔条纹移动方向与 y 轴有 $\beta/2$ 的夹角,但因 β 一般很小,$\beta/2$ 更小,所以我们可以认为,主光栅沿 x 轴移动时,莫尔条纹沿 y 轴移动。

假设主光栅位移 $x=0$ 时,坐标原点 $y=0$ 处正处于亮带的中心线上,即光强最大。因莫尔条纹间距为 H,故在 $y=\pm nH$(n 为整数)处也均为光强最大处。当光栅移动一个栅距 W 时,莫尔条纹移动一个 H 距离,而 $y=0$ 处也经历一个"亮→暗→亮"的光强变化周期。因此,若在 $y=0$ 处放置一个光电元件,则该光电元件的输出信号会随光栅位移呈周期性变化,如图 7-6-3 所示。从理论上讲,光强与透光面积成正比,光强与光栅位置的关系曲线应是一个三角波。实际情况下,因为光栅的衍射作用和两个光栅之间间隙的影响,它的波形近似于正弦波。而且由于间隙漏光发散,最暗时也达不到全黑状态,即光电元件输出达不到零值。

光电元件的输出电压 u_o 与所在处光强成正比。由图 7-6-3 可见,光电元件输出信号由直流分量 U_{av} 和交流分量叠加而成,可近似描述为

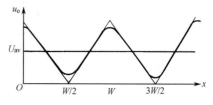

$$u_o = U_{av} + U_m \cos\left(\frac{2\pi}{W}x\right) \qquad (7\text{-}6\text{-}3)$$

图 7-6-3　光强变化信号

在测量电路中,用隔直电容隔断直流分量,取出交流分量进行处理,就可确定主光栅移动的距离 x。这就是光栅传感器的基本工作原理。

2. 辨向原理

如果只在 y 轴方向安置一个光电元件,那就只能根据光电信号变化了多少个周期检测出主光栅移动了多少个栅距,无法判别光栅的移动方向。为了判别主光栅是左移还是右移,就需要两个彼此相位差 90° 的莫尔条纹信号。为此在条纹移动方向(y 方向)上安放两个间距为 $H/4$ 或 $\left(n+\frac{1}{4}\right)H$($n$ 为整数)的光电元件(例如,$y=0$ 和 $y=\frac{H}{4}$ 处各安放一个光电元件),这样两个光电元件的输出信号 u_1 和 u_2 的相位差正好等于 $\frac{\pi}{2}$(因为 $\frac{H}{4} \times \frac{2\pi}{H} = \frac{\pi}{2}$),再将这两个相位差 90° 的正弦信号送到图 7-5-8 所示电路,就可测量出光栅的移动方向和移动的栅距数。

3. 细分技术

主光栅每移动一个光栅栅距 W,莫尔条纹信号 u_1 和 u_2 就相应地变化一个周期,图 7-5-8 中或门就产生一个计数脉冲,可逆计数器就加 1 或减 1,可逆计数器的计数结果就是主光栅移动的栅距数。显然,图 7-5-8 电路的分辨率就是一个光栅栅距。

如果在莫尔条纹信号变化的一个周期内,能得到 m 个彼此相位差 360°/m 的正弦交流信号

$$u_i = U_m \sin(\theta - \varphi_i) \qquad (i=1,2,\cdots,m) \qquad (7\text{-}6\text{-}4)$$

$$\theta = \frac{x}{W}360° \qquad (7\text{-}6\text{-}5)$$

$$\varphi_i = i\frac{360°}{m} \qquad (i=1,2,\cdots,m) \qquad (7\text{-}6\text{-}6)$$

当 $x = i\dfrac{W}{m}$ 时,u_i 波形便从负到正过零点,使过零检测器产生一个过零脉冲。这样,光栅每移动一个光栅栅距 W,m 个 u_i 波形便可依次得到 m 个过零脉冲,而与光栅位移 x 对应的过零脉冲计数值即位移的数字测量结果为

$$N = \frac{x}{W}m$$

这样就达到 m 细分的目的。下面介绍基于这一原理的两种细分法。

(1)直接细分

直接细分又称位置细分,常用的细分数为 4。四细分可用 4 个依次相距 $H/4$ 的光电元件,获得依次相差 90° 的 4 个正弦交流信号。用鉴零器分别鉴取 4 个信号的零电平,即在每个信号由负到正过零点时发出一个计数脉冲。这样,在莫尔条纹的一个周期内将产生 4 个计数脉冲,从而实现四细分。

四细分也可在相距 $H/4$ 的位置上放置两个光电元件来完成,即两个光电元件输出两个相位差 90° 的正弦交流信号 $\dot{U}_1$ 和 $\dot{U}_2$,而 $\dot{U}_1$ 和 $\dot{U}_2$ 再分别通过各自的反相电路,得到 $\dot{U}_3 = -\dot{U}_1$、$\dot{U}_4 = -\dot{U}_2$,获得依次相差 90° 的 4 个正弦交流信号 $\dot{U}_1$、$\dot{U}_2$、$\dot{U}_3$ 和 $\dot{U}_4$。同理,经鉴零器处理,也可以在移动一个栅距过程中得到 4 个间隔的计数脉冲,从而达到四细分的目的。

（2）电位器桥（电阻链）细分

对于图 7-6-4 所示电位器电路，依据叠加原理有

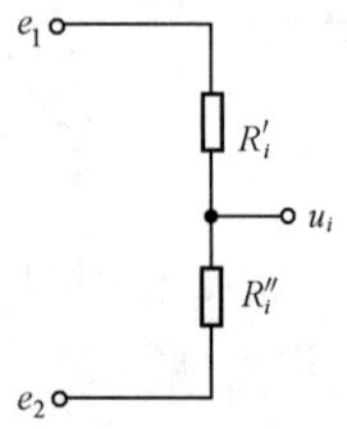

$$u_i = \frac{R_i''}{R_i' + R_i''} e_1 + \frac{R_i'}{R_i' + R_i''} e_2 = \frac{e_1 R_i'' + e_2 R_i'}{R_i' + R_i''}$$

令 $R_i = \sqrt{(R_i')^2 + (R_i'')^2}$，$R_i' = R_i \sin\varphi_i$，$R_i'' = R_i \cos\varphi_i$，则

$$\left.\begin{array}{l} \dfrac{R_i'}{R_i''} = \tan\varphi_i \\[3mm] u_i = \dfrac{e_1 \cos\varphi_i + e_2 \sin\varphi_i}{\cos\varphi_i + \sin\varphi_i} = K_i(e_1 \cos\varphi_i + e_2 \sin\varphi_i) \end{array}\right\} \quad (7\text{-}6\text{-}7)$$

图 7-6-4　电位器电路

式中 $$K_i = \frac{1}{\cos\varphi_i + \sin\varphi_i}$$

若 $$e_1 = U_m\cos\theta,\ e_2 = U_m\sin\theta$$

代入上式得

$$u_i = K_i U_m \cos(\theta - \varphi_i) \quad (7\text{-}6\text{-}8)$$

由上式可见，给电位器两端加上两个相位差 90° 的正交信号 $U_m\cos\theta$ 和 $U_m\sin\theta$，在满足 (7-6-7) 式的电位器的电刷端便可得到 $U_m\cos(\theta - \varphi_i)$ 信号，但由于 R_i' 与 R_i'' 都只能为正值，故 φ_i 只能在第一象限即 $\varphi_i \leqslant \dfrac{\pi}{2}$。如果用 k 个电位器，使它们的电刷两边电阻比分别为

$$\frac{R_i'}{R_i''} = \tan\left(i\,\frac{\pi}{2k}\right) \quad (i = 1, 2, \cdots, k) \quad (7\text{-}6\text{-}9)$$

并将正交信号 $U_m\cos\theta$ 和 $U_m\sin\theta$ 同时加到这 k 个电位器两端，那么就可从这 k 个电位器的电刷端得到 k 个彼此相位差 $\dfrac{\pi}{2k}$ 的正弦信号。

同理，如果将位置细分得到的 4 个相位差 90° 的输出信号 $U_m\cos\theta$、$U_m\sin\theta$、$-U_m\cos\theta$ 和 $-U_m\sin\theta$ 加到图 7-6-5 所示 48 点电位器桥细分电路，使图中第 i 个电位器的电刷两边电阻比为

$$\frac{R_i'}{R_i''} = \left| \tan\left(i \times \frac{360°}{48}\right) \right| \quad (i = 1, 2, \cdots, 48) \quad (7\text{-}6\text{-}10)$$

那么就可从这 48 个电位器的电刷端得到 48 个相位差 $\dfrac{360°}{48}$ 的信号，这样就达到了 48 细分的目的（因为 $i = 12, 24, 36, 48$ 时，$R_i' = 0$ 或 $R_i'' = 0$，故图 7-6-5 中实际只需 44 个电位器）。

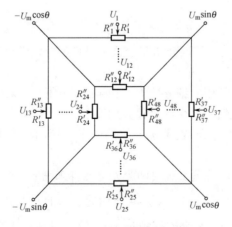

图 7-6-5　48 点电位器桥细分电路

电位器桥细分电路的细分数较大(一般为 12～60),精度较高,对莫尔条纹信号的波形、幅值、直流电平及原始信号的正交性均有严格要求,可用于动、静态测量系统中。直流放大器的零点漂移等对细分精度影响很大。此外,电路较为复杂,对电位器阻值稳定性、过零触发器的触发精度均有较高要求。

思考题与习题

1. 光电效应有哪几种?与之对应的光电元件各有哪些?

2. 普通光电式传感器有哪几种常见形式?各有哪些用途?

3. 光电元件的光谱特性和频率特性的意义有什么区别?在选用光电元件时,应怎样考虑光电元件的这两种特性?

4. 试设计一个路灯自动控制电路,使天黑时路灯亮,天亮时路灯灭。

5. 试说明光纤传光的原理与条件。

6. 为什么图 7-2-7 中受力越大,光纤出射端输出的光强越小?

7. 试说明图 7-3-6 中 16 个光敏单元的"电荷包"产生、转移及移出过程,并指明移出顺序。

8. 什么叫激光传感器?有哪几种类型?

9. 红外探测器有哪两种类型?二者有何区别?

10. 什么叫热释电效应?热释电探测器有哪些优点?

11. 假设图 7-5-1 中码盘为 5 位循环码盘,图中只有最靠近码盘中心的一个光电元件受到光照产生电信号,即输出数码"1",其余 4 个光电元件均未受到光照不产生电信号,即输出数码"0",试计算码盘此时的转角。

12. 增量编码器有几条码道?各有何作用?

13. 试说明光栅传感器为什么能测量很微小的位移?为什么能判别位移的方向?

14. 用 4 个光敏二极管接收长光栅的莫尔条纹信号,如果光敏二极管响应时间为 10^{-6} s,光栅的栅线密度为 50 线/mm,试计算长光栅所允许的移动速度。

15. 已知长光栅的栅距为 $20\mu m$,标尺光栅与指示光栅的夹角为 $0.2°$,试计算莫尔条纹宽度,以及当标尺光栅移动 $100\mu m$ 时莫尔条纹移动的距离。

第 7 章例题解析

第 7 章思考题与习题解答

第8章 半导体传感器

利用半导体材料的各种物理效应,可以把被测物理量的变化转换为便于处理的电信号,从而制成各种半导体传感器。随着材料科学的发展和固体物理效应的不断发现,新型的半导体敏感元件不断出现,目前已有热敏、光敏、力敏、磁敏、气敏、湿敏等多种类型。制造半导体敏感元件的材料有半导体陶瓷和单晶材料,这两种材料各有所长、互为补充。以半导体敏感元件为核心的半导体传感器,具有灵敏度高、响应速度快、结构简单、小型、重量轻、价廉、寿命长、便于实现集成化和智能化等特点,在检测技术中正得到日益广泛的应用。

本书前面的章节中介绍过的热敏电阻、固态压阻式传感器、光敏电阻、湿敏电阻、气敏电阻、霍尔传感器等,都是用半导体材料制作的,从这个意义来说,它们也都属于半导体传感器。本章所介绍的半导体传感器主要是采用半导体二极管、三极管、场效应管及集成电路构成的传感器。

8.1 半导体管传感器

8.1.1 磁敏管

磁敏二极管和磁敏三极管是 PN 结型磁敏元件,具有输出信号大、灵敏度高、工作电流小和体积小等特点,比较适应磁场、电流、转速、探伤等方面的检测和控制。

1. 磁敏二极管(SMD)

(1)结构

磁敏二极管的结构和符号如图 8-1-1 所示。在高阻半导体芯片(本征型)I 两端,分别制作 P、N 两个电极,形成 P-I-N 结。P 区和 N 区都为重掺杂区,本征区 I 的长度较长。同时对 I 区的两侧进行不同的处理:一个侧面磨成光滑面,另一面打毛。由于粗糙的表面容易使电子-空穴对复合而消失,我们称为 r 面(或 r 区),这样就构成了磁敏二极管。

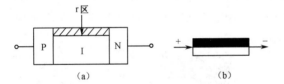

图 8-1-1 磁敏二极管的结构和符号

(2)工作原理

当磁敏二极管未受到外界磁场作用时,外加正偏压,如图 8-1-2(a)所示,则有大量的空穴从 P 区通过 I 区进入 N 区,同时也有大量电子注入 P 区,形成电流。只有少量电子和空穴在 I 区复合掉。

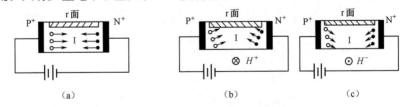

图 8-1-2 磁敏二极管工作原理示意图

当磁敏二极管受到外界磁场 H^+(正向磁场)作用时,如图 8-1-2(b)所示,则电子和空穴受到洛伦兹力的作用而向 r 区偏转。由于 r 区的电子和空穴复合消失速度比光滑面 I 区快,因此形成的电流因复合速度快而减小。

当磁敏二极管受到外界磁场 H^-（反向磁场）作用时,如图 8-1-2(b)所示,电子-空穴对受到洛伦兹力作用向光滑面偏转,电子和空穴的复合率明显减小,因而形成的电流变大(磁敏二极管反向偏置时,仅流过很微小的电流,几乎与磁场无关)。

利用磁敏二极管在磁场强度的变化下电流发生变化,便可实现磁电转换。而且由上可知,r 面与光滑面的复合率差别越大,磁敏二极管的灵敏度也就越高。

（3）主要特性

① 磁电特性。在给定条件下,磁敏二极管输出的电压变化与外加磁场的关系称为磁敏二极管的磁电特性。磁敏二极管单只使用和互补使用时的磁电特性分别如图 8-1-3(a)、(b)所示。由图可知,单个使用时,正向灵敏度大于反向;互补使用时,正、反向磁电特性曲线对称,且在弱磁场下呈较好的线性。

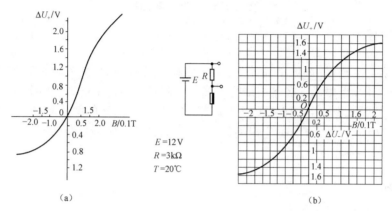

图 8-1-3 磁敏二极管的磁电特性

② 伏安特性。磁敏二极管正向偏压和通过其上电流的关系被称为磁敏二极管的伏安特性。磁敏二极管在不同的磁场强度和方向下的伏安特性如图 8-1-4 所示。

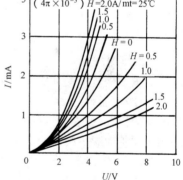

图 8-1-4 磁敏二极管的伏安特性

磁敏二极管与其他磁敏器件相比,具有以下特点:

● 灵敏度高。磁敏二极管的灵敏度比霍尔元件高几百甚至上千倍,而且线路简单,成本低廉,更适合于测量弱磁场。

● 具有正、反磁灵敏度,故磁敏二极管可用作无触点开关。

● 灵敏度与磁场关系成线性的范围较窄,这一点不如霍尔元件。

（4）温度补偿电路

一般情况下,磁敏二极管受温度影响较大,因此在实际使用时,必须对其进行温度补偿。常用的补偿电路如图 8-1-5 所示。

图 8-1-5(a)为差分电路,图中 VD_1 和 VD_2 是两个性能相近的磁敏二极管,按相反磁极性组合,即将它们的磁敏面相对或背向放置,组成互补结构,然后接入电桥的相邻两臂。这样不仅能很好地实现温度补偿,而且可提高灵敏度,其原理与差动应变电桥相似。如果电路不平衡,可适当调节电阻 R_1 和 R_2。

图 8-1-5(b)为全桥电路,VD_1 和 VD_2、VD_3 和 VD_4 为两对互补的磁敏二极管。该电路在给定的磁场下,其输出电压是差分电路的 2 倍。由于该电路要求 4 个管子的特性完全一致,因此给实际使用带来一些困难。

图 8-1-5(c)所示电路利用热敏电阻随温度的变化,使 R_T 和 VD 的分压系数不变,从而实现温度补偿。该电路的成本略低于上述两种电路,因此常被采用。

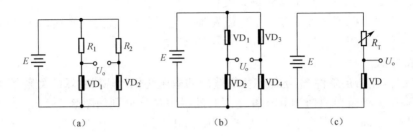

图 8-1-5　温度补偿电路

2. 磁敏三极管

（1）结构

磁敏三极管是在磁敏二极管基础上发展起来的具有双极型晶体管结构的磁敏器件,如图 8-1-6 所示为 NPN 型磁敏三极管的结构与符号。在弱 P 型近本征半导体上,用合金法或扩散法形成了发射结、基极结、集电结,其最大特点是基区较长,在长基区的侧面制成一个复合率很高的高复合区 r,在 r 区对面保持无复合的光滑面,长基区分为输运基区和复合基区。

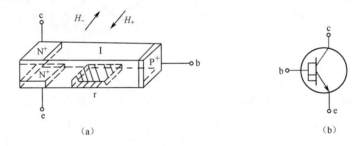

图 8-1-6　NPN 型磁敏三极管的结构与符号

（2）工作原理

当磁敏三极管未受到磁场作用时,如图 8-1-7(a)所示,由于基区宽度大于载流子有效扩散长度,大部分载流子通过 e-I-b,形成基极电流,少部分载流子输入 c 极,因而形成了基极电流大于集电极电流的情况,使 $\beta=I_c/I_b<1$。

当受到正向磁场(H^+)作用时,洛伦兹力使载流子偏向发射结的一侧,导致集电极电流显著下降,如图 8-1-7(b)所示。当反向磁场(H^-)作用时,载流子向集电极一侧偏转,使集电极电流增大,如图 8-1-7(c)所示。由此可知,磁敏三极管在正、反向磁场作用下,其集电极电流出现明显变化,这样就可以利用磁敏三极管来测量弱磁场、电流、转速、位移等物理量。

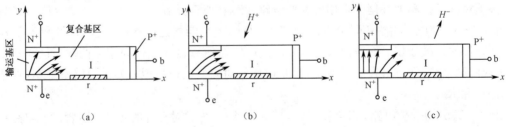

图 8-1-7　磁敏三极管工作原理

（3）主要特性

① 磁电特性。磁电特性是磁敏三极管最重要的工作特性，是磁敏三极管的应用基础。图 8-1-8 是国产 NPN 型 3BCM（锗）磁敏三极管的磁电特性。由图可见，在弱磁场作用时，曲线接近一条直线。

② 伏安特性。磁敏三极管的伏安特性类似于普通三极管的伏安特性。图 8-1-9(a)为不受磁场作用时磁敏三极管的伏安特性。图 8-1-9(b)是磁场为±0.1T，基极恒流(I_b＝3mA)时的集电极电流变化。由图可见，磁敏三极管的电流放大系数小于 1 且具有磁灵敏度。

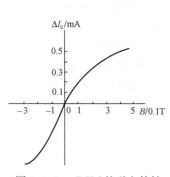

图 8-1-8　3BCM 的磁电特性

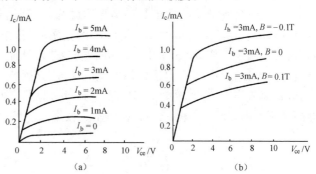

图 8-1-9　磁敏三极管的伏安特性

（4）温度补偿电路

磁敏三极管对温度比较敏感，实际使用时必须采用适当的方法进行温度补偿，如图 8-1-10 所示，其中，图(a)用正温度系数的普通硅三极管 VT_1 补偿负温度系数的磁敏三极管 VT_m 因温度产生的集电极电流漂移；图(b)用锗磁敏二极管作为硅磁敏三极管的负载，利用锗磁敏二极管电流随温度升高而增加的这一特性来弥补磁敏三极管的负温度漂移系数所引起的电流下降；图(c)采用两个特性一致、磁极性相反的磁敏三极管组成差分电路，既可提高灵敏度，又能实现温度补偿。

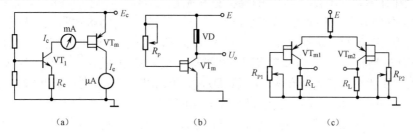

图 8-1-10　磁敏三极管的温度补偿电路

3. 磁敏管的应用

由于磁敏管有较高的灵敏度，体积和功耗都很小，能识别磁极性等优点，所以它们作为新型半导体敏感元件，有着广泛的应用前景。磁敏管可用于检测交直流磁场，特别适合于测量弱磁场；可制作钳形电流计，对高压线进行不断线、无接触电流测量；可测量转速和探伤；制作无电刷直流电机、无触点开关、无触点电位计等。

为提高磁敏二极管、磁敏三极管的灵敏度，在使用中，一定要设法使磁力线垂直其敏感表面，以得到较高的灵敏度。

磁敏三极管与磁敏二极管相比，具有灵敏度更高（高几倍至十几倍）、功耗低、动态范围宽、噪声小、具有功率输出、特别适用于在低电压范围工作等优点，是一种很有发展前途的新型磁敏器件。

8.1.2 气敏管

非电阻性气敏器件也是半导体型气敏传感器之一。它是利用 MOS 二极管的电容-电压特性的变化,以及 MOS 场效应管(MOSFEF)的阈值电压的变化等特性而制成的气敏元件。由于这类器件的制造工艺成熟,便于器件集成化,因而其性能稳定且价格便宜。利用特定材料还可以使器件对某些气体特别敏感。

1. MOS 二极管气敏器件

MOS 二极管气敏器件是在 P 型半导体硅片上,利用热氧化工艺生成一层厚度为 $50\sim100\mu m$ 的 SiO_2 层,然后在其上面蒸发一层钯(Pd)的金属薄膜,作为栅极,如图8-1-11(a)所示。由于 SiO_2 层的电容 C_a 固定不变,而 Si 和 SiO_2 界面电容 C_s 是外加电压的函数,其等效电路见图 8-1-11(b)。由等效电路可知,总电容 C 也是外加电压的函数,其函数关系称为该类 MOS 二极管的 C-V 特性。由于 Pd 对氢气(H_2)特别敏感,当 Pd 吸附了 H_2 以后,会使 Pd 的功函数降低,导致 MOS 管的 C-V 特性向负压方向平移,如图8-1-11(c)所示。根据这一特性就可用于测定 H_2 的浓度。

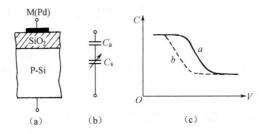

图 8-1-11　MOS 二极管气敏器件的结构、等效电路和 C-V 特性

2. 钯-MOS 场效应管气敏器件

钯-MOS 场效应管(Pd-MOSFET)与普通 MOSFET 结构如图 8-1-12 所示。从图可知,它们的主要区别在于栅极 G。Pd-MOSFET 的栅极材料是钯(Pd),而普通 MOSFET 为铝(Al)。因为 Pd 对 H_2 有很强的吸附性,当 H_2 吸附在 Pd 栅极上时,引起 Pd 的功函数降低。根据 MOSFET 工作原理可知,当栅(G)-源极(S)之间加正向偏压 V_{GS},且 $V_{GS}>V_T$(阈值电压)时,则栅极氧化层下面的硅从 P 型变为 N 型。这个 N 型区就将源极和漏极连接起来,形成导电通道即 N 型沟道。此时,MOSFET 进入工作状态。若此时在源(S)-漏(D)极之间加电压 V_{DS},则源极和漏极之间有电流流通(I_{DS})。I_{DS} 随 V_{DS} 和 V_{GS} 的大小而变化,其变化规律即为 MOSFET 的伏安特性。当 $V_{GS}<V_T$ 时,MOSFET 的沟道未形成,故无漏-源极电流。阈值电压 V_T 的大小除与衬底材料的性质有关外,还与金属和半导体之间的功函数有关。Pd-MOSFET 气敏器件就是利用 H_2 在 Pd 栅极上吸附后引起 V_T 下降这一特性来检测 H_2 浓度的。

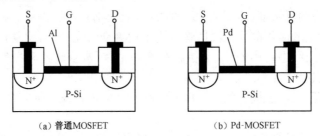

（a）普通MOSFET　　　　　　　（b）Pd-MOSFET

图 8-1-12　Pd-MOSFET 和普通 MOSFET 结构

由于这类器件特性尚不够稳定,用 Pd-MOSFET 和 Pd-MOS 二极管定量检测 H_2 浓度还不成熟,只能用作 H_2 的泄漏检测。

8.1.3 湿敏管

利用电解质、高分子聚合物和半导体陶瓷等材料,人们已经研制出多种湿敏传感器。这些传感器都属于分体型结构,即湿敏器件和处理电路是分离的,无法实现集成化。而用半导体工艺制成的硅结型和 MOS 型湿敏传感器,虽然目前还不太成熟,但由于是全硅固态器件,有利于传感器与处理电路的集成化和一体化,因而是一种很有前途的新型湿敏传感器。

1. 湿敏二极管

SnO_2 湿敏二极管采用 N 型硅单晶材料制作。硅片大小为 $2mm^2$,厚度为 $200\mu m$,表面上有金属氧化物 SnO_2 蒸镀层。SnO_2 湿敏二极管的感湿特征量是反向雪崩电流。随着相对湿度的增加,反向雪崩电流减小。

这种湿敏二极管具有很快的响应速度,从 $0\%\sim100\%RH$ 的湿度变化,其响应时间仅有 15s。从低湿到高湿的各个湿度范围内都有较高的灵敏度。

2. 湿敏 MOS 场效应管

在 MOS 场效应管的栅极上,沉淀一层 1nm 厚的高分子醋酸纤维素作为感湿薄膜,而在感湿薄膜上增设另一多孔金电极,就构成一种新型的 MOS 场效应管湿敏器件,即 MOSFET 湿敏器件。

MOSFET 湿敏器件的输出电压与相对湿度特性曲线几乎呈一条直线。实验也表明,这种新型湿敏器件有良好的精度,湿滞小于 $3\%RH$,响应时间小于 30s。它在高湿($90\%\sim95\%RH$)甚至结露情况下,也获得了长期稳定性。

8.1.4 光敏管

1. 光敏管的结构和工作原理

光敏二极管和光敏三极管与光敏电阻一样,都是基于光导效应原理工作的半导体光电器件。

(1)光敏二极管

其结构与一般二极管相似,装在透明玻璃外壳中,它的 PN 结装在管顶,便于接收光的照射。上面有一个透镜制成的窗口,可使光线集中在敏感面上。光敏二极管在电路中工作时,一般加上反向电压,如图 8-1-13 所示。光敏二极管在没有光照时,反向电阻很大,反向电流很小,一般为 nA 数量级,受光照射时,PN 结区产生电子-空穴对。在结电场作用下,电子向 N 区运动、空穴向 P 区运动,形成光电流,方向与反向电流一致。光线越强,光电流越大,光照射产生的反向电流基本上与光

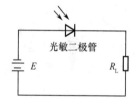

图 8-1-13　光敏二极管基本电路

强成正比。光敏二极管不受光照射时处于截止状态,受光照射时处于导通状态。

(2)光敏三极管

光敏三极管与光敏二极管的结构相似,内部有两个 PN 结。和一般三极管不同的是,它的发射极做得很小,以扩大光照面积。

光敏三极管的 bc 结可看作光敏二极管,如图 8-1-14(a)所示。集电极电压相对发射极为正电压,而基极开路,则基极-集电极处于反向偏置。无光照射时,由热激发产生少数载流子,电子从基极进入集电极、空穴从集电极移向基极,在外电路中有暗电流流过。当光照射在 bc 结上时,bc 结区产生光生载流子。由于集电极处于反向偏置,使内电场增强。在内电场作用下,光生电子漂移到集电极,在基极区留下空穴,使基极电位升高,促使发射极有大量电子经基极被集电极收集而形成放大的光电流。由于光照射集电结产生的光电流相当于一般三极管的基极电流,因此集电极电流为 bc 结光生电流的 β 倍,从而使光敏三极管具有比光敏二极管更高的灵敏度。

光敏三极管应用电路有发射极输出和集电极输出两种基本形式,如图 8-1-14(b)所示。

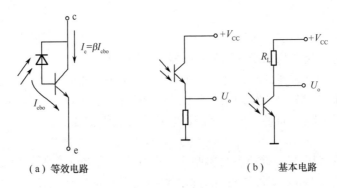

$$I_c = \beta I_{cbo}$$

（a）等效电路 （b）基本电路

图 8-1-14 光敏三极管电路

光敏二极管和光敏三极管使用时,应注意保持光源与光敏管的合适位置,使入射光恰好聚焦在管心所在的区域,光敏管的灵敏度最大。为避免灵敏度改变,使用中必须保持光源与光敏管的相对位置不变。

2. 光敏管的基本特性

（1）光电特性

硅光敏二极管和硅光敏三极管的光电特性曲线分别如图 8-1-15(a)、(b)所示。对比可见,硅光敏二极管的光照特性曲线的线性较好,适合于做检测元件。硅光敏三极管的光照特性曲线在弱光时电流增长缓慢,采用较小的发射区面积,则能提高弱光时的发射结电流密度而使起始时增长变快,有利于弱光的检测。

（2）光谱特性

对于一定材料和工艺做成的光敏管,必须对应一定波长范围（光谱）的入射光才会响应,这就是光敏管的光谱响应。光敏管的光谱特性如图 8-1-15(c)所示。由图可见,硅和锗两类材料的光敏管的光谱响应峰值所对应的波长各不相同。以硅为材料的为 $0.8 \sim 0.9~\mu m$,以锗为材料的为 $1.4 \sim 1.5~\mu m$,都是近红外光。

（3）伏安特性

光敏管的伏安特性曲线如图 8-1-15(d)所示。它与晶体管伏安特性曲线相似,只要将入射光所产生的光电流看成基极电流,就可看成一般晶体管的伏安特性曲线。因此,我们可以像一般晶体管那样用作图法来确定负载电阻。光敏三极管与光敏二极管的伏安特性曲线形状一样,只是输出电流大小不一样（纵坐标值不同）。由于晶体管的放大作用,在同样的照度下,光敏三极管的光电流和灵敏度要比相同材料的光敏二极管大几十倍,这是因为电流放大系数 β 在小电流时随着光电流上升而增大。

（4）频率特性

光敏管的频率响应与本身的物理结构、工作状态、负载及入射光波长等因素有关。图 8-1-15(e)为硅光敏三极管的频率响应曲线。由曲线可知,减小负载电阻 R_L 可以提高响应频率,但同时却使输出降低。因此在实际使用中,应根据频率来选择最佳的负载电阻。

光敏二极管的频率特性较好,是半导体光电器件中最好的一种。光敏三极管由于存在发射结电容和基区渡越时间（发射极的载流子通过基区所需要的时间）,它的频率特性比光敏二极管差,而且和光敏二极管一样,负载电阻愈大,高频响应愈差。

锗光敏三极管的截止频率约为 $3kHz$,而对应的锗光敏二极管的截止频率为 $50kHz$。硅光敏三极管的响应频率要比锗光敏三极管高得多,其截止频率达 $50kHz$ 左右。

（5）温度特性

图 8-1-15(f)中,光敏三极管的温度升高,电子热运动加强,光电流随温度升高而增加,而暗电

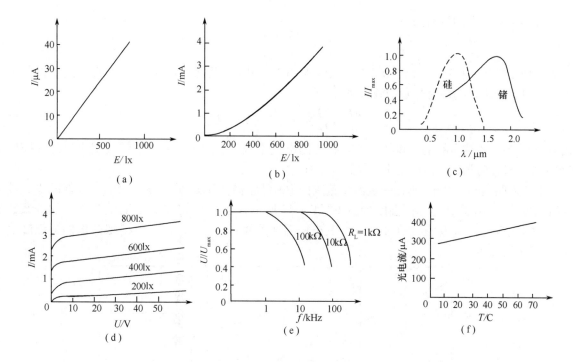

(a)　　　　(b)　　　　(c)

(d)　　　　(e)　　　　(f)

图 8-1-15　光敏管的基本特性

流也随温度升高而增大。基极有引出线的光敏三极管,在基极和发射极间接一 5kΩ 左右的电阻,可以减小暗电流,提高温度的稳定性。

3. 光敏管的应用实例

图 8-1-16 是光敏三极管组成的光控电路,图中 VT_1 接成射极跟随器形式。在无光照射时,VT_1、VT_2 均截止。当光敏三极管被光线照射时,立即产生光电流,并注入到 VT_1 的基极,使 VT_1、VT_2 导通,继电器 J 动作,从而带动执行机构。电路中 R_3 为灵敏度调节电阻。在继电器线圈两端并联二极管 VD_2,是为了防止当 VT_2 截止时继电器线圈产生的反向电动势而损坏晶体管。

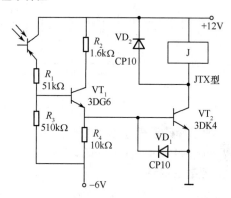

图 8-1-16　光敏三极管组成的光控电路

8.1.5　温敏管

1. 温敏二极管

热电偶测温范围宽,但其热电势较低,温敏电阻灵敏度高,但工作温度范围窄,且输出非线性。PN 结温度传感器同它们相比,最大优点是输出特性呈线性,且测温精度高。根据晶体管原理可知,PN 结的正向电压 U 与正向电流 I_D 的关系为

$$I_D = I_S(e^{qU/kT} - 1) \approx I_S e^{qU/kT} \qquad (8\text{-}1\text{-}1)$$

式中,k 为玻耳兹曼常数;q 为电子电荷;T 为 PN 结的热力学温度;I_S 为 PN 结的反向饱和电流,为

$$I_S = A \cdot J_s \qquad (8\text{-}1\text{-}2)$$

式中,A 为 PN 结面积;J_s 为反向饱和电流密度。

热力学温度 $T(K)$ 与摄氏温度 $t(℃)$ 的关系为

$$T = 273.15 + t \tag{8-1-3}$$

对(8-1-1)式两边取对数得

$$U = \frac{kT}{q} \ln \frac{I_D}{I_S} \tag{8-1-4}$$

把 J_s 的表达式(略)和(8-1-2)式、(8-1-3)式代入(8-1-4)式,并经整理后近似可得,在一定温度范围内,PN 结正向电压与温度呈近似线性关系,即

$$U = U_{go} - \frac{kT}{q} \ln \frac{B}{I_D} = U_{go} - CT = U_b - C \times t \tag{8-1-5}$$

式中,B 为与 PN 结内部结构和制造工艺有关的电流常数;U_{go} 为由 PN 结禁带宽度决定的外插值(约 1.2V);U_b 为摄氏零度时的 PN 结正向电压。

上式表明,若 I_D 恒定,则在一定温度范围内 PN 结正向电压 U 随温度的增加而线性减少。硅温敏二极管 PN 结正向电压的温度特性如图 8-1-17 所示。当 I_D 恒定在 10 μA 时,其电压温度系数 $C = -2.3$ mV/℃;当 I_D 恒定在 1mA 时,其电压温度系数 $C = -2.0$ mV/℃(一般热电偶灵敏度仅为 3~25μV/℃)。

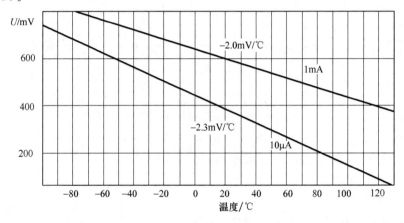

图 8-1-17 硅温敏二极管正向电压的温度特性

一般选择硅温敏管电源电压 +5V,PN 结工作在 $I_D = 100\mu$A,$U \approx 0.6$V,故其限流电阻选择为 $R = (5 - 0.6)$V/100μA$= 44$kΩ。

2. 温敏三极管

晶体管的发射结也是 PN 结,晶体管基射结电压 U_{be} 也适用(8-1-4)式和(8-1-5)式。因为晶体管的发射结比二极管有更好的线性和互换性,所以通常将晶体管的基极与集电极短接。为了提高灵敏度,可采用多个 PN 结串联,组成 PN 结温度传感器。

3. 温敏管测温电路实例

(1) 温敏管测温电桥

温敏管测温电桥如图 8-1-18 (a)所示,图中晶体管接成温敏二极管,作为电桥的一臂,接在电桥另一臂的电位器 R_P 用于调零。图中 $E = +5$V,$R_1 = 44$kΩ,据(8-1-5)式可知

$$U_1 = U_b - C \times t$$

调节电位器 R_P,使 $U_2 = U_b$,则温敏管测温电桥输出电压为

$$U_o = U_2 - U_1 = U_b - (U_b - Ct) = C \times t \tag{8-1-6}$$

由上式可见,该温敏管测温电桥输出电压与摄氏温度成正比。

(2) 温敏三极管测温电路

温敏三极管测温电路如图 8-1-18 (b)所示。图中温敏三极管作为运算放大器的反馈元件,同时基极接地,这就使得发射结为正向偏置而集电结几乎为零偏置,保证了流过集电极的电流恒定

$(I_c = E/R_c)$，且与温度无关，此时运算放大器输出为发射结压降，如（8-1-5）式所示，与温度成线性关系（图中电容 C 的作用是防止寄生振荡）。

（3）温敏管数字温度计

温敏管数字温度计电路如图 8-1-18(c) 所示。

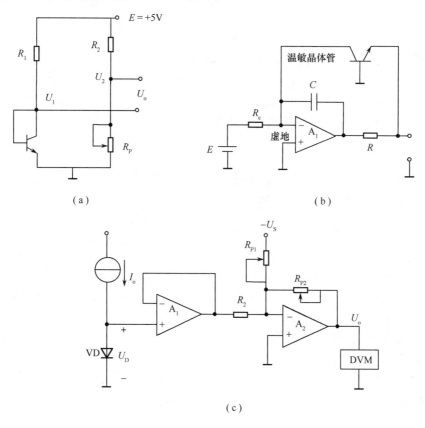

（a）　　　　　　　　　　　　　　（b）

（c）

图 8-1-18　温敏管测温电路实例

8.2　半导体集成传感器

由于半导体集成电路技术的迅猛发展和日益完善，人们在用半导体硅制备传感器芯片时，同时也设计制造一些温度补偿、信号处理与放大等电路，并把它们集成在同一芯片上，这样就构成单片集成传感器。传感器的集成化，不仅提高了传感器的性能和可靠性、降低了生产成本、减小了体积，而且便于与微处理器相结合实现传感器智能化，这正是传感器的最新发展方向。

本节介绍几种常用的集成传感器。

8.2.1　集成温度传感器

集成温度传感器是将 PN 结及辅助电路集成在同一芯片上的新型半导体温度传感器，其最大优点是直接给出正比于热力学温度的理想的线性输出，而且体积小、成本低廉，目前已广泛应用于 $-50 \sim +150℃$ 温度范围内的温度监测、控制和补偿的许多场合。

1. 电流型集成温度传感器

电流型集成温度传感器的核心电路如图 8-2-1 所示，VT_1、VT_2 的基射结为 PN 结对组成温敏部分，由（8-1-4）式可得 VT_1 和 VT_2 对管的基射结电压分别为

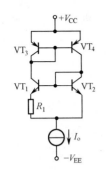

图 8-2-1　电流型集成温度
传感器的核心电路

$$U_{be1} = \frac{kT}{q}\ln\frac{I_{c1}}{I_{S1}} \qquad (8\text{-}2\text{-}1)$$

$$U_{be2} = \frac{kT}{q}\ln\frac{I_{c2}}{I_{S2}} \qquad (8\text{-}2\text{-}2)$$

电阻 R_1 上的电压应为 VT_1 和 VT_2 基射结电压差,即

$$\Delta U_{be} = U_{be1} - U_{be2} = \frac{kT}{q}\ln\left[\frac{I_{c1}}{I_{c2}}\frac{I_{S2}}{I_{S1}}\right] \qquad (8\text{-}2\text{-}3)$$

因 VT_1 和 VT_2 的集射结是以同一工艺过程用同样材料制成的对管,故 $J_{s1} = J_{s2}$(反向饱和电流密度相等),而 VT_3 和 VT_4 也是对管,组成恒流源电路为 VT_1 和 VT_2 提供相等的电流 $I_{c1} = I_{c2}$,因此(8-1-2)式代入上式得

$$\Delta U_{be} = \frac{kT}{q}\ln\frac{A_2}{A_1} \qquad (8\text{-}2\text{-}4)$$

式中,A_1、A_2 分别为 VT_1 和 VT_2 的基射结面积。

因为流过 VT_1 和 VT_2 的电流相等,所以电路总输出电流 I_o 为流过 R_1 电流的 2 倍,即

$$I_o = 2\frac{\Delta U_{be}}{R_1} = \frac{2kT}{R_1 q}\ln\frac{A_2}{A_1} = C_1 T = I_{o0} + C_1 t \qquad (8\text{-}2\text{-}5)$$

式中,I_{o0} 为 0℃时的输出电流。由上式可见,若电阻 R_1 的温度系数为零,则总电流 I_o 正比于热力学温度 T,与摄氏温度 t 成线性关系。

目前市售电流型集成温度传感器有 LM134、AD590、AD592、TMP17 等。使用温度范围最宽的是 −55℃～+150℃,电流温度系数 C_1 一般为 $1\mu A/K$ 或 $1\mu A/℃$,I_{o0} 为 273.2μA。

2. 电压型集成温度传感器

电压型集成温度传感器的核心电路如图 8-2-2 所示。图中 VT_5 的基射结电压和基射结面积都与 VT_3、VT_4 相同,所以流过 VT_5 和 R_2 的电流与流过 VT_3、VT_2 及流过 VT_4、VT_1 的电流都相同,因此,输出电压为

$$U_o = R_2\frac{\Delta U_{be}}{R_1} = \frac{R_2}{R_1}\frac{kT}{q}\ln\frac{A_2}{A_1} = C_V T \qquad (8\text{-}2\text{-}6)$$

由上式可见,只要 R_2/R_1 为一常数,输出电压 U_o 就正比于热力学温度 T。

目前市售的电压型集成温度传感器有 TMP35、TMP36、TMP37、LM50 等,使用温度范围最宽的是 −55～+150℃。输出电压都与摄氏温度 t 成线性关系,即

$$U_o = U_{o0} + C_V t \qquad (8\text{-}2\text{-}7)$$

式中,U_{o0} 为 0℃时的输出电压,一般为 0 或 500mV;电压温度系数 C_V 一般为 20mV/℃或 10mV/℃。

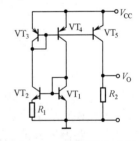

图 8-2-2　电压型集成温
度传感器的核心电路

3. 数字型集成温度传感器

数字型集成温度传感器是将温度转换成对应二进制码串行输出的新型集成温度传感器。其数字转换方式有模数转换式和脉冲计数式两种。模数转换式是将温度传感器和模数转换器集成在同一芯片上构成的,典型产品有 AD7418 和 LM74。脉冲计数式的典型产品有 DS1820 等。

8.2.2　集成霍尔传感器

集成霍尔传感器是利用硅集成电路工艺将霍尔元件和测量线路集成在一起的新型霍尔传感器,具有可靠性高、体积小、重量轻、功耗低等优点,正越来越受到人们的重视。按照输出信号的形式,可以分为开关型集成霍尔传感器和线性集成霍尔传感器两种类型。

1. 开关型集成霍尔传感器

开关型集成霍尔传感器是把霍尔元件的输出经过处理后输出一个高电平或低电平的数字信号,其典型电路如图 8-2-3 所示。图中,VT_1、VT_2 及相应电阻构成差分放大器,将霍尔电压放大几十倍,并消除温度漂移影响,增强抗干扰能力。VT_3、VT_4 构成施密特触发器(射极耦合双稳态触发电路),将差分放大输出整形为矩形脉冲,并利用整形中的回差进一步提高抗干扰能力。VT_5 将整形后的脉冲倒相放大后加至射极跟随器 VT_6,VT_6 将输出级和放大管 VT_5 隔离,以免带负载时影响电路的性能,VT_8、VT_7 构成双管集电极输出,可同时输出两个功能相同、电平一致的信号,增加了使用上的便利。

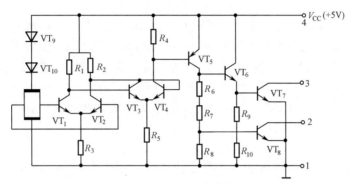

图 8-2-3　开关型集成霍尔传感器的典型电路

开关型集成霍尔传感器的输出电平与磁感应强度之间的关系如图 8-2-4 所示。由图可见,开关型集成霍尔传感器的转移特性具有迟滞现象,这是由于 VT_3、VT_4 共有射极电阻的正反馈作用使它们的饱和电流不相等引起的,其回差宽度 $\Delta B = B_H - B_L$。B_H 越小,灵敏度越高;ΔB 越大,抗干扰能力越强。

由于开关型集成霍尔传感器为集电极开路输出,因此正常工作必须在引脚 3 与 4 之间或引脚 2 与 4 之间接上负载电阻,两个集电极输出端也可以并联使用,此时输出电流能力增加 1 倍。正常工作时,常态应处于截止状态,而不宜处于导通状态,这样可以延长使用寿命。为防止电源线干扰,引脚 1 与 4 之间可加接一个 $0.005\sim0.01\mu F$ 的吸收电容。

2. 线性集成霍尔传感器

线性集成霍尔传感器是把霍尔元件和放大电路集成在一起的另一种新型霍尔传感器,其输出信号与磁感应强度成比例,典型电路如图 8-2-5 所示。图中,VT_1、VT_2 及 $R_1\sim R_5$ 组成第一级差分放大,$VT_3\sim VT_6$、R_6、R_7 组成第二级差分放大。第二级差分放大采用达林顿对管,射极电阻 R_8 外接,适当选取 R_8 的阻值,可以调整该级的工作点,从而改变电路增益。在电源电压为 9V,R_8 取 $2k\Omega$ 时,全电路的增益可达 1000 倍左右,与分立元件霍尔传感器相比,灵敏度大为提高。

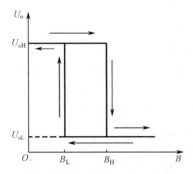

图 8-2-4　输出电平 U_o 与 B 的关系

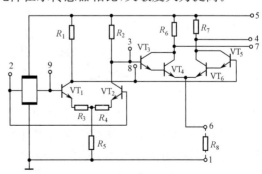

图 8-2-5　线性集成霍尔传感器的典型电路

8.2.3 集成湿度、压力、加速度传感器

1. 集成湿度传感器

IH3605 是美国 Honeywell 公司推出的一种电容式集成湿度传感器,它与调理电路一起制作在陶瓷基片上。电容式湿度传感器由多孔铂层、热固聚合体(介质)及铂电极组成。空气中的水蒸气通过保护性聚酯层(可阻止尘土、脏物进入,并且能抗化学气体的腐蚀),经过多孔铂层而进入介质层,改变介质的介电常数,从而使电容量发生变化。经过电容/频率和频率/电压的转换电路,将电容量的变化转化为直流电压输出。在 25℃ 时,输出直流电压 U_o 与相对湿度 H_0 成线性关系,即

$$U_o = E(0.0062H_0 + 0.16) \tag{8-2-8}$$

式中,E 为 IH3605 的电源供电电压;H_0 为 25℃ 时的相对湿度。例如,当电源电压为 5V,相对湿度为 0～100%RH 时,对应的输出直流电压为 0.8～3.9V。在 $t \neq 25℃$ 时,按上式从输出电压 U_o 计算出的相对湿度 H_0 并不是实际的相对湿度 H,应按下式进行温度补偿,计算出实际的相对湿度 H 为

$$H = H_0/(1.0546 - 0.00218t) \tag{8-2-9}$$

由于 IH3605 的输出电压较高且线性较好,因此,无须放大和非线性校正,可直接连到 A/D 转换器上,完成模拟量到数字量的转换。

2. 集成压力传感器

MPX2100 是 Motorola 公司推出的 X 型压力传感器,其量程为 0～100kPa,输出为 0～40mW 直流电压,与被测压力成线性正比关系。它集固态压阻式应变电桥、温度补偿、校准和信号调理电路于一个芯片上,且经过计算机控制的激光修正,因而具有精度高、补偿效果好、性能可靠、使用比较方便等特点。

3. 集成加速度传感器

ADXL50 电容式集成加速度传感器由电容式加速度传感器、振荡器、解调器及放大器等组成。除此之外,芯片内还集成有 3.4V 的基准电源。

电容式加速度传感器的结构如图 8-2-6 所示,在硅片上安装类似 H 形的弹性元件,在弹性元件上加工 42 组动极片,它们和固定极片等间隔分布,因此所形成的电容 $C_1 = C_2$。当硅片受到加速度作用时,弹性元件位移,动极片和固定极片的位置会发生变化,此时,$C_1 \neq C_2$。

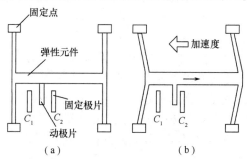

图 8-2-6 电容式加速度传感器的结构

在固定极片上加 1MHz 的脉冲信号,当传感器没有受到加速度作用时,由于 C_1 和 C_2 的电容量相等,加到固定极片上的脉冲信号由于相位相反而相互抵消,输出信号为零。当传感器受到加速度作用时,由于固定极片位移,C_1 和 C_2 均发生变化,加在两个固定极片上的两个脉冲信号的相位差将随 C_1 和 C_2 的容量差而变化,两个脉冲信号在动极片上相加后输出正负交替的脉冲波形。

解调器使用 1MHz 振荡脉冲作为同步时钟,对动极片输出的信号解调。当加速度为正方向时,解调器输出为正电压;当加速度为反方向时,解调器输出为负电压。输出电压的幅值将正比于加速度的大小。通过上述工作过程,就能够将加速度的变化转换为直流电压输出。解调后的直流

电压经放大器放大,输出电压灵敏度为 $19mV/g$。加速度的最大测量范围为 $\pm50g$,相应的电压输出为 $\pm0.95V$。

思考题与习题

1. 磁敏二极管、磁敏三极管的基本原理有哪些异同?

2. 线性集成霍尔传感器与开关型集成霍尔传感器的应用场合有何不同?

3. 试用光敏管设计一个路灯自动控制电路。

4. 试分析图 8-1-18(c)温敏管数字温度计的工作原理。

5. 题 5 图为一个用电流型集成温度传感器 AD590 构成的测温电路,试计算在 $0{}^{\circ}C$ 和 $100{}^{\circ}C$ 时 R 上的电压值。

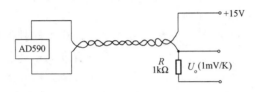

题 5 图

6. 设 IH3605 的电源供电电压为 5V,试计算温度为 $t=30{}^{\circ}C$,相对湿度 H 在 $0\sim100\%$RH 范围时 IH3605 的输出电压范围。

第 8 章例题解析

第 8 章思考题与习题解答

第9章 波式和射线式传感器

9.1 超声波传感器

9.1.1 超声波及其性质

振动在弹性介质中的传播称为波动,简称波。频率在 $16 \sim 2 \times 10^4 \, \mathrm{Hz}$ 之间的机械波,能为人耳所闻,称为声波;低于 16Hz 的机械波称为次声波;高于 $2 \times 10^4 \, \mathrm{Hz}$ 的机械波称为超声波,高于 100MHz 的波为特超声波,如图 9-1-1 所示。

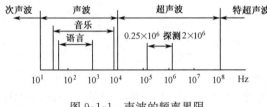

图 9-1-1　声波的频率界限

超声波同其他声波一样,其传播速度也取决于介质的密度和介质的弹性常数(气体中声速为 344m/s,液体中声速为 900~1900m/s,在固体中,横波声速为纵波声速的一半,表面波声速约为横波声速的 90%)。当超声波从一种介质传播到另一介质时,在两介质的分界面上将发生反射和折射;当超声波倾斜入射到介质分界面上时,将产生波型转换。例如,若入射波为纵波,则除产生反射(或折射)纵波外,还同时产生反射(或折射)横波。

超声波与一般声波的主要区别,是它的振动频率高而波长短,因而具有束射特性,方向性强,可以定向传播,其能量远远大于振幅相同的一般声波,并具有很高的穿透能力。

9.1.2 超声波传感器的结构

为了以超声波作为检测手段,必须产生超声波和接收超声波。完成这种功能的装置就是超声波传感器,习惯上称为超声波换能器或超声波探头。

超声波探头按其工作原理可分为压电式、磁致伸缩式、电磁式等。实际使用中压电式超声波探头最为常见。图 9-1-2 为几种典型的压电式超声波探头结构。压电式超声波探头主要由压电晶片、吸收块(阻尼块)、保护膜等组成。压电晶片多为圆板形,其两面镀有银层,作为导电的极板。超声波频率 f 与该压电晶片的厚度 δ 成反比,即

$$f = \frac{1}{2\delta} \sqrt{\frac{E_{11}}{\rho}} \tag{9-1-1}$$

式中,E_{11} 为晶片沿 x 轴方向的弹性模量;ρ 为晶片的密度。

压电式超声波探头是利用压电材料的压电效应来工作的。逆压电效应将高频电振动转换成机械振动,以产生超声波。正压电效应将接收的超声振动转换成电信号。由于压电效应的可逆性,实际应用中的超声波探头大都是发射与接收兼用的,既能发射超声波信号,又能接收发射出去的超声波的回波,并把它转换成电信号。

超声波探头中,阻尼块的作用是降低晶片的品质因数,吸收声能量。如果没有阻尼块,当激励的电脉冲信号停止时,晶片还会继续振荡,这将加长超声波的脉冲宽度,使分辨率变差。

9.1.3 超声波检测方法

超声波在检测技术中的应用,主要是利用超声波的物理性质,通过被测介质的某些声学特性来检测

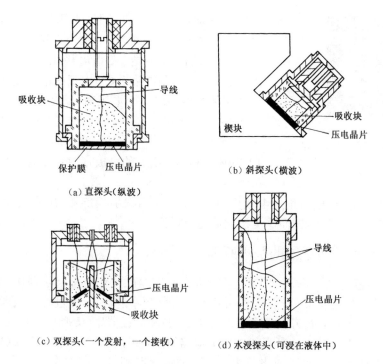

（a）直探头（纵波）

（b）斜探头（横波）

（c）双探头（一个发射，一个接收）

（d）水浸探头（可浸在液体中）

图 9-1-2　几种典型的压电式超声波探头结构

一些非电参数或者进行探伤。超声波检测和探伤的方法有很多，在实际工作中比较常见的有如下几种。

（1）透射法

透射法是根据超声波穿透被测对象前后的能量变化来进行测量或探伤的方法。这种方法要用两个探头，分别置于被测对象的相对两侧，一个发射超声波，一个接收超声波。所用超声波可以是超声脉冲，也可以是连续波。

（2）反射法

当超声波传播到有声阻抗(声阻抗指介质密度 ρ 与声速 c 之积，即 $Z=\rho c$)差异的界面时，将产生反射，两介质声阻抗差异越大，反射越强。利用这种现象来进行探伤和检测的方法，称为反射法。目前应用较多的是脉冲反射法。在应用脉冲反射法时，通常采用一个超声波探头，兼做超声波发射和接收用。

（3）频率法

它是利用超声波测量流速时采用的方法，详见 13.3.6 节的介绍。

9.2　声表面波传感器

沿物体表面传播透入深度浅的弹性波称为声表面波(Surface Acoustic Wave，SAW)。声表面波的振幅随距表面深度的增加而按指数衰减，90％的能量集中在距表面一个波长左右厚度的表面层内。利用这一特点，SAW 器件可以做得很薄。人们在研究 SAW 器件时发现，外界因素(如温度、压力、磁场、电场、某种气体等)对 SAW 传播特性会造成影响，进而研究了这些影响与外界因素的关系。根据这些关系，设计了各种所需结构，用于测量各种化学的、物理的被测参数，制作出了声表面波传感器。

9.2.1　叉指换能器的基本结构

声表面波通常由叉指换能器(Interdigital Transducer，IDT)激发产生。IDT 是在压电基片上

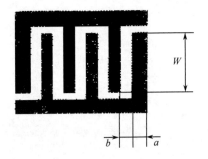

图 9-2-1　叉指换能器的基本结构

真空蒸发淀积一层金属薄膜,再用光刻方法得到若干电极。这些电极条互相交叉配置,两端由汇流条连在一起,形状如同交叉平放的两排手指,叉指电极由此得名,其基本结构如图 9-2-1 所示。图中 a 为叉指电极的电极宽度,b 为电极间距,两个相邻电极构成一个电极对,其相互重叠的长度为有效指长,称为换能器的孔径 W。叉指电极周期长度为

$$T = 2a + 2b$$

均匀(或非色散) IDT 的电极宽度 a 和电极间距 b 相等,即 $a = b = T/4$。

利用压电材料的逆压电与正压电效应,IDT 既可作为发射换能器,用来激励 SAW,又可作为接收换能器,用来接收 SAW,因而这类换能器是可逆的。

9.2.2　声表面波传感器的基本原理

声表面波传感器的核心是 SAW 振荡器,SAW 传感器的工作原理就是利用 SAW 振荡器这一频控元件受各种物理、化学和生物量的作用而引起振荡频率的变化,通过精确测量振荡频率的变化来实现检测目的。SAW 振荡器有延迟线型(DL 型)和谐振器型(R 型)两种。

延迟线型 SAW 振荡器由波延迟线和放大电路组成,如图 9-2-2 所示。激励输入换能器 T_1,激发出声表面波,传播到 T_2,转换成电信号,经放大后反馈到 T_1,以便保持振荡状态。延迟线型 SAW 振荡器应满足包括放大器在内的环路相位必须是 2π 的正整数倍的振荡条件,即

$$\frac{2\pi \cdot f \cdot l}{V_R} + \phi = 2n\pi \tag{9-2-1}$$

式中,f 为振荡频率;l 为声表面波传播路程,即 T_1 与 T_2 的中心距;V_R 为声表面波速度;ϕ 为包括放大器和电缆在内的环路相位移;n 为正整数,通常为 30～1000。

当 ϕ 不变时,外界被测参数变化会引起 V_R、l 发生变化,从而引起振荡频率改变 Δf

$$\frac{\Delta f}{f} = \frac{\Delta V_R}{V_R} - \frac{\Delta l}{l} \tag{9-2-2}$$

谐振器型 SAW 振荡器的结构如图 9-2-3 所示,由一对叉指换能器与反射栅阵列组成。发射和接收叉指换能器用来完成声-电转换。当发射叉指换能器上加以交变电信号时,相当于在压电衬底材料上加交变电场,这样材料表面就产生与所加电场强度成比例的机械形变,这就是所谓的声表面波。该声表面波在接收叉指换能器上,由于压电效应又变成电信号,经放大器放大后,正反馈到输入端。只要放大器的增益能补偿谐振器及其连接导线的损耗,同时又能满足一定的相位条件,这样组成的振荡器就可以起振并维持振荡。其振荡频率为

$$f = \frac{V_R}{T} \tag{9-2-3}$$

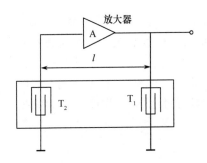

图 9-2-2　延迟线型 SAW 振荡器

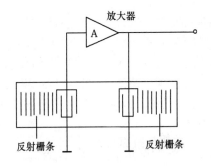

图 9-2-3　谐振器型 SAW 振荡器

式中，T 为叉指电极周期长度。因此，外界待测参数变化时会引起 V_R、T 变化，从而引起振荡频率改变，如(9-2-2)式所示。

所以，测出振荡频率的改变量，就可以求出待测参数的变化。以上就是 SAW 传感器的基本原理。

9.2.3　声表面波传感器的实例

SAW 传感器是一种新型的频率式传感器，具有频率式传感器所共有的优点，如频率的测量精度高、频率信号抗干扰能力强、适合于远距离传输、频率输出易与微机接口等。

SAW 传感器应用平面制作工艺，不仅体积小、重量轻、功耗小，而且可实现单片多功能，也能和逻辑器件集成一体组成智能敏感器件。由于具有上述优点，SAW 传感器得到广泛应用。

1. 声表面波温度传感器

SAW 温度传感器是根据温度变化会引起表面波速度改变从而引起振荡频率变化的原理设计而成的。由于外界温度变化所引起的基片材料尺寸变化很小，(9-2-2)式中的后边一项可以忽略。因此有

$$\frac{\Delta f}{f} = \frac{\Delta V_R}{V_R} \tag{9-2-4}$$

选择适当的基片材料切型，可使声表面波速度 V_R 只与温度的一次项有关，从而使振荡频率变化率与温度变化率之间成线性关系。若预先测出频率-温度特性，则由振荡频率的变化量可检测出温度变化量，从而得到待测温度。

2. 声表面波压力传感器

SAW 器件在基底压电材料受到外界作用力作用时，材料内部各点的应力发生变化，通过压电材料的非线性弹性行为，使材料的弹性常数 E、密度 ρ 等随外界作用力的变化而变化，从而导致声表面波传播速度 $V_R = \sqrt{E/\rho}$ 的变化。同时压电材料受到作用力作用后，使 SAW 谐振器的结构尺寸发生变化，从而导致 SAW 的波长 λ 改变。由于 SAW 谐振器的谐振频率 $f = V_R/\lambda$，所以 V_R 与 λ 之变化共同导致谐振频率 f 的变化。通过测量频率的大小，就可得知外界压力的大小，从而实现压力的精确测量。

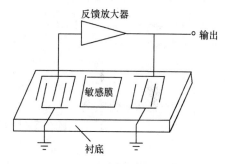

图 9-2-4　声表面波气体传感器结构

3. 声表面波气体传感器

SAW 气体传感器以 SAW 器件为基底材料，在其上形成选择性气体敏感膜并配以外部电路而构成，其结构如图 9-2-4 所示。敏感膜处于 SAW 传播通道上，当敏感膜吸附气体分子与气体结合时，会引起膜密度和弹性性质等发生变化，从而使声表面波速度 V_R 发生变化，结果导致振荡频率 f 变化。通过检测振荡频率的变化，即可测出被吸附气体的浓度。

9.3　微波传感器

9.3.1　微波的基本知识简介

1. 微波的性质与特点

微波是波长为 1m～1mm 的电磁波，既具有电磁波的性质，又不同于普通无线电波和光波。微波相对于波长较长的电磁波有下列特点：①定向辐射的装置容易制造；②遇到各种障碍物易于反

射;③绕射能力较差;④传输特性良好,传输过程中受烟雾、火焰、灰尘、强光等的影响很小;⑤介质对微波的吸收与介质的介电常数成比例,水对微波的吸收作用最强。正是这些特点构成了微波检测的基础。

2. 微波振荡器与微波天线

微波振荡器是产生微波的装置。由于微波波长很短,频率很高(300MHz~300GHz),要求振荡回路具有非常微小的电感与电容,故不能用普通电子管与晶体管构成微波振荡器。构成微波振荡器的器件有速调管、磁控管等,小型微波振荡器也可以用体效应管。

由微波振荡器产生的振荡信号需要用波导管(波长在10cm以上可用同轴线)传输,并通过天线发射出去。为了使发射的微波具有尖锐的方向性,天线具有特殊的结构。常用的天线有喇叭形天线[参见(图9-3-1(a)、(b)]、抛物面天线[参见图9-3-1(c)、(d)]、介质天线与隙缝天线等。

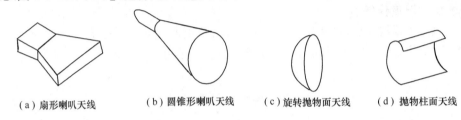

(a)扇形喇叭天线　　　(b)圆锥形喇叭天线　　　(c)旋转抛物面天线　　　(d)抛物柱面天线

图 9-3-1　常用的微波天线

喇叭形天线结构简单,制造方便,可以看作波导管的延续。喇叭形天线在波导管与敞开的空间之间起匹配作用,以获得最大能量输出。抛物面天线犹如凹面镜,产生平行光,这样使微波发射的方向性得到改善。

9.3.2　微波传感器的类型和特点

微波传感器就是利用微波特性来检测某些物理量的器件或装置。由发射天线发出的微波,遇到被测物时将被吸收或反射,使功率发生变化。若利用接收天线,接收通过被测物或由被测物反射回来的微波,并将它转换成电信号,再由测量电路测量和指示,就实现了微波检测过程。根据上述原理,微波传感器可分为反射式与遮断式两类。

1. 反射式微波传感器

这种传感器通过检测被测物反射回来的微波功率或经过的时间间隔来表达被测物的位置、位移、厚度等参数。

2. 遮断式微波传感器

这种传感器通过检测接收天线接收到的微波功率大小,来判断发射天线与接收天线间有无被测物或被测物的厚度、含水量等参数。

图 9-3-2　微波传感器的构成

与一般传感器不同,微波传感器的敏感元件可以认为是一个微波源,其他部分可视为转换器和接收器,如图9-3-2所示。转换器可以认为是一个微波源的有限空间,被测物处于其中。如果微波源与转换器合二为一,则称为有源微波传感器;如果微波源与接收器合二为一,则称为自振式微波传感器。

由于微波本身的特性,决定了微波传感器具有以下特点:

① 可以实现非接触测量,因此可进行活体检测,大部分测量不需要取样;

② 检测速度快、灵敏度高,可以进行动态检测与实时处理,便于自动测控;

③ 可以在恶劣环境下检测,如高温、高压、有毒、有射线环境条件下工作;

④ 输出信号可以方便地调制在载波信号上进行发射与接收,便于实现遥测与遥控。

微波传感器的主要问题是零点漂移和标定问题尚未得到很好的解决。其次,使用时外界因素影响较多,如温度、气压、取样位置等。

9.4　核辐射传感器

核辐射传感器也称核辐射检测装置,它是利用核辐射的物理特性而工作的传感器,可用来测量物质的密度、厚度,分析气体成分,探测物体内部结构等。

9.4.1　核辐射检测的物理基础

1. 放射性同位素

凡原子序数相同而原子质量不同的元素,在元素周期表中占同一位置,故称之为同位素。原子如果不是由于外来原因而自发地产生核结构变化,这种现象称为核衰变。具有核衰变性质的同位素会自动在衰变中放出射线,故称之为"放射性同位素"。其衰变规律为

$$a = a_0 \mathrm{e}^{-\lambda t} \tag{9-4-1}$$

式中,a_0、a 分别为初始时与经过 t 时间后的原子核数;λ 为衰变常数。

衰变的速度取决于 λ 的量值,习惯常用与 λ 有关的半衰期 τ 来表示衰变的快慢。放射性同位素的原子核数衰减到一半所需要的时间,称为半衰期,记为 τ,即

$$\tau = \frac{\ln 2}{\lambda} = \frac{0.693}{\lambda} \tag{9-4-2}$$

τ 与 λ 一样,是不受任何外界作用影响而且和时间无关的恒量。不同放射性同位素的 τ 及 λ 是不同的,一般将半衰期 τ 作为该放射性同位素的寿命。常用的放射性同位素有 20 种左右,其中半衰期最长的达 5720 年,最短的仅 74.7 天。

2. 核辐射

放射性同位素在衰变过程中放出一种特殊的、带有一定能量的粒子或射线,这种现象称为"核辐射"。放出的射线有 α、β、γ 三种射线。其中 α 射线由带正电的 α 粒子组成,β 射线由带负电的 β 粒子组成,γ 射线由中性的光子组成。

通常用单位时间内发生衰变的次数来表示放射性的强弱,称为放射性强度。放射性强度也是随时间按指数衰减的,即

$$I = I_0 \mathrm{e}^{-\lambda t} \tag{9-4-3}$$

式中,I_0 为初始时的放射性强度;I 为经过时间 t 后的放射性强度。单位是居里(Ci),1 居里等于放射源每秒发生 3.7×10^{10} 次核衰变。

3. 核辐射与物质间的相互作用

核辐射与物质间的相互作用主要是电离、吸收和反射。

具有一定能量的带电粒子,如 α、β 粒子,它们在穿过物质时会产生电离作用,在其经过的路程上形成许多离子对。电离是带电粒子与物质相互作用的主要形式。一个粒子在每厘米路径上生成离子对的数目,称为比电离。带电粒子在物质中穿行,其能量逐渐耗尽而停止,其穿行的一段直线距离称为粒子的射程。α 粒子由于质量较大,电荷量也大,因而在物质中引起的比电离也大,故射程较短。β 粒子的能量是连续谱,质量很轻,运动速度比 α 粒子快得多,而比电离远小于同样能量的 α 粒子。γ 光子的电离能力就更小。

β 和 γ 射线比 α 射线的穿透能力强。当它们穿过物质时,由于物质的吸收作用而损失一部分能量。辐射在穿过物质层后,其能量强度按指数规律衰减,可表示为

$$I = I_0 \exp(-\mu h) \tag{9-4-4}$$

式中,I_0 为入射到吸收体的辐射通量强度;I 为穿过厚度为 h(单位为 cm)的吸收层后的辐射通量强度;μ 为线性吸收系数。

实验证明,比值 μ/ρ(ρ 为密度)几乎与吸收体的化学成分无关。这个比值称为质量吸收系数,常用 μ_ρ 表示。此时(9-4-4)式可改写成

$$I = I_0 \exp(-\mu_\rho \rho h) \tag{9-4-5}$$

设质量厚度 $x = h\rho$,则吸收公式可写成

$$I = I_0 \exp(-\mu_\rho x) \tag{9-4-6}$$

这些公式是设计核辐射测量仪器的基础。

β 射线在物质中穿行时容易改变运动方向而产生散射现象,向相反方向的散射就是反射,有时称为反散射。反散射的大小与 β 粒子的能量、物质的原子序数及厚度有关。利用这一性质可以测量材料的涂层厚度。

9.4.2 核辐射传感器

核辐射传感器主要由放射源和探测器组成。

1. 放射源

利用核辐射传感器进行测量时,都要有可发射出 α、β 粒子或 γ 射线的放射源。选择放射源时,应尽量提高检测灵敏度和减小统计误差。为避免经常更换放射源,要求采用的同位素有较长的半衰期及合适的放射强度。因此,尽管放射性同位素种类很多,但能用于测量的只有 20 种左右,最常用的有 ^{60}Co、^{137}Cs、^{241}Am 及 ^{90}Sr 等。

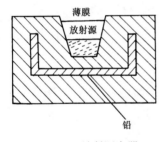

图 9-4-1　放射源容器

放射源的结构应使射线从测量方向射出,而其他方向则必须使射线的剂量尽可能小,以减小对人体的危害。β 射线放射源一般为圆盘状,γ 射线放射源一般为丝状、圆柱状或圆片状。图9-4-1所示为 β 厚度计放射源容器,射线出口处装有耐辐射薄膜,以防灰尘落入,并能防止放射源受到意外损伤而造成污染。

2. 探测器

探测器就是核辐射的接收器,常用的有电离室、盖革计数管和闪烁计数器。

(1) 电离室

图 9-4-2 为电离室工作原理,它是在空气中设置一个平行板电容器,对其加上几百伏极化电压,在极板间产生电场。当有粒子或射线射向两极板之间的空气时,空气分子被电离成正、负离子。带电离子在电场作用下形成电离电流,并在外接电阻 R 上形成电压降,测量此电压降即可得到核辐射的强度。电离室主要用于探测 α、β 粒子,具有成本低、寿命长等优点,但输出电流很小,而且探测 α、β 粒子和 γ 射线的电离室互不通用。

(2) 盖革计数管

图 9-4-3 为盖革计数管示意图。它是一个密封玻璃管,中间一条钨丝为工作阳极,在玻璃管内壁涂上一层导电物质或另放一金属圆筒作为阴极。管内抽空后,充入惰性气体并在两极间加上适当电压。

核辐射进入计数管后,管内气体产生电离。当负离子在电场作用下加速向阳极运动时,由于碰撞作用,气体分子产生次级电子,次级电子又碰撞气体分子,产生新的次级电子。这样,次级电子急剧倍增,发生"雪崩"现象,使阳极放电。放电后,由于雪崩产生的电子都被中和,阳极被许多正离子包围着,这些正离子被称为"正离子鞘"。正离子鞘的形成,使阳极附近电场下降,直到不再产生离子增殖,原始电离的放大过程停止。由于电场的作用,正离子鞘向阴极移动,在串联电阻上产生电

压脉冲,其大小取决于正离子鞘的总电荷,与初始电离无关。正离子鞘到达阴极时得到一定的动能,能从阴极打出次级电子。由于此时阳极附近的电场已恢复,次级电子又能再一次产生正离子和电压脉冲,从而形成连续放电。

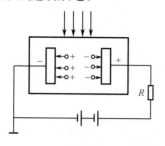

图 9-4-2　电离室工作原理

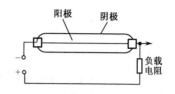

图 9-4-3　盖革计数管示意图

在外电压相同的情况下,入射的核辐射强度越强,盖革计数管内产生的脉冲数越多。盖革计数管常用于探测 β 和 γ 射线的辐射量(强度)。

(3) 闪烁计数器

图 9-4-4 为闪烁计数器组成示意图。闪烁晶体是一种受激发光物质,有固态、液态、气体三种,分为有机与无机两大类。有机闪烁晶体的特点是发光时间常数小,只有与分辨率高的光电倍增管配合时才能获得 10^{-10} s 的分辨时间,并且容易制成较大的体积,常用于探测 β 粒子。无机闪烁晶体的特点是对入射粒子的阻止本领大,发光效率高,有很高的探测效率,常用于探测 γ 射线。

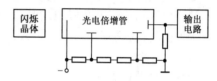

图 9-4-4　闪烁计数器组成示意图

当核辐射进入闪烁晶体时,晶体原子受激发光,透过晶体射到光电倍增管的阴极上,由于光电效应在阴极上产生的光电子在光电倍增管中倍增,在阳极上形成电流脉冲,这可用仪器指示或记录。

3. 核辐射的防护

放射性辐射过度地照射人体,能够引起多种放射性疾病。我国规定:安全剂量为0.05 伦琴/日,0.3 伦琴/周。因此在实际工作中,要采取各种方式来减小射线的照射强度和减少射线的照射时间,如采用屏蔽层,利用辅助工具,或增加与辐射源的距离等各种措施。

9.5　频率式传感器

能直接将被测量转换为振动频率信号的传感器称为频率式传感器。这类传感器一般通过测量振弦、振筒、振梁、振膜等弹性振体或石英晶体谐振器的固有谐振频率来达到测量引起谐振频率变化的被测非电量的目的,因此,这类传感器又称为谐振式传感器。

9.5.1　振弦式传感器

1. 工作原理与激励方式

振弦式传感器的工作原理可用图 9-5-1 来说明。图中 O 和 A 是两个支点,其间张一根质量为 m 的金属细弦,弦长为 l,这就是振弦。振弦由运动部分拉紧,受到张力 F 的作用,这时弦的横向振动的固有频率为

$$f = \frac{1}{2\pi}\sqrt{\frac{k}{m}} \qquad (9\text{-}5\text{-}1)$$

式中,k 为振弦的横向刚度系数,由材料力学可知

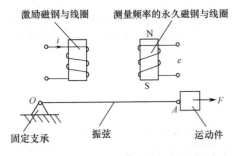

激励磁钢与线圈　测量频率的永久磁钢与线圈

图 9-5-1　振弦式传感器工作原理图

$$k = \frac{\pi^2 F}{l} \qquad (9\text{-}5\text{-}2)$$

将上式代入(9-5-1)式得

$$f = \frac{1}{2}\sqrt{\frac{F}{ml}} \qquad (9\text{-}5\text{-}3)$$

上式可改写成为

$$f = \frac{1}{2l}\sqrt{\frac{F}{\rho}} = \frac{1}{2l}\sqrt{\frac{\sigma s}{\rho}} = \frac{1}{2l}\sqrt{\frac{\sigma}{\rho_v}} = \frac{1}{2l}\sqrt{\frac{E}{\rho_v}\frac{\Delta l}{l}}$$

$$(9\text{-}5\text{-}4)$$

式中, ρ 为振弦的线密度, $\rho = m/l$; ρ_v 为振弦的体积密度, $\rho_v = m/sl$; s 为振弦的截面积; Δl 为振弦受力后长度的增量; E 为振弦材料的弹性模量; σ 为振弦的应力, $\sigma = F/s$。

由上式可看出, 一般振弦工作段的质量 m、工作长度 l、振弦的截面积 s、弹性模量 E 和振弦的密度 ρ 都可视为常数, 根据弦的振动的频率可以测量力 F、应力 σ、位移 Δl 等参数。

振弦是振弦式传感器的敏感元件, 对传感器的精度、灵敏度、稳定性有举足轻重的作用。因此对振弦材料有严格的要求: 抗拉强度高, 弹性模量大, 导磁性和导电性能好, 线膨胀系数小。

要测量弦的振动频率, 必须用图 9-5-1 中激励线圈和电磁铁激励金属细弦振动, 用绕在永久磁钢上的拾振线圈检测因金属细弦振动产生的感应电压, 感应电压的频率即为振弦的固有频率。目前有两种激励振弦振动的方式: 间歇激励方式和连续激励方式。

（1）间歇激励方式

这种方式也称为开环式, 其电路如图 9-5-2(a)所示。当张弛振荡器给出激励脉冲时, 继电器吸合, 电流通过磁铁线圈, 使电磁铁吸住振弦。脉冲停止后, 松开振弦, 振弦便自由振动, 使电磁铁与振弦组成的磁路的磁阻发生变化, 并在线圈中产生感应电压, 此感应电压经继电器常闭接点输出, 输出信号如图 9-5-2(b)所示, 感应电压的频率即为振弦的固有频率。由于空气等阻尼作用, 振动将逐渐衰减。为了维持弦的振动, 必须每隔一定时间激励一次, 因此在电磁铁线圈中要通过一定周期的脉冲电流。由此可见, 线圈兼有激励和拾振两种作用。

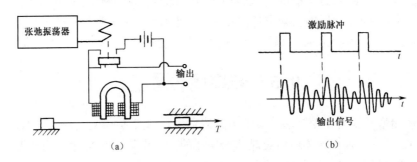

图 9-5-2　间隙激励方式原理图

（2）连续激励方式

这种方式也称为闭环式, 可分为以下两种。

① 电流法, 其电路如图 9-5-3(a)所示。振弦作为振荡电路的一部分位于磁场中, 当振弦通入电流后, 就在磁场中振动, 并输出一个信号, 经放大后又正反馈给振弦使其连续振动。图中 R_1、R_2 和场效应管 VT_1 组成负反馈电路, 起着控制起振条件和振荡幅度的作用, 而 R_4、R_5、VD_2 和 C 支路控制 VT_1 的栅极电压, 起稳定输出信号幅度的作用, 并为起振创造条件。当电路停振时, 输出信号等于 0, VT_1 处于零偏压状态, 漏源极对 R_2 的并联作用使反馈电压近似等于 0, 从而大大削弱了电路负反馈回路的作用, 使回路的正增益大大提高, 有利于起振。对本电路的分析详见参考文献[2]。

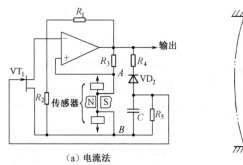

（a）电流法

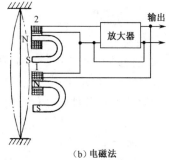

（b）电磁法

图 9-5-3　连续激励方式电路

② 电磁法，其电路如图 9-5-3(b)所示，图中有两个磁钢和两个线圈。线圈 1 激励振弦振动，线圈 2 拾振产生感应电动势。感应电动势经放大后送到线圈 1 以便补充能量。只要放大器的输出电流能满足振荡器的振幅和相位条件，振弦及时得到恰当的能量补充，就将维持连续振动，其振动频率即为振弦的固有频率。

2. 差动式振弦传感器

设振弦的初始张力为 F_0，初始频率为 f_0，当振弦的张力增加 ΔF 时，振弦的振动频率由 f_0 变到 f，由(9-5-4)式得

$$f = \frac{1}{2l}\sqrt{\frac{F_0 + \Delta F}{\rho}} = \frac{1}{2l}\sqrt{\frac{F_0}{\rho}}\sqrt{1 + \frac{\Delta F}{F_0}} = f_0\sqrt{1 + \frac{\Delta F}{F_0}} \tag{9-5-5}$$

将 $\sqrt{1 + \dfrac{\Delta F}{F_0}}$ 展开成幂级数代入上式得

$$f = f_0\left[1 + \frac{1}{2}\frac{\Delta F}{F_0} - \frac{1}{8}\left(\frac{\Delta F}{F_0}\right)^2 + \frac{1}{16}\left(\frac{\Delta F}{F_0}\right)^3 - \cdots\right] \tag{9-5-6}$$

$$\frac{\Delta f}{f_0} = \frac{f - f_0}{f_0} = \frac{\Delta F}{2F_0}\left[1 - \frac{1}{4}\left(\frac{\Delta F}{F_0}\right) + \frac{1}{8}\left(\frac{\Delta F}{F_0}\right)^2 - \cdots\right] \tag{9-5-7}$$

一般情况下，$\Delta F \ll F_0$，故可忽略上式中的高次项，取相对频率偏移为

$$\frac{\Delta f}{f_0} = \frac{1}{2}\frac{\Delta F}{F_0} \tag{9-5-8}$$

由(9-5-7)式可见，单根振弦的非线性误差主要是第二项，非线性误差为

$$\delta = \frac{f_0\frac{1}{8}\left(\frac{\Delta F}{F_0}\right)^2}{f_0\frac{1}{2}\left(\frac{\Delta F}{F_0}\right)} = \frac{1}{4}\frac{\Delta F}{F_0} \tag{9-5-9}$$

由上式可见，$\Delta F/F_0$ 越大，线性越差。为了得到良好的线性，采用差动式振弦传感器，如图9-5-4所示。上、下振弦的长度和质量相同，初始时，张力均为 F_0。当被测参数作用在弹性膜片上时，一根弦的张力增加，另一根弦的张力减小，它们的增量 ΔF 相等，但方向相反，由(9-5-6)式可得

$$\frac{\Delta f}{f_0} = \frac{f_1 - f_2}{f_0} = \frac{\Delta F}{F_0}\left[1 - \frac{1}{8}\left(\frac{\Delta F}{F_0}\right)^2 + \cdots\right] \tag{9-5-10}$$

对比(9-5-10)式与(9-5-7)式可见，不仅使灵敏度提高 1 倍，而且可减小温度误差和非线性误差，非线性误差为

$$\delta = \frac{1}{8}\left(\frac{\Delta F}{F_0}\right)^2 \tag{9-5-11}$$

上、下弦的拾振器输出信号通过差频电路测出两弦的频率差，即可测得两弦的张力增量 ΔF。

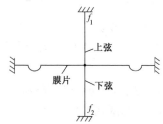

图 9-5-4　差动式振弦传感器

9.5.2 振筒式传感器

1. 振筒式压力传感器

这种传感器的结构原理如图 9-5-5(a)所示,振筒是一种金属薄壁圆筒,一端固定,另一端封闭。当内、外腔在流体压差作用下敲击振筒使之做自由振动时,将引起各种变形反力、筒自身质量和流体介质质量的惯性力及各种阻力(金属内摩擦、流体介质的阻尼)等,共同构成一个有衰减的自由振动系统。

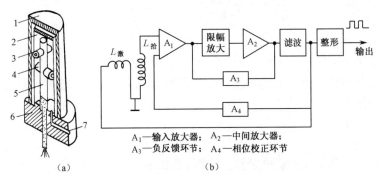

A₁—输入放大器;　A₂—中间放大器;
A₃—负反馈环节;　A₄—相位校正环节

(a)　　　　　　　　　(b)

图 9-5-5　振筒式压力传感器的结构原理示意图

振筒式压力传感器由以下主要部件构成:1 为振筒的保护罩,防止外磁场的干扰并兼起机械保护作用;2 为振筒,即敏感元件,其一端固定、另一端密封且可以自由运动,由 3J53 型磁性恒弹性合金制成,1 与 2 之间为真空参考室;3 为激振线圈,内放一导磁棒;4 为拾振线圈,内放一永久磁棒;5 为环氧树脂制成的支架,其上固定着两个互相垂直的线圈 3 和 4,以此保证它们之间基本无电磁耦合;6 为底座;7 为进气孔,输入被测压力。

工作过程可从图 9-5-5(a)看出,在被测压力为 0 时,要使振筒工作在谐振状态,必须从外部提供电激励能量,而系统本身还应该是一个满足自激振荡的正反馈闭环系统,其线路方框图如图 9-5-5(b)所示。

当被测压力引入振筒内壁时,振筒在一定压差作用下刚度发生改变,当电路开启,由于电干扰的冲击作用,通过线圈 3 和磁心组成的激励器给振筒以冲击力,使其作自由振动,同时引起筒壁与线圈 4 内磁心之间的间隙发生变化,根据电磁感应原理,可在线圈 4 产生感应电动势 e。感应电动势 e 经激励放大器放大移相后,又正反馈给线圈 3。当正反馈能量与耗散能量相等时,便形成一个稳定的自激振动,其频率为振筒的固有频率,它取决于振筒的尺寸及固定方式而不取决于电路。当输入压力不同时,振筒的振动频率也不同。由此可见,振筒的振动频率可表征被测压力的大小,即压力与频率之间存在着一定的函数关系,这种传感器的精度目前可达千分之几到万分之几。

振筒的振动频率为

$$f = a\sqrt{\frac{Ek}{m}} \tag{9-5-12}$$

式中,E 为材料的弹性模量;m 为振筒的质量;k 为振筒材料的刚度;a 为与量纲有关的常数。被测压力引入振筒内壁时,引起筒壁应力的变化,从而使振筒的刚度发生变化。由上式可知,刚度的变化将使振动频率随之改变。因此,振动频率 f 与压力 P 之间存在一定的函数关系。据推导有

$$f = f_0\sqrt{1+\alpha P} \tag{9-5-13}$$

式中,α 为常数,与振筒的材料尺寸有关;f_0 为压力为 0 时振筒的固有振动频率。

2. 振筒式密度传感器

由(9-5-12)式可得,空振筒的振动频率 f_0 与振筒内充满质量为 Δm 的流体时的振动频率 f_x 之比为

$$\frac{f_0^2}{f_x^2} = 1 + \frac{\Delta m}{m}$$

设振筒长度为 l，外径为 D_1，内径为 D_2，管材密度为 ρ_0，流体密度为 ρ_x，则

$$\Delta m = \frac{\pi}{4} D_2^2 l \rho_x, \qquad m = \frac{\pi}{4}(D_1^2 - D_2^2) l \rho_0$$

综合以上三式可得

$$\rho_x = \rho_0 \left(\frac{D_1^2}{D_2^2} - 1 \right) \left(\frac{f_0^2}{f_x^2} - 1 \right) \tag{9-5-14}$$

上式表明被测流体密度 ρ_x 与振动频率 f_x 存在一一对应关系，因此，通过测量 f_x 可测量流体密度 ρ_x，这就是振筒式密度传感器的工作原理，其结构如图 9-5-6 所示。它是用低温度系数的镍铁合金（如 3J58）制成的长度为 l、直径为 D 的中空薄壁圆筒，其两端固定在基座上，由振动管、激振器、拾振器和放大振荡电路组成一个反馈振荡系统。

图 9-5-6 所示为振筒单管式密度传感器，振动管被固定的两端对固定块有一反作用力，这将引起固定块的运动，改变了系统的振动频率，导致测量误差。采用图 9-5-7 所示的双管式结构可以改变这种状况。工作时，这两个振动管的振动频率相同但方向相反，因此它们对固定基座的作用力可以相互抵消，不会引起基座的运动，从而提高了振动管振动频率的稳定性。被测介质流过传感器的两个平行的振动管，管子的端部固定在一起，形成一个振动单元。振动管与外部管道采用软性连接（如波纹管），以防止外部管道的应力和热膨胀对管子振动频率的影响。激振线圈和拾振线圈放在两根管子中间，管子以横向模式振动，通常是一次振型，如图中虚线所示。

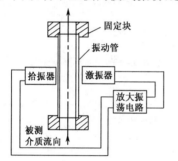

图 9-5-6 振筒式密度传感器

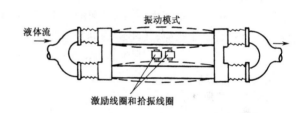

图 9-5-7 振筒双管式密度传感器

思考题与习题

1. 压电式超声波探头有哪几种结构？
2. 声表面波传感器的优点是什么？
3. 微波传感器有哪些类型？
4. 核辐射传感器由哪些部分组成？怎样防护核辐射？
5. 试指出振弦、振筒两种频率式传感器的共同特点和共同的工作原理。
6. 能不能用无导磁性的金属丝做振弦传感器的振弦？为什么？

第 9 章例题解析

第 9 章思考题与习题解答

第10章 传感器的特性和标定

10.1 传感器的特性

传感器的输入/输出关系特性是传感器的基本特性。传感器的输入量可分为静态量和动态量两类。静态量是指稳定状态的信号或变化极其缓慢的信号(准静态);动态量通常指周期信号、瞬变信号或随机信号。由于输入物理量状态不同,传感器所表现出来的输入/输出特性也不同,因此存在所谓的静态特性和动态特性。

输入/输出特性虽然是传感器的外部特性,但与其内部参数有密切关系。传感器不同的内部参数决定它具有不同的外部特性。由于不同传感器有不同的内部参数,它们的静态特性和动态特性也表现出不同的特点,对测量结果的影响也各不相同。一个高精度传感器,必须有良好的静态特性和动态特性,这样它才能完成信号(或能量)无失真的转换。

10.1.1 传感器的一般数学模型

传感器在检测静态量时的静态特性与检测动态量时的动态特性可以分开来考虑。于是对应于输入信号的性质,传感器的数学模型常有静态模型与动态模型之分。

1. 传感器的静态模型

静态模型是指在静态条件下(输入量对时间 t 的各阶导数为零)得到的传感器数学模型。

若不考虑滞后及蠕变效应,传感器的静态模型可表示为

$$y = a_0 + a_1 x + a_2 x^2 + \cdots + a_n x^n \tag{10-1-1}$$

式中,y 为输出量;x 为输入量;a_0 为零位输出;a_1 为传感器的灵敏度,常用 K 或 S 表示;$a_2, a_3, \cdots,$ a_n 为非线性项待定常数。

2. 传感器的动态模型

(1) 微分方程

由于数学上的原因,在研究传感器的动态响应特性时,一般都忽略传感器的非线性和随机变化等复杂的因素,在一定程度和一定范围内将传感器作为线性定常系统考虑。因而其动态数学模型即其输入与输出的关系可以用线性常系数微分方程来表示

$$a_n \frac{d^n y}{dt^n} + a_{n-1} \frac{d^{n-1} y}{dt^{n-1}} + \cdots + a_1 \frac{dy}{dt} + a_0 y = b_m \frac{d^m x}{dt^m} + b_{m-1} \frac{d^{m-1} x}{dt^{m-1}} + \cdots + b_1 \frac{dx}{dt} + b_0 x \tag{10-1-2}$$

式中,y 为传感器的输出量 $y(t)$;x 为输入量 $x(t)$;t 为时间;$a_0, a_1, \cdots, a_n$ 为仅取决于传感器本身特性的常数;$b_0, b_1, \cdots, b_m$ 为仅取决于传感器本身特性的常数。$n \geqslant m$,n 为传感器的"阶数"。

(2) 传递函数

对于常系数线性系统来说,同时作用的两个输入量所引起的输出,等于这两个输入量单独引起的输出之和(叠加原理),而且常系数线性系统输出的频率等于输入的频率(频率不变原理)。因此,要分析常系数线性系统在复杂输入作用下的总输出,可以先将输入量分解成许多简单的输入分量,分别求得这些输入分量各自对应的输出,然后求这些输出之和。

(10-1-2)式所示的常系数线性微分方程可以应用拉普拉斯变换很方便地求解。当输入量 $x(t)$ 和输出量 $y(t)$ 及它们的各阶时间导数的初始值($t = 0$ 时的值)为零时,(10-1-2)式的拉氏变换式为

$$(a_n s^n + a_{n-1} s^{n-1} + \cdots + a_1 s + a_0) Y(s) = (b_m s^m + b_{m-1} s^{m-1} + \cdots + b_1 s + b_0) X(s) \quad (10\text{-}1\text{-}3)$$

式中，s 为拉普拉斯算子；$Y(s)$ 为初始条件为零时传感器输出量的拉氏变换式；$X(s)$ 为初始条件为零时传感器输入量的拉氏变换式。

由(10-1-3)式可得

$$H(s) = \frac{Y(s)}{X(s)} = \frac{b_m s^m + b_{m-1} s^{m-1} + \cdots + b_1 s + b_0}{a_n s^n + a_{n-1} s^{n-1} + \cdots + a_1 s + a_0} \quad (10\text{-}1\text{-}4)$$

式中，$H(s)$ 称为传感器的传递函数，它是初始条件为零时传感器的输出量与输入量的拉氏变换式之比。

10.1.2 传感器的静态特性

传感器在稳态信号作用下，其输入/输出关系称为静态特性。衡量传感器静态特性的重要指标是线性度、灵敏度、迟滞和重复性。

1. 线性度

传感器的线性度是指传感器输出与输入之间的线性程度。传感器的理想输入/输出特性是线性的，具有以下优点：

① 可大大简化传感器的理论分析和设计计算；

② 为标定和数据处理带来很大方便，只要知道线性输入/输出特性上的两点(一般为零点和满度值)，就可以确定其余各点；

③ 可使传感器的刻度盘均匀刻度，因而制作、安装、调试容易，提高测量精度；

④ 避免了非线性补偿环节。

实际上，许多传感器的输入/输出特性是非线性的。如果不考虑迟滞和蠕变效应，一般可用(10-1-1)式表示输入/输出特性。

由(10-1-1)式可见. 如果 $a_0 = 0$，表示静态特性通过原点，此时静态特性由线性项 $a_1 x$ 和非线性项 $a_2 x^2, \cdots, a_n x^n$ 叠加而成，一般可分为以下 4 种典型情况。

(1) 理想线性[见图 10-1-1(a)]

$$y = a_1 x \quad (10\text{-}1\text{-}5)$$

(2) 仅有偶次非线性项(线性项＋偶次非线性项)[见图 10-1-1(b)]

$$y = a_1 x + a_2 x^2 + a_4 x^4 + \cdots \quad (10\text{-}1\text{-}6)$$

(3) 仅有奇次非线性项(线性项＋奇次非线性项)[见图 10-1-1(c)]

$$y = a_1 x + a_3 x^3 + a_5 x^5 + \cdots \quad (10\text{-}1\text{-}7)$$

(4) 具有奇、偶次非线性项的非线性[见图 10-1-1(d)]

$$y = a_1 x + a_2 x^2 + a_3 x^3 + a_4 x^4 + \cdots \quad (10\text{-}1\text{-}8)$$

由此可见，除图 10-1-1(a)为理想线性关系外，其余均为非线性关系。其中，具有 x 奇次非线性项的曲线图 10-1-1(c)，在原点附近一定范围内基本上为线性特性。

实际应用中，若非线性项的幂次不高，则在输入量变化不大的范围内，用切线或割线代替实际的静态特性曲线的某一段，使传感器的静态特性接近于线性，这称为传感器静态特性的线性化。所采用的直线称为拟合直线。实际特性曲线与拟合直线之间的偏差称为传感器的非线性误差，如图 10-1-2 所示，取其中最大值与输出满量程之比作为评价非线性误差(线性度)的指标，即

$$\gamma_{\mathrm{L}} = \pm \frac{\Delta_{\max}}{y_{\mathrm{FS}}} \times 100\% \quad (10\text{-}1\text{-}9)$$

式中，γ_{L} 为非线性误差(线性度)；$\Delta_{\max}$ 为最大非线性绝对误差；y_{FS} 为输出满量程。

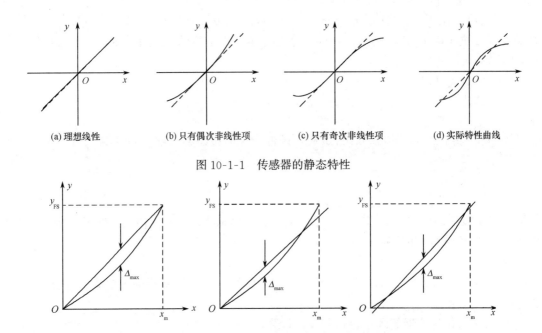

(a)理想线性   (b)只有偶次非线性项   (c)只有奇次非线性项   (d)实际特性曲线

图 10-1-1　传感器的静态特性

图 10-1-2　输入/输出特性的非线性

在设计传感器时,应将测量范围选取在静态特性最接近直线的一小段,此时原点可能不在零点。传感器静态特性的非线性,使其输出不能成比例地反映被测量的变化情况,而且对动态特性也有一定影响。

传感器的输入/输出特性曲线(静态特性)是在静态标准条件下进行校准的。静态标准条件是指没有加速度、振动、冲击(除非这些本身就是被测量),环境温度为(20 ± 5)℃,相对湿度小于85%,气压为(101 ± 8)kPa的情况。在这种标准工作状态下,利用一定等级的校准设备,对传感器进行往复循环测试,得到的输入/输出数据一般用表列出或画成曲线。

而拟合直线的获得有多种标准,一般将在标称输出范围中和标定曲线的各点偏差平方之和最小(最小二乘法原理)的直线作为拟合直线。

2. 灵敏度

灵敏度是传感器输出量增量与被测输入量增量之比。线性传感器的灵敏度就是拟合直线的斜率,即

$$S=\Delta y/\Delta x \tag{10-1-10}$$

非线性传感器的灵敏度不是常数,应以 dy/dx 表示。一般希望传感器的灵敏度高,在满量程范围内是恒定的,即传感器的输入/输出特性为直线。

3. 迟滞

迟滞(或称迟环)特性表明传感器在正(输入量增大)反(输入量减小)行程期间输入/输出特性曲线不重合的程度,如图 10-1-3 所示。也就是说,对应于同一大小的输入信号,传感器正反行程的输出信号大小不相等,这就是迟滞现象。产生这种现象的主要原因是传感器机械部分存在不可避免的缺陷,如轴承摩擦、间隙、紧固件松动、材料的内摩擦、积尘等。

迟滞大小一般要由实验方法确定,用最大输出差值对满量程输出 y_{FS} 的百分比表示,即

$$\gamma_H=\frac{\Delta H_{max}}{y_{FS}}\times100\% \tag{10-1-11}$$

4. 重复性

重复性表示传感器在输入量按同一方向进行全量程多次测试时所得特性曲线不一致性程度

（见图 10-1-4）。多次重复测试的曲线重复性好,误差也小。重复特性的好坏与许多因素有关,与产生迟滞现象具有相同的原因。

不重复性指标一般采用输出最大不重复误差 $\Delta R_{\max}$ 与满量程输出 y_{FS} 的百分比表示,即

$$\gamma_R = \frac{\Delta R_{\max}}{y_{FS}} \times 100\% \tag{10-1-12}$$

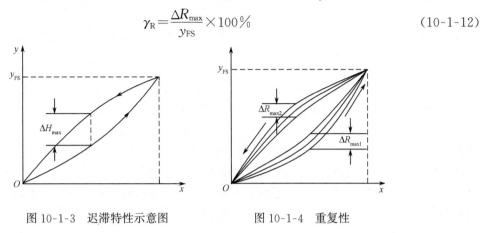

图 10-1-3 迟滞特性示意图   图 10-1-4 重复性

5. 漂移

漂移是指传感器在输入量不变的情况下输出量随时间变化的现象。产生漂移的原因主要有两个:

① 传感器自身结构参数发生老化,如零点漂移(简称零漂),它是在无输入量作用情况下传感器的输出(零点)的变化。

② 在测试过程中周围环境(如温度、湿度、压力等)发生变化。这种情况最常见的是温度漂移(简称温漂),它是由周围环境温度变化引起的输出变化。温度漂移通常用传感器工作环境温度偏离标准环境温度(一般为 20℃)时的输出值的变化量与温度变化量之比来表示,即

$$S_T = \frac{y_t - y_{20}}{\Delta t} \tag{10-1-13}$$

式中,S_T 为温度漂移;y_t、y_{20} 分别为温度为 t 和 20℃时的传感器输出;Δt 为工作环境温度 t 与标准环境温度 20℃之差。

10.1.3 传感器的动态特性

动态特性是反映传感器对于随时间变化的输入量的响应特性。用传感器测试动态量时,希望它的输出量随时间变化的关系与输入量随时间变化的关系尽可能一致,因此需要研究它的动态特性——分析其动态误差。动态误差包括两部分:①输出量达到稳定状态以后与理想输出量之间的差别;②当输入量发生跃变时,输出量由一个稳态到另一个稳态之间的过渡状态中的误差。由于实际测试时输入量是千变万化的,且往往事先并不知道,故工程上通常采用输入"标准"信号函数的方法进行分析,并据此确立若干评定动态特性的指标。

常用的"标准"信号函数是正弦函数与阶跃函数,因为它们既便于求解又易于实现。本节将分析传感器对正弦输入的响应(频率响应)和阶跃输入的响应(阶跃响应)特性。

1. 传感器的频率响应特性

令 $s = j\omega$,可由(10-1-4)式得到传感器的频率响应特性 $H(j\omega)$ 为

$$H(s) \overset{s=j\omega}{=} H(j\omega) = K(\omega) \cdot e^{j\phi(\omega)} \tag{10-1-14}$$

式中,$\phi(\omega)$ 为传感器的相频特性,它是复变函数 $H(j\omega)$ 的辐角;$K(\omega)$ 为传感器的幅频特性,它是复变函数 $H(j\omega)$ 的模,即

$$K(\omega) = |H(j\omega)| \tag{10-1-15}$$

当线性传感器输入角频率为 ω、幅值为 x_m 的正弦信号 $x(t) = x_m \sin\omega t$ 时,其输出稳态响应即 $t \to \infty$ 时的输出信号 $y(t)$ 也是正弦信号,即

$$y(t) = y_m \sin(\omega t + \varphi)$$

该输出正弦信号与输入正弦信号的频率相同,二者的幅值之比取决于该传感器的幅频特性 $K(\omega)$ 在 ω 处的值

$$\frac{y_m}{x_m} = K(\omega) \tag{10-1-16}$$

二者的相位差 φ 取决于该传感器的相频特性 $\phi(\omega)$ 在 ω 处的值

$$\varphi = \phi(\omega) \tag{10-1-17}$$

这就是说,改变输入正弦信号的频率 ω,观察稳态输出响应的幅值变化和相位滞后,就可求得传感器的幅频特性和相频特性,这正是传感器动态标定的常用方法之一。

下面分别介绍零阶系统、一阶系统和二阶系统的传递函数。在工程实际中,大部分传感器都可概括为零阶系统、一阶系统和二阶系统或它们的组合。

(1) 零阶系统

零阶系统的方程为

$$a_0 y = b_0 x$$

写成通用形式为

$$y = K_0 x \tag{10-1-18}$$

式中,K_0 为系统的静态灵敏度,$K_0 = b_0/a_0$。

零阶系统的传递函数为

$$H(s) = K_0 \tag{10-1-19}$$

频率特性为

$$H(j\omega) = K_0 \tag{10-1-20}$$

幅频特性为

$$K(\omega) = K_0 \tag{10-1-21}$$

相频特性为

$$\phi(\omega) = 0 \tag{10-1-22}$$

可见,零阶系统是一个与时间和频率无关的系统,输出量的幅值与输入量的幅值成确定的比例关系,通常称为比例系统或无惯性系统。在实际应用中,许多高阶系统在变化缓慢、频率不高时,都近似地当作零阶系统来处理。

(2) 一阶系统

一阶系统的微分方程为

$$a_1 \frac{dy}{dt} + a_0 y = b_0 x$$

写成通用形式为

$$\tau \frac{dy}{dt} + y = K_0 x \tag{10-1-23}$$

式中,τ 为时间常数($= a_1/a_0$);K_0 为系统的静态灵敏度($= b_0/a_0$)。

由(10-1-23)式可得一阶系统传递函数 $H(s)$ 为

$$H(s) = \frac{K_0}{1 + \tau \cdot s} \tag{10-1-24}$$

而一阶系统的频率特性为

$$H(j\omega) = \frac{K_0}{1 + j\omega\tau} \tag{10-1-25}$$

幅频特性为

· 176 ·

$$|H(j\omega)| = \frac{K_0}{\sqrt{1+(\omega\tau)^2}} \qquad (10\text{-}1\text{-}26)$$

相频特性为

$$\phi(\omega) = \arctan(-\omega\tau) \qquad (10\text{-}1\text{-}27)$$

图 10-1-5 是一阶系统的幅频及相频特性曲线。除弹簧-阻尼、质量-阻尼系统外,一阶系统还有 RC 电路、RL 电路、液体温度计等。

（3）二阶系统

二阶系统的微分方程为

$$a_2 \frac{d^2 y}{dt^2} + a_1 \frac{dy}{dt} + a_0 y = b_0 x \qquad (10\text{-}1\text{-}28)$$

写成通用形式为

$$\frac{1}{\omega_0^2} \cdot \frac{d^2 y}{dt^2} + \frac{2\xi}{\omega_0} \frac{dy}{dt} + y = K_0 x \qquad (10\text{-}1\text{-}29)$$

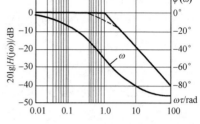

图 10-1-5 一阶系统的幅频及相频特性曲线

式中,K_0 为系统的静态灵敏度,$K_0 = b_0/a_0$;ω_0 为系统的固有角频率,$\omega_0 = \sqrt{a_0/a_2}$;$\xi$ 为系统的阻尼比系数,$\xi = a_1/2\sqrt{a_0 a_2}$。

(10-1-29)式的拉氏变换式为

$$\left(\frac{1}{\omega_0^2} s^2 + \frac{2\xi}{\omega_0} s + 1\right) Y(s) = K_0 X(s)$$

其传递函数为

$$H(s) = \frac{Y(s)}{X(s)} = \frac{K_0}{\dfrac{s^2}{\omega_0^2} + \dfrac{2\xi}{\omega_0} s + 1} \qquad (10\text{-}1\text{-}30)$$

频率特性为

$$H(j\omega) = \frac{K_0}{1 - \left(\dfrac{\omega}{\omega_0}\right)^2 + j2\xi\left(\dfrac{\omega}{\omega_0}\right)} \qquad (10\text{-}1\text{-}31)$$

由(10-1-31)式可得它的幅频特性为

$$|H(j\omega)| = \frac{K_0}{\sqrt{\left[1 - \left(\dfrac{\omega}{\omega_0}\right)^2\right]^2 + 4\xi^2 \left(\dfrac{\omega}{\omega_0}\right)^2}} \qquad (10\text{-}1\text{-}32)$$

相频特性为

$$\phi(\omega) = \arctan\left[\frac{2\xi}{\left(\dfrac{\omega}{\omega_0}\right) - \left(\dfrac{\omega_0}{\omega}\right)}\right] \qquad (10\text{-}1\text{-}33)$$

图 10-1-6 画出了以上两式的特性曲线族。它们是以各种不同的阻尼比系数 ξ 为参数,并用 ω/ω_0 为横坐标的坐标图。从图中可以看出,当 ξ 趋近于零时,幅值在系统固有角频率($\omega/\omega_0 = 1$)附近变得很大,在这种场合下,激励使系统出现谐振。为避免出现这种情况,可增加 ξ。当 $\xi \geqslant 0.707$ 时,谐振就基本上被抑制了。

很多传感器,如振动传感器、压力传感器,一般都包含运动质量 m、弹性元件和阻尼器,这三者就组成一个单自由度二阶系统。除此之外,RLC 电路也能组成二阶系统。

2. 传感器的阶跃响应

当知道了传感器的传递函数 $H(s)$ 和选定输入信号 $x(t)$[其拉氏变换为 $X(s)$]之后,就可按 (10-1-4)式求出其输出量 $y(t)$ 的拉氏变换 $Y(s)$,即

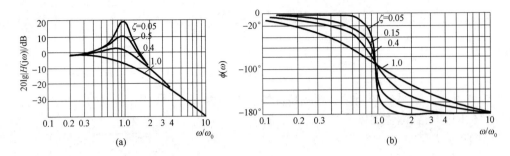

$$\text{图 10-1-6 二阶系统的频率特性}$$

$$Y(s) = X(s) \cdot H(s) \tag{10-1-34}$$

再通过求上式的拉氏逆变换可求得其输出量 $y(t)$，即

$$y(t) = L^{-1}[Y(s)] = L^{-1}[X(s)H(s)] \tag{10-1-35}$$

当传感器输入幅值为 A 的阶跃信号时，即

$$X(t) = \begin{cases} 0 & t < 0 \\ A & t > 0 \end{cases}$$

$$X(s) = L[X(t)] = \frac{A}{s}$$

代入(10-1-35)式得阶跃输入响应 $y(t)$ 为

$$y(t) = L^{-1}\left[\frac{A}{s} \cdot H(s)\right] \tag{10-1-36}$$

下面以零阶系统、一阶系统和二阶系统为例来加以说明。

(1) 零阶系统的阶跃响应

将(10-1-19)式代入(10-1-36)式得

$$Y(s) = K_0 A / s$$

对上式进行拉氏逆变换得零阶系统的阶跃响应为

$$y(t) = K_0 A (t > 0) \tag{10-1-37}$$

可见，零阶系统的阶跃响应是幅值为 $K_0 A$ 的阶跃信号。

(2) 一阶系统的阶跃响应

将(10-1-24)式代入(10-1-36)式得

$$Y(s) = \frac{A}{s} \cdot \frac{K_0}{1 + \tau \cdot s} = K_0 A \left(\frac{1}{s} - \frac{\tau}{1 + \tau \cdot s}\right) \tag{10-1-38}$$

对上式进行拉氏逆变换，可得一阶系统的阶跃响应为

$$y(t) = K_0 A (1 - e^{-t/\tau}) \quad (t > 0) \tag{10-1-39}$$

令 $t \to \infty$，由上式可得阶跃输入下一阶系统的稳态输入为

$$y(t) \overset{t \to \infty}{=} y(\infty) = K_0 A$$

图 10-1-7(a)给出了一阶系统在阶跃输入下的归一化($y(t)/K_0 A$)阶跃响应曲线。

$$\frac{y(t)}{y(\infty)} = \frac{y(t)}{K_0 A} = 1 - e^{-t/\tau} \tag{10-1-40}$$

对比(10-1-37)式与(10-1-39)式可见，一阶系统与零阶系统不同之处在于：一阶系统只有当 $t \to \infty$ 时才有 $y(t) = K_0 A$，其他情况下 $y(t) \neq K_0 A$。很显然，一阶系统在 $\tau = 0$ 时即变成零阶系统。

(3) 二阶系统的阶跃响应

将(10-1-30)式代入(10-1-34)式得二阶系统阶跃响应的拉氏变换为

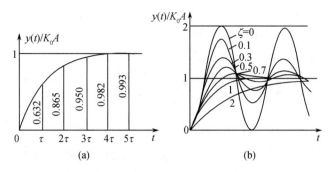

图 10-1-7　一阶、二阶系统的阶跃响应

$$Y(s)=X(s) \cdot H(s)=\frac{A}{s} \frac{K_0\omega_0^2}{s^2+2\xi\omega_0 s+\omega_0^2}$$
$$=K_0A\left(\frac{1}{s}-\frac{s+2\xi\omega_0}{s^2+2\xi\omega_0 s+\omega_0^2}\right) \tag{10-1-41}$$

二阶系统的阶跃响应与阻尼比系数 ξ 有关。

① 当 $\xi=0$ 即无阻尼时,阶跃响应为

$$y(t)=K_0A[1-\cos(\omega_0 t)] \tag{10-1-42}$$

可见输出量 $y(t)$ 围绕稳态值 K_0A 作等幅振荡,振荡频率就是系统的固有频率 ω_0。

② 当 $0<\xi<1$ 即欠阻尼时,阶跃响应为

$$y(t)=K_0A\left[1-\frac{e^{-\xi\omega_0 t}}{\sqrt{1-\xi^2}}\sin(\omega_d t+\varphi)\right] \tag{10-1-43}$$

式中,$\varphi=\arccos\xi=\arcsin\sqrt{1-\xi^2}$,$\omega_d=\omega_0\sqrt{1-\xi^2}$。

由(10-1-43)式可知,在 $0<\xi<1$ 的欠阻尼情况下,阶跃信号输入时的输出信号为衰减振荡,其振荡角频率(阻尼振荡角频率)为 ω_d,幅值按指数衰减。ξ 越大,即阻尼越大,衰减越快。

③ 当 $\xi>1$ 即过阻尼时,阶跃响应为

$$y(t)=K_0A\left[1-\frac{\xi+\sqrt{\xi^2-1}}{2\sqrt{\xi^2-1}}e^{(-\xi+\sqrt{\xi^2-1})\omega_0 t}+\frac{\xi-\sqrt{\xi^2-1}}{2\sqrt{\xi^2-1}}e^{(-\xi-\sqrt{\xi^2-1})\omega_0 t}\right] \tag{10-1-44}$$

可见在过阻尼的情况下,系统没有振荡,是非周期性过渡过程。

④ 当 $\xi=1$ 即临界阻尼时,阶跃响应为

$$y(t)=K_0A[1-(1+\omega_0 t)e^{-\omega_0 t}] \tag{10-1-45}$$

可见在临界阻尼情况下系统没有振荡,输出量 $y(t)$ 以指数规律逼近稳态值,这是从欠阻尼状态到过阻尼状态的转折点。

二阶系统在不同阻尼比系数 ξ 时,归一化($y(t)/K_0A$)阶跃响应曲线如图 10-1-7(b)所示。

10.2　传感器的标定和校准

新研制或生产的传感器需对其技术性能进行全面的检定,经过一段时间储存或使用的传感器也需对其性能进行复测。通常,在明确输入/输出变换对应关系的前提下,利用某种标准器具对传感器进行标度称为标定;将传感器在使用中或储存后进行的性能复测称为校准。由于标定与校准的本质相同,本节以标定进行叙述。

标定的基本方法是:利用标准设备产生已知的非电量(如标准力、压力、位移)作为输入量,输入待标定的传感器,然后将传感器的输出量与输入的标准量进行比较,获得一系列校准数据或曲线。有时输入的标准量是利用一个标准传感器检测而得到的,这时的标定实质上是待标定传感器与标

准传感器之间的比较。

传感器的标定系统一般由以下几部分组成。

① 被测非电量的标准发生器,如活塞式压力计、测力机、恒温源等。

② 被测非电量的标准测试系统,如标准压力传感器、标准力传感器、标准温度计等。

③ 待标定传感器所配接的信号调节器和显示、记录器等。所配接的仪器也作为标准测试设备使用,其精度是已知的。

为了保证各种量值的准确一致,标定应按计量部门规定的标定规程和管理办法进行,只能用上一级标准装置标定下一级传感器及配套仪表。如果待标定的传感器精度较高,可以跨级使用更高级的标准装置。

工程测试所用传感器的标定应在与其使用条件相似的环境下进行。有时为了获得较高的标定精度,可将传感器与配用的电缆、滤波器、放大器等测试系统一起标定,有些传感器标定时还应十分注意规定的安装技术条件。

10.2.1 传感器的静态标定

静态标定主要用于检验、测试传感器(或传感系统)的静态特性指标,如静态灵敏度、非线性、滞后、重复性等。

进行静态标定,首先要建立静态标定系统。如图 10-1-8 所示为应变式测力传感器静态标定系统。图中测力机产生标准力,高精度稳压电源经精密电阻箱衰减后向传感器提供稳定的供电电压,其值由数字电压表读取,传感器的输出电压由另一个数字电压表指示。

由上述系统可知,静态标定系统的关键在于被测非电量的标准发生器及标准测试系统,即图 10-1-8 中的测力机。它可以是由砝码产生标准力的基准测力机、杠杆式测力机或液压式测力机。如图 10-1-9 所示为由液压缸产生测力并由测力计或标准力传感器读取力值的标定装置。测力计读取力值的方式可用百分表读数、光学显微镜读数与激光干涉仪读数等。

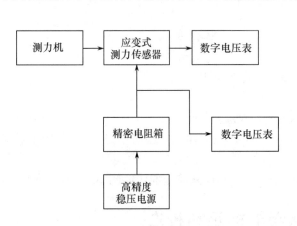

图 10-1-8 应变式测力传感器静态标定系统

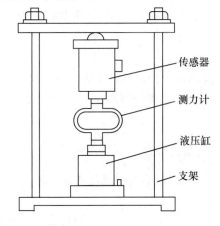

图 10-1-9 测力标定装置

10.2.2 传感器的动态标定

动态标定主要用于检验、测试传感器(或传感系统)的动态特性,如动态灵敏度、频率响应和固有频率等。

对传感器进行动态标定,需要对它输入一个标准激励信号。常用的标准激励信号分为两类:一是周期函数,如正弦波、三角波等,以正弦波最为常用;二是瞬变函数,如阶跃波、半正弦波等,以阶跃波最为常用。

例如,测振传感器的动态标定常采用振动台(通常为电磁振动台)产生简谐振动作为传感器的输入量。如图 10-1-10 所示为振幅测量法标定系统框图。图中振动的振幅由读数显微镜读得(利用激光干涉法测量振幅,将获得更高的标定精度),振动频率由频率计指示。若测得传感器的输出电量,即可通过计算得到位移传感器、速度传感器、加速度传感器的动态灵敏度。若改变振动频率,设法保持振幅、速度或加速度的幅值不变,可相应获得上述各种传感器的频率响应。

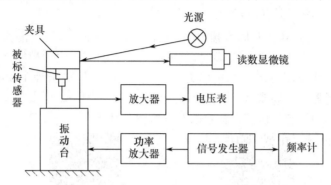

图 10-1-10　振幅测量法标定系统框图

上述振幅测量法称为绝对标定法,精度较高,但所需设备复杂,标定不方便,故常用于高精度传感器与标准传感器的标定。工程上通常采用比较法进行标定,俗称"背靠背"法。图 10-1-11 示出了比较法标定的原理框图。灵敏度已知的标准传感器 1 与被标传感器 2 背靠背地安装在振动台台面的中心位置上,同时感受相同的振动信号。这种方法可以用来标定加速度、速度或位移传感器。

利用上述标定系统采用逐点比较法还可以标定被标测振传感器的频率响应。方法是:手动调整使振动台输出的被测参量(如标定加速度传感器即为加速度)保持恒定,在整个频率范围内按对数等间隔或倍频程原则选取 10 个以上的频率点,逐点进行灵敏度标定,然后画出频率响应曲线。

随着技术的进步,在上述方法的基础上,已发展成连续扫描法。其原理是将标准振动台与内装(或外加)的标准传感器组成闭环扫描系统,使被标传感器在连续扫描过程中承受一个恒定被测量,并记下被标传感器的输出随频率变化的曲线。通常频率响应偏差以参考灵敏度为准,各点灵敏度相对于该灵敏度的偏差用分贝数给出。显然,这种方法操作简便、效率很高。图 10-1-12 给出了一种加速度传感器的连续扫描频率响应标定系统。它由被标传感器回路和标准传感器-振动台回路组成,后者可以保证振动台产生恒定加速度。图中拍频振荡器可自动扫频,扫描速度与记录仪走纸速度相对应,于是记录仪即绘出被标传感器的频率响应曲线。

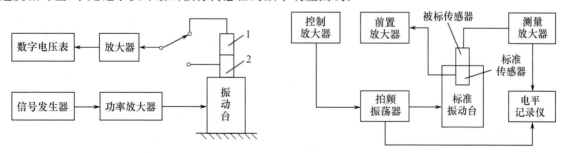

图 10-1-11　比较法标定的原理框图　　　　图 10-1-12　连续扫描频率响应标定系统

必须指出,上面仅通过几种典型传感器介绍了静态标定与动态标定的基本概念和方法。由于传感器种类繁多,标定设备与方法各不相同,各种传感器的标定项目也远不止上述几项。此外,随着技术的不断进步,不仅标准发生器与标准测试系统在不断改进,利用微型计算机进行数据处理、自动绘制特性曲线及自动控制标定过程的系统也已在各种传感器的标定中出现。

思考题与习题

1. 某位移传感器,在输入位移量变化 1mm 时,输出电压变化 300mV,求其灵敏度。

2. 已知某二阶系统传感器的固有频率为 10kHz,$\xi = 0.5$,若要求传感器输出幅值误差小于 3%,则传感器的工作频率范围应为多少?

3. 某力传感器为二阶系统,其固有频率 $f_0 = 1000$Hz,$\xi = 1/\sqrt{2}$,灵敏度为 1。试问用它测量频率分别为 600Hz 和 400Hz 的正弦交变力时,其输出与输入的幅值比和相位差各为多少?

4. 某一阶系统传感器,在 $t = 0$ 时,输出为 0mV;在 $t \to \infty$ 时,输出为 100mV;在 $t = 5$s 时,输出为 50mV,试求该传感器的时间常数。

5. 什么是传感器的标定? 传感器标定的基本方法是什么?

第 10 章例题解析

第 10 章思考题与习题解答

第11章　几何量电测法

11.1　位移电测法

11.1.1　位移电测法的分类

位移就是位置的移动。在几何学中,物体(或质点)的位置通常用其在选定的参照物坐标系上所处的坐标来描述。物体(或质点)作直线运动时的位移称为线位移,作转动时的位移称为角位移。

由于物体的位移总是相对于某一固定不动的运动参照点而言的,所以用于测量位移的传感器或敏感器必须包括与被测运动物体相连(或相对静止)的可动部分和与运动参照点相连(或相对静止)的固定部分,而且该传感器的输出量必须是其可动部分与固定部分间距的单值函数。

电位器式传感器、自感式传感器、互感式传感器(差动变压器传感器)、电涡流式传感器、电容式传感器、感应同步器、光栅、增量编码器、直接编码器,以及振弦式传感器等结构型传感器都是可直接用于位移测量的传感器。因为这些传感器的组成结构中,都包含有可动部分(如电位器的滑臂,电感式传感器中的活动衔铁,电涡流式传感器中的金属板,电容式传感器中的活动极板等),而且其输出电量都是其可动部分位移的单值函数,所以采用这些传感器都可直接实现位移的电测量。由于对其中每种传感器测量位移的原理在前面都分别进行过介绍,故本节不再重复。

前面介绍过的应变式传感器、霍尔传感器、光电式传感器等物性型传感器只能分别直接用于测量应变、磁场强度和光通量等,而且传感器结构中也不包括可动部分,因此都不能直接用于测量位移,也就是说,这些传感器的可用非电量并不是位移量,需要为它们配置适当的敏感器,将位移量转换为这些传感器的可用非电量。为此,所用敏感器中必须包括可动部分和固定部分。上列传感器在配上相应的敏感器后,可组成间接式的位移传感器。

从数学上讲,速度是位移对时间的导数,反之,位移是速度对时间的积分。因此,在速度传感器后配置积分器也可构成位移电测装置,如图6-1-3所示。

空间两点间距离的大小称为长度。两条相交射线所夹成的平面的大小称为角度。各种线位移传感器一般都可以测量长度,各种角位移传感器也都可以测量角度。因此本书把长度、角度测量都归于位移测量一类。

下面主要介绍由敏感器和传感器组成的间接式位移电测装置,即位移的间接电测法。

11.1.2　位移的间接电测法

1. 采用应变片

采用应变片测量位移有如下几种方法。

图11-1-1是由悬臂梁和应变片组成的位移电测装置。悬臂梁一端固定,另一端为可动端且与位移测量头相连,应变片粘贴在固定端附近。由材料力学可知,当被测对象使变截面(等强度)悬臂梁的可动端位移 δ(δ 又称悬臂梁的挠度)时,梁的上表面发生拉伸变形,同时梁的下表面发生压缩变形,上、下表面各相对点应变大小相等、符号相反,即

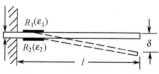

图 11-1-1　悬臂梁式

$$\varepsilon_1 = -\varepsilon_2 = \frac{h}{l^2}\delta \tag{11-1-1}$$

若在梁的上表面对称轴线上,通过黏结剂粘贴电阻应变片 R_1,在下表面的对应位置上也粘贴电阻应变片 R_2,则梁的上、下表面的变形通过黏结剂传递到电阻应变片,使梁的上、下表面粘贴的电阻应变片电阻分别增大和减小。若把两工作应变片接入电桥相邻两臂,将(11-1-1)式代入(5-1-23)式可知,电桥输出电压为

$$U_o = \frac{k_0 U}{2}\frac{h}{l^2}\delta \tag{11-1-2}$$

式中,k_0 为应变片灵敏系数;l 为等强度悬臂梁的长度;h 为等强度悬臂梁的厚度。

由(11-1-2)式可见,等强度悬臂梁的可动端位移(挠度)δ 通过应变电桥转换为电压,该电压由指示仪表显示,即可检测等强度悬臂梁的可动端位移 δ。

图 11-1-1 所示结构虽然简单,但体积大、量程小、安装使用也不方便。为了减小体积,扩大量程,可采用楔形块与悬臂梁配合组成大位移电测装置,如图 11-1-2 所示。这种结构形式的位移量程可达几十毫米甚至更大。

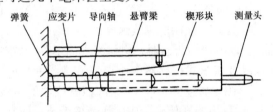

图 11-1-2　大量程位移传感器结构示意图

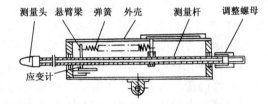

图 11-1-3　YW 系列应变式位移传感器结构

图 11-1-3 为国产 YW 系列应变式位移传感器结构。它采用了悬臂梁-弹簧串联的组合结构,因此适用于较大位移测量。由图可见,拉伸弹簧的一端与悬臂梁可动端相连,另一端与测量杆相连,测量杆顶端的测量头与被测件相接触,当测量杆随被测件产生位移 d 时,它带动弹簧使悬臂梁可动端位移,从而使悬臂梁固定端处粘贴的应变片电阻变化,由材料力学可知,位移量 d 与应变片处的应变 ε 成正比,即

$$d = k\varepsilon \tag{11-1-3}$$

式中,比例系数 k 是与悬臂梁和弹簧的尺寸及材料特性有关的常数。

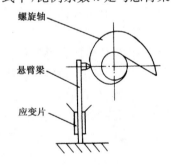

图 11-1-4　应变式角位移
传感器的工作原理图

目前国内生产的这种结构的应变式位移传感器有量程 10mm(YWB—10 型)和 100mm(YWB—100 型)两种。

应变式角位移传感器的工作原理如图 11-1-4 所示。螺旋轴将动角 θ 转换为悬臂梁可动端(悬臂梁与螺旋轴接触处)的位移 δ(悬臂梁挠度),螺旋轴形状设计成使 δ 与 θ 保持线性正比关系,即

$$\delta = C\theta \tag{11-1-4}$$

悬臂梁将位移 δ 转换成应变 ε,应变片将应变 ε 转换成电阻变化,将上式代入(11-1-2)式得

$$U_o = \frac{KU}{2}\theta \tag{11-1-5}$$

式中,$K = k_0\dfrac{h}{l^2}C$ 为常数。

应变式角位移传感器的特点是动态范围宽,它可检测 $\pm 180°$ 范围内的任何角位移。该传感器稍加改进,还可检测倾斜角。

2. 采用霍尔元件

采用霍尔元件测量位移通常是建立一个如图 6-4-6(b)所示的梯度磁场,使磁感应强度沿某一坐标轴(设为 x 轴)呈线性变化,即

$$B = cx \qquad (11\text{-}1\text{-}6)$$

让被测量使霍尔元件沿该坐标轴在梯度磁场中移动。据(6-4-11)式和图 6-4-6 可知,霍尔元件的霍尔电势将与其位移成正比,这样就将位移量转换为电量——霍尔电势。

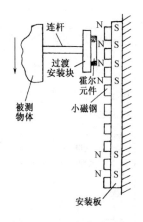

上述方法只能测量 ±0.5mm 的小位移。为采用霍尔元件测量大位移,可采用图 11-1-5 所示的方案。在非磁性材料制作的安装板上,等间距安装小磁钢,每个小磁钢的磁极方向如图所示。霍尔元件通过用非磁性材料制作的过渡块、连杆与被测物体相连。被测物体沿箭头所示方向运动时,霍尔元件依次通过每个磁钢,每经过一个小磁钢,霍尔元件就给出一个电压脉冲信号。利用计数器计取脉冲数即可换算成被测物体的位移。这种方案的分辨率等于每个小磁钢的间距,测量精度直接与每个小磁钢之间的间距精度有关。图 11-1-5 中的霍尔元件可采用图 8-2-3 所示的霍尔开关电路。

图 11-1-5 大位移霍尔位移传感器原理图

3. 采用光电元件或光纤

图 7-1-22 所示为采用光电元件测量位移的一种方法,置于光路上的被测物体位移时,遮挡掉一部分光线,未被遮挡的光线则被光电元件接收转换为电信号。从接收到的光电信号的强弱可知被测物体位移量的大小。图 7-2-5 所示为采用光纤测量位移的几种方案,它们都是通过两根光纤发生相对位移时入射光纤传入出射光纤中的光通量发生改变的原理来测量位移的,统称为光强位移调制。这种调制方法可以测量 $10\mu m$ 的位移。图 11-1-6 所示为采用分叉光纤测量位移的方案。分叉光纤有 3 个端头,图中光源 S 发射的光从端头 1 传入光纤,经光纤传输到端头 2 照射到反射镜面,反射镜面反射回的光又从端头 2 传入光纤并传输到端头 3,由受光器 BG 转换为电信号。只要光源 S 发出的光强恒定,它与端头 1 的距离保持不变,则端头 2 发射出去的光强就保持恒定,而由反射镜面反射回来被端头 2 接收到的反射光强则随端头 2 与反射镜面之间的距离 δ 的变化(位移)而变化。因此,在其他影响因素不变的前提下,受光器输出的电信号只是 δ 的单值函数,如图 11-1-7 所示。由图可见,输出电信号 U_o 与位移 δ 的关系在 AB 和 CD 段均为近似线性关系。AB 段灵敏度较高,CD 段测量范围稍宽,这两段均可使用。

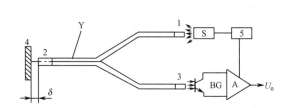

图 11-1-6 分叉光纤测量位移的方案

1—光纤接收端头;2—光纤发送接收端头;3—光纤发送端头;
4—反射镜面;5—电源;Y—Y 形分叉光纤束;S—光源;
BG—受光器;δ—反射镜面与光纤发送接收端之间的距离;
A—放大器;U_o—输出电压

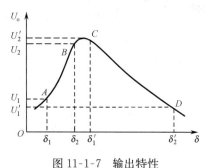

图 11-1-7 输出特性

11.1.3 各种位移传感器性能比较

现将各种线性位移和角位移传感器的主要性能指标及优缺点分别汇总于表 11-1-1 和表 11-1-2 中,供选用时参考。

表 11-1-1　各种形式位移传感器的主要性能汇总表

原理		量程	精确度	线性度	分辨力	优点	缺点
电阻式	电位器	1～300mm		±(0.1～1)%	0.01mm	简单,稳定	分辨率不高,易磨损
	电阻应变计	1～50mm	(0.1～0.5)%	(0.1～0.5)%	1μm(微应变)	精度高,线性好	量程受限制
电感式	差动电感(螺管形)	1～200mm	(0.2～1)%	(0.1～1)%	最高 0.01μm	量程大,线性好,分辨率高	有残余电压,精度受限制
	变磁路气隙	0.2～0.5mm	(1～3)%	(1～3)%	1μm	灵敏度高	量程小,精度不高
	差动变压器	1～1000mm	(0.2～1)%	(0.1～0.5)%	最高 0.01μm	线性好,分辨率高	有残余电压,精度受限制
	电感调频	1～100mm	(0.2～1.5)%	(0.2～1.5)%	1～5μm	抗干扰,能接长导线	线圈结构复杂
	电涡流	1～100mm	3%	(1～3)%	0.05μm(满量程 15μm)	结构简单,非接触式测量	被测对象的材料不同,灵敏度改变
电容式	变面积	1～100mm	(0.1～0.001)%	±(0.5～1)%(可校正)	0.01～0.001μm	线性范围大,精度高	体积较大
	变间隙	1μm～10mm	0.1%	±1%(可校正)	0.01～0.001μm	可用于非接触式测量,分辨率高	非线性较大
振弦		2～6mm	(0.2～0.5)%		1μm	抗干扰,能接长导线,防潮	量程小
编码式码尺		1～1000mm	(0.5～1)%		±1 个二进制数(6 位时)	可用电刷做成接触式,也可以用光电做非接触式,方便灵活	量程大时,码尺相应加长,造成体积大
感应同步器		0.2～40m	±2.5μm/250mm		最高 0.1μm	量程大,精度高	安装不方便
光栅		30～1000mm			0.1～10μm	精度高	结构较复杂
光电		±1mm			1μm	精度高,可靠性高,非接触测量	安装不方便
光纤		0.5～5mm	(1～2)%	(0.5～1)%	0.01μm(最高)	体积小,灵敏度高,抗干扰	量程受限制,制造工艺要求高
霍尔效应式	霍尔片	0.5～5mm		±(0.5～2)%	1μm	简单,体积小	对温度敏感
	霍尔开关集成电路	2m 以上		±(0.5～1)%	1μm(加分频)	量程大,体积小	对温度敏感

表 11-1-2　各种角度角位移传感器主要性能汇总表

原　理	量　程	精度	线性度	分辨率	优　点	缺　点
线绕电位器式	$0°\sim330°$		$\pm(0.5\sim3)\%\mathrm{FS}$	$(0.1\sim1)\%$	结构简单,测量范围广,输出信号大,抗干扰能力强,精度较高	分辨率有限,存在接触摩擦,动态响应差
非线绕电位器式	$0°\sim330°$		$(0.2\sim5)\%$	$2\sim6''$	分辨率高,耐磨性好,阻值范围宽	接触电阻和噪声大,附加力矩较大
光电电位器式	$0°\sim330°$		3%	较高	无附加力矩,分辨率高,寿命长,响应快	接触电阻大,要求阻抗配变换器,线性较差
应变计式	$\pm180°$				性能稳定可靠	
电容式	$70°$	$25''$		$0.1''$	结构简单,分辨率高,灵敏度高,耐恶劣环境	需屏蔽
编码盘式	$360°$	$0.7''$		10^{-8}	分辨率高,精度高,易数字化,非接触式,寿命长,功耗小,可靠性高	电路较复杂
光栅式	$360°$	$\pm0.5''$ 最高 $0.06''$		$0.1''$ 最高 $0.01''$	精度高,易数字化,能动态测量	对环境要求较高
感应同步器	$360°$	$\pm0.5''\sim\pm1''$		$0.1''$	精度较高,易数字化,能动态测量,结构简单,对环境要求低	电路较复杂

11.2　倾角电测法

所谓倾角,是指传感器壳体相对于地球重心方向的偏角或相对于地球水平面的斜角。倾角电测法可以采用以下三种方式。

11.2.1　摆锤式

由于重力作用,下端悬挂有重物的摆锤总是力图保持铅垂方向。当传感器壳体随被测物倾斜时,摆锤将相对壳体摆动一个角度。因此,摆锤与某些传感器组合即可构成倾角传感器,下面举几个例子。

1. 应变式

应变式倾角传感器的结构原理如图 11-2-1 所示。图中 3 为应变梁,下端连有摆锤 1,构成悬挂式摆。应变梁上贴有 4 片应变片 2 组成全桥。应变梁周围灌满硅油,形成阻尼使摆易于稳定。为了防水,在电缆引出端充满防水绝缘胶进行密封,应变梁的形状如图 11-2-1(b)所示。当传感器倾斜 α 角时,应变 ε 为

$$\varepsilon=\frac{3W\sin\alpha}{Eh^2\tan\beta/2} \qquad (11\text{-}2\text{-}1)$$

式中,E 为梁材料的弹性模量;h 为梁的厚度;β 为梁的夹角[见图 11-2-1(b)];W 为摆锤重量。

可见,悬挂摆锤的应变梁是一个将被测非电量 α 转换为可用非电量 ε 的敏感器。

2. 位移式

由于摆锤摆动某一角度时,摆锤下端也相应产生一个位移,因此位移传感器与摆锤相组合,就能构成倾角传感器。图 11-2-2 就是一个实例。在传感器壳体中悬挂一个摆锤,电位器固定在壳体上,其电刷与摆锤相连。圆弧形电位器 R 电刷两边的电阻与控制盒内的精密多圈电位器 R_P 构成惠斯通电桥。倾角 $\alpha=0$ 时,调整多圈电位器 R_P 使电桥平衡,与电位器相连的仪表读数便与倾角 α 成正比。

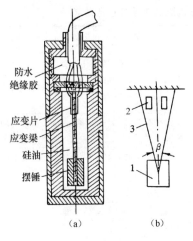

图 11-2-1 应变式倾角传感器

防水
绝缘胶

应变片
应变梁
硅油
摆锤

(a)   (b)

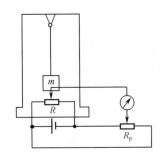

图 11-2-2 电位器式倾角传感器

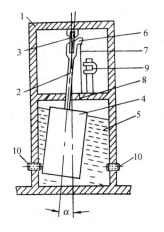

图 11-2-3 振弦式倾角传感器

同理,利用差动电感、差动电容、差动变压器也可与摆锤组成倾角传感器。

3. 振弦式

图 11-2-3 是一种振弦式倾角传感器。图中 1 是外壳,杆 2 垂直悬挂在簧片支承 3 上,摆锤 4 固定在杆 2 上,形成悬挂式摆。正好位于悬挂支点处的杠杆短臂 6 与杆 2 垂直相连,振弦 7 上端固定在短臂 6 上,下端与壁 8 相连。电磁铁 9 置于振弦 7 附近,激发其振动并输出电信号。为了提高摆的稳定性,摆锤 4 周围充有硅油阻尼液 5。调节螺钉 10 用于在运输过程中制动摆锤而防止传感器损坏。

这种倾角传感器的分辨率为 0.3rad/s。其最大优点是频率输出易与计算机配合,而且性能稳定,能长期使用不需校准。但由于频率 f 与张力 T 呈抛物线关系,在要求高的场合应考虑非线性校正。

11.2.2 液体摆式

电解液气泡式电子水平仪是液体摆式倾角传感器的一个例子。电极水准器如图 11-2-4 所示。在普通管状水准器内装以电解液,并在玻璃管内壁贴上 4 块铂电极,左、右两对电极间电解液电阻组成差动交流电桥相邻两臂的电阻。当气泡居中时,两边的电阻值相等,电桥处于平衡状态。当倾斜使气泡向任一方向移动时,电解液与电极的接触面产生变化,引起两对电极间的电阻变化,致使电桥失去平衡,电桥两端产生输出电压。

图 11-2-5 是另一种液体摆式倾角传感器的示意图。圆柱形玻璃管 5 内装有 3 根垂直通过管轴线的铂电极 1、2、3。工作时由于电极浸入导电液 4 的深度发生变化而引起电极间的电阻变化,从而导致电桥的不平衡。

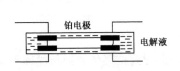

图 11-2-4 电极水准器

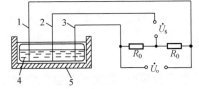

图 11-2-5 液体摆式倾角传感器
1、2、3—铂电极;4—导电液;5—圆柱形玻璃管

如果在相互垂直的两个方向上应用上述传感器的原理,就可以构成双轴倾角传感器。图 11-2-6 为 SQY—3 型双轴倾角传感器的原理及其测量电路图。该传感器是一个圆形水准器,其上盖内表面为上凹球面,上面精密地镀有 4 条正交铂电极。水准器内充有导电液,并留有一圆气泡,底部中央镀有一个圆形铂电极并由一空心铂管引出作为公共电极。4 个电极分别与精密电阻 R_B 相连,通过公共电极组成两个交流电阻电桥。电桥电源电压由振荡器提供。传感器处于水平状态时,气泡居中,导电液覆盖 4 条正交电极的面积相等;4 个电极与公共电极间的电阻均相等,两个交流电桥均平衡。传感器倾斜时,气泡移动,一个或两个电桥失去平衡,输出正比于倾角变化的电压信号 $\dot{U}_x$ 和 $\dot{U}_y$,经放大、解调、滤波后送至记录仪,即可获得倾角的大小和方位。该传感器的测量范围为 $\pm 8'$,分辨率为 $10^{-7} \sim 10^{-8}$ rad,电桥电源为 6V,电源频率为 $2 \sim 10$ kHz。

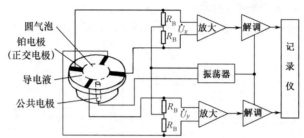

图 11-2-6　双轴倾角传感器的原理及测量电路图

11.2.3　气体摆式

气体摆式倾角传感器的工作原理如图 11-2-7 所示。传感器壳体平行于水平面时,密封盒内两几何对称的热敏电阻 R_1 和 R_2 所产生的热气流均垂直向上,二者互不影响,电桥平衡,输出为 0。若传感器壳体相对于地球重心方向产生倾角 θ,由于重力作用,两个热敏电阻产生的热气流仍保持在铅垂方向,但两束热气流对彼此的热源(R_1 和 R_2)产生作用。若倾角 θ 为正,R_2 产生的热气流作用到 R_1 上,电桥失去平衡,输出与 θ 大小成正比的正模拟电压;若倾角 θ 为负,R_1 产生的热气流作用到 R_2 上,电桥失去平衡,输出与 θ 大小成正比的负模拟电压。

这种传感器可用于坦克、舰船和机器人的姿态参考系统中,具有动态范围宽、响应快、精度高、寿命长、成本低等优点。

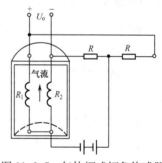

图 11-2-7　气体摆式倾角传感器
的工作原理图

11.3　厚度电测法

两平行面间垂直距离的大小称为厚度。各种位移传感器一般都可以用来测量厚度。厚度的测量方法大致可以分为两大类:光学方法和非光学方法。前者适用于超薄膜的厚度测量,后者适用于较厚的薄层和板材厚度的测量,本节仅介绍非光学的方法。

一般来说,前面介绍的各种位移传感器都可以用来测量厚度,只要设法使位移传感器的固定部分与可动部分之间的距离等于或正比于所测厚度即可。为节省篇幅,本节不一一举例,仅举出以下几个例子。

11.3.1　电感式和电涡流式

图 5-3-1(a)的气隙 δ 若用非磁性物质(如纸页)的厚度来代替,则可用变气隙型自感式传感器测量该非磁性物质的厚度。类似图 5-3-19 介绍的透射式电涡流传感器测量厚度的原理,反射式电涡流传感器测量厚度的原理如图 11-3-1 所示。

在图 11-3-1 中,待测金属板的上、下方各安装一个反射式电涡流传感器,两者之间距离为固定值 D。它们与待测金属板上、下表面的距离分别为 d_1 和 d_2,显然金属板的厚度为

$$t=D-(d_1+d_2) \tag{11-3-1}$$

为简化起见,假设测量电路输出电压与传感器距金属板表面距离成线性正比关系,即

$$U_1=Kd_1, \qquad U_2=Kd_2 \tag{11-3-2}$$

则有
$$U_1+U_2=K(d_1+d_2)=KD-Kt$$

令
$$U_D=KD$$

故有
$$\Delta U=U_D-(U_1+U_2)=Kt \tag{11-3-3}$$

可见,图 11-3-1 中减法器输出电压 ΔU 只与金属板厚度 t 成正比,金属板上下移动并不影响 ΔU 的值,因此 ΔU 的值代表金属板的厚度 t。

反射式电涡流传感器还常用来测量金属材料的镀层厚度、绝缘材料的导电镀层厚度,以及绝缘材料的厚度。

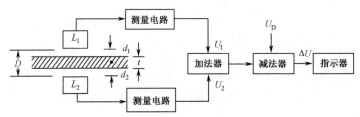

图 11-3-1   反射式电涡流传感器测量厚度原理

11.3.2   电容式

如图 11-3-2 所示,设电容的极板面积为 A,固定间隙为 a,当有一厚度为 d、相对介电常数为 ε_r 的固体电介质通过极板间的间隙时,电容据(5-2-2)式为

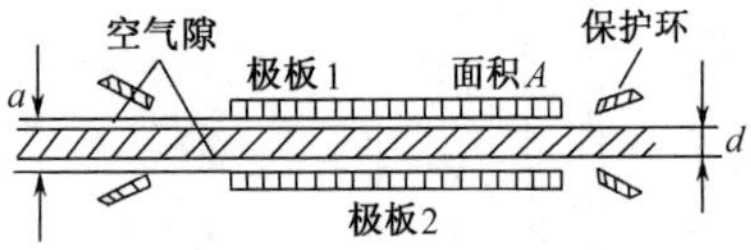

$$C=\frac{\varepsilon_0 A}{a-d+d/\varepsilon_r} \tag{11-3-4}$$

图 11-3-2   电容式厚度传感器

若极板间插入 ε_r 确知且恒定的薄片,则薄片厚度的变化将引起电容的变化,将 $d=d_0+\Delta d$ 代入上式得

$$C=\frac{\varepsilon_0 A}{a-\dfrac{\varepsilon_r-1}{\varepsilon_r}(d_0+\Delta d)}=\frac{C_0}{\left(1-n\dfrac{\Delta d}{d_0}\right)} \tag{11-3-5}$$

式中
$$C_0=\frac{\varepsilon_0 A}{a-d_0+d_0/\varepsilon_r}, \qquad n=\frac{\varepsilon_r-1}{1+\varepsilon_r(a-d_0)/d_0} \tag{11-3-6}$$

将图 11-3-2 所示电容式厚度传感器接入图 4-2-5(a),将(11-3-5)式代入(4-2-6)式,可得图 4-2-5(a)输出电压为

$$U_o=-U_E\left(1-n\frac{\Delta d}{d_0}\right) \tag{11-3-7}$$

由上式可见,输出电压与厚度的相对变化成线性关系。

图 11-3-2 适合于测量绝缘板材的厚度,导电金属板材的厚度可用图 11-3-3 所示的另一种电容式测厚仪进行测量。在被测金属板材的上、下两侧各置一块面积相等、与板材距离相等的极板,这样极板与板材就构成了两个电容 C_1 和 C_2。把两块极板用导线连成一个电极,而板材就是电容的另一个电极,其总电容 $C_x=C_1+C_2$,电容 C_x 与固定电容 C_0、变压器的二次侧 L_1 和 L_2 构成电桥。音频信号发生器提供变压器一次侧信号,经耦合作为交流电桥的供电电源。

当被轧制板材的厚度相对于要求值发生变化时,则 C_x 变化。若 C_x 增大,表示板材厚度变厚;

反之,板材变薄。此时电桥输出信号也将发生变化,变化量经耦合电容 C 输出给运算放大器放大并整流、滤波,再经差动放大器放大后,一方面由显示仪表读出该时刻的板材厚度,另一方面通过反馈回路将偏差信号传送给压力调节装置,调节轧辊与板材间的距离,经过不断调节,使板材厚度控制在一定误差范围内。

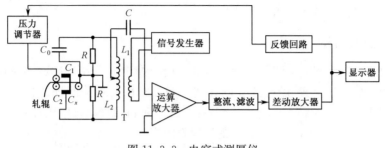

图 11-3-3　电容式测厚仪

11.3.3　核辐射式和超声波式

1. 核辐射测厚

图 11-3-4 所示为核辐射厚度计原理图。放射源在容器内以一定的立体角放出射线,其强度在设计时已选定。当射线穿过被测体后,辐射强度被探测器接收。在 β 辐射厚度计中,探测器常用电离室,根据电离室的工作原理,输出一电流,其大小与进入电离室的辐射强度成正比。由(9-4-6)式可知,核辐射的衰减规律为 $I=I_0\exp(-\mu_\rho x)$,从测得的 I 值可获得质量厚度 x,由(9-4-5)式可知,也就可得到厚度 h 的大小。在实际的 β 辐射厚度计中,常用已知厚度 h 的标准片对仪器进行标定,在测量时,可根据校正曲线指示出被测体的厚度。

2. 超声波测厚

超声波测厚原理主要有脉冲回波法、共振法、干涉法等几种。应用较为广泛的是脉冲回波法,其原理框图如图 11-3-5 所示。

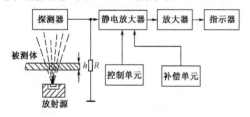

图 11-3-4　核辐射厚度计原理图

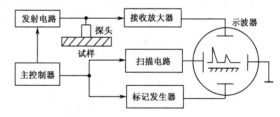

图 11-3-5　超声波测厚原理框图

脉冲回波法测量试件厚度主要是测量超声波脉冲通过试件所需的时间间隔 t,然后根据超声波脉冲在试件中的传播速度 v_c 求出试件的厚度。主控制器控制发射电路发射一定的重复频率脉冲信号,激发探头发射超声波脉冲进入试件,到达底面后反射回来,并由同一探头接收。接收到的脉冲信号经接收放大器加至示波器垂直偏转板上;同时标记发生器输出一定时间间隔的标记脉冲信号,也加至示波器的垂直偏转板上。扫描电压加到示波器的水平偏转板上,这样,在示波器荧光屏上可以直接观察到发射的脉冲和接收的回波脉冲信号。根据横轴上的标记信号可以测出从发射到接收的时间间隔 t,然后试件厚度 h 用下式求出

$$h=\frac{v_c t}{2}\tag{11-3-8}$$

标记信号一般是可调的,可根据测量要求选择。如果预先用标准试件进行校正,可以根据荧光屏上发射与接收的两个脉冲间的标记信号直接读出厚度值。

例如,CCH—J—1 型半导体超声波测厚仪就是采用上述原理研制的直读式钢材测厚装置。

11.4　物位电测法

物位是容器中液体物料的液位、粉状或颗粒状固体物料的料位及两种介质相界面位置的总称。物位测量在很多工业生产过程中占有重要地位。

11.4.1　超声波法

超声波测物位是利用回声测距的原理进行的。由于超声波可在气、液、固三种介质中传播,所以超声波物位计又分为气介式、液介式及固介式三类。常用的是前两种,它们的几种测量原理如图 11-4-1 所示,图(a)、(c)两种为单探头形式,探头起发射和接收双重作用;图(b)、(d)为双探头形式,其中一个探头起发射作用,另一个探头则起接收作用。

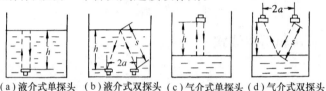

(a)液介式单探头　(b)液介式双探头　(c)气介式单探头　(d)气介式双探头

图 11-4-1　超声波液位计的几种测量原理

液介式探头既可以安装在液面底部,也可以安装在容器底的外部。以图 11-4-1(a)为例,设被测液面的高度为 h,超声波在该介质中的传播速度为 v_c,超声波从单探头发出到液面,经液面反射到探头位置,共需时间为 t,则 h 可表示为

$$h = \frac{v_c t}{2} \tag{11-4-1}$$

图 11-4-1(c)的工作原理与图 11-4-1(a)一样。不同的是,图 11-4-1(c)中的探头置于液面的上方,以空气作为介质。位移高度 h 仍然以(11-4-1)式表示,但式中 v_c 则为超声波在空气介质中的传播速度。

对于图 11-4-1(b)、(d)两种双探头形式来说,由于声波经过介质的路程为 $2s$,而

$$s = \frac{v_c t}{2} \tag{11-4-2}$$

因此,被测液面高度 h 为

$$h = \sqrt{s^2 - a^2} \tag{11-4-3}$$

式中,a 为两探头之间距离的一半。

由(11-4-1)式可知,为了准确测量液位高度 h,应精确测定超声波在待测介质中的速度 v_c,工程应用上常采用声速校正具,其具体结构如图 11-4-2 所示。它是在传声介质中取相距固定距离 s_0 的两端安装一个探头——反射板组成测量装置。对液介式液位计而言,校正具应安装在液体介质最底处以避免水面反射声波的影响,同理对气介式液位计而言,校正具应放在容器顶端。如果超声波脉冲从探头发射经 t_0 时间后返回探头,共走过 $2s_0$ 距离,则得实际声速为

$$v_{c0} = \frac{2s_0}{t_0} \tag{11-4-4}$$

将上式代入(11-4-1)式中($v_{c0} = v_c$),则可得

$$h = \frac{s_0 t}{t_0} \tag{11-4-5}$$

从式中显然可见,测液位高度 h 则变为测时间 t、t_0。

在测量时,沿高度方向声速是不同的,如沿高度方向被测介质密度分布不均匀或有温度梯度时,可采用图 11-4-3 所示浮臂式声速校正具。该校正具的上端连接一个浮子,下端装有转轴,使校正具的反射板位置随液面变化而升降,校正探头与测量探头发射和接收的声波所经过的液体之状态相近似,以消除由于传播速度之差异而带来的误差。

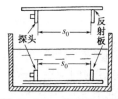
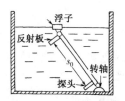

图 11-4-2　声速校正具　　　图 11-4-3　浮臂式声速校正具

超声波物位测量的测量范围可从毫米数量级到几十米以上。精度在不加校正具时为 1%,加校正具后精度为 0.1%。超声波物位测量法的优点是:可进行非接触测量,适用于有毒、有蚀液位的测量,其缺点是当测量含有气泡、悬浮物的液位及被测液面有很大波浪时,使用较困难。

利用超声波反射时间差法也可检测液-液相界面位置,如图 11-4-4 所示。两种不同液体 A、B 的相界面在 h 处,液面高度已知为 h_1,超声波在 A、B 两液体中的传播速度分别为 v_1 和 v_2。超声波探头安装在容器底部。超声波在液体 A 中传播并被相界面反射回来的往返时间为

$$t_1 = \frac{2h}{v_1}$$

超声波在液体 A、B 中传播并被液面反射回来的往返时间为

$$t_2 = \frac{2(h_1-h)}{v_2} + \frac{2h}{v_1}$$

故有

$$h = h_1 - \frac{(t_2-t_1)v_2}{2} \qquad (11\text{-}4\text{-}6)$$

$$h = \frac{t_1 v_1}{2} \qquad (11\text{-}4\text{-}7)$$

图 11-4-4　超声波反射时间差法测液-液相界面位置的原理图

以上两式可知,检测出 t_1、v_1 即可求得界面位置 h,或者检测出 t_1、t_2 和 v_2 亦可求得 h。测量精度可达 1%,检测范围为数米时的分辨率达 ±1mm。

11.4.2　浮力法

利用液体浮力测液位的原理应用广泛,可分为浮子式(恒浮力式)和浮筒式(变浮力式)两种。浮

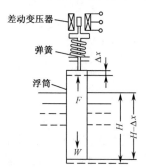

图 11-4-5　采用差动变压器的浮筒式液位计原理图

子式就是让浮子始终漂浮在液面上,其所受浮力为恒定值。浮子的位置随液面升降而变化,这样就把液位的测量转化为浮子位置或位移的测量。浮筒式就是把一个比重比液体大的浮筒用弹簧悬挂在液体中(若不悬挂,浮筒就会下沉,故又称"沉筒"),浮筒所受浮力随液面升降而变化,这样就把液位测量转化为浮筒浮力的测量。采用差动变压器的浮筒式液位计原理如图 11-4-5 所示,浮筒与差动变压器的活动衔铁的导杆相连,导杆上套有弹簧,弹簧上端固定,下端与浮筒相接。设初始时液位为 0,故浮力为 0,浮筒重量 W 被弹簧力 cx_0 所平衡,即

$$W = cx_0 \qquad (11\text{-}4\text{-}8)$$

式中,c 为弹簧刚度;x_0 为弹簧初始变形。

当液位升高 H 时,浮筒将上升 Δx,使差动变压器的活动衔铁上升 Δx,此时,弹簧变形相应减小 Δx,弹簧力为 $c(x_0 - \Delta x)$,浮筒浸入液体的深度为 $(H - \Delta x)$,所受浮力等于浮筒所排出体积液体的重量,浮筒处于平衡状态,即

$$W = c(x_0 - \Delta x) + A(H - \Delta x) \cdot \gamma \qquad (11\text{-}4\text{-}9)$$

式中,A 为浮筒的截面积;γ 为液体的重度(密度与重力加速度之乘积)。

将(11-4-8)式代入(11-4-9)式得

$$H = \left(1 + \frac{c}{A\gamma}\right)\Delta x \qquad (11\text{-}4\text{-}10)$$

由上式和(5-3-39)式可知,差动变压器输出电压将与液位高度 H 成正比。

11.4.3 差压法

图 11-4-6 为常用的电容式差压传感器。测量膜片焊接在两个杯体之间,作为差动电容的公共动极板,在凹形的绝缘体表面蒸镀一层金属薄膜作为差动电容的两个定极板,于是动极板与它两侧的定极板构成球面形差动电容 C_1 和 C_2,在动极板两侧分别形成两个封闭的充液室,其内充满硅油。当被测差压作用在两侧隔离膜片上时,差压通过硅油传递到动极板,使其产生挠曲变形,引起电容差动地改变。据推导,电容式差压传感器两个差动电容 C_1 和 C_2 与差压($P_H - P_L$)的关系为

$$\frac{C_1 - C_2}{C_1 + C_2} = \frac{a^2}{4Td_0}(P_H - P_L) \tag{11-4-11}$$

式中,a 为动极板的工作半径;T 为动极板初始张力;d_0 为定、动极板的初始距离。

该传感器配接一个将电容信号转换成标准电流信号的测量电路,即构成电容式差压变送器。

利用差压变送器测量密闭容器内的液位时,变送器的高压室通过引压导管与容器下部取压点相通,其低压室则与容器上部(液面以上的)密封空间相通,如图11-4-7所示。此时

$$P_L = P_气 \tag{11-4-12}$$
$$P_H = P_气 + \rho g H \tag{11-4-13}$$

式中,$P_气$ 为密闭容器液面上方气体压力;H 为密闭容器内液面自取压点高度;ρ 为容器内液体密度;g 为重力加速度。

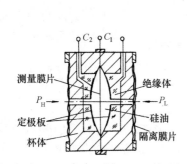

图 11-4-6　电容式差压传感器

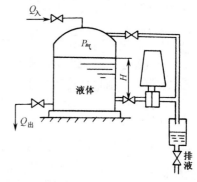

图 11-4-7　用差压变送器测液位示意图

将以上两式代入(11-4-11)式得

$$\frac{C_1 - C_2}{C_1 + C_2} = \frac{a^2 \rho g}{4Td_0} H \tag{11-4-14}$$

若测量敞口容器内的液位,则差压变送器的低压室应与大气相通。

图 11-4-8　投入式液位计示意图

图 11-4-8 为投入式液位计示意图。压阻式差压传感器安装在不锈钢壳体内,并用不锈钢支架固定放置于液体底部。传感器的高压侧进气孔(用柔性不锈钢隔离膜片隔离,用硅油传导压力)与液体相通,安装高度 h_0 处即距液面 h_1 处的水压为 P_1,传感器的低压侧进气孔通过一根很长的橡胶背压管与大气相通,大气压为 P_2,传感器的信号线、电源线也通过该背压管与外界的仪表接口相连接(故背压管又称为防水导气电缆)。被测液位 h 可由下式得到

$$h = h_0 + \frac{P_1 - P_2}{\rho g} \tag{11-4-15}$$

这种投入式液位计安装方便,适应于几米至几十米,混有大量污物、杂质的水或其他液体的液位测量。

图 11-4-8 所示投入式液位计的原理也可用来测量江河湖海的水深,其中的差压传感器也可采用图 11-4-6 所示的电容式差压传感器。

11.4.4 电容法

电容式物位传感器是利用被测介质面的变化引起电容变化的一种变介质型电容传感器。图 11-4-9(a)用于测量非导电液体介质的液位,图 11-4-9(b)用于测量非导电固体散料的料位。因为固体散料容易"滞留",故一般不用双层电极,而用电极棒和容器壁组成内、外电极。设内、外电极的外径和内径分别为 d 和 D,覆盖长度为 L,空气介电常数为 ε_0,当电极间无液体或物料时,电容据(5-2-3)式为

$$C_0 = \frac{2\pi\varepsilon_0 L}{\ln(D/d)} \tag{11-4-16}$$

当内、外电极间有液体或物料(其介电常数为 ε),高度为 H 时,电容变化为

$$\Delta C = C - C_0 = \frac{2\pi(\varepsilon - \varepsilon_0)}{\ln(D/d)} H \tag{11-4-17}$$

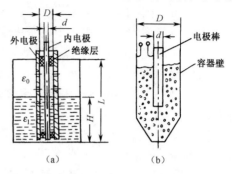

图 11-4-9 电容式物位传感器

当被测液体为导电体而不能作为电容的中间介质时,应采用套管式电极,即在外径为 d 的金属棒外,加一层介电常数为 ε、内径为 d、外径为 D 的绝缘套管作为电介质,液体容器用绝缘材料制作,金属棒作为内电极,而把导电的被测液体作为外电极(电极引线从导电液体容器底部引出),构成变面积式电容传感器。由(5-2-3)式可知,当液位发生变化时,就改变了电容器两极板的覆盖面积大小,从而改变了电容量。但是这种方式不适合于黏滞的导电液体。因为液位下降时,内电极套管外部如果黏附一层被测导电液体,就会产生虚假的液位测量值。

由式(11-4-17)可知,当被测液体的介电常数发生变化时,利用图 11-4-9 所示的电容式物位传感器进行测量会造成测量错误。如在油田原油生产过程中,需要对油水界面进行测量,而原油和水的介电常数会受外界因素影响发生变化,如矿化水中矿化物质含量的变化会引起矿化水的介电常数变化。为了减少因介电常数变化导致的测量偏差,可使用分段式电容传感器进行液位测量,通过分段式电容传感器,可在线检测出介电常数,从而提高液位测量的准确性。

分段式电容传感器检测油水界面的基本原理是:将原来一根全量程长度的圆筒形传感电容,改变为从上至下相同长度的若干段相互独立的圆筒形电容。以 10 段电容传感器为例,其结构示意图如图 11-4-10 所示。

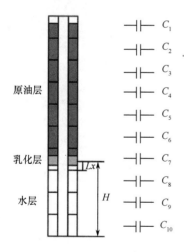

图 11-4-10 分段式电容传感器(10 段)结构原理及等效电容

由于空气的介电常数约为 1,原油的介电常数为 2.3~3,水的介电常数约为 80,因此比较容易判断出各段电容值的关系为 $C_1 < C_2 \approx C_3 \approx C_4 \approx C_5 \approx C_6 < C_7 < C_8 \approx C_9 \approx C_{10}$。$C_1 \sim C_{10}$ 的电容值可以通过电容测量电路获得,由于第 2~6 段电容全部浸在原油中,因此可以根据 C_2、C_3、C_4、C_5 和 C_6 计算出各段电容处原油的介电常数,将得到的 5 个原油介电常数取平均值,视为在线测得的当前原油的介电常数。同样的方法,利用 C_8、C_9 和 C_{10} 可计算出电容处矿化水的介电常数,将得到的 3 个矿化水的介电常数取平均值,视为在线测得的矿化水的介电常数,降低因外在因素变化引起的介电常数变化对油水界面测量的影响,提高了油水界面测量的准确性。

思考题与习题

1. 试用两个对称的圆弧形电位器连成差动电桥,构成角位移传感器,并导出角位移与电桥输出电压的关系。

2. 试推导图 11-1-2 中应变电桥输出电压与测量头位移之间的对应关系。

3. 试推导图 11-2-2 中电压表读数与倾角的关系式。

4. 试推导图 11-2-1 中 4 个应变片接成全等臂差动电桥的输出电压与倾角的关系式。

5. 分别用变气隙型自感式传感器和变极距型电容器设计一个纸页厚度测量电路,使输出电流或电压与纸厚成线性关系。

6. 设计一个采用电容式传感器测量不黏滞导电液体液位的电路,使输出电压与液位高度成线性关系。

7. 试导出图 11-4-5 中差动变压器输出电压与液位高度 H 的关系式。

8. 试设计一个水深探测器,使潜水员能知道自己所潜入的深度,画出系统框图,并说明其工作原理。

9. 将图 11-4-6 所示电容式差压传感器接入图 4-1-6(b)或图 4-2-6 电路,测量图 11-4-7 密闭容器中液位的高度。试导出输出电压与液位高度的关系式。

10. 采用分段式电容传感器测量油水界面的优势是什么?

第 11 章例题解析　　　　第 11 章思考题与习题解答

第 12 章　机械量电测法

12.1　转速的电测法

物体转动的速度称为转速。转动角速度等于 Δt 时间内转动的角位移 $\Delta\theta$ 与转动时间 Δt 之比,即

$$\omega=\Delta\theta/\Delta t \tag{12-1-1}$$

当 $\Delta\theta$(或 Δt)取得极小时,常称 $\Delta\theta/\Delta t$ 为瞬时角速度,角速度的单位为弧度/秒(rad/s)。转速通常用转数每分钟来表示,单位为转/分(r/min)。每秒钟的转数也称为转动频率,它是转动周期的倒数。

转速的电测法很多,按其测量原理可分为模拟式和计数式。

12.1.1　模拟式电测法

1. 测速发电机

测速发动机是根据电磁感应原理做成的专门测速的微型发电机,输出电压正比于输入轴上的转速,即

$$U_0=Blv=Blr\omega=2\pi Blrn/60 \tag{12-1-2}$$

式中,B 为测速发电机中的磁感应强度;r 为测速发电机绕组的平均半径;l 为测速发电机绕组的总有效长度;ω 为测速发电机转子的角速度;n 为测速发电机的转速。

测速发电机可分为直流测速发电机和交流测速发电机两类。测速发电机的优点是线性好、灵敏度高和输出信号大。

2. 磁性转速表

磁性转速表的结构原理如图 12-1-1 所示,转轴随待测物旋转,永久磁铁也跟随同步旋转。铝制圆盘靠近永久磁铁,当永久磁铁旋转时,两者产生相对运动,从而在铝制圆盘(铝盘)中形成涡流。该涡流产生的磁场与永久磁铁产生的磁场相互作用,使铝盘产生一定的转矩 M_e,该转矩与待测物的转速 n 成正比,即 $M_e=k_e n$。转矩 M_e 驱动铝盘转动,迫使游丝扭转变形,产生与转角 θ 成比例的反作用力矩 $M_s=k_s\theta$。当两力矩相等时,铝盘及与其固定连接的指针停留于一定位置,此时指针指示的转角 θ 即对应于被测轴的转速,即

$$\theta=\frac{k_e}{k_s}n=kn \tag{12-1-3}$$

式中,k 是与结构有关的常数。

这种转速表具有结构简单、维护和使用方便等优点,缺点是精度不高。检测范围为 $1\sim20\,000$r/min,精度为 $1.5\%\sim2.0\%$。

3. 离心式转速表

离心式转速表的结构原理如图 12-1-2 所示,当转轴转动时,重锤在锤的重力和杆的张力作用下作匀速圆周运动。连杆和拉杆的交点 A 在连杆张力和拉杆拉力作用下也作匀速圆周运动,而套筒则在重锤离心力作用下通过拉杆沿转轴的轴向方向向上或向下移动一个位移 x。套筒压缩或拉伸弹簧,弹簧产生一个反弹力,从而使套筒达到动态平衡。由于离心力 F_c 与转速的平方成正比,即 $F_c=k_c\omega^2$,弹簧力 F_s 与套筒位移成正比,即 $F_s=k_s x$,二力平衡时有

$$x=\frac{k_c}{k_s}\omega^2 \tag{12-1-4}$$

故检测出位移量即可知道待测物的转速。离心式转速表具有结构简单、成本低、检测范围宽和输出大等优点。缺点是转速 ω 与位移 x 是非线性关系，并且重锤的惯性大，不能用于检测变化快的转速。利用这种传感器输出力大的特点，可制成蒸汽机、汽轮机和水力发电机用的无辅助能源的调节器，直接推动阀门。最高转速达 20 000r/min，精度为 $1\%\sim2\%$。

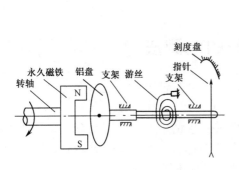

图 12-1-1　磁性转速表的结构原理图　　　图 12-1-2　离心式转速表的结构原理图

4. 频闪转速表

频闪转速表测量的基本原理是基于人眼的视觉暂留现象，工作原理如图 12-1-3 所示。

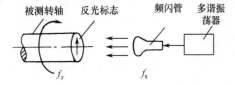

图 12-1-3　频闪转速表原理图

频率可调的多谐振荡器产生某一频率的等幅信号，控制频闪管发出相同频率的闪光至被测转轴的反光标志上。设 f_s 和 f_x 分别表示闪光频率和被测转轴的转动频率。当 $f_x=f_s$ 时，由于人眼的视觉暂留现象，反光标志看起来似乎在某一位置是静止不动的；当 $f_s>f_x$ 时，反光标志朝与转轴相反的方向旋转；当 $f_s<f_x$ 时，则朝相同方向旋转。这样重复数次，直至看到反光标志最亮且似乎静止不动时，可从仪器指示盘上直接读出被测转轴的转速。

频闪转速表方便灵活，可随意搬动测试，适用于中、高速测量，精度为 $0.1\%\sim2\%$。

12.1.2　计数式电测法

转速的计数式电测法利用转速传感器将转速转换成脉冲频率，再用测频法或测周法对脉冲频率进行数字测量。

1. 转速传感器

转速传感器的种类很多，其共同特点是将转速转换成频率。若每分钟转动圈数为 n，每转一圈传感器发出脉冲数为 m（m 的数值最好是 60 的整数倍），则传感器脉冲的频率为

$$f=mn/60 \tag{12-1-5}$$

因此，如果采用图 3-1-6 电路测得传感器脉冲的频率（或周期），即可求得转速

$$n=60f/m \tag{12-1-6}$$

下面介绍几种转速传感器。

（1）磁电式

图 12-1-4(a)为开磁路磁阻式转速传感器，传感器由永久磁铁、软铁、感应线圈组成，齿数为 m 的齿轮安装在被测转轴上。当齿轮随转轴旋转时，齿的凹凸引起磁阻变化，致使线圈中磁通发生变化，感应出幅值交变的电动势，感应电动势的频率 f 由(12-1-5)式决定。

开磁路磁阻式转速传感器的结构比较简单，但输出信号较小。另外当被测转轴振动较大时，传感器输出波形失真较大。在振动强的场合往往采用闭磁路磁阻式转速传感器，如图 12-1-4(b)所示。它

由装在转轴上的内齿轮、外齿轮、线圈及永久磁铁构成,内、外齿轮的齿数相同,均为 m,转轴连接到被测转轴上与被测转轴一起转动,使内、外齿轮相对运动,从而使磁路气隙周期变化,在线圈中产生感应电动势,感应电动势的频率同(12-1-5)式。

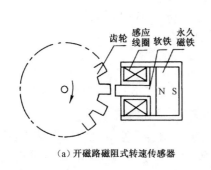 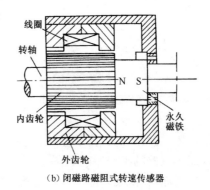

(a) 开磁路磁阻式转速传感器　　　　(b) 闭磁路磁阻式转速传感器

图 12-1-4　磁电式转速传感器

由于感应电动势的幅值取决于切割磁力线的速度,因而也与转速成一定比例。当转速太低时,输出电动势很小,以致无法测量。所以磁电式转速传感器有一个下限工作频率为 50Hz(闭磁路磁阻式的下限频率可降到 30Hz),其上限工作频率可达 100kHz。

磁电式转速传感器采用转速-脉冲变换电路,如图 12-1-5 所示。传感器感应电压由二极管 VD 削去负半周,送到 VT_1 进行放大,再由射极跟随器 VT_2 送入 VT_3 和 VT_4 组成的射极耦合触发器进行整形,这样就得到方波输出信号。

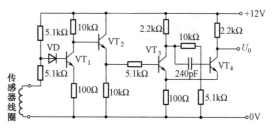

图 12-1-5　转速-脉冲变换电路

(2) 电涡流式和电容式

图 12-1-4(a)中的磁电式传感器若换成电涡流式传感器,就构成电涡流式转速传感器。当金属齿轮随被测转轴转动时,电涡流式传感器线圈的电感将周期性地变化,其变化频率也由(12-1-5)式决定。

图 12-1-4(a)中的磁电式传感器若换成变面积型电容式传感器,就构成电容式转速传感器,如图 12-1-6 所示。当齿轮随被测转轴转动时,电容式传感器的电容也周期性变化,其变化频率也由(12-1-5)式决定。

(3) 霍尔式

霍尔式转速传感器原理如图 12-1-7 所示。图 12-1-7(a)所示是将一非磁性圆盘固定在被测转轴上,圆盘的周边上等距离地嵌装着 m 个永磁铁氧体,相邻两铁氧体的极性相反。由磁导体和置于磁导体间隙中的霍尔元件组成测量头[见图 12-1-7(a)右上角],磁导体尽可能安装在铁氧体边上。当圆盘转动时,霍尔元件感受的磁场强度周期性变化,霍尔元件输出正负交变的周期电势。

图 12-1-7(b)是在被测转轴上安装一个齿轮状的磁导体,对着齿轮固定着一个马蹄形的永久磁铁,霍尔元件粘贴在磁极的端面上。当被测转轴转动时,带动齿轮状磁导体转动,于是霍尔元件磁路中的磁阻发生周期性变化,使霍尔元件感受的磁场强度也发生周期性变化,从而输出一系列频率与转速成比例的单向电压脉冲。

以上两种霍尔式转速传感器,配以适当的电路即可构成数字式或模拟式非接触型转速表,这种转速表对被测转轴影响小,输出信号幅值又与转速无关,因此测量精度高,测速范围大致在 $(1\sim10^4)s^{-1}$。

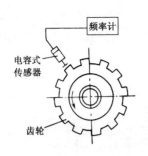

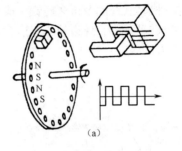

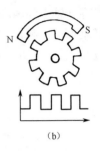

图 12-1-6 电容式转速传感器测速原理图

图 12-1-7 霍尔式转速传感器

（4）光电式

光电式转速传感器分为反射式和透射式两种，如图 12-1-8 所示。

反射式转速传感器的工作原理如图 12-1-8(a)所示。用金属箔或反射纸在被测转轴上贴出一圈黑白相间的反射面，光源发射的光线经透镜、半透膜片和聚焦透镜投射在转轴反射面上，反射光经聚焦透镜会聚后，照射在光电元件上产生光电流。被测转轴旋转时，黑白相间的反射面造成反射光强弱变化，形成频率与转速及黑白间隔数有关的光脉冲，使光电元件产生相应电脉冲。由(12-1-5)式可知，当黑白间隔数 m 一定时，电脉冲的频率 f 便与转速 n 成正比。

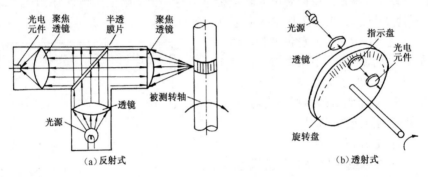

图 12-1-8 光电式转速传感器

透射式光电转速传感器的工作原理如图 12-1-8(b)所示。固定在被测转轴上的旋转盘的圆周上开有 m 道径向透光的缝隙，不动的指示盘具有和旋转盘相同间距的缝隙，两盘缝隙重合时，光源发出的光线便经透镜照射在光电元件上，形成光电流。当旋转盘随被测转轴转动时，每转过一条缝隙，光电元件接收的光线就发生一次明暗变化，因而输出一个电脉冲信号。由此产生的电脉冲的频率 f 在缝隙数目 m 确定后与被测转轴的转速 n 成正比，如(12-1-5)式所示。采用这种结构可以大大增加旋转盘上的缝隙数目，使被测转轴每转一圈产生的电脉冲数增加，从而提高转速测量精度。

（5）圆栅式

圆感应同步器、圆光栅均可用于转速的精密测量。这里再介绍另一种圆栅——柱状圆容栅传感器，它由同轴安装的定子（圆筒）和转子（圆柱）组成，在定子内表面和转子外表面刻制一系列宽度相等的齿和槽，因此也称多齿电容式传感器，如图 12-1-9(a)所示，图中 $\Delta\theta$ 称为节距，且有

$$\Delta\theta = \frac{2\pi}{m} = \frac{360^\circ}{m} \tag{12-1-7}$$

式中，m 为定子和转子的齿槽数。

当定子与转子的齿面相对时电容最大，错开时电容最小，电容 C 与转角 θ 的关系如图 12-1-9(b)所示。当转子随被测转轴转动时，电容变化频率 f 与转速 n 的关系也由(12-1-5)式决定。

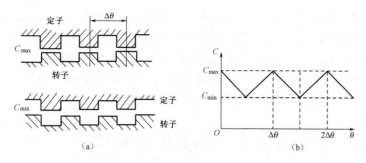

图 12-1-9　多齿电容式传感器

虽然图 12-1-6 中电容变化也与图 12-1-9(b)所示曲线一样,但其 C_{max} 与 C_{min} 均只有多齿电容式传感器的 $1/m$,也就是说,多齿电容式传感器的电容变化幅度将是图 12-1-6 中普通电容式传感器的 m 倍。容栅也像光栅、感应同步器一样,可以采用电子细分的方法,进一步提高对角位移的分辨率,这样就能进一步提高瞬时转速测量的精度。

2. 转速传感器的测量电路

转速传感器的测量电路与图 3-1-6 基本相似,而且也有"测频"和"测周"两种方式。

(1) 测频计数式

图 12-1-10(a)为测频计数式转速传感器的测量电路,转速传感器输出的脉冲信号经过放大整形,变成规整的频率为 f 的方波脉冲,晶体振荡器输出稳定的时钟频率 f_c,经分频器 k 分频后形成宽度为 $T = k/f_c$ 的门控信号,使控制门打开让方波脉冲通过,计数器从 0 开始对方波脉冲计数,在 T 时间内,计数结果为

$$N = Tf = \frac{k}{f_c} f = \frac{km}{60 f_c} \cdot n \tag{12-1-8}$$

由上式可见,测频计数式转速传感器的特点是转速越快,计数值越大。

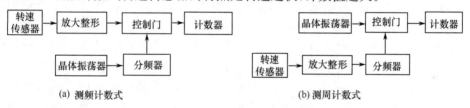

(a) 测频计数式 　　　　　　　　　　　　　(b) 测周计数式

图 12-1-10　转速传感器测量电路

(2) 测周计数式

当转速很慢时,通常是测量转动周期 T 来反映转动快慢,这种测量转速的方法称为测周法,测量电路如图 12-1-10(b)所示。转速传感器信号(周期为 T/m)经放大整形和 k 分频后,形成门控信号,使控制门打开,让晶体振荡器输出的周期 T_c 稳定的时钟脉冲通过,计数器从 0 开始对时钟脉冲计数,计数结果为

$$N = \frac{k}{m T_c} \cdot T \tag{12-1-9}$$

由上式可见,测周计数式转速传感器的特点是转速越慢,计数值越大。

当需要测量瞬时转速时,可在随转轴转动的转盘上均匀分布 m 个测点,即每相邻两个测点的间距均为 $\Delta\theta = 2\pi/m$,只要测出转过各段 $\Delta\theta$ 所用时间 Δt_i 的计时脉冲数 N_i,$\Delta t_i = N_i T_c$,即可求出每个测点的瞬时角速度,即

$$\omega_i = \frac{2\pi f_c}{m \times N_i} \quad (i = 1, 2, \cdots, m) \tag{12-1-10}$$

这种测量转速的方法称为测时法,这种方法的特点是把转速测量转化为时间来测量。

上面介绍的转速传感器也可用于直线运动速度的测量。让直线运动物体通过齿轮传动或接触摩擦带动滚轮转动。用转速传感器测出滚轮的转速,滚轮的周长与滚轮转动角速度相乘便得到直线运动物体的线速度。在不便于将线速度转换为转速测量的场合,通常是在被测运动体的运动路径上设置两个相距 L 的传感器,分别控制一个计时电路的开启和关闭,该计时电路测出被测运动体通过这两个传感器设置点的时间,即可得到被测运动体的运行速度。

12.2　振动的电测法

物体的机械振动是指物体在其平衡位置附近作来回往复运动。

在石油勘探中,测量人工激发的地震波在地层中传播后返回地表所引起的地面振动,可以探明地下的地质构造,精确决定石油钻井的井位;对机械设备、堤坝、桥梁等的振动情况进行监测,可有效地了解它们的运行现状和潜在危险,及时采取必要的措施。在科学研究中,振动试验和检测也是研究和解决实际工程技术问题的重要手段。

用电测方法测量振动的装置称为振动传感器(或测振传感器)。根据被测振动参数来分类,振动传感器可分为振动位移传感器、振动速度传感器和振动加速度传感器;根据所采用的传感器工作原理可分为应变式、电容式、电感式、电涡流式、差动变压器式、磁电式、压电式、光电式等;根据选定的运动参照点来分,可分为相对振动传感器和绝对振动传感器。

12.2.1　相对振动传感器与绝对振动传感器

1. 相对振动传感器

根据前述关于振动的定义,相对振动实际上是物体相对于其平衡位置或者说以其平衡位置为参照点的往复运动。一般的结构型传感器都包含固定部分和可动部分,让固定部分与振动的平衡位置即参照点保持相对静止,可动部分随被测振动物体一起运动。这样,11.1 节介绍的各种位移传感器,原则上都可构成相对振动传感器。

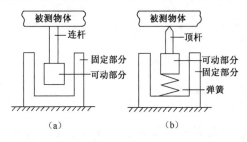

图 12-2-1　相对振动传感器的关联方式

相对振动传感器的可动部分与被测物体的关联方式有图 12-2-1 所示两种方式,图 12-2-1(a)方式是传感器可动部分与被测物体固定连接在一起成为一个整体。传感器可动部分相对其固定部分的运动也就是被测物体相对其平衡位置的运动。图 12-2-1(b)方式是传感器可动部分由安装在固定部分的弹簧紧压在被测物体上。被测物体与传感器可动部分并不是固定连接在一起,而只是碰触在一起,在被测物体压力和弹簧反力的作用下,传感器可动部分跟随被测物体一起运动。为了使图 12-2-1(b)中传感器可动部分跟随被测物体的运动,就必须使被测物体与可动部分始终保持接触而不分离,这就要求可动部分对被测物体的压力大于 0,即

$$F = F_k - ma_m > 0 \tag{12-2-1}$$

式中,a_m 为被测物体的加速度幅值;m 为传感器可动部分及顶杆的质量;F_k 为弹簧力,即

$$F_k = k\Delta L \tag{12-2-2}$$

式中,k 为弹簧的弹性系数;ΔL 为弹簧的初始压缩量。

如果被测振动是简谐振动,则振动加速度幅值 a_m 为

$$a_m = \omega^2 x_m \tag{12-2-3}$$

式中,ω 为简谐振动角频率;x_m 为简谐振动的振幅。

综合(12-2-1)式~(12-2-3)式得,传感器可动部分跟随被测物体运动的条件为

$$\Delta L > \frac{m}{k}\omega^2 x_m = \frac{\omega^2}{\omega_0^2}x_m \qquad (12\text{-}2\text{-}4)$$

式中

$$\omega_0 = \sqrt{k/m} \qquad (12\text{-}2\text{-}5)$$

由上式可见,如果在使用中弹簧的初始压缩量 ΔL 不够大,或者被测物体的振动频率 ω 过高,或振幅 x_m 过大,都会使上述条件得不到满足,从而使顶杆与被测物体发生脱离或撞击,因此,图12-2-1(b)方式只能在一定的频率和振幅范围内工作。

2. 绝对振动传感器

被测物体相对大地或惯性空间的往复运动,称为绝对振动。绝对振动传感器的工作原理如图 12-2-2 所示,整个传感器被固定在被测物体上,传感器固定部分与被测物体一起运动。传感器可动部分与一质量块固接在一起,称为惯性体,其质量为 m,惯性体通过弹簧(弹性系数为 k)与固定部分连接,其运动受到阻尼器(阻尼系数为 c)的阻尼作用。这样一个由质量块-弹簧-阻尼器构成的系统实质上就是一种传感器。它把被测物体的绝对运动转换为传感器可动部分与固定部分的相对运动。图中右侧标尺表示与大地保持相对静止的运动参照点,称为静基准,x 表示被测物体及传感器固定部分相对于该参照点的位移,称为绝对位移。

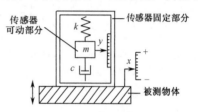

图 12-2-2　绝对振动
传感器的工作原理

当被测物体静止不动时,惯性体也静止不动,惯性体所受弹簧拉力 ky_0 与惯性体重力 mg 相平衡,即

$$ky_0 = mg$$

式中,y_0 为弹簧悬挂惯性体后的伸长。

假设被测物体相对静基准有一个向上的绝对位移 x,则传感器固定部分也相对静基准有一个向上的绝对位移 x,此时安装在固定部分的弹簧将拖动惯性体产生一个向上的绝对位移 z,惯性体相对于固定部分有一个向下的相对位移 y,三种位移的关系为

$$z = x + y(矢量相加)$$

此时弹簧伸长又增加 y,弹簧拉力克服惯性体重力后给惯性体一个向上的净拉力为

$$F_k = -k(y_0 + y) + mg = -ky$$

负号表示 F_k 与 y 的方向相反。

阻尼器的阻尼力为

$$F_c = -c\frac{dy}{dt}$$

式中,c 为阻尼系数,负号表示 F_c 与 $\frac{dy}{dt}$ 的方向相反。

依据牛顿运动定律,物体所受诸力之和等于质量与加速度的乘积,即

$$F_k + F_c = -ky - c\frac{dy}{dt} = m\frac{d^2z}{dt^2} = m\frac{d^2(x+y)}{dt^2}$$

将上式整理得

$$\frac{d^2y}{dt^2} + 2D\omega_0\frac{dy}{dt} + \omega_0^2 y = -\frac{d^2x}{dt^2} \qquad (12\text{-}2\text{-}6)$$

式中

$$\omega_0 = \sqrt{\frac{k}{m}}(固有角频率) \qquad (12\text{-}2\text{-}7)$$

$$D = \frac{c}{2\sqrt{mk}} = \frac{c}{2\omega_0 m}(阻尼系数) \qquad (12\text{-}2\text{-}8)$$

(12-2-6)式是一个二阶常系数线性微分方程,它表达了绝对振动传感器的输入/输出关系,这个关系式是绝对振动电测法的理论基础。

因为绝对运动的位移 x、速度 v、加速度 a 有如下关系

$$v=\frac{\mathrm{d}x}{\mathrm{d}t}, \quad a=\frac{\mathrm{d}v}{\mathrm{d}t}=\frac{\mathrm{d}^2 x}{\mathrm{d}t^2} \tag{12-2-9}$$

将(12-2-9)式代入(12-2-6)式得

$$\frac{\mathrm{d}^2 y}{\mathrm{d}t^2}+2D\omega_0\frac{\mathrm{d}y}{\mathrm{d}t}+\omega_0^2 y=-\frac{\mathrm{d}v}{\mathrm{d}t} \tag{12-2-10}$$

$$\frac{\mathrm{d}^2 y}{\mathrm{d}t^2}+2D\omega_0\frac{\mathrm{d}y}{\mathrm{d}t}+\omega_0^2 y=-a \tag{12-2-11}$$

对(12-2-6)式、(12-2-10)式和(12-2-11)式分别进行拉氏变换,得绝对振动传感器如下三种形式的传输函数,即

$$\frac{Y(s)}{X(s)}=\frac{-s^2}{s^2+2D\omega_0 s+\omega_0^2} \quad \text{(具有高通滤波特性)} \tag{12-2-12}$$

$$\frac{Y(s)}{V(s)}=\frac{-s}{s^2+2D\omega_0 s+\omega_0^2} \quad \text{(具有带通滤波特性)} \tag{12-2-13}$$

$$\frac{Y(s)}{A(s)}=\frac{-1}{s^2+2D\omega_0 s+\omega_0^2} \quad \text{(具有低通滤波特性)} \tag{12-2-14}$$

以上三式中令 $s=\mathrm{j}\omega$(ω 为振动角频率),可求得质量块相对运动的位移振幅 Y_m 与被测振动体绝对运动的位移振幅 X_m、速度振幅 V_m、加速度振幅 A_m 的关系为

$$\frac{Y_m}{X_m}=\frac{1}{\sqrt{\left(1-\frac{\omega_0^2}{\omega^2}\right)^2+\left(2D\frac{\omega_0^2}{\omega^2}\right)^2}} \tag{12-2-15}$$

$$\frac{Y_m}{V_m}=\frac{1/2D\omega_0}{\sqrt{1+\left[\frac{1}{2D}\left(\frac{\omega}{\omega_0}-\frac{\omega_0}{\omega}\right)\right]^2}} \tag{12-2-16}$$

$$\frac{Y_m}{A_m}=\frac{1/\omega_0^2}{\sqrt{\left(1-\frac{\omega^2}{\omega_0^2}\right)^2+\left(2D\frac{\omega}{\omega_0}\right)^2}} \tag{12-2-17}$$

在 $D=\frac{1}{\sqrt{2}}$ 最佳阻尼的情况下,将(12-2-15)式和(12-2-17)式简化为

$$\frac{Y_m}{X_m}=\frac{1}{\sqrt{1+\left(\frac{\omega_0}{\omega}\right)^4}}, \qquad \frac{Y_m}{A_m}=\frac{1/\omega_0^2}{\sqrt{1+\left(\frac{\omega}{\omega_0}\right)^4}} \tag{12-2-18}$$

由(12-2-8)式、(12-2-16)式和(12-2-18)式可见

当 $\omega\gg\omega_0$ 时 $\qquad\qquad\qquad Y_m=X_m$ $\qquad\qquad\qquad$ (12-2-19)

当 $\omega\approx\omega_0$ 时 $\qquad\qquad Y_m=\frac{V_m}{2D\omega_0}=\frac{m}{c}V_m$ $\qquad\qquad$ (12-2-20)

当 $\omega\ll\omega_0$ 时 $\qquad\qquad Y_m=\frac{A_m}{\omega_0^2}=\frac{mA_m}{k}$ $\qquad\qquad$ (12-2-21)

以上公式告诉我们,绝对振动传感器中质量块的相对运动位移究竟与被测振动体绝对运动的哪一种参数(位移、速度、加速度)成正比,完全取决于被测振动角频率 ω 与传感器固有角频率 ω_0 的比值 ω/ω_0。当 $\omega\gg\omega_0$ 时,绝对振动传感器可视为把绝对振动位移转换成相对振动位移的传感器;当 $\omega\approx\omega_0$ 时,绝对振动传感器可视为把绝对振动速度转换成相对振动位移的传感器;当 $\omega\ll\omega_0$ 时,绝对振动传感器可视为把绝对振动加速度转换成相对振动位移的传感器。

12.2.2 绝对振动电测法

从上面的理论出发,可以总结出以下 4 种设计制作惯性式绝对振动传感器的思路和方法。

1. 位移传感器配接绝对振动传感器

众所周知,电位器式传感器、电感式传感器、电容式传感器、电涡流式传感器等结构型位移传感器内部都包括固定部分和可动部分。其可动部分随被测物体运动,其固定部分则与运动参照点保持相对静止。这样,位移传感器内可动部分相对于固定部分的位移也就是被测物体相对于运动参照点的位移。如果把位移传感器的可动部分的质量加大或与质量块固定在一起,可动部分与固定部分之间用弹簧或其他弹性体连接并充填阻尼液体或气体,固定部分随传感器底座一起固定在被测振动体上,这样就制成了位移型惯性式绝对振动传感器。下面仅以电容式加速度传感器为例来说明。

电容式加速度传感器结构如图12-2-3所示。质量块由两根簧片支撑置于充满空气的壳体内。当测量垂直方向上的直线加速度时,传感器壳体固定在被测振动体上,振动体的振动使壳体相对质量块运动,因而与壳体固定在一起的两固定极板相对质量块运动,致使上固定极板与质量块的 A 面(磨平抛光)组成的电容 C_1 以及下固定极板与质量块的 B 面(磨平抛光)组成的电容 C_2 随之改变,一个增大、一个减小。

对比图 5-2-1(b)和图 12-2-3 可见,电容式加速度传感器实际上是变极距型差动电容式位移传感器配接绝对振动传感器构成的,变极距型差动电容式位移传感器的可动部分即公共动极板与绝对振动传感器的质量块 m 连在一起。差动电容 C_1、C_2 同质量块相对于传感器壳体的位移 y 的关系,由(5-2-8)式令 $\Delta d = y$ 得

$$\frac{C_1 - C_2}{C_1 + C_2} = \frac{y}{d_0} \qquad (12\text{-}2\text{-}22)$$

式中,d_0 为不振动时电容 C_1 和 C_2 的初始极距。

此差动电容若接入图 4-1-6(b)所示变压器电桥中,将(12-2-22)式代入(4-1-30)式,得电桥开路输出电压幅值 U_m 为

$$U_m = \frac{E}{2}\frac{C_1 - C_2}{C_1 + C_2} = \frac{E}{2}\frac{Y_m}{d_0} \qquad (12\text{-}2\text{-}23)$$

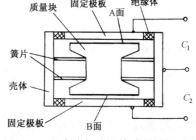

图 12-2-3 电容式加速度传感器结构示意图

将式(12-2-21)式代入上式得

$$U_m = \frac{E}{2d_0\omega_0^2}A_m = \frac{E}{2d_0 k}mA_m \qquad (12\text{-}2\text{-}24)$$

由上式可见,当 $\omega \ll \omega_0$ 时,输出电压幅值 U_m 与加速度幅值 A_m 成正比,测出电压幅值 U_m,即可确定加速度幅值 A_m。

由以上所述可见,只要将(12-2-21)式代入位移传感器输出电量与相对位移的关系式,即可求出由位移传感器配接绝对振动传感器制作成的加速度传感器的输出电量与振动加速度的关系式。这种设计计算方法对电位器式、电涡流式、差动变压器式、应变式、压阻式、压电式、霍尔式等加速度传感器都是适用的。

将(12-2-19)式代入(12-2-23)式得

$$U_m = \frac{E}{2}\frac{Y_m}{d_0} = \frac{E}{2}\frac{X_m}{d_0} \qquad (12\text{-}2\text{-}25)$$

由上式可见,当 $\omega \gg \omega_0$ 时,输出电压幅值 U_m 与位移幅值 X_m 成正比,测出电压幅值 U_m,即可确定位移幅值 X_m。

2. 磁电式传感器配接绝对振动传感器

由(12-2-19)式和(12-2-21)式可见,用位移传感器配接绝对振动传感器构成的惯性式绝对振

动传感器可用于测量振动频率高于固有频率的振动位移和振动频率低于固有频率的振动加速度。而由(12-2-20)式可见,如要测量振动速度,则要求振动频率与固有频率相近或相等。若想在振动频率高于固有频率时测量振动速度,则不能采用位移传感器配接绝对振动传感器的方法,而须采用磁电式传感器配接绝对振动传感器构成的磁电式振动速度传感器。这种传感器也正是石油地震勘探中广泛使用的地震检波器。磁电式振动速度传感器的内部结构示意图如图 6-1-2(b)所示,动圈缠绕在铝制圆筒上(构成质量块 m 并提供电磁阻尼),用弹簧片(弹性系数 k)支撑在永久磁铁产生的磁场中,永久磁铁与传感器的底座装配在一起,固定在被测振动体上。振动体振动时,线圈与磁铁间产生相对运动,线圈中感应电动势 e 为

$$e = Bl \frac{\mathrm{d}y}{\mathrm{d}t} \qquad (12\text{-}2\text{-}26)$$

式中,B 为磁场的磁感应强度;l 为线圈导线总长度;$\mathrm{d}y/\mathrm{d}t$ 为沿轴线方向线圈与磁铁相对运动速度。

设线圈内阻为 R_c,线圈负载电阻为 R_d,则输出负载电压 u 为

$$u = \frac{e}{R_c + R_d} R_d = \frac{R_d}{R_c + R_d} Bl \frac{\mathrm{d}y}{\mathrm{d}t} = K_0 \frac{\mathrm{d}y}{\mathrm{d}t} \qquad (12\text{-}2\text{-}27)$$

式中,K_0 为灵敏度,有

$$K_0 = \frac{R_d}{R_c + R_d} Bl$$

由上式可见,当线圈开路($R_d = \infty$)时,$K_0 = Bl$,因此 Bl 称为开路灵敏度[单位是伏/(米/秒)]。

对低频振动信号来说,线圈的感抗很小,可忽略不计,因此线圈中的感应电流为

$$i = \frac{e}{R_c + R_d} = \frac{e}{R} \qquad (12\text{-}2\text{-}28)$$

式中 $$R = R_c + R_d$$

根据楞次定律,当线圈中有电流流过时,线圈将受到阻止其运动的电磁力 F_L 作用,有

$$F_L = -Bli = -\frac{(Bl)^2}{R} \frac{\mathrm{d}y}{\mathrm{d}t} \qquad (12\text{-}2\text{-}29)$$

圆筒形铝制线圈骨架可看作一个单匝闭合线圈,当线圈架随同线圈一起在磁场中运动时,铝制线圈架内将感应产生涡流,磁场对此涡流的作用力也将阻止线圈架运动。由上式可知,这种涡流阻尼力也与线圈相对磁铁的运动速度成正比,方向相反,即

$$F_T = -\mu \frac{\mathrm{d}y}{\mathrm{d}t} \qquad (12\text{-}2\text{-}30)$$

式中,μ 为线圈架结构尺寸和材料决定的常数。

空气阻尼力比两项电磁阻尼力 F_L 和 F_T 都小得多,可忽略不计,因此,线圈及其骨架所构成的惯性体所受到的阻尼力为

$$F_c = F_L + F_T = -C \frac{\mathrm{d}y}{\mathrm{d}t} \qquad (12\text{-}2\text{-}31)$$

式中 $$C = \frac{(Bl)^2}{R} + \mu \qquad (12\text{-}2\text{-}32)$$

将(12-2-10)式两边取导数得

$$\frac{\mathrm{d}^3 y}{\mathrm{d}t^3} + 2D\omega_0 \frac{\mathrm{d}^2 y}{\mathrm{d}t^2} + \omega_0^2 \frac{\mathrm{d}y}{\mathrm{d}t} = -\frac{\mathrm{d}^3 x}{\mathrm{d}t^3} = -\frac{\mathrm{d}^2 v}{\mathrm{d}t^2} \qquad (12\text{-}2\text{-}33)$$

式中,v 为被测物体的振动速度。将(12-2-27)式及其一阶导数和二阶导数代入上式得

$$\frac{\mathrm{d}^2 u}{\mathrm{d}t^2} + 2D\omega_0 \frac{\mathrm{d}u}{\mathrm{d}t} + \omega_0^2 u = -K_0 \frac{\mathrm{d}^2 v}{\mathrm{d}t^2} \qquad (12\text{-}2\text{-}34)$$

对上式两边取傅氏变换,可得到振动速度传感器的灵敏度函数为

$$\frac{U(\mathrm{j}\omega)}{V(\mathrm{j}\omega)}=-\frac{K_0}{1-\dfrac{\omega_0^2}{\omega^2}-\mathrm{j}2D\dfrac{\omega_0}{\omega}}=K(\omega)\mathrm{e}^{\mathrm{j}\varphi(\omega)} \tag{12-2-35}$$

式中
$$K(\omega)=\frac{K_0}{\sqrt{\left(1-\dfrac{\omega_0^2}{\omega^2}\right)^2+\left(2D\dfrac{\omega_0}{\omega}\right)^2}}\xlongequal{D=\frac{1}{\sqrt{2}}时}\frac{K_0}{\sqrt{1+\left(\dfrac{\omega_0}{\omega}\right)^4}} \tag{12-2-36}$$

$$\varphi(\omega)=-\arctan\frac{2D\cdot\omega_0/\omega}{1-\omega_0^2/\omega^2} \tag{12-2-37}$$

将(12-2-32)式代入(12-2-8)式得阻尼系数为
$$D=D_0+D_c \tag{12-2-38}$$

式中
$$D_0=\frac{\mu}{2\sqrt{mk}}=\frac{\mu}{4\pi f_0 m}\text{（开路阻尼）} \tag{12-2-39}$$

$$D_c=\frac{(Bl)^2}{2\sqrt{mk}}\frac{1}{R}=\frac{(Bl)^2}{4\pi f_0 m}\frac{1}{R}\text{（线圈电流阻尼）} \tag{12-2-40}$$

$$f_0=\frac{\omega_0}{2\pi}=\frac{1}{2\pi}\sqrt{\frac{k}{m}}\text{（固有频率）} \tag{12-2-41}$$

动圈式振动速度传感器具有二阶高通滤波特性,当 $\omega\gg\omega_0$ 时,有
$$U=VK_0=V\frac{R_d}{R_c+R_d}Bl \tag{12-2-42}$$

以上推导方法也适用于动铁式振动速度传感器,只不过图 6-1-2(a)所示动铁式传感器中质量块不是线圈及其骨架的质量,而是由弹簧支撑的永久磁铁的质量,质量块所受阻尼力 F_c 仅是周围介质(如空气或硅油)的阻尼力,不存在电磁阻尼力。

3. 电涡流式传感器配接绝对振动传感器

由(12-2-21)式可见,位移传感器配接绝对振动传感器只能测量振动频率低于固有频率的振动加速度。如果要测量振动频率高于固有频率的振动加速度,则须采用涡流式传感器配接绝对振动传感器,构成电涡流式加速度传感器。这种传感器是目前用于高分辨率地震勘探的新型地震检波器。

电涡流式加速度传感器采用弹簧片悬挂的紫铜环作为惯性体,线圈不绕在紫铜环上,而与磁轭及外壳固定一起。当被测振动使紫铜环相对于磁钢运动时,紫铜环内产生感应电流——涡流,此涡流产生的交变磁场在定圈中产生感应电动势。这种结构既避免了线圈运动造成引线折断的故障,又相当于对被测振动速度再进行一次微分,从而成为加速度传感器。

设紫铜管内感应电动势为
$$e'=C_1\frac{\mathrm{d}y}{\mathrm{d}t}$$

紫铜管内阻为 r,感应涡流为
$$i=\frac{e'}{r}=\frac{C_1}{r}\frac{\mathrm{d}y}{\mathrm{d}t}$$

涡流产生的磁通为
$$\Phi_i=C_2 i$$

涡流磁通在线圈中产生的感应电动势为
$$e=n\cdot\frac{\mathrm{d}\Phi_i}{\mathrm{d}t}=n\frac{C_1 C_2}{r}\frac{\mathrm{d}^2 y}{\mathrm{d}t^2}$$

式中,n 为线圈圈数;C_1、C_2 为比例常数。

线圈输出电压为
$$u=\frac{e}{R_c+R_d}R_d=K_0\frac{\mathrm{d}^2 y}{\mathrm{d}t^2} \tag{12-2-43}$$

$$K_0 = n \frac{C_1 C_2}{r} \frac{R_d}{R_c + R_d} \tag{12-2-44}$$

将(12-2-11)式两边取二阶导数,并将(12-2-43)式及其一阶导数和二阶导数代入得

$$\frac{\mathrm{d}^2 u}{\mathrm{d}t^2} + 2D\omega_0 \frac{\mathrm{d}u}{\mathrm{d}t} + \omega_0^2 u = -K_0 \frac{\mathrm{d}^2 a}{\mathrm{d}t^2} \tag{12-2-45}$$

对上式取傅氏变换得

$$\frac{U(\mathrm{j}\omega)}{A(\mathrm{j}\omega)} = \frac{K_0}{1 - \frac{\omega_0^2}{\omega^2} - \mathrm{j}2D\frac{\omega_0}{\omega}} = K(\omega)\mathrm{e}^{\mathrm{j}\varphi(\omega)} \tag{12-2-46}$$

$$K(\omega) = \left| \frac{U(\mathrm{j}\omega)}{A(\mathrm{j}\omega)} \right| \xrightarrow{D=\frac{1}{\sqrt{2}}\text{时}} \frac{K_0}{\sqrt{1 + (\omega_0/\omega)^4}} \tag{12-2-47}$$

在 $\omega \gg \omega_0$ 时,$K(\omega) \approx K_0$,因此输出电压幅值 U_m 与振动加速度幅值 A_m 的关系为

$$U_m = K_0 A_m \tag{12-2-48}$$

若以振动速度 $v = \mathrm{d}x/\mathrm{d}t$ 为输入量,则输出电压幅值 U_m 与振动速度幅值 V_m 的关系为

$$U_m = K_0 \omega V_m \tag{12-2-49}$$

由上式可见,灵敏度与频率成正比,也就是说,该传感器对地震速度信号的高频分量有提升作用。因此,这种传感器适合于目前发展的高分辨率地震勘探。但缺点是输出电压由二次感应产生,因此灵敏度较低。

4. 惯性式测振传感器配接微分电路和积分电路

由(12-2-9)式可知,依据位移、速度、加速度三者之间的数学关系,可以在位移传感器后配接一级微分电路构成速度传感器,配接二级微分电路构成加速度传感器。在速度传感器后配接积分电路构成位移传感器,配接微分电路构成加速度传感器,如图 6-1-3 所示。

然而,从位移求速度,从速度求加速度,都要通过微分电路,易受噪声的影响;反之,从加速度求速度,从速度求位移,都要通过积分电路,易受偏置的影响。所以,最好是用相应的传感器直接测量所选择的振动量(振动位移、振动速度、振动加速度)。

由(12-2-9)式可知,振动位移幅值 X_m、振动速度幅值 V_m、振动加速度幅值 A_m 三者的关系为

$$V_m = \omega X_m, \quad A_m = \omega V_m = \omega^2 X_m \tag{12-2-50}$$

由式(12-2-50)可知,振动位移、振动速度和振动加速度三者的幅值相互间的关系与频率大小有关。所以,只要测得一个振动参量,就可根据振动频率求得另外两个振动参量。

12.2.3 振动加速度传感器实例

位移传感器配接绝对振动传感器是最常见的构成振动加速度传感器的方法,除前面介绍的电容式加速度传感器外,还可举出以下一些实例。

1. 电位器式加速度传感器

图 12-2-4 所示为电位器式加速度传感器,惯性质量块在被测加速度的作用下,产生正比于被测加速度的位移,从而引起电刷在电位器的电阻元件上输出一个与加速度成比例的电压信号。

电位器式加速度传感器的优点是:结构简单、价格低廉、性能稳定,能承受恶劣环境条件,输出信号大,因此在火箭上仍被采用。缺点是精度不高,动态响应较差,不适于测量快速变化量。

2. 差动变压器式加速度传感器

图 12-2-5 所示为两种差动变压器式加速度传感器结构示意图,图 12-2-5(a)为变气隙型,活动衔铁兼作质量块,由两片弹簧片支撑,可测量水平方向的振动加速度。图 12-2-5(b)为螺管型,活动衔铁也兼作质量块,由上、下弹簧支撑,用以测量垂直方向的振动加速度。

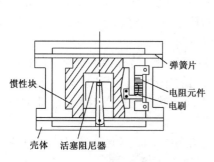

图 12-2-4　电位器式加速度传感器

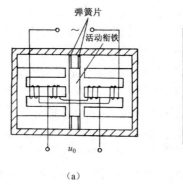

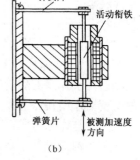

（a）　　　　　　　　（b）

图 12-2-5　差动变压器式加速度传感器

3. 电阻式加速度传感器

图 12-2-6(a)为应变式加速度传感器结构示意图,悬臂梁作为弹性元件,一端固定在壳体的基座上,另一端装有质量块,悬臂梁根部粘贴应变片连接成差动电桥。

压阻式加速度传感器结构与图 12-2-6(a)相似,只不过是直接用单晶硅作为悬臂梁,并在梁的根部扩散 4 个电阻组成差动电桥,梁的自由端仍装有惯性质量块。

图 12-2-6(b)为张丝式加速度传感器,质量块由弹性支承支撑在基座上,电阻丝连在活动质量块与基座之间,作为绝对振动传感器中弹簧的一部分,感受质量块的位移。当质量块相对于基座横向运动时,一组电阻丝被拉伸,另一组电阻丝被压缩,电阻相对变化通过电桥转换成电压输出。

图 12-2-6(a)所示用以测量垂直方向加速度;图 12-2-6(b)所示用以测量水平方向加速度。如果把二者安装方向转过 $90°$,也可以分别测量横向加速度和竖向加速度。

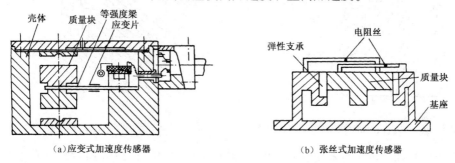

（a）应变式加速度传感器　　　　　　　（b）张丝式加速度传感器

图 12-2-6　电阻式加速度传感器结构示意图

4. 霍尔式加速度传感器

图 12-2-7 为霍尔式加速度传感器结构示意图。弹簧片 S 的一端固定在传感器外壳上,中部装有质量块 m,末端装有霍尔元件 H,在霍尔元件上、下方装有一对永久磁铁,它们同极性(N,N)相对安装在传感器外壳上。传感器外壳固定在被测物体上,当被测物体作垂直方向振动时,其振动加速度转换为霍尔元件在磁场中的位移而产生相应的霍尔电势,由霍尔电势可求得加速度。加速度在 $-14×10^{-3}\sim14×10^{-3}g$ 范围内,输出霍尔电势与加速度之间有较好的线性关系。

5. 压电式加速度传感器

压电式加速度传感器是一种常用的加速度传感器。因其固有频率高,高频(几到十几千赫兹范围)响应好,如配以电荷放大器,低频特性也很好(可低至 0.3Hz)。压电式加速度传感器的优点是体积小、重量轻;缺点是要经常校正灵敏度。

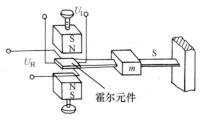

图 12-2-7　霍尔式加速度传感器

图 12-2-8 是一种压缩型压电式加速度传感器的结构原理图。图中压电元件由两片压电片组成，采用并联接法，一根引线接至两片压电片中间的金片上，另一端直接与基座相连。压电片通常采用压电陶瓷制成。压电片上放一块重金属制成的质量块，用一弹簧压紧，对压电元件施加预负载。整个组件装在一个有厚基座的金属壳体中，壳体和基座约占整个传感器重量的一半。

测量时，通过基座底部的螺孔将传感器与试件刚性地固定在一起，传感器感受与试件相同频率的振动。由于弹簧的刚度很大，因此质量块也感受与试件相同的振动。质量块就有一正比于加速度的交变力作用在压电片上，由于压电效应，在压电片两个表面上就有电荷产生。传感器的输出电荷（或电压）与作用力成正比，即与试件的加速度成正比。

这种结构谐振频率高，频率响应范围宽，灵敏度高，而且结构中的敏感元件（弹簧、质量块和压电元件）不与外壳直接接触，受环境的影响小，是目前应用较多的结构形式之一。

压电式加速度传感器的另一种结构形式是利用压电元件的切变效应，其结构如图 12-2-9 所示。压电元件是一个压电陶瓷圆筒，它在组装前先在与圆筒轴向垂直的平面上涂上预备电极，使圆筒沿轴向极化，极化后磨去预备电极，将圆筒套在传感器底座的圆柱上；压电元件外面再套上惯性质量环。当传感器受到振动时，质量环的振动由于惯性有一滞后，这样在压电元件上就出现剪切应力，产生剪切形变，从而在压电元件的内、外表面上产生电荷，其电场方向垂直于极化方向。这种结构有很高的灵敏度，而且横向灵敏度小，受环境的影响也比较小。

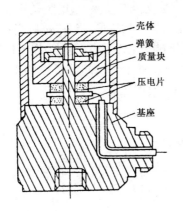

图 12-2-8　压缩型压电式加速度传感器结构图

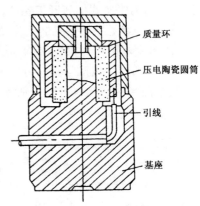

图 12-2-9　剪切型压电式加速度传感器结构图

弯曲型压电式加速度传感器由特殊压电悬臂梁构成，如图 12-2-10 所示。它有很高的灵敏度和很低的频率响应，主要用于医学上和其他低频响应的领域，如地壳和建筑物的振动等。

图 12-2-11 示出了差动压电式加速度传感器的结构简图，它有效消除了横向效应。在测量加速度时，两组压电元件组成差分输出，而在横向效应作用时它们是同相输出，因此相互抵消，环境的影响也就大大削弱了。

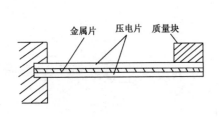

图 12-2-10　弯曲型压电式加速度传感器

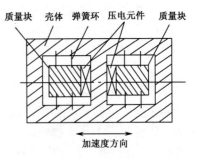

图 12-2-11　差动压电式加速度传感器

12.2.4 振动加速度电测系统分析

下面以压缩型压电式加速度传感器为例,推导振动加速度电测系统的输出特性。

压缩型压电式加速度传感器的力学模型可用图12-2-12表示,图中 k 为压电元件的弹性系数,c 为包括空气阻尼和材料内阻尼的阻尼系数,m 为质量块。由于质量块 m 紧压在压电元件上,质量块相对于被测振动体的位移 y 即是压电元件产生的变形,因此压电元件所受质量块压力为

$$F = ky \tag{12-2-51}$$

若压电元件为压电陶瓷并利用其纵向压电效应,则压电元件电极面产生的电荷为

$$Q = d_{33}F = d_{33}ky \tag{12-2-52}$$

由(12-2-18)式和(12-2-52)式得加速度幅值 A 与电荷 Q 的转换关系为

$$\frac{Q}{A} = \frac{Q}{y}\frac{y}{A} = \frac{d_{33}k/\omega_0^2}{\sqrt{1+(\omega/\omega_0)^4}} \xlongequal{\text{因为}\ \omega_0=\sqrt{k/m}} \frac{d_{33}m}{\sqrt{1+(\omega/\omega_0)^4}} \tag{12-2-53}$$

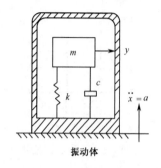

图12-2-12 压缩型压电式加速度传感器的力学模型

若压电元件接入图 6-2-13 所示电荷放大器,据(6-2-30)式,其输入电荷 Q 与输出电压 U_o 的关系为

$$\frac{U_o}{Q} = \frac{1}{C_F}\frac{1}{\sqrt{1+(\omega_n/\omega)^2}} \tag{12-2-54}$$

式中

$$\omega_n = \frac{1}{R_F C_F} \tag{12-2-55}$$

综合(12-2-53)式和(12-2-54)式,可得由压电式加速度传感器与电荷放大器构成的加速度电测系统的输出电压幅值 U_o 与加速度幅值 A 的关系为

$$\frac{U_o}{A} = \frac{U_o}{Q}\frac{Q}{A} = \frac{d_{33}m}{\sqrt{1+(\omega/\omega_0)^4}}\frac{1}{\sqrt{1+(\omega_n/\omega)^2}}\frac{1}{C_F} \tag{12-2-56}$$

在 $\omega_n \ll \omega_0$ 的条件下,上式具有带通滤波特性,被测振动频率必须在工作频带($\omega_n \sim \omega_0$)之内,即 $\omega_n < \omega < \omega_0$,此时,由(12-2-56)式可得

$$\frac{U_o}{A} \approx \frac{d_{33}m}{C_F} \tag{12-2-57}$$

若压电式加速度传感器接入图 6-2-12 所示电压放大器,则由(6-2-24)式和(12-2-53)式可得

$$\frac{U_o}{A} = \frac{U_o}{Q} \cdot \frac{Q}{A} = \frac{d_{33}mG}{C}\frac{1}{\sqrt{1+(\omega/\omega_0)^4}}\frac{1}{\sqrt{1+(\omega_n/\omega)^2}} \xlongequal{\omega_n<\omega<\omega_0} \frac{d_{33}mG}{C} \tag{12-2-58}$$

式中,G、C 分别由(6-2-21)式和(6-2-17)式决定,ω_n 由(6-2-20)式决定。

12.3 力与荷重的电测法

把力(拉力、压力)转换成电信号测量的方法可分为两类:一类是利用压磁式传感器(5.3.3节)、压电式传感器(6.2节)或振弦式传感器(9.5.1节)直接将力转换为电信号,这类方法本书称之为直接法;另一类是以弹性元件作为敏感器,将拉力或压力转换为应变或位移,再用应变传感器或位移传感器把应变或位移转换为电量,这类方法本书称之为间接法。直接法的各类力传感器在有关章节已做过介绍,本节不再重复。下面主要介绍各类力敏感器,以及由力敏感器与应变传感器或位移传感器组合而成的各类间接型力传感器。

12.3.1 力敏感器

力敏感器是能将力转换成位移(或应变)的弹性元件,也称为力敏感型弹性元件。常见的有以下几种。

1. 实心轴和空心圆轴

图 12-3-1 所示为一实心圆柱状弹性元件,称为实心轴,当将其一端固定,另一端沿其轴向施加压力 F 时,圆柱体将缩短变粗,其受力端面将沿受力方向位移 Δl,其半径要增加 Δr。沿轴向和沿径向的变形均与外加力 F 成正比,即

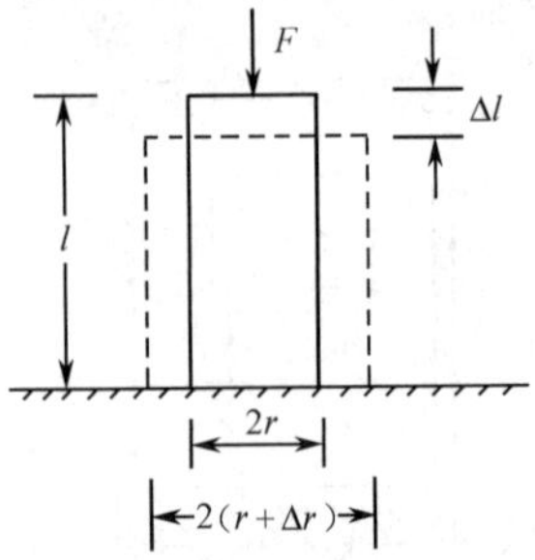

$$F = k_1 \Delta l, \quad F = k_r \Delta r \tag{12-3-1}$$

式中,k_1、k_r 为分别为弹性元件的轴向刚度和横向刚度。

圆柱体沿轴向(纵向)线应变 ε_1 和沿圆周(横向)线应变 ε_r 分别为

$$\varepsilon_1 = \frac{\Delta l}{l}, \quad \varepsilon_r = \frac{2\pi\Delta r}{2\pi r} = \frac{\Delta r}{r} \tag{12-3-2}$$

横向线应变与纵向线应变之比称为泊松比,用 μ 表示,即

$$\mu = -\frac{\Delta r/r}{\Delta l/l} = -\frac{\varepsilon_r}{\varepsilon_1} \tag{12-3-3}$$

图 12-3-1 实心圆柱状
弹性元件

若轴向受力面积为 A,则轴向应力为

$$\sigma = \frac{F}{A} \tag{12-3-4}$$

由材料力学知,轴向应力与轴向线应变成正比,即

$$\sigma = \varepsilon_1 E \tag{12-3-5}$$

式中,E 为弹性元件材料的弹性模量(也称杨氏模量)。

综合(12-3-3)式至(12-3-5)式可得

$$\varepsilon_1 = \frac{F}{AE}, \quad \varepsilon_r = -\mu\frac{F}{AE} \tag{12-3-6}$$

因为拉力 F 使圆轴伸长,所以通常规定拉力 F 为正,压力 F 为负,伸长线应变为正,缩短线应变为负。(12-3-1)式和(12-3-6)式表示了实心轴弹性元件把力转换成位移或应变的转换关系,对空心圆轴弹性元件也适用。但是空心圆轴在壁薄时,受力后将产生桶形变形而影响精度。

2. 悬臂梁

悬臂梁是一端固定一端自由的弹性敏感元件,它的特点是结构简单,加工方便,在较小力的测量中应用较多。根据梁的截面形状可分为等截面梁和变截面(等强度)梁。

(1) 等截面梁

等截面梁是其横截面处处相等的梁,其结构如图 12-3-2(a)所示。若梁的长、宽、厚分别为 l、b、h,梁的材料的弹性模量为 E,梁的自由端施加力为 F,则梁的自由端的挠度(位移)y 为

$$y = \frac{4l^3}{Ebh^3}F \tag{12-3-7}$$

梁上沿 l 方向距固定端 x 处的上、下表面应变符号相反(拉伸应变为正,压缩应变为负),其值为

$$\varepsilon_x = \pm\frac{6F(l-x)}{Ebh^2} \tag{12-3-8}$$

(2) 变截面(等强度)梁

等截面梁的不同部位的应变是不相等的,而图 12-3-2(b)所示的变截面梁用三角形钢板制成,

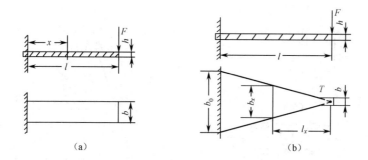

图 12-3-2 悬臂梁的结构

梁上沿 l 方向各处的上、下表面应变符号相反（拉伸应变为正，压缩应变为负），大小相等，其值为

$$\varepsilon = \pm \frac{6l_x}{Eb_xh^2}F = \pm \frac{6l}{Eb_0h^2}F \qquad (12\text{-}3\text{-}9)$$

其自由端的挠度（位移）为

$$y = \frac{6l^3}{Eb_0h^3}F \qquad (12\text{-}3\text{-}10)$$

从以上几种力敏感型弹性元件的应变与挠度的计算公式可以得出两个共同结论。

第一，力敏感型弹性元件上某一指定部位处的应变 ε 与外力 F 成正比，即

$$\varepsilon = k_{\varepsilon F}F \qquad (12\text{-}3\text{-}11)$$

式中，$k_{\varepsilon F}$ 为由弹性元件材料和结构及应变测量点位置决定的常数。

第二，力敏感型弹性元件的自由端或外力作用点相对于固定端的位移（挠度）y 也与外力 F 成正比，即

$$y = k_{yF}F \qquad (12\text{-}3\text{-}12)$$

式中，k_{yF} 为由弹性元件材料及结构决定的常数。

除以上介绍的几种力敏感型弹性元件外，实际工作中还可能碰到一些其他形式的力敏感型元件。(12-3-11)式和(12-3-12)式对它们也是适用的。总之，各类力敏感型弹性元件的共同特点就是把力转换为与其成正比的位移或应变。因此，应变式传感器和位移传感器只要配置力敏感型弹性元件，便可构成能够把力转换成电量的力传感器。在力传感器中使用最多的是应变式传感器。

下面介绍各类间接型力传感器。

12.3.2 力的间接电测法

1. 应变式力传感器

将应变片粘贴到受力的力敏感型弹性元件上，即构成应变式力传感器。下面仅以受力的圆柱和悬臂梁为例来说明。

在轴向受力圆柱的表面，沿轴向粘贴两个应变片，沿周向粘贴两个应变片，正确接入电桥，如图 12-3-3 所示。将(12-3-6)式代入(5-1-20)式或(5-1-26)式，可得图 12-3-3 所示应变式力传感器接成全桥后的输出电压为

$$U_o = \frac{kU}{2}(1+\mu)\frac{F}{AE} \qquad (12\text{-}3\text{-}13)$$

同样，若在图 12-3-2(b)所示等强度梁上、下两表面沿 l 方向各粘贴两个参数相同的应变片，如图 12-3-4 所示，上表面受拉应变片接入电桥一对相对臂，下表面受压应变片接入电桥另一对相对臂，则电桥输出电压由(5-1-25)式和(12-3-9)式可得

$$U_o = kU\frac{6l}{Eb_0h^2}F \qquad (12\text{-}3\text{-}14)$$

由以上两式可见，输出电压 U_o 反映了力 F 的大小。

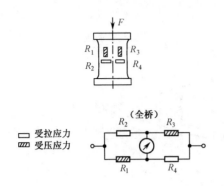

图 12-3-3　受压圆柱上应变片的粘贴

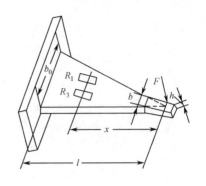

图 12-3-4　等强度梁上应变片的粘贴

2. 位移式力传感器

11.1 节所介绍的各类位移传感器,配置力敏感型弹性元件都可构成位移式力传感器,图12-3-5所示电容式称重传感器和图 12-3-6 所示差动变压器式测力传感器就是两个典型实例。

图 12-3-5(a)所示为大吨位电子吊车秤用电容式称重传感器。扁环形弹性元件内腔上、下平面上分别固连电容传感器的两个极板。称重时,弹性元件受力变形,使极板间距改变,导致传感器电容量变化,从而引起由该电容组成的振荡器的振荡频率变化。频率信号经计数、编码传输到显示部分。

图 12-3-5(b)为一种电容式称重传感器结构示意图。在一块弹性极高的镍铬钼钢料的同一高度打上一排圆孔。在孔的内壁用特殊的黏接剂固定两个截面为 T 形的绝缘体,并保持其平行又留有一定间隙,在 T 形绝缘体顶平面粘贴铜箔,从而形成一排平行的平板电容。当钢块上端面承受重量时,将使圆孔变形,每个孔中的电容极板的间隙随之变小,其电容相应地增大。由于在电路上各电容是并联的,因而总电容增量将正比于被测平均称重。

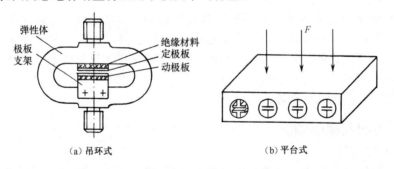

(a) 吊环式　　　　　　　　　(b) 平台式

图 12-3-5　电容式称重传感器

图 12-3-6 为两种常用的差动变压器式测力传感器。图 12-3-6(a)为环形弹性元件,随弹性元件刚度的不同,测力范围为 $10^2 \sim 10^6$ N。图 12-3-6(b)为筒形弹性元件,其特点是输出信号大,线性好,重复性好及漂移小。弹性元件受力产生位移,带动差动变压器的衔铁运动,使两线圈互感发生变化,最后使差动变压器的输出电压产生和弹性元件受力大小成比例的变化。

12.3.3　荷重传感器与电子秤

用于测量重力的力传感器称为荷重传感器,它是各类电子秤中把荷重转换为电量输出的装置,在电子秤中俗称为"压头"。电子秤主要由荷重传感器(压头)及显示仪表组成。显示仪表有模拟和数字显示两种,随着微机技术的发展,目前已研制出各种带微机控制的电子秤。电子秤的种类很多,常见的有以下几种。

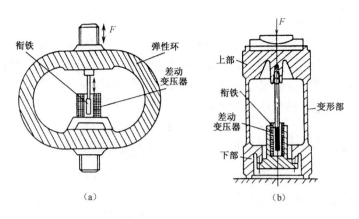

图 12-3-6　差动变压器式测力传感器

1. 电子吊车秤

电子吊车秤将荷重传感器直接安装在吊车的吊钩或行车的小车上,在吊运过程中,可直接称量出物体的重量,并通过传输线送到显示仪表显示出来,这种秤广泛应用于工厂、仓库、港口等,是应用较多的一种电子秤。

2. 电子料斗秤

料斗秤是冶金、化工生产中用来对配料进行称重的装置。当物料从料仓注入称量斗后,荷重传感器将料斗的重量转换为电信号,送到二次仪表显示出来。

3. 电子平台秤和轨道秤

平台秤主要用于载重汽车、卡车等重量的称量。轨道秤(轨道衡)是列车在一定速度行进状态下,能连续自动地对各节货车进行称重的大型设备,主要用于车站货场、码头仓库及进料场等。

4. 电子皮带秤

电子皮带秤是在皮带传送装置中安装的自动称重装置,它不但能称出某一瞬间传送带所输送的物料的重量,而且可以称出某段时间内输送物料的总和,广泛应用于矿山、矿井、码头及料场等。

电子皮带秤测量系统如图 12-3-7 所示。在传送带中间的适当部位,有一个专门用作自动称量的框架,这一段的长度 L 称为有效称量段。设某一瞬时 t 在 L 段上的物料重量为 ΔW_g,经称量框架传给传感器(压头),使传感器产生应变,应变检测桥路及其放大器输出的信号电压 E_1 与 ΔW_g 成正比。设有效长度 L 的单位长度上的料重为 $g(t)$,则

$$g(t) = \Delta W_\mathrm{g}/L \tag{12-3-15}$$

显然 E_1 与 $g(t)$ 成正比,即

$$E_1 = C_1 g(t) \tag{12-3-16}$$

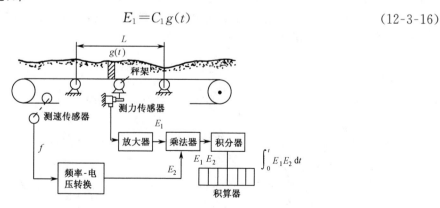

图 12-3-7　电子皮带秤测量系统

设皮带的传动速度为 $v(t)$，则皮带的瞬时输出量为

$$W(t)=g(t)v(t) \tag{12-3-17}$$

由此可见，要想测量皮带的瞬时输出量，不仅要测出 $g(t)$，而且还必须测出皮带的传动速度 $v(t)$。一般要通过皮带摩擦滚轮带动转速传感器，把滚轮的转速（正比于皮带传送速度）转换成频率信号 f，再经过频率-电压转换电路转换成与 $v(t)$ 成正比的电信号 E_2，即

$$E_2=C_2v(t)$$

将 E_1、E_2 相乘后再进行积分，即可得出 $0\sim t$ 时间内物料的总重量，即

$$W_g=\int_0^t W(t)\mathrm{d}t=C\int_0^t E_1E_2\mathrm{d}t \tag{12-3-18}$$

式中，C 为比例系数，$C=1/(C_1C_2)$。

12.3.4 各类型力传感器的比较

压电式力传感器是较简单的一种测力传感器，其灵敏度高，稳定性好，频率响应范围宽，主要用于测量动态力，如冲击力、推动力等，但不能用于测量静态力。

压磁式力传感器具有输出功率大、扰干扰性能好、过载能力强，能在恶劣环境中长期可靠地运行等优点。但是测量精度一般（通常低于 1%），频率响应较低（一般不高于 $1\sim 10\mathrm{kHz}$），因此常用于冶金、矿山、运输等工业部门作为测力和称重传感器。

电容式力传感器结构简单，强度高，常用于测量恶劣环境下的静态及低频变化的力。

应变式力传感器可以适应从极小力到大范围的任何动态或静态测力的需要，而且测量精度可在 $0.01\%\sim 0.10\%$ 内，其量程与精度均优于其他测力传感器，因此应用最多，约占荷重及力传感器的 90% 左右。

12.4 力矩的电测法

一个可绕固定轴转动的刚体，当所受外力在垂直于转轴的平面内时，力的作用线和转轴之间的垂直距离（称为这个力对转轴的力臂）与力的大小的乘积，称为这个力对转轴的力矩，力矩又称为扭矩或转矩，它是旋转机械的重要参数。

力矩的测量方法有很多，按其原理可分为以下三类：扭轴法、平衡力法、电机参数法。扭轴法是根据弹性元件（常用的是扭轴）在力矩作用下所产生的变形、应力或应变来测量力矩的方法。平衡力法是在被测力矩 M_x 作用的转轴上施加一个力臂 l 固定的力 F，当两力矩平衡时，测出力 F 即可求得被测力矩 $M_x=Fl$，因此平衡力法是把力矩测量转化为力的测量。电机参数法是电机转矩测量中采用较多的方法，它是通过测量决定电机转矩的某一电参数（其他参数保持不变）来测定电机转矩的。本节主要介绍扭轴法。

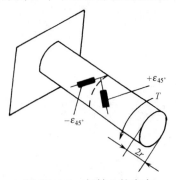

图 12-4-1 扭轴上的应变

12.4.1 扭轴

扭矩测量中使用的弹性元件通常为实心（或空心）圆轴，如图 12-4-1 所示，称为扭矩轴或扭轴。由材料力学可知，当实心圆轴受到扭矩 T 的作用时，在沿与轴线成 β 夹角的方向上应变为

$$\varepsilon_\beta=\frac{T}{\pi r^3 G}\sin 2\beta$$

式中，r 为轴的半径；G 为轴材料的剪切弹性模量。因此，在沿轴

线方向上($\beta=0$)和沿与轴线垂直的方向上($\beta=90°$)应变为零,在与轴线成 45° 和 -45° 的方向上应变最大,分别为 $+\varepsilon_{45°}$ 和 $-\varepsilon_{45°}$,且

$$\varepsilon_{45°}=-\varepsilon_{45°}=\frac{T}{\pi r^3 G} \tag{12-4-1}$$

此外,从材料力学还知道,一个长为 l、半径为 r 的实心圆轴一端固定,另一端截面施一扭矩 T 时,受力矩端将相对固定端转过一角度 θ(扭角),且

$$\theta=\frac{2l}{\pi r^4 G}T \tag{12-4-2}$$

由以上两式可见,扭轴可以看作一个把力矩 T 转换为应变 $\varepsilon_{45°}$ 或扭角 θ 的敏感器,因此,可以通过测量扭轴在扭矩作用下的应变或扭角来测量扭矩的大小。

此外,如果扭轴采用铁磁物质制成,还可利用铁磁物质在扭矩作用下磁导率的变化来测量扭矩。

综上所述,以扭轴为敏感器的扭矩测量法可分为三种:应变法、扭角法和扭磁法。

12.4.2 力矩的扭轴式电测法

1. 应变法

这种方法是利用应变片将扭矩产生的剪应变转换为电量来进行扭矩测量的。应变片可以直接贴在需要测量扭矩的转动轴上,也可以贴在一根特制的转动轴上制成应变式扭矩传感器,应用于各种需要测量扭矩和功率的传动试验台架上。

为了提高测量灵敏度,并消除其他力学参数的影响,通常在扭轴上选取适当的截面,在截面的圆周方向每隔 90° 布置一个应变片,其贴片方向仍沿与轴线成 45° 和 135° 的方向,并将它们接成全桥的形式,将(12-4-1)式代入(5-1-25)式可得电桥输出电压为

$$U_。=kU\varepsilon_{45°}=\frac{kU}{\pi r^3 G}T \tag{12-4-3}$$

应变法测量转矩的优点是结构简单,制造比较容易,精度较高。其缺点是粘贴在旋转轴上的应变片产生的应变信号,应想办法以有线方式或无线方式从旋转轴上外传出来。

2. 扭角法

(1)光电式扭矩传感器

光电式扭矩传感器如图 12-4-2 所示,在扭轴上固定两个圆光栅盘,两个光栅盘外侧设有光源和光敏元件。在没有扭矩作用时,使两个盘的光栅明暗条纹错开,光线不能同时透过两片光栅,光敏元件无信号输出。当轴上有扭矩作用时,轴两端出现相对转角,使部分光线通过两片光栅的明条纹,照在光敏元件上,输出信号大小取决于与扭矩成正比的相对转角的大小。随扭矩增大,光敏元件将接收到较多的光线,产生强度与扭矩成正比的电信号。

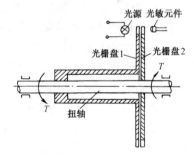

图 12-4-2　光电式扭矩传感器原理图

(2)磁电式相位差扭矩传感器

磁电式相位差扭矩传感器原理如图 12-4-3 所示,它实际上是在转轴上安装两个相距 l 的开磁路磁阻式传感器(见图 12-4-3),齿轮盘齿数为 m,转轴每转 1 周,两磁阻式传感器输出 m 个脉冲。

当转轴受扭矩 T 作用,使两齿轮盘产生相对扭角 θ 时,两路脉冲信号便在相位上相差 $\Delta\varphi$,且

$$\Delta\varphi=m\theta \tag{12-4-4}$$

将上式代入(12-4-2)式得

$$T=\frac{\pi r^4 G}{2ml}\Delta\varphi \tag{12-4-5}$$

由上式可见,只要测出 $\Delta\varphi$,就可根据上式或标定曲线获得扭矩值。m 的选取通常使 $\pi/2<\Delta\varphi$ $<\pi$。当转轴转速很高时,m 可取小些(最小只能取 $m=1$);当转轴转速很慢时,m 可取大些(可达几百),这样才能使感应信号幅值不致太强或太弱。

将图 12-4-3 所示扭矩传感器中两路磁电感应脉冲送到图 3-3-1(a)或图 3-3-2,可构成扭矩数字测量系统,有兴趣的读者请自己导出该系统输出数字与扭矩的关系式。

(3) 振弦式扭矩传感器

振弦式扭矩传感器原理如图 12-4-4 所示。在被测轴或特制的弹性轴上安装两个相隔距离 l 的卡环 1 和卡环 2,卡环 1 上有凸台 A_2、B_2,卡环 2 上有凸台 A_3、B_3,在 A_2 与 B_3,以及 B_2 与 B_3 之间安放两个振弦式传感器。当被测轴承受扭矩时,相对于两个卡环的断面产生角位移 θ,使一根振弦更绷紧、另一根振弦更松弛。据(12-4-2)式,由于两个卡环的相对转角 θ 与扭矩 T 成正比,因而由卡环传给振弦的张力差也与扭矩成正比,据(9-5-10)式两振弦传感器的固有频率差代表扭矩的变化。

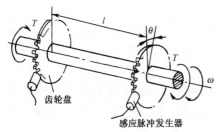

图 12-4-3　磁电式相位差扭矩传感器原理图

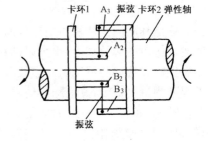

图 12-4-4　振弦式扭矩传感器原理图

除此之外,也可利用变面积型电容式角位移传感器或光栅、容栅等测量扭轴两个端面的角位移,从而测量出扭矩。

3. 扭磁法

(1) 磁桥式扭矩传感器(磁桥)

磁桥式扭矩传感器原理如图 12-4-5 所示,图中扭轴采用铁磁金属制成,传感器铁心是两个互相垂直交叉放置的 Π 形铁心,在铁心上分别绕以激磁线圈及测量线圈。传感器铁心与被测铁磁金属共同组成一个磁路。假如被测金属是一受扭曲的轴,则在轴的表面产生互相垂直的拉应力和压应力,并且与轴表面形成 45°角,见图 12-4-5(b),这时传感器放置的方位在如图 12-4-5(a)所示的位置,即其中一个铁心(如激磁铁心)顺轴的形成线放置。在两个铁心与被测金属表面 4 个触点之间的磁阻形成一个磁桥,其桥臂为 P_1S_1、P_1S_2、P_2S_1 及 P_2S_2,见图12-4-5(c)。

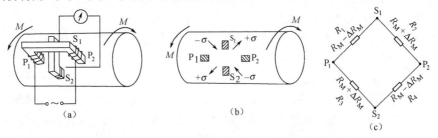

图 12-4-5　磁桥式扭矩传感器(磁桥)原理图

当给激励线圈通以交流电流时,在其中产生交变磁通。被测金属不承受负载时,其表面没有应力。因而是磁各向同性的,各桥臂磁阻 R_M 相等。从激磁铁心经过被测金属分别流向测量铁心的两个磁通量相等。这两个磁通流经测量铁心时,由于方向相反而互相抵消,于是在测量铁心中就不存在交变磁通,所以其中也就不能感应出电动势,输出信号为 0。

当被测金属承受扭曲负载时,由于其表面产生互相垂直的拉应力和压应力,在两种应力方向上的磁导率(磁阻)也就发生不同的变化。例如,对硬磁材料来说,在拉应力方向磁导率增加,即 $R_M - \Delta R_M$,而在压应力方向磁导率降低,即 $R_M + \Delta R_M$,这样就使整个磁桥失去平衡,其等效电路如图 12-4-5(c)所示。来自激磁铁心的磁通沿相邻两臂分别流向测量铁心的两磁通量就不相等,磁阻较小的臂通过的磁通量较多。这两个磁通之差流过测量铁心,于是就在测量线圈中感应出电动势。被测金属受力矩越大,磁桥失衡程度也越大,通过测量铁心的磁通量也越多,测量线圈中的感应电动势也就越高。

由此可见,这种传感器的原理与惠斯通电桥相似,只不过桥臂的电阻用磁阻代替而已。

利用磁桥原理可制成扭矩传感器。这种扭矩传感器已在轮船螺旋桨轴的扭矩、航空发动机推进器轴的扭矩及其他扭曲杆的扭矩的测定或控制中得到了应用。

(2)扭磁式力矩传感器

在 5.3.3 节我们介绍了铁磁材料的压磁效应,实际上铁磁材料不仅受拉力或压力作用时,其磁导率 μ 会发生变化,在受扭矩作用时,其磁导率也会沿螺旋方向增加。利用这种效应(称维德曼效应)可以制成扭磁式力矩传感器,其工作原理如图 12-4-6 所示。

图 12-4-6(a)是用来测量转矩 M 的,它在一个用铁磁物质制成的轴上绕有建立磁场的绕

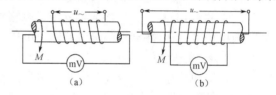

图 12-4-6　扭磁式力矩传感器原理图

组,此绕组用交流供电,而在轴的两个端头上接指示仪表(mV 表)。当 $M=0$ 时,绕组激励电压值不论多大,它所建立的磁场均沿着轴向分布,该磁场决不能在轴的两端产生感应电动势,因此仪表示值为 0;当 $M \neq 0$ 时,此磁场既有轴向分量,也有径向分量,后者的磁通必将通过轴与指示仪表组成的闭合回路,因此在此回路中必将产生感生电势,使指示仪表偏转,其示值反映被测转矩的大小。

图 12-4-6(b)将激励电压 $u_\sim$ 加在轴上,而在轴上绕有绕组,在此绕组的端头上接有指示仪表(mV 表)。当转矩为 0 时($M=0$ 时),流过轴上的电流所建立的磁场显然与轴线垂直,因此不会有磁通穿过绕在轴上的绕组,从而在绕组两端也不会有感生电势;当 $M \neq 0$ 时,所建立的磁场就必然有轴向分量,也就是说必然有磁通穿过绕组,则绕组的端头上将有与转矩 M 成正比的电动势产生,从而推动指示仪表偏转。

思考题与习题

1. 图 12-1-1 磁性转速表配接图 7-5-1 光电式二进制绝对编码器,请导出被测转速与转换成的相应二进制数码的对应关系,并导出该装置对转速的分辨率。

2. 将图 12-1-4(a)或图 12-1-7(b)转速传感器接到图 3-1-6 通用计数器的 A 端,10kHz 晶体振荡器接到 B 端。已知图 12-1-4(a)或图 12-1-7(b)中齿轮齿数为 120,图 3-1-6 的分频数为 1000。若被测转速为 3000 转/分,试计算图 3-1-6 中十进制计数器的计数结果。

3. 绝对振动传感器什么情况下可测量振动位移? 什么情况下可测量振动加速度?

4. 已知地震波引起的地面振动速度为 1×10^{-6} cm/s,地震检波器(动圈式振动速度传感器)的开路灵敏度(Bl)为 1.04 伏/(英寸/秒)(1 英寸＝2.54 厘米),线圈内阻为 900Ω,线圈并联电阻为 2700Ω。线圈及框架质量为 10.5g,固有频率为 14Hz,开路阻尼为 0.19,试计算检波器的总阻尼系

数和检波器输出的地震信号电压。

5. 磁电式速度传感器中线圈骨架为什么采用铝骨架?

6. 为什么磁电式速度传感器必须工作在 $\omega > \omega_0$ 的范围?

7. 试指出所有加速度传感器的共同特点。

8. 用石英晶体加速度传感器接电荷放大器测量机器的振动,已知二者的灵敏度分别为 5pC/g 和 50mV/pC,输出电压幅值等于 2V,试计算该机器的振动加速度。

9. 有一个压电式加速度传感器以电压放大器作为测量电路,压电陶瓷元件的压电常数为 190×10^{-12} C/N,电容为 1000pF,泄漏电阻为 100MΩ。连接电缆的分布电容为 3000pF。电压放大器输入电阻为 2MΩ,输入电容为 50pF,放大倍数为 10,压电式加速度传感器的阻尼系数为 $1/\sqrt{2}$,固有频率为 30kHz,质量块质量为 40g。求该加速度-电压转换系统的通频带。设在此通频带中心频率处被测加速度幅值为 40m/s²,试计算该系统的输出电压幅值。

10. 将 4 只相同的电阻应变片 $R_1 \sim R_4$ 粘贴到图 12-3-4 所示等强度梁上,相连成四臂电桥,就可做成一台电子秤,请画出应变片 $R_1 \sim R_4$ 粘贴位置及连成的电桥电路。若 $l = 100$mm,$b_0 = 11$mm,$h = 3$mm,$E = 2.1 \times 10^4/$mm²,应变片灵敏度系数为 2,电桥电源电压为 6V,试计算当物重 F 为 0.5kg 时,电桥输出电压有多大?

11. 试用图 12-3-5(a)配接适当的测量电路构成电子吊车秤,用图 12-3-5(b)配接适当的测量电路构成电子平台秤,并导出测量电路输出电压(或频率)与被测重量的关系式。

12. 用 4 个电阻值为 120Ω、灵敏度系数为 2 的电阻应变片粘贴到一承受扭矩的钢轴上,并接成电桥。钢轴的半径为 15mm,钢轴的剪切弹性模量为 8×10^6 kg/cm²,电桥电源电压为 10V,请画出应变片的粘贴位置和连接电路。若测得电桥输出电压为 10mV,试计算被测力矩。

13. 将图 12-4-3 所示扭矩传感器中两路磁电感应脉冲送到图 3-3-1(a),可构成扭矩数字测量系统,试导出该系统输出数字与扭矩的关系式。

第 12 章例题解析　　　　第 12 章思考题与习题解答

第13章 热工量电测法

13.1 压力和差压的电测法

13.1.1 压力的概念、单位和测量方法

1. 压力的概念和术语

一般说来,压力是指流体介质作用于单位面积上的力,物理学上称为压强。压力检测中常使用以下名词术语。

(1) 绝对压力(简称绝压)P_a

绝对压力是相对于绝对真空(绝对零压力)所测得的压力。

(2) 表压力(简称表压)P_g

表压力 P_g 是高于大气压力的绝对压力 P_a 与大气压力 P_b 之差,即

$$P_g = P_a - P_b \tag{13-1-1}$$

因为压力测量仪表一般都在大气环境中工作,所以它测得的压力实际上是其压力敏感元件内部流体介质压力(绝压)P_a 与外部大气压力 P_b 之差,显然,即使 P_a 相同,不同地区测量(大气压力 P_b 不同)时,表压力也是不同的。在工程上除非特殊指明,一般所指压力即为压力表测得的压力。因此实际常把表压力简称为压力。

(3) 负压 P_v 与真空度 V

当绝对压力 P_a 小于大气压力 P_b 时,大气压力与绝对压力之差称为负压,即

$$P_v = P_b - P_a \tag{13-1-2}$$

低于大气压力的绝对压力,以绝对压力零线起计算时就称为真空度。

(4) 差压 P_d

两个压力之间的差值称为差压。

以上压力术语的关系如图 13-1-1 所示。

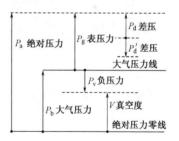

图 13-1-1 压力术语间的关系

2. 压力计量单位

由于习惯原因,目前国内外还在使用着多种压力单位,例如:

1 帕(Pa)＝1 牛顿/米²(N/m²)

1 巴(bar)＝1 达因/厘米²(dyn/cm²)＝10^5 Pa

1 工程大气压≈1 千克力/厘米²(1kgf/cm²)≈98kPa

1 标准大气压＝760 毫米水银柱＝101325Pa

1 毫米水银柱＝133.322Pa

1 毫米水柱＝9.80665Pa

由上可知,"帕"的量值最小,它约等于 0.1 毫米水银柱。真空度测量中常以"乇"(Torr)为单位,1 乇(Torr)＝1 毫米水银柱。

3. 压力测量方法

压力测量方法有很多,通常采用的测量方法有如下几种。

(1) 压力平衡法

这种测量方法是用一个大小可知的压力去与被测压力相比较,当两者达到平衡时,即可求得被测压力的大小,常用的平衡方式有两种。

① 砝码压力平衡式。这种方式利用液体传压原理将被测压力转换成密闭容器活塞上所加平衡砝码的重量进行测量。用这种原理制成的活塞式压力计,主要作为压力基准,用来校验其他一些压力计。

② 液体压力平衡式。这种方式基于流体静力学原理,将被测压力转换成液柱高度差进行测量。根据这种原理制成的各种液柱式压力计,一般用于低压力的精密测量及对其他压力表进行校验。

(2) 弹性变形法

这种方式是利用压力敏感型弹性元件在压力作用下产生弹性形变,根据弹性形变的大小来测量压力。根据这种原理制成的弹性式压力计结构简单,测量范围大,精度较高,线性较好,是目前应用最普遍的工业用压力计。

(3) 电测法

这种方法是把被测压力转换成电量进行测量的。基于这种原理的电测压力计具有动态响应快、便于远传和自动控制等明显的优点,尤其适用于快速变化压力的动态测量及超高压和高真空等测量场合。随着科学技术的不断发展,自动化测量技术水平的提高,电测式压力仪表及压力测量系统将得到越来越广泛的应用和发展。

压力的电测方法很多,可归纳为以下三种。

① 以压力敏感型弹性元件作为敏感器配接谐振式传感器、应变式传感器、位移式传感器,分别构成谐振式压力传感器、应变式压力传感器、位移式压力传感器。其中谐振式压力传感器有振弦式压力传感器、振筒式压力传感器、振膜式压力传感器。位移式压力传感器种类更多,有电位器式、电感式、电容式、霍尔式、光电式压力传感器等。

② 利用压电效应直接将压力量转换为电荷量,构成压电式压力传感器。

③ 利用压阻效应直接将压力量转换为电阻变化,构成压阻式压力传感器。

后两种方式不需配接敏感器,可归纳为直接测量方式;第一种方式需配接敏感器,属间接测量方式。

13.1.2 压力敏感器

压力敏感器是能够将压力的变化转换为应变和位移的弹性敏感元件,其种类繁多,下面仅介绍常用的几种。

1. 弹簧管

弹簧管又称波登管,通常是一根弯曲成 C 形的空心扁管,截面呈椭圆等非圆形,如图 13-1-2 所示。弹簧管的一端与接头相连,具有压力 P 的流体由接头通入弹簧管内腔,弹簧管的另一端(自由端)密封并与传感器其他部分相连,在压力 P 的作用下,弹簧管的截面有变成圆形截面的趋势,截面的短轴伸长、长轴缩短,截面形状的改变导致弹簧趋向伸直,直至与压力的作用相平衡为止。结果使弹簧管自由端产生位移,在一定压力范围内,位移量 d 与压力 P 成正比,即

$$d = kP \tag{13-1-3}$$

式中,k 为比例常数。

2. 波纹管

波纹管是一种带同心环状波形皱纹的薄壁圆管,一端开口,另一端封闭,将开口端固定,封闭端处于自由状态,如图 13-1-3所示。在通入一定压力的流体后,波纹管将伸长,在一定压力范围内伸长量即自由端位移 y 与压力 P 成正比,即

$$y = kP \qquad (13\text{-}1\text{-}4)$$

式中,k 为比例常数。

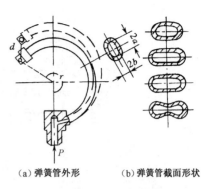

（a）弹簧管外形　　（b）弹簧管截面形状

图 13-1-2　C形弹簧管

3. 膜片和膜盒

膜片是用金属或非金属制成的圆形薄片。断面是平的,称为平膜片,见图 13-1-4(a)。断面呈波纹状,称为波纹膜片,见图 13-1-4(b)。两个膜片边缘对焊起来,构成膜盒,见图 13-1-4(c)。几个膜盒连接起来,组成膜盒组,见图 13-1-4(d)。平膜片比波纹膜片具有较高的抗震、抗冲击能力,在压力测量中用得较多。

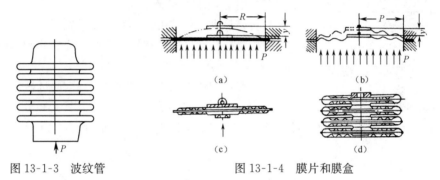

图 13-1-3　波纹管　　　　图 13-1-4　膜片和膜盒

在压力 P 作用下,圆形平膜片的应变与压力成正比,即

$$\varepsilon = kP \qquad (13\text{-}1\text{-}5)$$

式中,k 为比例常数。

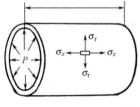

图 13-1-5　薄壁圆筒

在压力 P 作用下,图 13-1-4 中各膜片和膜盒的中心位移也均与压力近似成正比。

4. 薄壁圆筒

这种弹性元件的壁厚一般都小于圆筒直径的 1/20。圆筒的一端开口,一端不通,内腔与被测压力相通时,内壁均匀受压,均匀地向外扩张,如图 13-1-5 所示。筒壁在圆周方向和轴向上的应变均与压力 P 成正比。

13.1.3　压力电测法

1. 应变式压力传感器

这种压力传感器是将应变片粘贴到压力敏感型弹性元件上或粘贴到与压力敏感型弹性元件相衔接的力敏感型弹性元件上,由弹性元件或弹性元件组合将压力转换为应变,再由应变电桥将应变转换为电压输出。

（1）膜片式压力传感器

图 13-1-6 所示为膜片式压力传感器,应变片贴在膜片内壁,在压力 P 作用下,膜片产生径向应变 ε_r 和切向应变 ε_t,如图 13-1-6(b)所示。根据应变分布安排贴片,一般在中心贴片,并在边缘沿径向贴片,接成半桥或全桥,现已制出适应膜片应变分布的专用箔式应变花。

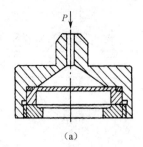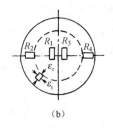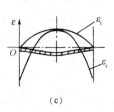

图 13-1-6　膜片式压力传感器

（2）筒式压力传感器

如图 13-1-7 所示为筒式压力传感器。在流体压力 P 作用于筒体内壁时,筒体空心部分发生变形,产生周向应变 ε_t,由粘贴应变片测出 ε_t 即可算出压力 P。筒底实心部分粘贴应变片作为温度补偿。这种压力传感器结构简单,制造方便,常用于较大压力测量。

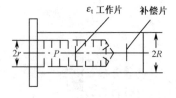

图 13-1-7　筒式压力传感器

（3）组合式压力传感器

这种传感器中的应变片不直接粘贴在感压元件上,而采用某种传递机构将感压元件的位移传递到贴有应变片的其他弹性元件上,如图 13-1-8 所示。图 13-1-8(a)利用膜片 1 和悬臂梁 2 组合成弹性系统。在压力的作用下,膜片产生位移,通过杆件使悬臂梁变形。图 13-1-8(b)利用锤链式膜片 1 将压力传给弹性圆筒 2,使之产生变形。图 13-1-8(c)利用弹簧管 1 在压力的作用下,自由端产生拉力,使悬臂梁 2 变形。图 13-1-8(d)利用波纹管 1 产生的轴向力,使梁 2 变形。

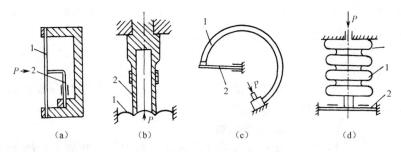

图 13-1-8　组合式压力传感器

2. 位移式压力传感器

这种压力传感器将位移传感器的可动部分与压力敏感型弹性元件的自由端连在一起,将压力转换为位移,再由位移传感器将位移转换为电量,常见的有以下几种。

（1）电容式压力传感器

电容式压力传感器由一个固定电极和一个膜片电极构成,在压力作用下膜片变形,引起电容变化,结构原理如图 13-1-9 所示。

由于膜片电极在压力作用下产生弯曲变形而不是平行移动,因此电容变化的计算十分复杂。据推导,压力 P 引起膜片电容的相对变化值为

$$\frac{\Delta C}{C_0} = \frac{a^2}{8 d_0 \sigma} P \tag{13-1-6}$$

式中,σ 为膜片的拉伸张力;a 为膜片直径;d_0 为无压力时的电容极距。

以上公式仅适用于静态受力的情况,忽略了膜片背面的空气阻尼等复杂影响。

（2）电感式压力传感器

图 13-1-10 所示为三种电感式压力传感器的例子。图 13-1-10(a)
为膜盒与变气隙型自感式传感器构成的气体压力传感器，活动衔铁固
定在膜盒的自由端，气体压力使膜盒变形，推动衔铁上移引起电感变
化，这种传感器适用于测量精度要求不高的场合或报警系统中。

图 13-1-10(b)为差动变压器与膜盒构成的微压力传感器。无压
力作用时，固定连接在膜盒中心的衔铁位于差动变压器线圈的中部，
输出电压为 0。当被测压力经接头输入膜盒后，推动衔铁移动，从而
使差动变压器输出正比于被测压力的电压。

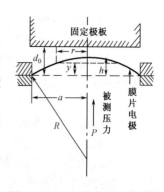

图 13-1-9　电容式压力传感器

图 13-1-10(c)为 YDC 型压力传感器的原理。弹簧管的自由端
和差动变压器的活动衔铁相连，当压力使弹簧管产生位移时，衔铁在变压器中运动，因而差动变压
器的两个次级线圈的感应电动势发生变化。当它们差动连接时，就有一个与弹簧管自由端位移成
正比的电压输出。测出这个电压输出，通过标定换算出压力。

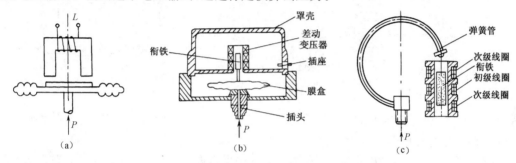

图 13-1-10　电感式压力传感器

（3）电位器式压力传感器

图 13-1-11 所示为麻花形弹簧管与电位器构成的压力传感器。在弹簧管下部开口端引入压力
的作用下，麻花形弹簧管上部封口端将产生扭转变形，带动电位器滑臂转动，改变电位器电阻或分
压比，从而将压力转换为电信号。

（4）霍尔式压力传感器

图 13-1-12(a)为 HWY—1 型霍尔式微压传感器，当被测压力 P 送到膜盒中使膜盒变形时，膜
盒中心处的硬芯及与之相连的推杆产生位移，从而使杠杆绕其支点轴转动，杠杆的一端装上霍尔元
件。霍尔元件在两个磁铁形成的梯度磁场中运动，产生的霍尔电势与其位移成正比，若膜盒中心的
位移与被测压力 P 成线性关系，则霍尔电势的大小即反映压力的大小。

图 13-1-12(b)为 HYD 型霍尔式压力传感器，弹簧管在压力作用下，自由端的位移使霍尔元件
在梯度磁场中移动，从而产生与压力成正比的霍尔电势。

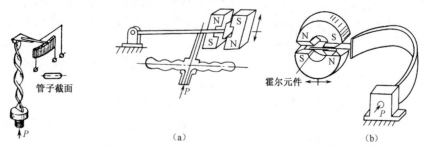

图 13-1-11　电位
　　　式压力传感器

图 13-1-12　霍尔式微压和压力传感器结构原理图

（5）光电式压力传感器

图 13-1-13 为光电式压力传感器。当被测压力 P 作用于膜片时,膜片中心处位移引起两遮光板中的狭缝一个变窄、一个变宽,从而使透射到两光敏元件上的光强一个增强、一个减弱,把两光敏元件接成差动电路,差动输出电压可设计成与压力成比例。这种差动结构不仅可提高灵敏度,而且能消除光源亮度变化产生的影响。

3. 谐振式压力传感器

（1）振弦式压力传感器

振弦式压力传感器原理如图 13-1-14 所示。振弦的一端固定在支承上,另一端与感受压力的膜片相连。对振弦要预拉紧,使之有一初始张力,当被测压力 P 作用到膜片上时,振弦张力 F 发生改变,由(9-5-2)式、(9-5-3)式可知,振弦的固有频率也随之改变,因此测得其固有频率便可知被测压力的大小。振弦式压力传感器主要应用在被测压力变化比较慢的场合。

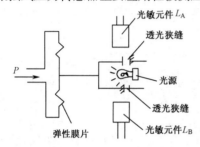

图 13-1-13　光电式压力传感器原理图

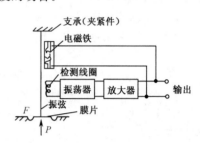

图 13-1-14　振弦式压力传感器原理图

（2）振筒式压力传感器

振筒式压力传感器也已在 9.5.2 节和图 9-5-5 中做过阐述,这里不再重复。但需要指出的是,图 9-5-5 所示振筒式压力传感器与图 13-1-7 所示筒式压力传感器的区别。后者是把图 13-1-7 所示圆筒作为压力-应变变换器使用的,而前者则让圆筒作为弹性振体而工作,被测压力作用到圆筒上时其振动固有频率发生改变。为了实现电磁激振和拾振的工作过程,要求振筒应采用具有良好电磁耦合性能的材料制作。

4. 压阻式和压电式压力传感器

（1）压阻式压力传感器

硅压阻式压力传感器由外壳、硅膜片和引线组成,其结构原理如图 13-1-15 所示,其核心部分是做成杯状的硅膜片,通常称为硅杯。外壳则因不同用途而异。在硅膜片上,用半导体工艺中的扩散掺杂法做 4 个相等的电阻,经蒸镀铝电极及连线,接成惠斯通电桥,再用压焊法与外引线相连。膜片的一侧是和被测系统相连接的高压腔,另一侧是低压腔,通常和大气相通,也有做成真空的。当膜片两边存在压力差而发生形变时,膜片各点产生应力,从而使扩散电阻的阻值发生变化,电桥失去平衡,输出相应的电压,其电压大小就反映了膜片所受的压力差。

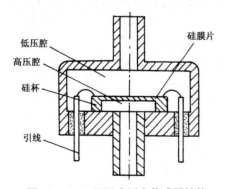

图 13-1-15　压阻式压力传感器结构

（2）压电式压力传感器

压电式压力传感器主要用于发动机内部燃烧压力的测量与真空度测量,既可用来测量大的压力,也可以测量微小的压力。

图 13-1-16(a)是一种测量均匀分布压力的传感器结构,薄壁筒是一个薄壁厚底的金属圆筒,通过拉紧薄壁筒,对压电晶片组施加预压缩应力,薄壁筒外的空腔内可以注入冷却水,降低晶片温

度,以保证传感器在较高的环境温度下正常工作。冷却腔用挠性材料制成的膜片进行密封。

外压力作用下压电晶片组受力分析如图 13-1-16(b)所示。薄壁筒底承受外部压力为

$$F = PA$$

式中,A 为预紧筒底受力面积;P 为外部压力(压强)。

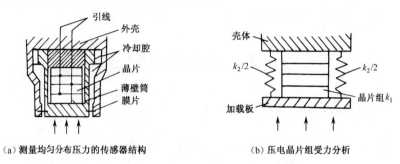

（a）测量均匀分布压力的传感器结构　　（b）压电晶片组受力分析

图 13-1-16　压电式压力传感器

力 F 被分配给压电晶片组和薄壁筒,即

$$F = F_1 + F_2 = (k_1 + k_2)\Delta x$$

式中,k_1 为压电晶片组的刚度;k_2 为薄壁筒的刚度;Δx 为压缩变形。

压电晶片组所受力 F_1 与外部压力 F 之比为

$$\frac{F_1}{F} = \frac{1}{1 + k_2/k_1} \tag{13-1-7}$$

由上式可见,晶片组刚度一定时,薄壁筒刚度越小,灵敏度也就越高。

压电式压力传感器只能用来测量动态压力,不能测量静态压力。

13.1.4　差压电测法

前面所介绍的各种压力传感器,所测量的压力一般都是指表压力而不是绝对压力,因为这些传感器中压力敏感弹性元件的一个侧面承受的是被测压力,而另一侧面则承受大气压力,它所产生的应变和位移是由被测压力与大气压力之差所产生的,所以,这些压力传感器实质上也就是差压传感器。只要把这些传感器稍加改进,使其压力敏感弹性元件的一个侧面承受高压 P_H,另一侧面承受低压 P_L,那么这些表压传感器就变成了差压传感器。目前常用的差压传感器有以下几种。

1. 电容式差压传感器

这是目前国内外最常用的一种差压传感器,其工作原理已在 11.4.3 节和图 11-4-6 中做过介绍。

2. 电阻式差压传感器

在两侧分别承受高压 P_H 和低压 P_L 的测量膜片上粘贴应变片或制作应变电阻电桥,则差压引起的测量膜片的变形便转换成电桥电压输出。目前主要有以下三种形式。

（1）应变型

采用周边固定的不锈钢圆平膜片为敏感元件,粘贴在膜片上的电阻应变片组成全桥电路,例如,国产 CYY 系列应变式压力传感器就属于这一类。

（2）硅膜型

也称压阻式或固态压力传感器,其工作原理已在前文和图 13-1-15 中做过介绍。

（3）金属薄膜型

这是一种新型的应变式传感器,它利用制造大规模集成电路的离子束溅射和离子束刻蚀工艺,将薄膜应变电阻直接制作在金属膜片上。应变电阻分布在测量膜片上并连成直流电桥,膜片两侧出现压差时,电桥输出一个与压差成正比的电信号。金属薄膜型同前述应变型相比,由于用溅射工

艺代替粘贴,完全克服了粘贴带来的蠕变、迟滞、老化等弊端;同前述硅膜型相比,由于应变电阻是金属薄膜制成的,具有金属应变片特有的高稳定性,不像半导体那样受温度影响。

3. 电感式差压传感器

将两侧分别承受高压 P_H 和低压 P_L 的测量膜片与差动自感式传感器或差动变压器的活动衔铁相连,即可构成差动自感式差压传感器或差动变压器式差压传感器。

13.2 温度的电测法

12.2.1 温度的概念、单位和测量方法

1. 温度的概念

温度是表征物体冷热程度的一种物理量。物体的冷热是人们感觉到的一种宏观现象,从微观上看,温度是物体内部分子无规则剧烈运动程度的标志。

温度是一个重要的基本物理量,自然界中任何物理、化学过程都紧密地与温度相联系。在很多生产过程中,温度测量和控制都直接和安全生产、保证产品质量、提高生产效率、节约能源等重大经济技术指标相联系,因此在国民经济各个领域中都受到了相当的重视。

2. 温度的单位

量度温度的标尺简称温标。温标是为定量地表示温度高低而对温度零点和分度方法所做的一种规定,是温度的单位制。

早期出现的有摄氏和华氏温标,称为经验温标。摄氏温度 $t(℃)$ 和华氏温度 $\theta(℉)$ 的换算关系为

$$t=\frac{5}{9}(\theta-32) \tag{13-2-1}$$

现在国际上统一使用的国际温标是国际开尔文温度 $T(K)$(常称热力学温度)和国际摄氏温度 $t(℃)$,两者的换算关系为

$$t=T-273.15 \tag{13-2-2}$$

3. 温度测量方法

温度测量方法可分为接触式和非接触式两类,接触式的测温方法基于物体的热交换现象。选定某一测温器(温度敏感器或温度传感器),与被测物体相接触,进行充分地热交换,待两者温度一致时,测温器输出的大小即反映被测温度的高低。本书把输出量为电量的测温器称为温度传感器,如热电偶、热电阻、石英晶体等,把输出量为非电量的测温器称为温度敏感器,如各种热膨胀式温度计等。接触式测温的优点是简单、可靠、测量精度高;缺点是测温时有较大的滞后(因为要进行充分的热交换),对运动物体的测温较困难,测温器易影响被测对象的温度场分布,测温上限受到测温器材料性质的限制,故所测温度不能太高。

非接触式测温的方法基于物质的热辐射与其温度之间的关系,通过测量离被测物体一定距离处被测物体发出的热辐射强度来确定被测物体的温度。这种方法的优点是测温范围广(理论上讲没有上限限制),测温过程中不破坏原温度场,测温响应速度快;缺点是所测温度受物体辐射率的影响,此外,测量距离和中间介质对测量结果也有影响。

13.2.2 接触式测温法

1. 将温度转换为非电量——温度敏感器

(1) 热膨胀式

这种测温方法基于物体受热时产生热膨胀的原理,可分为液体膨胀式和固体膨胀式。日常生活中常见的酒精温度计、水银温度计等液体温度计就是基于液体(称为工作液体)受热膨胀的原理而工作的。

固体膨胀式的典型例子是热敏双金属元件。

热敏双金属元件是由两片具有不同线膨胀系数的薄金属片焊接而成的。当工作温度改变时，构成双金属元件的两个金属片因具有不同的线膨胀系数而产生不等量的伸长(或缩短)。由于两金属片彼此焊在一起，因而使双金属片产生弯曲。双金属元件的结构简单，尺寸小，既可用于测温和控制，又可用作温度补偿元件；其缺点是精度不高，性能的分散性也大，但在家用电器及其他对测温精度要求不高的场合，仍可构成很有应用价值的开关式传感器。

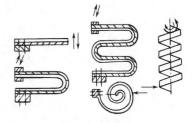

图 13-2-1　热敏双金属元件

热敏双金属元件的结构形式如图 13-2-1 所示。其中，直片型适用于所需位移较小的情况。与直片相比，U 字形或双 U 字形可获得较大的位移。当需要产生更大的位移时，可采用弹簧式或螺旋式双金属元件。

理论分析的结果表明，在温度变化时，材料和几何尺寸一定的热敏双金属元件所产生的弯曲变形与温度变化 Δt 成正比。对于一端固定的平直双金属片，其自由端的弯曲挠度 δ 为

$$\delta = \frac{3}{4} \frac{\alpha_1 - \alpha_2}{h_1 + h_2} l^2 \Delta t \tag{13-2-3}$$

式中，h_1、h_2 为两金属片的厚度；α_1、α_2 为两金属片的线膨胀系数；l 为双金属片的长度。

工业上常用热敏双金属片制成温度继电控制器和双金属温度计(用双金属片制成螺旋形感温元件，当温度变化时，螺旋形感温元件的自由端便围绕着中心轴旋转，同时带动指针在刻度盘上指示出相应的温度数值)。

(2) 压力式

压力式测温法是基于封闭在密闭容器中的液体或气体的压力与温度有关这一原理，把温度测量转化为流体压力测量。压力式温度计主要由温包(直接与被测介质接触以感受温度变化)、压力敏感型弹性元件(将压力变换为指针的移动)和毛细管(连接温包与压力敏感型弹性元件并传递压力)三者组成的封闭系统，其中充满工作物质(液体或气体)，温包感受温度变化时，该封闭系统中的工作液体(或气体)压力变化。通过毛细管的导压，使压力敏感型弹性元件的自由端产生相应位移，带动指针指出相应的温度。

2. 将温度转换为电量——温度传感器

常用的温度传感器有金属热电阻和半导体热敏电阻(见 5.1.3 节)、热电偶(见 6.3 节)、PN 结型温度传感器和集成温度传感器(见 8.1.5 节和 8.2.1 节)、电涡流式温度传感器(见 5.3.4 节)和电容式温度传感器等。下面介绍几种用温度传感器测量温度的电路。

13.2.3　接触式测温电路实例

1. 热电阻测温电路

电阻温度计的测量电路最常用的是电桥电路，图 13-2-2 是一般的电桥式电阻温度计的原理图，R_1、R_2、R_3 和 R_T(R_{ref} 和 R_{FS})组成电桥的 4 个臂。R_1、R_2 和 R_3 是固定电阻，R_T 是热电阻，R_{ref} 和 R_{FS} 是锰铜电阻，两者分别等于热电阻 R_T 在起始温度(如 0℃)及满度(如 100℃)时的电阻值。首先将开关 S 接在位置 1，调节 R_0 使指示仪表指示为 0，然后将开关接在位置 3，调节 R_P 使指示仪表满度偏转，最后将开关 S 接在位置 2 上，即可正常工作。

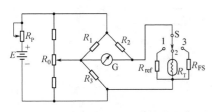

图 13-2-2　电桥式电阻温度计的原理图

如果热电阻安装的地方与仪表相距甚远,则当环境温度变化时其连接导线电阻也要变化,因为它与热电阻 R_T 是串联的,也是电桥臂中的一部分,所以会造成测量误差。现在一般采用两种接线方法来消除这项误差,如图 13-2-3 和图 13-2-4 所示。

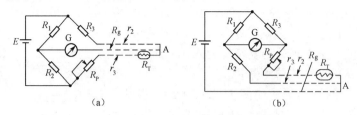

图 13-2-3　热电阻测温电桥的三线连接法

图 13-2-3 是三线连接法的原理图,图中 G 为检流计,R_1、R_2、R_3 为固定电阻,R_P 为调零电位器,热电阻通过电阻分别为 r_2、r_3、R_g 的三根导线和电桥连接,r_2 和 r_3 分别接在相邻的两臂内,只要它们的长度和电阻温度系数 α 都相等,当温度变化时,它们的电阻变化就不会影响电桥的平衡状态,即不会产生温度误差,而 R_g 分别接在检流计和电源的回路中,其电阻变化也不会影响电桥的平衡状态。电桥在零位调整时,应使 $R_3 = R_P + R_{T0}$。R_{T0} 为热电阻在参考温度(如 0℃)时的电阻值。三线连接法的缺点之一是 R_P 的接触电阻和电桥臂的电阻相连,可能导致电桥的零点不稳。

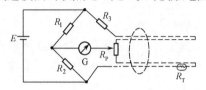

图 13-2-4　热电阻测温电桥的四线连接法

图 13-2-4 为四线连接法,调零电位器 R_P 的接触电阻和检流计串联,接触电阻的不稳定不会破坏电桥的平衡和正常工作状态。

热电阻式温度计和其他类型测温变换器相比有许多优点,它的性能最稳定,测量范围很大,精度也高,特别是在低温测量中得到了广泛的应用;其缺点是需要辅助电源,热电阻的热容量较大,即热惯性大,限制了它在动态测量中的应用,此外价格也贵。

在设计电桥时,为了避免热电阻中流过电流的加热效应,要保证流过热电阻的电流尽量小,一般希望小于 10mA。尤其当测量环境中有不稳定气流时,工作电流的热效应有可能产生很大的误差。

2. 热敏电阻测温电路

热敏电阻测温的典型电路如图 13-2-5 所示。图中 R_T 为热敏电阻,R_2、R_3 为平衡电阻,R_5、R_6 为 μA 表修正、保护电阻(也可以将电桥输出接至放大器的输入端或自动记录仪表上)。该电路的测温范围为 $t_0(℃) \sim t_F(℃)$,即温度为 $t_0(℃)$ 时 μA 表指针零偏转,温度为 $t_F(℃)$ 时 μA 表指针满度偏转。R_1 为起始电阻,其阻值应等于热敏电阻在 $t_0(℃)$ 时的阻值;R_4 为满度电阻,其阻值应等于热敏电阻在 $t_F(℃)$ 时的阻值。R_{P8} 为调满度电位器。

图 13-2-6 是一种双桥温差测量电路。两热敏电阻 R_T 和 $R_T{'}$ 放在不同测温点,流经表 P 的电流代表两点温度之差。

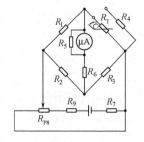

图 13-2-5　热敏电阻测温电路

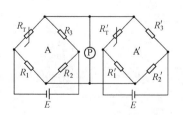

图 13-2-6　双桥温差测量电路

3. 热电偶实用测温电路

（1）测量单点温度

① 基本电路：图 6-3-7 为测量单点温度的基本电路。热电偶与动圈式仪表相连接,这时流过仪表的电流为

$$I = \frac{E_{AB}(T, T_0)}{R_1 + R_2 + R_3} \tag{13-2-4}$$

式中,R_1、R_2、R_3 分别为热电偶、导线（包括铜线、补偿导线 $A'B'$ 电阻）和仪表内阻,为使仪表电流即仪表读数只与热电势有关,要求测量电路的总电阻为恒定值,即 $R_1 + R_2 + R_3 =$ 常数。在测温过程中,为避免温度变化引起测温电路的总电阻偏离规定值,需采取下列措施:

- 在工作状态下外接可调电阻;
- 适当增大仪表内阻,以减小外接电阻变化对电路总电阻的影响。

这种动圈仪表线路常用于测温准确度要求不高的场合,其优点是结构简单、价格便宜。

为了提高灵敏度和测量精度,也可采用下述的热电偶串联电路。

② 热电偶串联电路：如图 13-2-7 所示,把几个相同型号的热电偶依次按正、负极串联连接,组成所谓的"热电堆",其总热电势为

$$E_G = \sum_{i=1}^{n} E_i = nE \tag{13-2-5}$$

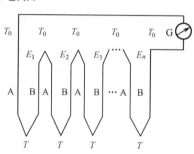

图 13-2-7　热电偶串联测温电路

式中,E_i 为第 i 个热电偶的热电势。

串联电路配用的显示仪表,一般按 E_G-T 关系刻度,对动圈仪表来说,应使整个电路电阻与仪表所要求的外接电阻相等。

若每个热电偶的绝对误差为 ΔE_i,则整个串联电路的绝对误差为

$$\Delta E_G = \sqrt{\sum_{i=1}^{n} (\Delta E_i)^2} \xrightarrow{\Delta E_i = \Delta E} \sqrt{n}\, \Delta E$$

串联电路的相对误差为

$$\frac{\Delta E_G}{E_G} = \frac{\sqrt{n}\Delta E}{nE} = \frac{1}{\sqrt{n}} \frac{\Delta E}{E}$$

如果把 $\Delta E/E$ 看作单个热电偶的相对误差,则串联电路的相对误差为单个热电偶相对误差的 $1/\sqrt{n}$。

串联电路的主要优点是热电势大,精度比单个热电偶高,因此可感受较小的信号,或者配用灵敏度较低的仪表;缺点是,只要有一个热电偶断路,整个电路就不能工作,个别热电偶短路,将会引起仪表指示值显著偏低。

（2）测量平均温度

测量平均温度的方法通常采用几个相同型号的热电偶并联在一起,如图 13-2-8(a)所示。输入到仪表两端的毫伏值为三个热电偶输出热电势的平均值,若三个热电偶均工作在特性曲线的线性部分,即 $E = KT$,则有

$$E = \frac{E_1 + E_2 + E_3}{3} = K\frac{T_1 + T_2 + T_3}{3} = K\overline{T} \tag{13-2-6}$$

由上式可见,由仪表电压 E 决定的仪表指示值将代表 4 点温度的平均值 $\overline{T}$。图中每个热电偶分别串接均衡电阻 R_1、R_2、R_3,其作用是在 T_1、T_2、T_3 不相等时,使每个热电偶中流过的电流免受热电偶电阻不相等的影响,因此与每个热电偶的电阻变化相比,R_1、R_2、R_3 的阻值必须很大。使用

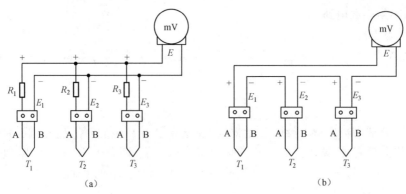

(a)   (b)

图 13-2-8　热电偶测量平均温度

热电偶并联的方法测量多点的平均温度,其好处是仪表的分度仍旧和单独配用一个热电偶时一样;缺点是当有一个热电偶烧断时,不能很快觉察出来。

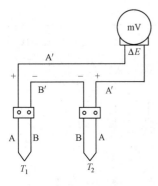

图 13-2-9　热电偶测温差电路

同样,利用同类型热电偶串联,使热电势相加,如图 13-2-8(b)所示,也可以测量几点的平均温度,此时仪表电压为三个热电偶热电势的总和,即

$$E_T = E_1 + E_2 + E_3 = K(T_1 + T_2 + T_3) = 3K\overline{T} \qquad (13\text{-}2\text{-}7)$$

可见,E_T 也与平均温度 $\overline{T}$ 成正比。

(3) 测量两点间温度差

热电偶测温差电路如图 13-2-9 所示。两个同型号热电偶配用相同的补偿导线,连接时使两热电势相减,输入到仪表的电压为两热电势之差 ΔE,代表 T_1 和 T_2 间的温度差值为

$$\Delta E = E_{AB}(T_1, T_0) - E_{AB}(T_2, T_0) = E_{AB}(T_1, T_2) \approx K(T_1 - T_2)$$

两个热电偶的冷端温度必须一样,它们的热电势 E 都必须与温度 T 成线性关系,否则将产生测量误差。

4. 半导体测温电路

(1) 测量单点温度

采用二极管、三极管和集成温度传感器测量温度,具有省电、体积小、线性好等优点,而且能满足一般测温工作($-50℃\sim+150℃$)的需要。但是,由(8-1-5)式、(8-2-5)式和(8-2-6)式可见,半导体温度传感器有一个共同的特点,就是其输出电压或电流与绝对温度成正比或线性关系。因为人们通常习惯采用摄氏温度,而且希望在 $0℃$(传感器插入冰水中时),测温电路输出显示为 0,在 $100℃$(传感器插入沸水中时),测温电路输出显示为 100。因此,半导体测温电路中需要设计调零电路和调满度(也称调灵敏度)电路。

图 13-2-10 为 AD590 测量摄氏温度的电路,其输出电压为

$$U_T = \left(I_o - \frac{12V}{43k\Omega + R_{P1}}\right)(91k\Omega + R_{P2})$$

将(8-2-5)式代入上式得

$$U_T = \left(I_{o0} - \frac{12V}{43k\Omega + R_{P1}} + C_1 t\right)(91k\Omega + R_{P2})$$

调整 R_{P1},使其电流抵消 AD590 的零点电流 I_{o0}(273.2μA),从而使 $0℃$ 时 $U_T = 0$;再调整 R_{P2},使 $100℃$ 时 $U_T = 100mV$。R_{P1} 称为调零电位器,R_{P2} 称为调满度电位器。

(2) 测量平均温度

将多个 AD590 并联,如图 13-2-11 所示,可测量多点温度的平均值。据(8-2-5)式,流过图中

电阻 R 的电流 I 为

$$I=I_1+I_2+I_3=C_1(T_1+T_2+T_3)=3C_1\overline{T}$$

电流 I 在电阻 R 上产生的电压为

$$U_0=RI=3C_1R\,\overline{T}$$

将 $R=333.3\Omega,C_1=1\mu\text{A/K}$ 代入上式得

$$U_0=(1\text{mV/K})\overline{T}=273.2\text{mV}+(1\text{mV/℃})\overline{t}$$

式中,$\overline{T}$ 为热力学温度平均值;$\overline{t}$ 为摄氏温度平均值。

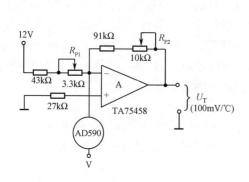

图 13-2-10　AD590 测量摄氏温度的电路

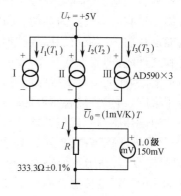

图 13-2-11　AD590 测量
平均温度的电路

（3）测量两点间温度差

图 13-2-12 为用 AD590 测量两点温度差的电路,据(8-2-5)式,流过图中电阻 R_3 的电流 I 为

$$I=I_2-I_1=C_1(T_2-T_1)$$

输出电压为

$$U_0=IR_3=C_1(T_2-T_1)R_3$$

将 $R_3=10\text{k},C_1=1\mu\text{A/K}$ 代入上式得

$$U_0=(T_2-T_1)\times10\text{mV/K}=(t_2-t_1)\times10\text{mV/℃}$$

在使用前,先将两个 AD590 置于同一点,调整 R_P,使输出电压为 0,再将两个 AD590 分别置于两个测温点,即可从输出电压读出这两点的温度差。

图 13-2-13 给出一种采用晶体管测量温度差的电路。两个性能相同的温敏晶体管 MTS102 做测温探头,分别置于两个测温点,两个不同温度所对应的 U_{be} 分别经 A_1、A_2 缓冲后加到 A_3 进行差分放大,输出电压正比于两点温度差。100kΩ 电位器用于调零,使温差为零时,U_0 为零。该电路可以测量 $0\sim150℃$ 范围内的温差,精度可达 $\pm0.5℃$。

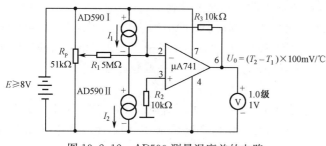

图 13-2-12　AD590 测量温度差的电路

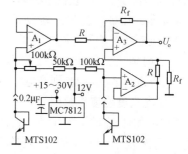

图 13-2-13　晶体管测量温差电路

13.2.4　非接触式测温法

非接触式测温法分为电涡流式和辐射式两种。

电涡流式测温法基于电涡流效应。在 5.3.4 节曾讲过:"反射式电涡流传感器的阻抗 Z、电感 L 和品质因数都是由 ρ、μ、X、f 等参数决定的多元函数。若只改变其中一个参数,其余参数均保持不变,反射式电涡流传感器便成为测定这个可变参数的传感器。"我们知道,导体的电阻率 ρ 与温度有关。如果保持电涡流传感器线圈与导体间距离、线圈的几何参数和电流频率不变,使电涡流传感器的参数只随导体的电阻率变化而变化,即只随导体的温度变化而变化,那么,只要用测量电路测出电涡流传感器线圈的参数,就可以确定电涡流传感器附近被测导体的温度。

辐射式测温法基于热辐射效应。任何物体受热后都将有一部分热能转变为辐射能,因为这些辐射能被物体吸收后多转变为热能,使物体升温,所以又称为热辐射。物体温度愈高,则辐射到周围空间的能量就愈多。辐射能以波动形式向外辐射,其波长范围极广,一般工程测温中常用的主要是可见光和红外线,即波长从 $0.4\sim40\mu m$ 的电磁辐射。热辐射同其他电磁辐射一样,不需要任何介质即可传播,因此无须直接接触即可在物体之间传递热能,这是实现辐射式测温的基础。辐射式测温法应用很广,通常非接触测温法就是指辐射式测温法。下面对此做简要介绍。

辐射式温度传感器一般包括两部分:

① 光学系统,用于瞄准被测物体,并把被测物体的辐射能聚焦到辐射接收器上。

② 辐射接收器,利用各种热敏元件或光电元件将会聚的辐射能转换为电量。

常见的辐射式温度传感器有以下几种。

1. 全辐射温度传感器

全辐射温度传感器通过测量被测物体辐射的全光谱积分能量来测量被测物体的温度。由于是对全辐射波长进行测量,所以希望光学系统有宽的光谱特性,而且辐射接收器也采用没有光谱选择性的热敏元件。

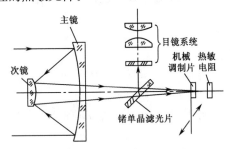

图 13-2-14　红外测温仪光路系统

2. 部分辐射温度传感器

仅限于在特定的部分光谱范围工作的辐射式温度传感器称为部分辐射温度传感器,红外辐射温度传感器就属于这一类。

红外测温仪光路系统如图 13-2-14 所示。

物镜是由椭球面-球面组合的反射系统,其主镜为椭球反射面。为了提高反射率,反射面真空镀铝,反射率可达 95% 以上。由于采用了反射系统,使全光谱能量损失都很小。光学系统的焦距可通过改变次镜位置调整,使最佳成像位置在热敏电阻表面。次镜到热敏电阻的光路之间装有透过波长 $2\sim15\mu m$、倾斜 $45°$ 角的锗单晶滤光片,它使红外辐射透射到热敏电阻,而可见光反射到目镜系统的分划板上,以便对目标瞄准。热敏电阻与分划板互为共轭,以保证调焦和测量准确。

机械调制片是边缘等距开孔的旋转圆盘,光线通过圆盘小孔照射到热敏电阻上,圆盘由电机带动旋转,使照射到热敏电阻上的光线强度被调制成交变的,经热敏电阻转换成交变电信号以便进行交流放大。若不进行机械调制,则光电转换信号将是直流的,对直流放大一般稳定性较差。

3. 光电亮度温度传感器

当被测物体温度升高时,其辐射的单色亮度迅速增加。如辐射体温度由 1200K 上升到1500K 时,总辐射能量增加 2.5 倍,而波长为 $0.66\mu m$ 的红光单色亮度增加 10 倍以上。光电亮度温度传感器就是利用单色亮度与温度的关系而工作的。

图 13-2-15(a)所示是最简单的单光路直流方案。被测对象辐射出的光线经简单光学系统直接聚焦在光敏元件上,输出信号经放大后由显示仪表直接指示出温度来。如果采用较灵敏的光电池作为敏感元件,则可不必放大,直接用毫伏表显示。这种方案简单,反应速度快,但缺点是对光敏

元件、放大显示部分要求较高,对直流放大一般稳定性较差。

图 13-2-15(b)所示是单光路机械调制方案,与前者相比,由于采用了交流放大,故有利于防止放大电路的漂移。但由于是单光路系统,故对光敏元件和放大器稳定性要求较高。由于采用了调制,所以可测量的温度最高变化频率受到调制频率的限制。

光电亮度温度传感器的灵敏度高、量程大,可测温度范围为 700℃～3200℃,基本误差低于±0.5%。

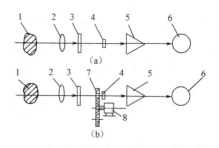

图 13-2-15　光电亮度温度传感器示意图
1—被测对象;2—透镜;3—滤光片;
4—光敏元件;5—放大电路;
6—显示仪表;7—调制盘;8—同步电机

4. 光电比色温度传感器

光电比色温度传感器是根据两个波长的亮度比随温度变化的原理来实现测量的,其工作原理如图 13-2-16 所示。

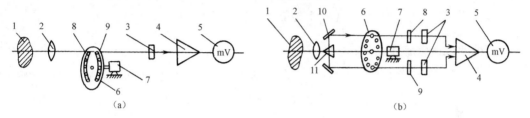

图 13-2-16　光电比色温度传感器
1—被测对象;2—透镜;3—光敏元件;4—运算放大电路;5—显示装置;6—调制圆盘;
7—同步电机;8,9—滤光片;10—反射镜;11—分光棱镜

图 13-2-16(a)为单光路调制系统,由被测对象辐射出的光线经光学系统聚焦在光敏元件上,在光敏元件之前放置开孔的旋转调制圆盘,这个圆盘由电机带动,把光线调制成交变的。在圆盘的开孔上附有两种颜色的滤光片,一般多选红、蓝色,这样使红光、蓝光交替地照在光敏元件上,使光敏元件输出相应的红光和蓝光信号,再将这两个信号放大后送到显示仪表。

图 13-2-16(b)为双光路调制系统,被测对象辐射出的光线经棱镜分成两路平行光,经反射镜反射同时通过(或不通过)调制圆盘小孔,再分别通过滤光片投射到相应的光敏元件上,产生两种颜色的光电信号,经放大运算电路处理后送显示仪表。

除上面介绍的测温方法外,还值得一提的是光导纤维测温法。光纤测温是光纤检测技术最成熟、应用最多的领域。用光纤制成的温度传感器同前面所讲的温度传感器相比,有独特的优点。光纤测温可用于检测常规温度计难以检测的对象,如大型超高压变压器内部温度测量;要求防爆及具有强磁场干扰场合下的温度测量;还可适用于那些安装位置狭小,直接瞄准困难场合的温度测量。

光纤温度传感器按光纤的作用可分为功能型(传感器型)和非功能型(传光型)光纤温度传感器两类。按照传感器与被测对象关联方式可分为接触和非接触式两种。因篇幅所限,本书不做进一步的介绍。

13.3　流量的电测法

13.3.1　流量的概念

流体在单位时间内通过垂直于流速的横截面的数量称为流量,流过的数量按体积计算的称为体积流量(或容积流量),用符号 Q 表示;按质量计算的称为质量流量,用符号 G 表示。

设垂直于流速的某一微小面积为 dA,通过该微小面积流体流速为 v,则流过微小面积 dA 的体

积流量 $dQ = v\,dA$。根据此式可求出流过横截面 A 的体积流量为

$$Q = \int_A v\,dA \tag{13-3-1}$$

如果所取横截面上各点流速相同,则

$$Q = vA$$

事实上,流体在管道内流动时,横截面上各点速度并不相等,因此往往引入平均流速的概念,即

$$\bar{v} = \frac{Q}{A} \tag{13-3-2}$$

这样体积流量便可表示为

$$Q = \bar{v}A \tag{13-3-3}$$

质量流量 G 可用体积流量 Q 和流体的密度 ρ 之积来表示,即

$$G = Q\rho \tag{13-3-4}$$

在工业生产中,除要测量单位时间内流体流过管道的体积流量 Q 和质量流量 G 外,往往还需要知道在某一时间段 t 内流过管道的流体体积 V 和流体质量 M

$$V = \int_t Q\,dt, \quad M = \int_t G\,dt \tag{13-3-5}$$

如果流体的流速稳定且密度 ρ 不变,则

$$V = Qt \tag{13-3-6}$$

$$M = Gt = \rho Q t = \rho V \tag{13-3-7}$$

式中,V 和 M 称为累积流量或总量;Q 和 G 称为瞬时流量或流量。

体积流量的单位为 m^3/s,也用 m^3/h、cm^3/s、L/min 表示;质量流量单位为 kg/s,也用kg/h表示;总量的单位为 m^3 或 kg。

流量是人们生活和生产实践中需要经常测量的参数之一,目前已投入使用的流量测量仪表已超过百余种。在测量流量的流量计中,常将流量转换成其他非电量,如差压、转速、位移、频率等,在自动化检测仪表中再将这些非电量转换为电量。前面已介绍了把一些非电量转换为电量的方法,因篇幅所限,下面仅介绍各种流量计中将流量转换为可用非电量的方法。关于流量测量的更进一步的理论与技术问题请参阅有关著作。

13.3.2 流量-转速转换法

1. 椭圆齿轮流量计

椭圆齿轮流量计是常见的一种容积式流量计。容积式流量计的基本原理是:让从流量计入口流入的流体充满流量计内具有一定容积的空间,然后在流体推动下使容积内的流体从流量计出口流出,如此循环往复。若每个循环周期流量计送出的流体体积为 V_0,在 t 时间内,流量计工作循环周期数为 N,则总量 V 为

$$V = NV_0 \tag{13-3-8}$$

若每个循环周期时间长度为 T_0,或重复频率为 f_0,则流量为

$$Q = \frac{V_0}{T_0} = f_0 V_0 \tag{13-3-9}$$

常用的容积式流量计有椭圆齿轮流量计、腰轮流量计(又称罗茨流量计)、活塞式流量计、刮板式流量计。

椭圆齿轮流量计是一种测量流体总量(体积)的仪表,特别适合于测量黏度较大的纯净(无颗粒)液体的总量,其主要优点是精度高,可达 $\pm(0.3 \sim 0.5)\%$,但加工复杂,成本高,而且齿轮容易磨损。

椭圆齿轮流量计的工作原理如图 13-3-1 所示。在仪表的测量室中安装两个互相啮合的椭圆

形齿轮,可绕轴自己转动。当被测介质流入仪表时,推动齿轮旋转。由于两个齿轮所处位置不同,分别起主、从动轮作用。在图 13-3-1(a)位置时,由于 p_1 大于 p_2,轮 I 受到一个顺时针的转矩,而轮 II 虽受到 p_1 和 p_2 的作用,但合力矩为 0,此时轮 I 将带动轮 II 旋转,于是将外壳与轮 I 之间测量室内液体排入下游。当齿轮转到图 13-3-1(b)所示位置时,轮 I 受顺时针力矩,轮 II 受逆时针力矩,两齿轮在 p_1、p_2 作用下继续转动。当齿轮转至图 13-3-1(c)位置时,类似图 13-3-1(a),只不过此时轮 II 为主动轮,轮 I 为从动轮。上游流体又被封入轮 II 形成的测量室内。这样,每转 1 周两个齿轮共送出 4 个标准体积的流体(阴影部分)。

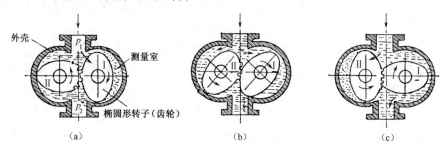

图 13-3-1 椭圆齿轮流量计原理图

椭圆齿轮的转数通过设在测量室外部的机械式齿轮减速机构及滚轮计数机构累计。为了减小密封轴的摩擦,这里多采用永久磁铁做成的磁联轴节传递主轴转动,既保证了良好的密封,又减小了摩擦。

由于齿轮在一周内受力不均,其瞬时角速度也不均匀,而且被测介质是由固定容积分成一份份地送出的,因此不宜用于瞬时流量的测量。椭圆齿轮流量计有时虽可以外加等速化机构,输出等速脉冲,但也很少用于瞬时流量的测量。

2. 涡轮式流量计

图 13-3-2 所示为磁电式涡轮流量计的结构,前、后导流架的作用是导直流体,使流速分布符合要求,同时作为涡轮的支承架。涡轮用导磁的不锈钢制成,随流体运动而转动。涡轮在平衡状态下转动且涡轮的阻力矩很小时,流量计的方程表示为

$$\frac{\omega}{Q} = c\frac{\tan\theta}{rA} \qquad (13\text{-}3\text{-}10)$$

式中,ω 为涡轮的角速度;Q 为流体的流量;c 为比例常数($c<1$);θ 为涡轮叶片与轴线的夹角;r 为涡轮的平均半径;A 为涡轮处的流动面积。

对于已经确定了的结构,c、θ、r、A 均为常数,则涡轮的角速度 ω 与流量成正比。

磁钢通过导磁的涡轮叶片形成磁回路。磁钢和涡轮叶片之间有间隙,间隙随着涡轮的转动而发生变化,磁阻也随之变化,因而磁通也发生变化,在线圈中产生感应电动势。

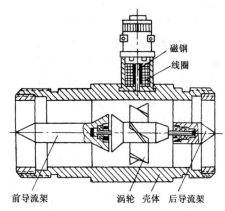

图 13-3-2 磁电式涡轮流量计

若导磁的涡轮叶片为 m 片,则感应电动势的频率为

$$f = \frac{\omega}{2\pi}m \qquad (13\text{-}3\text{-}11)$$

将上式代入(13-3-11)式得涡轮流量计的仪表常数为

$$\xi = \frac{f}{Q} = \frac{m\tan\theta}{2\pi rA}c \qquad (13\text{-}3\text{-}12)$$

13.3.3 流量-差压、力、位移转换法

1. 流量-差压转换法

（1）节流流量计

图 13-3-3 为节流流量计示意图,水平测量管中安装一个孔径比管径小的节流件,当充满管道

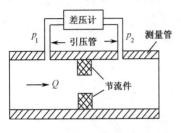

图 13-3-3 节流流量计示意图

的流体流经节流件时,由于流道截面突然缩小,流束将在节流件处形成局部收缩,使流速加快。根据能量守恒定律,流体压力能和动能在一定条件下可以互相转换,流速加快必然导致静压力 p 降低。于是在节流件前、后产生静压差 $\Delta p = p_1 - p_2$,而静压差的大小和流过的流体流量有关。压差通过引压管作用到差压计上,测得差压 $\Delta p = p_1 - p_2$,便可求得流过管道流体的流量

$$Q = \alpha \varepsilon \frac{\pi}{4} d^2 \sqrt{\frac{2\Delta p}{\rho}} \, (\text{m}^3/\text{s}) = C\sqrt{\Delta p} \qquad (13\text{-}3\text{-}13)$$

式中,α 为由实验决定的流量系数;ε 为流束膨胀系数(不可压缩流体 $\varepsilon = 1$,可压缩流体 $\varepsilon < 1$);d 为节流件开孔直径(m);ρ 为流体密度(kg/m³);Δp 为节流件上游侧压力 p_1 与下游侧压力 p_2 之差(N/m²)。

节流流量计也称为差压流量计,是目前各工业部门应用最广泛的一类流量仪表,约占整个流量仪表的 70%,这类流量计中的节流件常采用标准孔板或标准喷嘴。差压计常用 13.1.4 节所介绍的差压传感器。

（2）弯管流量计

当稳定的流体通过弯管时,由于改变了流体的方向而产生离心力,在此离心力的作用下,沿着弯管中心径向曲率轴线存在着一压力梯度,由此在弯管的内外侧壁上产生压力差。管内流体的流量与弯管内外侧壁压力差的平方根成正比。因此,只要测量出弯管内外侧壁的压力差 Δp,就可求算出流体的流量 Q。计算公式与(13-3-13)式形式相同。

2. 流量-力转换法(靶式流量计)

节流流量计是在管道中安装一个孔径比管径小的节流件,而图 13-3-4 所示靶式流量计则是在管道中安装一个直径比管径小的圆盘,它像一个靶子被流动的液体冲击,流体从靶子与管壁间的环形空间流过,流道截面突然变小,流速加快,使靶后压力 p_2 比靶前压力 p_1 减少,若靶的面积为 A,则流体作用在靶上的力为

$$F = A(p_1 - p_2) = A\Delta p \qquad (13\text{-}3\text{-}14)$$

流量与作用在靶上的力的平方根成正比,即

$$Q = K\frac{D^2 - d^2}{d^2}\sqrt{\frac{\pi}{2}}\sqrt{\frac{F}{\rho}} \qquad (13\text{-}3\text{-}15)$$

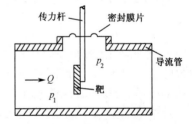

图 13-3-4 靶式流量计

式中,D、d 为管径、靶径;K 为流量系数,其值由实验确定;ρ 为流体密度。

由上式可知,图 13-3-4 所示靶式流量计可看作一个实现流量-力变换的敏感器。只要用传感器测得靶上的作用力,就可实现流量的电测量。例如,应变片靶式流量计就是将流体作用在靶上的力通过杆件传给弹性圆筒,使之弯曲变形。筒壁产生的应变,通过筒壁上粘贴的应变片电桥转换成电压信号,此电压信号与流量成对应关系。

新型的电容式流速传感器(见参考文献[26])将图 11-4-6 所示电容式差压传感器作为靶式节流件,固定在水平管道中央,直接实现流量→差压→电容的转换。与图 13-3-4 所示靶式流量计相比,由于省掉一些中间转换环节,因此具有结构简单、制造成本低和转换精度高的优点。

3. 流量-位移转换法(转子流量计)

转子流量计如图 13-3-5 所示,它由锥形圆管(锥管)和管中的浮子(转子)组成。当被测流体自下而上流过锥管与转子之间的环隙时,流速变化使转子上下部之间产生一压力差,此压力差形成的上托力与转子的重力及浮力相平衡。当流量增大时,上托力变大,使转子上移,锥管环形截面变大,压差降低,上托力又变小,直至三力达到新的平衡状态,使转子稳定在一定高度。这样对应不同的流量,转子便有其相应高度上的平衡位置。据推导,转子高度 H 与流量 Q 的关系为

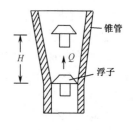

图 13-3-5 转子流量计

$$Q=\frac{\pi}{4}\left[(d_0+nH)^2-d_f^2\right]\alpha\sqrt{\frac{2gV_f(\rho_f-\rho)}{\rho A_f}} \tag{13-3-16}$$

式中,d_0 为 $H=0$ 处锥管内径;n 为锥管内径扩张斜率,H 高度处锥管直径为 $d=d_0+nH$;d_f 为转子的最大有效直径;A_f 为转子的最大截面积;V_f 为转子的体积;ρ_f 为转子的密度;ρ 为流体密度;g 为重力加速度;α 为流量系数,由实验确定。

因一般 $nH\ll d_0+d_f$,故有

$$(d_0+nH)^2-d_f^2\approx(d_0+d_f)(d_0-d_f+nH) \tag{13-3-17}$$

因此可认为(13-3-16)式中 Q 与 H 近似成线性关系。

转子流量计可分为玻璃锥管转子流量计和金属锥管转子流量计。前者流量标尺刻度在管壁上,可直接读取所测流量值。对于不透明介质,高温、高压介质及需要指示远传时,多采用金属锥管转子流量计,其转子位移的检测目前多采用差动变压器结构。转子的上端与差动变压器活动衔铁相连,转子的位移由隔离管外的差动变压器线圈转换成与流量 Q 相对应的输出电压。

13.3.4 流量-频率转换法

1. 涡街流量计

在流体中垂直于流向插入一个非流线形的对称形状的柱体(如圆柱体、三角柱体等),当流速大于一定值时,在柱体两侧将产生两排旋转方向相反并交替出现的漩涡,这两排平行的漩涡列称为卡门涡街,柱体称为漩涡发生体,如图 13-3-6 所示。伴随漩涡的产生,在柱体周围和下游的流体将产生有规律的振动,其振动频率(漩涡产生的频率)f 与流速成正比,即

图 13-3-6 漩涡发生原理图

$$f=Sr\frac{v_1}{d} \tag{13-3-18}$$

式中,Sr 为斯特劳哈尔数(Strouhal);v_1 为漩涡发生体两侧的流速;d 为漩涡发生体迎流面最大宽度。

若漩涡发生体两侧的流通面积为 A_1,则流量为

$$Q=A_1 v_1$$

将上式代入(13-3-18)式得

$$Q=\frac{A_1 d}{Sr} f \tag{13-3-19}$$

可见,流量 Q 与漩涡产生的频率 f 成线性关系,只要测出漩涡产生的频率,就可求得流量 Q。

漩涡频率的检测方法有很多。采用圆柱形漩涡发生体时,漩涡频率的检测通过柱体内部的热电阻传感器来实现,如图 13-3-7(a)所示。圆柱体表面开有导压孔与圆柱体内部空腔相通。空腔由隔墙分成两部分,在隔墙中央有一小孔,在小孔中装有被加热的铂电阻丝。当圆柱检测器后面一侧形成漩涡时,由于产生漩涡的一侧的静压大于不产生漩涡一侧的静压,两者之间形成压力差,通过导压孔引起检测器空腔内流体移动,从而交替地对热电阻丝产生冷却作用,且改变其阻值,由测量电桥给出电信号输至放大器。检测器的作用是形成漩涡列,并将漩涡产生频率转变为热阻丝阻

值的变化,形成与漩涡频率成比例的电信号输出。

采用三角柱检测器如图 13-3-7(b)所示。三角柱检测器能得到更稳定、更强烈的漩涡。埋在三角柱正面的两个热敏电阻组成电桥的两臂,且由恒流电源供以微弱的电流对其加热。在产生漩涡一侧的热敏电阻处的流速较大,热敏电阻的温度降低,阻值升高,则电桥失去平衡并有电压输出。随着漩涡的交替产生,电桥输出与漩涡产生频率相一致的交变电压信号,该信号经放大、整形和D/A 转换后,输至显示仪表进行流量的指示、计算、调节、记录和控制等。

2. 悬浮陀螺式流量计

这是一种 20 世纪 90 年代出现的流量计,该流量计由外壳、陀螺和线圈等组成,如图 13-3-8所示。陀螺为一球形转子,开有径向中心通孔,陀螺内装有环形永久磁铁,磁场方向与通孔的轴线方向一致。陀螺置于壳体内的流通通道中(该流通通道下游装有保护挡杆,防止陀螺被冲走),在被测流体的作用下,陀螺会实现流体动力学悬浮并稳定旋转。壳体上绕有线圈,带环形永久磁铁的陀螺旋转时,在线圈中会感应产生正弦电信号,此信号频率与流体流速成正比。

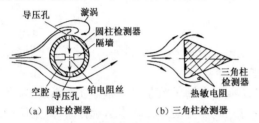

(a) 圆柱检测器　　(b) 三角柱检测器

图 13-3-7　漩涡发生体及信号检测原理图

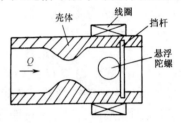

图 13-3-8　悬浮陀螺式流量计

13.3.5　流量-温度转换法

流体的流动和热量的转移,或者流动着的流体和固体间的热交换间有着密切的关系,因此可以由测量热的传递、热的转移来求流量和流速。这一类型的流量计称为量热式流量计。

1. 托马斯流量计

托马斯流量计的原理结构如图 13-3-9 所示。作为热源的加热器放置在管道的中间,促使被测流

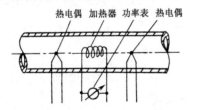

图 13-3-9　托马斯流量计原理结构图

体的温度升高。当流体静止时,沿管道轴向的温度场分布是对称于热源的。当流体流动时,沿管道轴向的温度场分布的对称性被扰动而遭到破坏,致使热源前端的温度低于热源后端的温度,这就产生一个温度差,该温度差与被测流体的质量流量关系为

$$G = \frac{P}{c_p \Delta T} \qquad (13\text{-}3\text{-}20)$$

式中,G 为被测流体的质量流量;P 为加热器的加热功率;c_p 为定压比热;ΔT 为加热器前后端的温度差。

上述的温度差可以用测温元件(热电偶或热电阻等)测得。如果采用恒定功率法(P 为恒值),则测得温度差 ΔT,就能求得被测流体的质量流量 G。若采用恒定温度差法(ΔT 为恒值),则测得加热功率 P,就能求得被测流体的质量流量 G。两种方法相比较,以恒定温度差法应用较为普遍,只需从功率表上读得 P 值,即可求得 G。

2. 热量气体微流量计

热量气体微流量计的工作原理如图 13-3-10(a)所示。在一根薄壁小口径金属镍管或不锈钢管的外壁上,绕制一对具有较高温度系数的铂金丝,它们既是加热元件又是测温元件,再与两个固定电阻组成直流惠斯通电桥,通过电桥的固定电流对导管进行加热。当无流量时,沿导管轴向上的

温度分布如图 13-3-10(b)虚线表示,此时电桥平衡,输出为 0。当有流量时,上游电阻被冷却,下游电阻被加热,则温度分布曲线如图 13-3-10(b)实线所示,此时电桥失去平衡,输出一个直流电压信号,其值与被测介质的质量流量成正比。

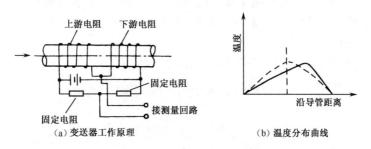

（a）变送器工作原理　　　　　　　（b）温度分布曲线

图 13-3-10　热量气体微流量计

3. 热敏电阻流量计

热敏电阻流量计如图 13-3-11 所示。R_{T1} 和 R_{T2} 为热敏电阻,R_{T1} 放入被测流量管道中,R_{T2} 放入不受流体流速影响的容器内,R_1 和 R_2 为一般电阻,4 个电阻组成桥路。当流体静止时,电桥处于平衡状态,电流计上没有指示。当流体流动时,R_{T1} 上的热量被带走,R_{T1} 因温度变化引起阻值变化,电桥失去平衡,电流计指示值与流体流速成正比。

13.3.6　非接触式流量测量法

前述几种测量流量的方法大都有一个共同点,就是都要在管道内安装某种装置或元件(如涡轮、孔板、靶、转子、漩涡发生体、悬浮式陀螺等),把流量转换为其他非电量后进行测量。因为管道内安装的这些装置或元件都会与被测流体接触,管道内流体流过这些装置或元件时难免产生一定的压力损失。下面介绍几种不与流体接触,在管外测量管内流体流速的方法,几乎不造成压力损失。

1. 电磁流量计

如图 13-3-12 所示,设在均匀磁场中,垂直于磁场方向有一个直径为 D 的管道。管道由不导磁材料制成,内表面衬挂绝缘衬里。当导电的液体在导管中流动时,导电液体切割磁力线,因而在和磁场及流动方向垂直的方向上产生感应电动势,如安装一对电极,则电极间产生和流速成比例的电位差,即

$$E=BDv$$

式中,E 为感应电动势;B 为磁感应强度;D 为管道内径;v 为流体在管道内的平均流速。

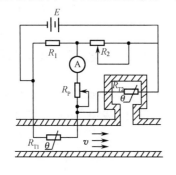

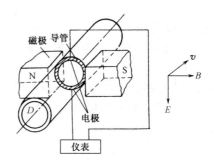

图 13-3-11　热敏电阻流量计　　　图 13-3-12　电磁流量计

由上式得

$$v=E/BD$$

所以得流量为

$$Q=\frac{\pi D^2}{4}v=\frac{\pi DE}{4B} \qquad\qquad (13\text{-}3\text{-}21)$$

从式(13-3-21)可见,流体在管道中流过的体积流量与感应电动势成正比。在实际工作中,由于永久磁场产生的感应电动势为直流,会导致电极极化或介质电解,引起测量误差,所以在工业用仪表中多采用交变磁场。

设 $B=B_{\max}\sin\omega t$,由(13-3-21)式推得感应电动势为

$$E=DvB_{\max}\sin\omega t=\frac{4Q}{D\pi}B_{\max}\sin\omega t=KQ \qquad\qquad (13\text{-}3\text{-}22)$$

式中

$$K=\frac{4B_{\max}}{\pi D}\sin\omega t$$

可见,感应电动势和体积流量成正比,只要设法测出 E,Q 就知道了。在求 Q 时,应进行 E/B 除法运算,在电磁流量计中常用霍尔元件实现这一运算。

采用交变磁场后,感应电动势也是交变的,这不但可以消除介质的极化影响,也便于以后的信号放大,但相应增加了感应误差,所以如何消除感应影响很重要。

2. 超声波流量计

利用超声波测量流速的原理是:超声波在流体中的传播速度会随被测流体速度而变化,如图 13-3-13 所示。

假定流体静止时的声速为 c,流体流速为 v,顺流时超声波传播速度为 $c+v$,逆流时则为 $c-v$。设置两个超声波发生器 T_1 和 T_2,两个接收器 R_1 和 R_2,在不接入两个放大器的情况下,超声波从 T_1 到 R_1 和从 T_2 到 R_2 的时间分别为 t_1 和 t_2,且

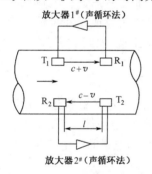

图 13-3-13　超声波测量流速原理图

$$t_1=\frac{l}{c+v},\qquad t_2=\frac{l}{c-v}$$

一般情况下,$c\gg v$,即 $c^2\gg v^2$,则

$$\Delta t=t_2-t_1=\frac{2lv}{c^2} \qquad\qquad (13\text{-}3\text{-}23)$$

若已知 l 和 c,只要测得 Δt,便可知流速 v。

但是,流速带给声波的变化量为 10^{-3} 数量级,要得到 1% 的流量测量精度,对声速的测量要求为 $10^{-5}\sim 10^{-6}$ 数量级,检测很困难。

为了提高检测灵敏度,早期采用相位差法,即测 $\Delta\varphi$ 而非 Δt,$\Delta\varphi$ 与 Δt 有如下关系

$$\Delta\varphi=2\pi f_t\Delta t \qquad\qquad (13\text{-}3\text{-}24)$$

式中,f_t 为超声波的频率。

以上方法存在的问题是,必须已知声速 c,而声速要随温度而变化,因此,必须进行声速修正才能提高测量精度。

如果接入两个反馈放大器,即构成声循环法,就不需要进行声速修正了。如图 13-3-13 所示,T_1 发射超声波,R_1 接收信号后经放大器放大加到 T_1 上,再从 T_1 发射,如此重复进行,重复周期为 t_1,因此重复频率(声循环频率)f_1 为

$$f_1=\frac{1}{t_1}=\frac{c+v}{l}$$

同理,逆向从 $T_2\to R_2$ 的声循环频率 f_2 为

$$f_2=\frac{1}{t_2}=\frac{c-v}{l}$$

声循环频率差 Δf 为

$$\Delta f = f_2 - f_1 = \frac{2v}{l} \qquad (13\text{-}3\text{-}25)$$

由上式可知消除了声速的影响。

应用(13-3-23)式、(13-3-24)式和(13-3-25)式测量流速分别称为时差法、相差法和频差法。目前超声波流量计多采用频差法。

近年来超声波流量计发展甚快,成熟产品不断出现,如超声波多普勒流量计、超声波相关流量计等。

3. 核磁共振流量计

在运动的流体中放入一个"标记"(称为"示踪剂"),测量标记的移动速度来测量流速,这是一种原理简单、历史悠久的流速测量方法,称为示踪法。核磁共振流量计是一种新型流量计,也是基于这种示踪法,只不过不是采用示踪剂而是利用核磁共振做标记,测量此标记移动的速度来求得流速和流量。

最易产生核磁共振现象的是氢原子核和氟原子核,目前所制造的核磁共振流量计都是以氢原子核和氟原子核的核磁共振的性质为设计依据的,因此用它测量流量时,被测流体中须含有氢原子或氟原子。

思考题与习题

1. 将两个相同的金属应变片粘贴到图 13-1-7 所示筒式压力传感器外壁的圆周上,一个应变片 R_1 用作工作片,另一个应变片 R_2 用作补偿片,怎样将这两个应变片连入电桥? 请导出电桥输出电压与压力 P 的关系式,并说明 R_2 的作用原理。

2. 试说明图 13-1-13 所示差动式光电压力传感器与只采用一个狭缝和一个光敏元件构成的光电压力传感器相比有哪些优越性。

3. 题 3 图(a)和题 3 图(b)分别为二极管和三极管测温电路实例,试说明图中各电位器的作用,并说明应怎样进行调整。

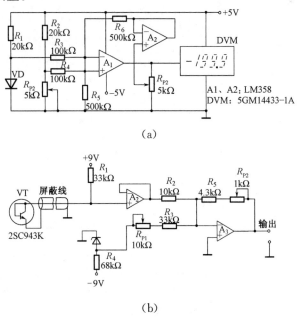

(a)

(b)

题 3 图

4. 试分别用热电阻、热电偶、PN 结设计 3 种测量温度差电路,并说明其工作原理。

5. 简述辐射式温度传感器的组成及其功能。为什么辐射式温度传感器大多设有机械调制盘?

6. 将图 11-4-6 所示电容式差压传感器接入图 4-1-6(b)所示变压器电桥构成差压计,与图 13-3-3所示节流件一起组成节流流量计,试导出变压器电桥输出电压与所测流量 Q 的关系式。为使输出电压与流量 Q 成线性正比关系,应加接什么电路?

7. 电磁流量计为什么要采用交变磁场?

8. 为什么超声波流量计多采用差频法?

9. 图 13-3-11 中 R_P 与 R_2 两个电位器各有何作用? 应怎样调整?

第 13 章例题解析　　　第 13 章思考题与习题解答

第14章　感测系统设计实例

14.1　温度测量系统设计实例

14.1.1　设计方案

1. 设计要求

系统要完成的设计基本功能如下：

① 实现对周围环境温度参数的实时采集；

② 由单片机对数据进行循环检测、数据处理；

③ 根据实际需要，由用户设定温度上限，且设定的温度值可以通过按键改变；

④ 等于或者超过设定的上限温度时自动报警；

⑤ 将设定的温度值与测量的温度值实时显示；

⑥ 测温范围为$-20℃\sim100℃$；

⑦ 测温精度为$\pm0.5℃$；

⑧ 要求设计成本低、性价比高。

2. 系统结构

本设计主要以单片机为控制核心，采用温度传感器获取温度参数，最终通过液晶显示屏进行实时显示测量数据。

该系统可分为温度数据采集模块、AT89C52 单片机模块、按键模块、显示模块、报警模块。系统结构框图如图 14-1-1 所示。

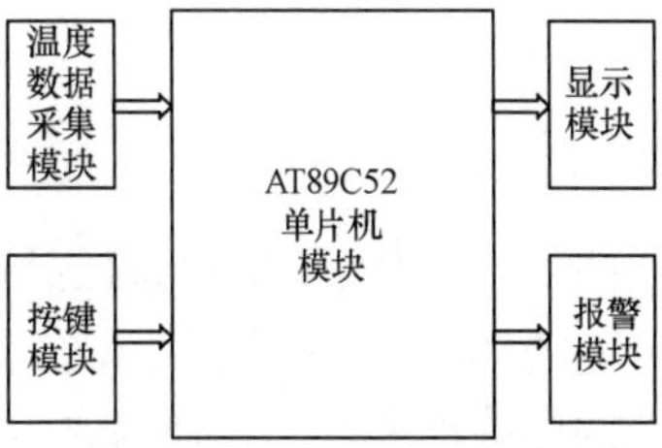

图 14-1-1　系统结构框图

3. 系统工作原理

单片机是温度测量系统的核心，主要实现对温度的测量和显示，以及超限报警等功能。温度数据采集模块将测量的温度信息转变成数字信号，以总线的方式将信息传给单片机。显示模块在单片机的控制下，显示测量的信息及系统的状态信息。按键模块设置测量温度的上限，单片机通过程序读取键值，获得设置的温度上限信息。当测量的温度超过设置的上限时，单片机发出控制信号，报警模块启动报警功能。

14.1.2　硬件设计

1. 温度数据采集模块

（1）温度传感器 DS18B20

测量温度的关键是温度传感器，温度传感器的发展大体经过了三个阶段：一是传统的分立式温度传感器（含敏感元件），二是模拟集成传感器，三是智能温度传感器。

由 Dallas 公司生产的 DS18B20 是一种高精度、多功能、总线标准化、高可靠性的数字式传感器，已广泛应用于多个领域。其主要特点如下：

① 输出直接为数字量，不需要额外的 A/D 转换芯片。

② 采用单总线接口方式，与微处理器连接时，仅需占用一个 I/O 接口。

③ 使用时不需要任何外围元件。

④ 供电方便,可以使用数据线供电,供电电压范围为 3～5.5V。

⑤ 测温范围为−55℃～+125℃,可编程分辨率为 9～12 位,对应的分辨率温度为 0.5℃、0.25℃、0.125℃和 0.0625℃。

⑥ 误差范围:当测量温度在−10℃～+85℃时,误差低于 0.5℃,在−55℃～+125℃范围内,误差也不超过 2℃。

⑦ 支持多点测量,多个 DS18B20 可以并联在一起,实现多点测温。

⑧ 负压特性——具有电源反接保护电路,当电源电压的极性反接时,能保护芯片不会因发热而烧毁。

⑨ 转换速率较高,9 位分辨率时最多在 93.75ms 内把温度转化为数字,12 位时最多在 750ms 内把温度转化为数字。

DS18B20 的工作原理图如图 14-1-2 所示。

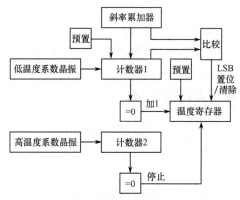

图 14-1-2　DS18B20 的工作原理图

图 14-1-2 中,低温度系数晶振的振荡频率受温度的影响很小,用于产生固定频率的脉冲信号送给减法计数器 1;高温度系数晶振的振荡频率随温度变化改变明显,所产生的信号作为减法计数器 2 的脉冲输入。图中还隐含着计数门,当计数门打开时,DS18B20 就对低温度系数晶振产生的时钟脉冲进行计数,进而完成温度测量。

计数门的开启时间由高温度系数晶振来决定,每次测量前,首先将−55℃所对应的基数分别置入减法计数器 1 和温度寄存器中,减法计数器 1 和温度寄存器被预置在−55℃所对应的一个基数值。

减法计数器 1 对低温度系数晶振发出的脉冲信号进行减法计数,当减法计数器 1 的预置值减到 0 时,温度寄存器的值将加 1,减法计数器 1 的预置值将重新被装入,减法计数器 1 重新开始对低温度系数晶振发出的脉冲信号进行计数,如此循环直到减法计数器 2 计数到 0 时,停止温度寄存器值的累加,此时温度寄存器中的数值即为所测温度。

斜率累加器用于补偿和修正测温过程中的非线性,其输出用于修正减法计数器的预置值,只要计数门仍未关闭就重复上述过程,直至温度寄存器值达到被测温度值,这就是 DS18B20 的测温原理。

(2) 温度传感器连接电路

DS18B20 的引脚图及实物图如图 14-1-3 所示。

引脚 1:GND,为地信号线。

引脚 2:DQ,为数据引脚,称为单总线,即数据输入及数据输出线,用于对 DS18B20 进行写命令字及读取温度数据。

引脚 3：V_{DD}，为电源线。

DS18B20 的外围电路很简单，不需要其他电路，全部的传感元件及转换电路均集中在一个形如三极管的芯片中。DS18B20 与单片机的连接电路图如图 14-1-4 所示。

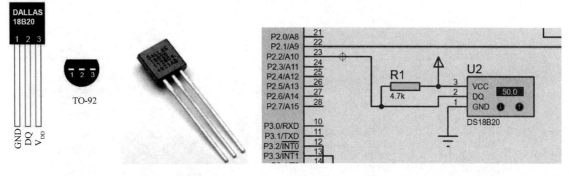

图 14-1-3　DS18B20 引脚图及实物图　　　　图 14-1-4　DS18B20 与单片机的连接电路图

DQ 引脚连接到单片机的 P2.2 引脚，由 P2.2 引脚进行控制。由于 DS18B20 是单线通信，即接收和发送都是 DQ 引脚进行的。接收时，为高电阻输入；发送时，为开漏输出，即输出 0 时通过三极管下拉为低电平，而输出 1 时，则为高阻态，需要外接 4.7kΩ 的上拉电阻将其拉为高电平，否则无法输出 1。同时当总线处于空闲状态时，一直处于高电平状态，使 DS18B20 工作更加稳定。

2. AT89C52 单片机模块

该部分主要完成的工作是处理温度传感器输出的数据，并且实现当温度等于或者超过设定的温度上限时，扬声器发声报警，并且将设定温度与实测温度实时在 LCD 屏上显示。

本设计选用的单片机是 AT89C52。AT89C52 是由 Atmel 公司生产的低电压、高性能 CMOS 8 位单片机，具有如下特性：

① 兼容 MCS-51 指令系统；

② 8KB 可反复擦写（大于 1000 次）Flash ROM；

③ 32 个双向 I/O 接口；

④ 256×8 位内部 RAM；

⑤ 3 个 16 位可编程定时/计数器中断；

⑥ 时钟频率 0～24MHz；

⑦ 2 个串行中断，可编程 UART 串行通道；

⑧ 2 个外部中断源，共 6 个中断源；

⑨ 2 个读/写中断线，3 级加密位；

⑩ 低功耗空闲和掉电模式，软件设置睡眠和唤醒功能；

⑪ 有 PDIP、PQFP、TQFP 及 PLCC 等几种封装形式，以适应不同产品的需求。

AT89C52 的引脚图如图 14-1-5 所示。

AT89C52 的最小系统电路包括外部 12MHz 晶振电路和复位电路，如图 14-1-6 所示。

3. 显示模块

该部分的主要功能是将采集到的温度及用户设定的温度实时显示。

（1）LCD1602 液晶显示屏

本设计选用 LCD1602 液晶显示屏作为显示模块。LCD1602 是一款广泛使用的字符型显示模块，是专门用于显示字母、数字和符号的点阵式 LCD，其特点如下。

① 显示容量：16×2 个字符，即可以显示两行，每行 16 个字符或者数字。

② 芯片工作电压：4.5～5.5V。

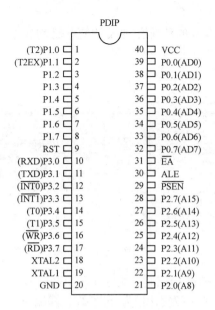

图 14-1-5　AT89C52 的引脚图

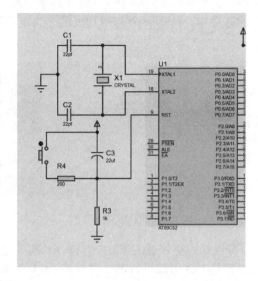

图 14-1-6　单片机 AT89C52 最小系统电路

③ 工作电流：2mA(5V)。

④ 字符尺寸：2.95mm×4.35mm(宽×高)。

LCD1602 的引脚图如图 14-1-7 所示。

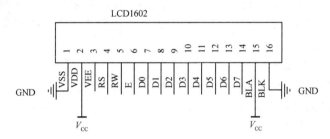

图 14-1-7　LCD1602 的引脚图

LCD1602 采用标准的 14 脚(无背光)或 16 脚(带背光)接口，各引脚接口说明见表 14-1-1。

表 14-1-1　LCD1602 引脚定义

编号	符号	引脚说明	编号	符号	引脚说明
1	VSS	电源地	9	D2	数据 I/O
2	VDD	电源正极	10	D3	数据 I/O
3	VEE	液晶显示偏压信号	11	D4	数据 I/O
4	RS	数据/命令选择端(H/L)	12	D5	数据 I/O
5	RW	读/写选择端(H/L)	13	D6	数据 I/O
6	E	使能信号	14	D7	数据 I/O
7	D0	数据 I/O	15	BLA	背光源正极
8	D1	数据 I/O	16	BLK	背光源负极

（2）显示模块电路

LCD1602 与单片机的连接电路图如图 14-1-8 所示。

由单片机的 P0 口作为 LCD1602 的数据传输端口，但是由于单片机 P0 口没有内部上拉电阻，

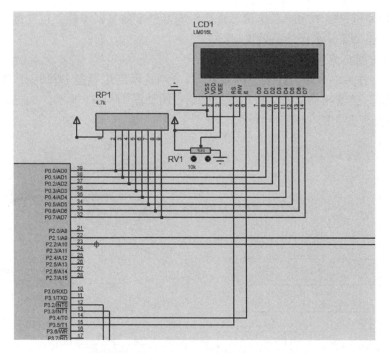

图 14-1-8　LCD1602 与单片机连接电路图

当 P0 口要输出高电平时,输出的并不是高电平,故需要外接上拉电阻,提高带负载的能力。

VEE 为液晶显示器对比度调整端,接正电源时对比度最弱,接地电源时对比度最高,但对比度过高时会产生"鬼影",使用时通过一个 10kΩ 的电位器来调整对比度。

同时,LCD1602 的 E 和 RS 引脚的输入分别由单片机的 P3.4 与 P3.5 引脚来控制,并且由于 RW 引脚在本次设计中要求一直输入低电平,故直接接地。

4. 按键和报警电路的设计

将两个按键与单片机的 P3.2 和 P3.3 引脚相连接,通过两个按键,当检测到按键按下时,完成对设定温度的增加和减少,如图 14-1-9 所示。

报警电路由一个 NPN 型的三极管来驱动扬声器发声,由单片机的 P2.1 引脚控制,当测量温度等于或者超过设定温度时报警,具体电路如图 14-1-10 所示。

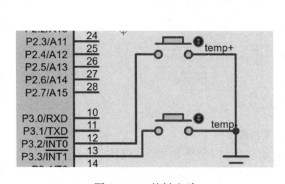

图 14-1-9　按键电路

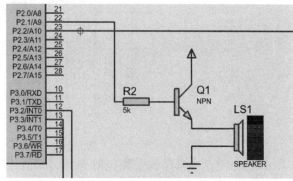

图 14-1-10　报警电路

14.1.3　软件设计

单片机控制单元在本次设计中起着至关重要的作用,不仅担负着对采集数据的处理,而且还要显示数据,因此单片机控制单元的工作状态直接影响着整个测量系统能否正常运行。在设计时,保证稳定性的同时,还要兼顾程序的高效性。

1. 软件设计分析与流程

程序部分主要分为一个主程序和三个子程序,分别是温度传感器 DS18B20 读取与处理程序、LCD1602 显示程序、按键扫描及处理程序。程序结构图如图 14-1-11 所示。

系统主程序流程图如图 14-1-12 所示。

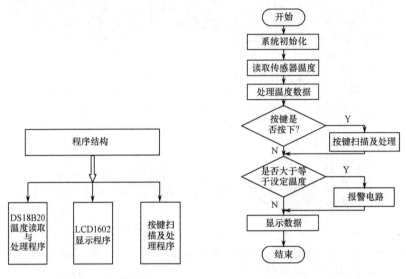

图 14-1-11　程序结构图　　　　图 14-1-12　主程序流程图

2. DS18B20 温度采集模块分析与设计

较小的硬件开销需要相对复杂的软件进行补偿,由于 DS18B20 与单片机间采用串行数据传送,因此,在对 DS18B20 进行读/写编程时,必须严格保证读/写时序,否则将无法读取测温结果。编程前,需要了解 DS18B20 的相关工作原理。

(1) DS18B20 工作原理

DS18B20 的内部结构如图 14-1-13 所示。

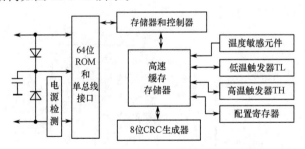

图 14-1-13　DS18B20 的内部结构

DS18B20 的内部结构主要包括 64 位 ROM,温度敏感元件,报警触发器 TH、TL,配置寄存器等。其中 64 位 ROM 在出厂时就已经被厂家通过光刻刻录好了 64 位序列号,即每个 DS18B20 唯一拥有的地址序列,因此一条总线上可以同时挂接多个 DS18B20,也不会出现混乱的现象,从而更好地实现多点测量。

图 14-1-14 所示为配置寄存器。

bit7 出厂时就已默认为 0,不用更改,只需要通过配置 R1、R0 两位,设置转换精度。默认为 12

位的转换精度,转换时间为 750ms。转换精度高,但是时间稍长。因此在实际使用时,要在分辨率和转换时间之间权衡考虑。

如图 14-1-15 所示为 DS18B20 内部 9 字节的暂存单元,其中字节 0 和字节 1 存放的是转换好的温度,所以在程序中直接访问前两个字节即可。字节 4 是配置寄存器。

配置寄存器

bit7	bit6	bit5	bit4	bit3	bit2	bit1	bit0
0	R1	R0	1	1	1	1	1

DS18B20 精度配置

R1	R0	精度	最大转换时间
0	0	9 位	93.75ms($t_{CONV}/8$)
0	1	10 位	187.5ms($t_{CONV}/4$)
1	0	11 位	375ms($t_{CONV}/2$)
1	1	12 位	750ms(t_{CONV})

图 14-1-14　配置寄存器

字节 0	Temperature LSB(50h) ⎫ (85℃)
字节 1	Temperature MSB(05h) ⎭
字节 2	TH Register or User Byte 1*
字节 3	TH Register or User Byte 2*
字节 4	Configuration Register*
字节 5	Reserved(FFh)
字节 6	Reserved(0Ch)
字节 7	Reserved(10h)
字节 8	CRC*

图 14-1-15　DS18B20 的内部暂存单元

由于字节 0 和字节 1 默认存放的温度值是 85℃,所以在刚上电的一瞬间,新的测量数据还没来得及覆盖时,会短暂出现 85℃。

从图 14-1-16 可以看出,bit15~bit11 是温度的符号位,为了表示温度是正数还是负数,当 S 全为 0 时,表示温度是正数,将读取到的 LSB 字节、MSB 字节进行整合处理,然后乘以分辨率 0.0625℃即可得到实际温度值(精度默认为 12 位,所以分辨率为 0.0625℃)。但是当温度为负数时,需要判断 bit15~bit11 符号位 S 是否全为 1,然后在程序中人为置负数标志位,并且需要其他位取反加 1 之后,再乘以 0.0625℃,就是实际的温度。温度数据见表 14-1-2。

bit 7							bit 0	
2^3	2^2	2^1	2^0	2^{-1}	2^{-2}	2^{-3}	2^{-4}	LSB

bit 5							bit 8	
S	S	S	S	S	2^6	2^5	2^4	MSB

图 14-1-16　温度寄存器

表 14-1-2　温度数据表

温度	数字量(二进制数)	数字量(十六进制数)
+125℃	0000 0111 1101 0000	07D0h
+25.0625℃	0000 0001 1001 0001	0191h
+10.125℃	0000 0000 1010 0010	00A2h
+0.5℃	0000 0000 0000 1000	0008h
0℃	0000 0000 0000 0000	0000h
−0.5℃	1111 1111 1111 1000	FFF8h
−10.125℃	1111 1111 0101 1110	FF5Eh
−25.0625℃	1111 1110 0110 1111	FF6Fh
−55℃	1111 1100 1001 0000	FC90h

例如,当字节 0、字节 1 存放的数字量是十六进制数 07D0,则十进制数为 2000,再直接乘以 0.0625℃,得到 125℃,与表中的结果相符。

(2) 单片机访问 DS18B20

单片机通过单总线访问 DSS18B20 时,对时序要求非常高,必须按照以下几个步骤:

① DS18B20 初始化;

② 执行 ROM 操作指令(需要写数据函数完成);

③ 执行存储器 RAM 操作命令(需要读数据函数完成)。

其中,初始化、写数据(写 0 和 1)和读数据(读 0 和 1)要严格按照提供的时序进行。
DS18B20 的初始化时序如图 14-1-17 所示。

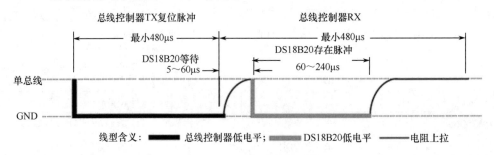

图 14-1-17　初始化时序图

在初始化期间,总线控制器拉低总线并保持 480μs(该延时可以在 480~960μs 之间,但需要在
480μs 以内释放总线)以发出一个复位脉冲,然后释放总线,进入接收状态(等待 DS18B20 应答)。
总线释放后,单总线由上拉电阻拉到高电平。当 DS18B20 探测到 I/O 引脚上的上升沿后,等待
15~60μs,然后以拉低总线 60~240μs 的方式发出存在脉冲。至此,初始化完毕。

如图 14-1-18 所示为 DS18B20 的写时序,总线控制器在写时隙向 DS18B20 写入数据,其中分
为写 0 时隙和写 1 时隙。总线控制器使用写 1 时隙向 DS18B20 写入逻辑 1,使用写 0 时隙向
DS18B20 写入逻辑 0。所有的写时隙必须有最少 60μs 的持续时间,相邻两个写时隙必须要有最少
1μs 的恢复时间,且两个写时隙(写 0 和写 1)都通过总线控制器拉低总线产生。

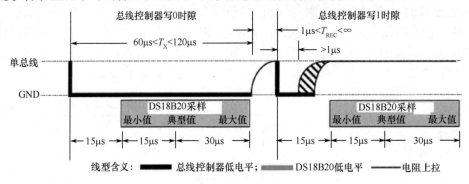

图 14-1-18　写时序图

为了产生写 1 时隙,在拉低总线后,总线控制器必须在 15μs 内释放总线。在总线被释放后,由
于上拉电阻将总线恢复为高电平。

为了产生写 0 时隙(T_X),在拉低总线后,总线控制器必须继续拉低总线,以满足时隙持续时间
的要求(至少 60μs)。

在总线控制器产生写时隙后,DS18B20 会在其后 15~60μs 的一个时间段内采样单总线 DQ。
在采样的时间窗口内,如果总线为高电平,总线控制器会向 DS18B20 写入 1;如果总线为低电平,
总线控制器会向 DS18B20 写入 0。

综上所述,所有的写时隙(写 0 和写 1)必须至少有 60μs 的持续时间。相邻两个写时隙必须要
有最少 1μs 的恢复时间(T_{REC})。所有的写时隙(写 0 和写 1)都由拉低总线产生。

如图 14-1-19 所示为 DS18B20 的读时序。总线控制器发起读时序时,DS18B20 仅被用来传输
数据给总线控制器。所有读时序必须最少 60μs,包括两个读周期间至少 1μs 的恢复时间。当总线
控制器把数据线从高电平拉到低电平时,读时序开始,数据线必须至少保持 1μs,然后总线被释放。

DS18B20 通过拉高或拉低总线来传输 1 或 0。当传输逻辑 0 结束后,总线将被释放,通过上拉
电阻回到上升沿状态。从 DS18B20 输出的数据在读时序的下降沿出现后 15μs 内有效。因此,在

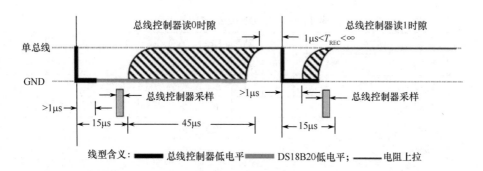

图 14-1-19　读时序图

读时隙发出后,总线控制器必须释放总线并在 $15\mu s$ 内采样总线的电平状态。

对于 ROM 操作指令,其主要目的是为了分辨一条总线上挂接的多个器件并进行处理。由于本设计中总线上只挂有一个 DS18B20,一般可以直接跳过执行 ROM 指令,发送一条跳过 ROM 指令 0xCC,不进行 ROM 检测。

对于 RAM 存储器操作指令,这里只列举两个常用的指令。

读取暂存寄存器指令 0xBE:DS18B20 的温度数据是 2 字节,读取数据时,先读取到的是低字节的低位,读完第一个字节后,再读高字节的低位,直到 2 字节全部读取完毕。

启动温度转换指令 0x44:在发送完温度转换指令后,DS18B20 开始转换。

单片机访问 DS18B20 及数据处理流程图如图 14-1-20 所示。

3. LCD1602 显示模块分析与设计

根据 LCD1602 时序图,首先编写 LCD1602 的写指令程序和写数据程序,具体流程图分别如图 14-1-21 和 14-1-22 所示。

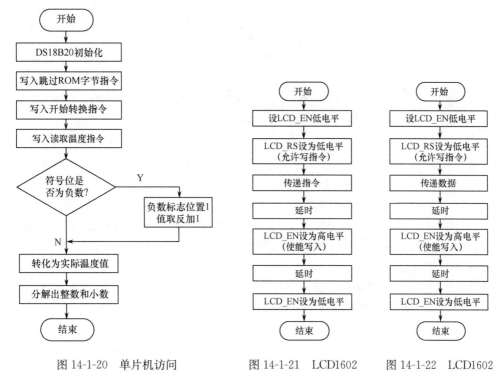

图 14-1-20　单片机访问
DS18B20 及数据处理流程图

图 14-1-21　LCD1602
写指令程序流程图

图 14-1-22　LCD1602
写数据程序流程图

LCD1602 的控制指令表见表 14-1-3。

表 14-1-3　LCD1602 的控制指令表

序号	指令	RS	RW	D7	D6	D5	D4	D3	D2	D1	D0
1	清显示	0	0	0	0	0	0	0	0	0	1
2	光标返回	0	0	0	0	0	0	0	0	1	*
3	置输入模式	0	0	0	0	0	0	0	1	I/D	S
4	显示开/关控制	0	0	0	0	0	0	1	D	C	B
5	光标或字符移位	0	0	0	0	0	1	S/C	R/L	*	*
6	置工作方式	0	0	0	0	1	DL	N	F	*	*
7	置字符发生存储器地址	0	0	0	1	字符发生存储器地址					
8	置数据存储器地址	0	0	1	显示数据存储器地址						
9	读忙标志或地址	0	1	RF	计数器地址						
10	写数据到 CGRAM 或 DDRAM	1	0	要写的数据内容							
11	从 CGRAM 或 DDRAM 读数据	1	1	读出的数据内容							

指令 6：工作方式设置指令。DL 表示设置数据接口位数，DL＝1 时，表示 8 位数据接口；DL＝0 时，表示 4 位数据接口。

N＝0 表示一行显示模式；N＝1 表示两行显示模式。

F＝0 表示 5×8 点阵字符；F＝1 表示 5×10 点阵字符。

因为是写指令字，所以 RS 和 RW 都是 0。本设计设置的是 8 位数据接口，两行显示，5×8 点阵，即 0000111000，也就是 0x38。

液晶显示字符是要先输入显示字符的地址，也就是在哪个位置显示字符，图 14-1-23 是 LCD1602 内部显示地址。

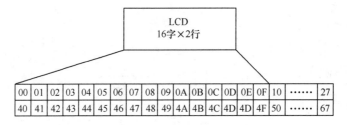

图 14-1-23　LCD1602 内部显示地址图

如果想要在第一行的第一个位置显示字符，那么写入数据为 0x80，而不是 0x00，这是因为在写入显示地址时，要求最高位 D7 恒为高电平 1。

假设在第二行第一个位置显示字符，那么写入的数据应是 0x40＋0x80＝0xc0。

因为 LCD1602 可以显示两行字符，所以本设计设置第一行显示实测温度，第二行显示所设定温度。根据 LCD1602 提供的指令完成对其的初始化，流程图如图 14-1-24 所示。

4. 按键模块的分析与设计

通过单片机检测两个按键所连接的 I/O 接口，当检测到电平发生变化时，在程序中改变之前默认设置好的温度上限。流程图如图 14-1-25 所示。

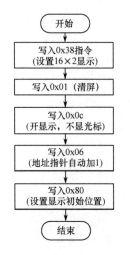

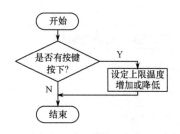

图 14-1-24　LCD1602 初始化流程图　　　　图 14-1-25　按键模块流程图

14.2　电子秤设计实例

电子秤是采用现代传感器技术、电子技术和计算机技术一体化的电子称量装置,满足并解决现实生活中提出的"快速、准确、连续、自动"称量要求,同时有效地消除人为误差,使之更符合法制计量管理和工业生产过程控制的应用要求。

14.2.1　设计方案

基于 STC89C52 单片机和 HX712 的电子秤设计方案如图 14-2-1 所示。称重传感器将被测物体重量转换成微弱的毫伏级电压信号,该电压信号经电子秤专用芯片 HX712 放大和模数(A/D)转换。单片机读取 HX712 的 A/D 转换数据并进行数据处理,得到被测物体重量的准确数字,送液晶显示器 LCD1602 显示出来。当重物超过电子秤量程时,报警电路报警。

矩阵键盘主要用于计算金额。当被测物体重量数字得到后,用户可以通过矩阵键盘输入单价,电子秤自动计算总金额并在液晶显示器显示。

电源系统给单片机、HX712 电路及传感器供电。

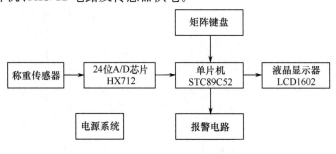

图 14-2-1　系统结构框图

14.2.2　硬件设计

1. 称重传感器

12.3.2 节我们学习了几种应变式力传感器,其中悬臂梁的灵敏度较高,适合于较小力的测量,所以民用电子秤多采用悬臂梁作为称重传感器,图 14-2-2 为其工作原理示意图。悬臂梁的上、下表面粘贴4个参数完全相同的应变片 $R_1 \sim R_4$，连接成如图14-2-3所示电桥。当秤盘和重物放到悬臂梁的自由端时，上表面的应变片 R_1 和 R_3 被拉伸，下表面的应变片 R_2 和 R_4 被压缩，由(12-3-14)式可知，电桥输出电压 U_o 与载荷 F 及电桥电源电压 U 成正比，即

$$U_o = USF \tag{14-2-1}$$

式中，S 为悬臂梁结构及材料决定的常数。

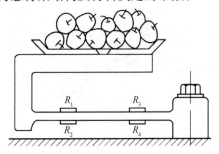

图 14-2-2 称重传感器工作原理示意图

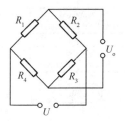

图 14-2-3 称重传感器电桥

由上式可见，称重传感器电桥输出电压 U_o 与载荷 F 及电源电压 U 都成正比。当称重传感器在一定的电源电压 U(如5V DC)下，载荷达到额定满量程(如10kg)时的输出电压 U_o(如10mV)与电源电压 U 的比值(如 $U_o/U = 10\text{mV}/5\text{V} = 2\text{mV/V}$)通常称为称重传感器的输出灵敏度。

本设计采用双孔悬臂平行梁应变式称重传感器 TH4802，其量程为 5kg，精度为 0.05%，输出灵敏度为 1.5mV/V。

2. HX712 电路

HX712 采用了海芯科技集成电路专利技术，是一款专为高精度、省电型电子秤而设计的 24 位 A/D 转换器芯片。与其他同类型芯片相比，该芯片集成了包括传感器电源开关、片内时钟振荡器、电池电压检测单端输入等其他同类型芯片所需要的外围电路，具有集成度高、响应速度快、抗干扰性强等优点，降低了电子秤的整机成本，提高了整机的性能和可靠性。

(1) HX712 芯片的内部结构与引脚

HX712 是 HX711 的升级版产品，比 HX711 需要更少的外围器件。HX712 内部方框图如图14-2-4所示。

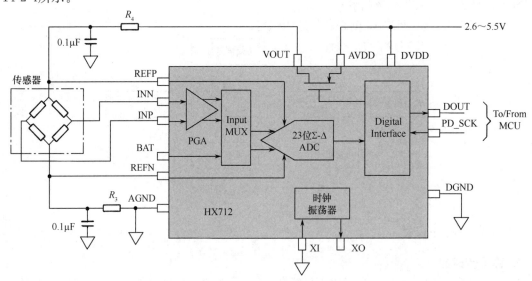

图 14-2-4 HX712 内部方框图

该芯片与后端 MCU 芯片的接口和编程非常简单,所有控制信号由引脚驱动,无须对芯片内部的寄存器编程。该芯片内置的低噪声放大器(PGA)增益为 128,当参考电压(REFP—REFN)为 5V 时,对应的满量程差分输入信号幅值为 ±20mV。单端输入信号 BAT 可直接连接电池,用于电池电量或其他系统参数检测。输入选择开关(Input MUX)分时选通传感器输入电压和电池电压至 24 位 ADC 进行模数转换,转换数据经数字接口(Digital Interface)送至 MCU。

该芯片内置的传感器电源 MOS 开关可用于在芯片断电时关断传感器电源。芯片内的时钟振荡器(Internal Oscillator)不需要任何外接器件。上电自动复位功能简化了开机的初始化过程。

HX712 引脚图如图 14-2-5 所示。

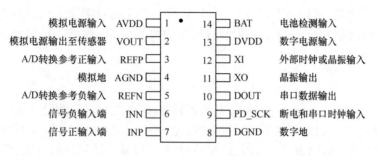

图 14-2-5　HX712 引脚图

(2) HX712 与称重传感器连接电路

HX712 与称重传感器连接电路如图 14-2-6 所示。HX712 的模拟差分输入 INP 和 INN 直接与称重传感器的差分输出相接,A/D 转换参考正输入 REFP 和 A/D 转换参考负输入 REFN 与称重传感器的电源端相接,这样连接就保证了 A/D 转换器的基准电压 E 与称重传感器电桥的电源电压 U 相等,即 $U=E$。将此式代入(14-2-1)式得,称重传感器电桥的输出电压即 HX712 的输入电压为

$$U_o = ESF \tag{14-2-2}$$

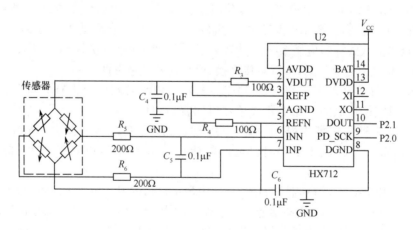

图 14-2-6　HX712 与称重传感器连接电路

该电压被可编程放大器(PGA)放大 $K(K=128)$ 倍后,$U_o K = U_x$ 由 24 位 A/D 转换器转换成 24 位二进制数码 $d_1 d_2 \cdots d_{24}$。据(2-3-11)式、(2-3-12)式和(14-2-2)式,该 24 位二进制数码对应的十进制数 D_x 为

$$D_x = \sum_{i=1}^{24} d_i \cdot 2^{24-i} \tag{14-2-3}$$

$$D_x = \frac{U_x}{q} = \frac{U_o K}{q} = \frac{ESFK}{E/2^{24}} = 2^{24}SFK \qquad (14\text{-}2\text{-}4)$$

上式中，A/D 转换器的基准电压 E 与称重传感器电桥的电源电压 U 被消除。由此可见，A/D 转换器与称重传感器电桥由同一电源供电，即 $U = E$，可以消除电源电压波动造成的测量误差。

设重量测量单位选为 F_0，例如千克或克，重量 F 在电子秤上的显示数字应为

$$N = \frac{F}{F_0} \qquad (14\text{-}2\text{-}5)$$

将上式代入（14-2-4）式得

$$D_x = 2^{24}SKF_0 N \qquad (14\text{-}2\text{-}6)$$

S 和 K 都是固定的常数，所以由上式可见，A/D 转换的数字与被测重量成线性正比关系。若给电子秤加上标准砝码重量 $F_n = F_0 N_n$，得到 A/D 转换的数字为 D_n，便可计算得到任一被测重量 $F = F_0 N$ 的显示数字 N 为

$$N = \frac{N_n}{D_n} \times D_x \qquad (14\text{-}2\text{-}7)$$

一般情况下，$N \neq D_x$，因此 24 位 A/D 转换器转换成 24 位二进制数码 $d_1 d_2 \cdots d_{24}$ 并不能直接送到显示器显示，而必须送到单片机进行数据处理：先按照（14-2-3）式计算出 A/D 转换器输出的 24 位二进制数码对应的十进制数字 D_x，再按照（14-2-7）式计算出送到显示器显示的被测重量的实际数字 N。这就是电子秤的数学原理。

在电子秤标定和校准时，通过键盘输入标准砝码重量数字 N_n，再放上该标准砝码，标定程序便将 A/D 转换的数字 D_n 存入内存。以后测重时，就调用该数字 D_n 和 N_n 按（14-2-7）式从被测重量 A/D 转换的数字 D_x 计算出被测重量的显示数字 N。

3. 单片机电路

STC89C52 是 STC 公司生产的一种低功耗、高性能 8 位 CMOS 微控制器。STC89C52 使用经典的 MCS-51 内核，但做了很多的改进，使得芯片具有传统 MCS-51 单片机不具备的功能。在单芯片上，拥有灵巧的 8 位 CPU 和 8KB 在系统可编程 Flash 存储器、512B RAM、32 位 I/O 口线、看门狗定时器、内置 4KB EEPROM、MAX810 复位电路、3 个 16 位定时/计数器、4 个外部中断、一个 7 向量 4 级中断结构（兼容传统 MCS-51 单片机的 5 向量 2 级中断结构）、全双工串行口，使得 STC89C52 为众多嵌入式控制应用系统提供高灵活、超有效的解决方案。STC89C52 和 AT89C52 在引脚上和指令系统上是兼容的，可以直接互换，但是前者价格更低。

本设计的单片机及其外围电路如图 14-2-7 所示。由单片机的 XTAL1 和 XTAL2、电容 C_2 和 C_3、晶振 Y1 组成单片机的晶振电路。单片机的复位电路由其端口 RST、电容 C_1、电阻 R_2 和按钮 S1 组成。单片机的报警电路由其端口 P1.3、三极管 Q1、蜂鸣器 B1 所组成。键盘是由 P3.0～P3.3 和 P3.4～P3.7 组成的矩阵键盘，包括 0～9 的数字键和清零、去皮、标定、单价设置等功能键。

单片机 P2.0 和 P2.1 引脚分别与 HX712 片内数字接口的 PD_SCK 引脚和 DOUT 引脚连接，实现传输数据、选择输入通道和增益功能。其工作过程为：当 HX712 的数据输出引脚 DOUT 为高电平时，表明 A/D 转换器还没有准备好。当 DOUT 从高电平变低电平后，PD_SCK 应输入 27 个时钟脉冲。其中第 1～24 个时钟脉冲用来输出从最高位至最低位 A/D 转换数据，第 25～27 个时钟脉冲用来选择下次 A/D 转换的输入通道和增益。

4. 液晶显示器

液晶显示器采用 LCD1602 液晶显示模块。它是一种工业字符型液晶，专门用来显示字母、数字、符号等的点阵型液晶模块，可以显示两行，每行 16 个字符。

LCD1602 液晶显示器由字符型液晶显示屏（LCD）、控制驱动主电路 HD44780 及其扩展驱动

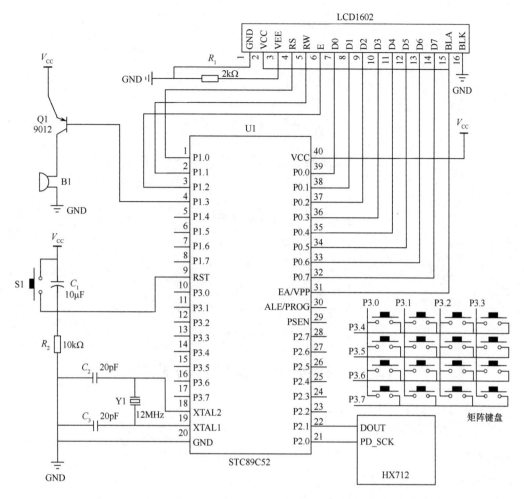

图 14-2-7　STC89C52 单片机及其外围电路

电路 HD44100 以及少量电阻、电容和结构件等装配在 PCB 板上而组成。LCD1602 的引脚如图 14-1-7 所示，各引脚的功能见表 14-1-1。LCD1602 液晶模块内部的控制器共有 11 条控制指令。

　　如图 14-2-7 所示，本设计中 LCD1602 的 8 根数据线 D0～D7 与 STC89C52 的 P0.0～P0.7 连接，3 根控制线 RS、RW 和 E 与 STC89C52 的 P1.0、P1.1 和 P1.2 连接，VCC（电源正极）和 BLA（背光源正极）与 STC89C52 的 $\overline{EA}$/VPP 连接，GND（电源负极）和 BLK（背光源负极）均接地。VEE 引脚是液晶对比度调试端，通常连接一个 10kΩ 的电位器，即可实现对比度的调整，也可采用将一个适当大小的电阻从该引脚接地的方法进行调整，不过电阻的大小应通过调试决定。

14.2.3　软件设计

　　本电子秤的程序采用自上而下、模块化、结构化的设计方法，按模块来划分主要有初始化程序、主程序、A/D 转换子程序、LCD 显示子程序、键盘扫描子程序。

　　其中初始化程序实现系统的初始化；A/D 转换子程序实现被测重量数据采集和标定处理；LCD 显示子程序实现初始界面显示、被测物重量和总价显示；键盘扫描子程序实现电子秤清零、去皮、标定和单价设置等功能；主程序是整个结构化程序的总纲，通过调用各个模块化的子程序来实现各个功能，主程序的流程图如图 14-2-8 所示。

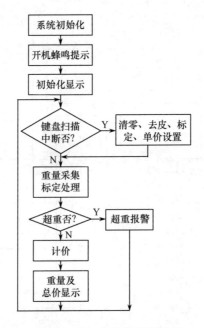

图 14-2-8　主程序流程图

14.3　转速测量系统设计案例

14.3.1　设计方案

1. 设计要求

系统要完成的基本功能如下：

① 利用光电传感器对转速信号进行检测；

② 由单片机对转速信号进行循环检测、数据处理；

③ 利用 LCD1602 进行转速显示，当转速大于 4000r/s 时，LCD1602 显示"EEEE"；

④ 转速测量范围为 20～3000r/s；

⑤ 测量精度为 1r/s；

⑥ 要求设计成本低，性价比高。

2. 系统结构

本设计主要以单片机为核心，采用光电传感器测量转速信息，最终通过液晶显示屏进行实时显示测量数据。系统结构框图如图 14-3-1 所示。通过光电传感器将转盘的转速信号转换成一组电脉冲，利用信号整形处理电路对电脉冲整形，形成标准计数脉冲。通过单片机对计数脉冲进行测量计算，获得转速信息。

图 14-3-1　转速测量系统结构框图

3. 系统工作原理

光电传感器实现对转速信息的感知，将转盘的转速信息转变成数字脉冲信号。信号整形处理电路对光电传感器的输出信号进行整形处理，形成标准的计数脉冲信号，提高系统测量的准确性。单片机是转速测量系统的核心，在程序的控制下对信号整形处理电路输出的脉冲信号进行计数，从而实现对转速的测量和显示。

14.3.2 硬件设计

1. 光电转速传感器

透射式光电转速传感器的工作原理如图 12-1-8(b)所示。固定在被测转轴上的旋转盘 4 的圆周上开有 m 道径向透光的缝隙,不动的指示盘 3 具有和旋转盘相同间距的缝隙,两盘缝隙重合时,光源 1 发出的光线便经透镜 2 照射在光电元件 5 上,形成光电流。当旋转盘随被测轴转动时,每转过一条缝隙,光电元件接收的光线就发生一次明暗变化,因而输出一个电脉冲信号。被测转轴每转一圈,光电元件就输出 m 个脉冲信号。

转速是指单位时间内物体做圆周运动的次数,用符号 n 表示,其单位为 r/s(转/秒)或 r/min (转/分)。

如果转速以 r/min 为单位,即测量每分钟的转数 n,则应选取等间距径向透光缝隙数 $m=60$ 的旋转盘。这样,每秒测得的脉冲数即脉冲的频率在数字上等于每分钟转数 n,即

$$f=\frac{m \times n}{60\text{s}}=\frac{60 \times n}{60\text{s}}=n(\text{Hz}) \tag{14-3-1}$$

本设计转速以 r/s 为单位,即测量每秒的转数 n,应选取只有一道透光缝隙 $m=1$ 的旋转盘。这样,每秒测得的脉冲数即脉冲的频率在数字上等于每秒转数 n,即

$$f=\frac{1 \times n}{1\text{s}}=n(\text{Hz}) \tag{14-3-2}$$

因此,本设计采用图 12-1-10(a)所示的测量电路,通过测量转速传感器每秒发出的光电脉冲数即脉冲信号频率来测量转速(每秒的转数 n)。

2. 信号整形电路

光电元件发出脉冲并不是边沿陡峭的矩形脉冲,不满足单片机脉冲计数对输入脉冲波形的要求。本设计采用 555 定时器构成施密特触发器,将光电元件发出的脉冲整形成边沿陡峭的标准计数脉冲,送至单片机进行脉冲计数,以实现转速检测。

555 定时器构成施密特触发器实现信号整形的原理如图 14-3-2 所示。工作过程如下:

① $V_i=0\text{V}$ 时,V_{o1} 输出高电平。

② 当 V_i 上升到 $2/3V_{CC}$ 时,V_{o1} 输出低电平。当 V_i 由 $2/3V_{CC}$ 继续上升时,V_{o1} 保持不变。

③ 当 V_i 下降到 $1/3V_{CC}$ 时,电路输出跳变为高电平。而且在 V_i 继续下降到 0V 时,电路的这种状态不变。

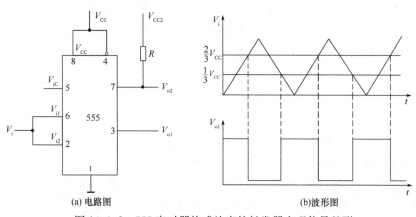

图 14-3-2　555 定时器构成施密特触发器实现信号整形

由图 14-3-2(b)可见,555 定时器构成的施密特触发器是一种脉冲整形电路,我们将光电元件发出的脉冲信号加到其输入端 V_i,输出端 V_{o1} 便得到频率相同的方波信号。

3. 单片机转速测量电路

单片机转速测量电路如图 14-3-3 所示。光电转速传感器发出光电脉冲信号,经施密特触发器整形成频率为 f 的方波信号,加到 AT89C52 的 T1(P3.5)脚,6MHz 晶振 12 分频产生的基准信号 f_0 加到 AT89C52 的 T0(P3.4)脚。单片机片内 16 位定时/计数器 T0 置为定时方式,T1 置为计数方式,分别如图 14-3-3(a)和(b)所示。

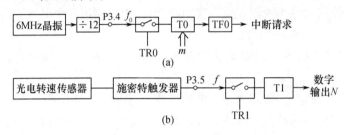

图 14-3-3　单片机转速测量电路

开始时,将 TR0 与 TR1 置 1,两个计数门打开(图中两个开关闭合),让方波脉冲通过,使 T0 和 T1 分别对基准频率 f_0(0.5MHz)和被测频率 f 两路脉冲进行计数(T0 从预置数 m 开始计数,T1 从 0 开始计数)。当 T0 从预置数 m 计数到溢出(2^{16})时申请中断,CPU 响应中断,将 TR1 置"0",T1 计数门关闭,T1 停止计数并将 T1 中的计数值读出,读出值 N 为

$$N = \frac{2^{16}-m}{f_0}f \tag{14-3-3}$$

我们将 T1 的计数时间长度设计为 1s,即 $\frac{2^{16}-m}{f_0}=1s$,这样 T1 的计数结果 N 就是转动轴的转速(r/s)。

4. 显示电路

转速测量结果采用 LCD1602 进行数据显示。LCD1602 的控制线和数据线接至单片机端口,由单片机编程进行数据显示。LCD1602 与单片机连接的显示电路如图 14-1-7 或图 14-2-7 所示,此处不再介绍。

14.3.3　软件设计

软件设计在本设计中起着至关重要的作用,不仅负责转速的测量,而且还要显示转速数据。软件编程采用 C51 语言编写,主要实现定时、脉冲计数功能和 LCD 控制与显示等功能。程序流程图如图 14-3-4 所示。

AT89C51 有两个定时/计数器 T0 和 T1,每个定时/计数器均可设置成 16 位,也可以设置成 13 位进行定时或计数。计数器的功能是对 T0 或 T1 外来脉冲进行计数,外部输入脉冲负跳变时,计数器加 1。

定时功能是通过计数器的计数来实现的,每个机器周期产生 1 个计数脉冲,即每个机器周期计数器加 1,因此定时时间等于计数个数乘以机器周期。当定时器采用不同的工作方式和设置不同的初值时,产生溢出中断的定时值和计数值将不同,从而可以适应不同的定时或计数控制。

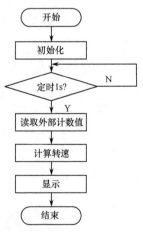

图 14-3-4　转速测量系统
主程序流程图

定时器有 4 种工作方式:方式 0、方式 1、方式 2、方式 3。

工作方式寄存器 TMOD 的设定:

GATE	C/T	M1	M0	GATE	C/T	M1	M0

TMOD 各位的含义如下:

GATE:门控位,用于控制定时/计数器的启动是否受外部中断请求信号的影响。

C/T:定时或计数方式选择位,C/T=1 时工作于计数方式;C/T=0 时工作于定时方式。

M0、M1 为工作方式选择位,用于对 T0 的 4 种工作方式和 T1 的 3 种工作方式进行选择,选择情况如表 14-3-1 所示。

表 14-3-1　M1M0 工作方式选择

M0	M1	工作方式	方式说明
0	0	0	13 位定时/计数器
0	1	1	16 位定时/计数器
1	0	2	8 位自动重置定时/计数器
1	1	3	两个 8 位定时/计数器(只有 T0 有)

思考题与习题

1. 构建温度测量系统时,可选择的温度传感器主要有哪些类型?

2. 采用 DS18B20 构建温度测量系统主要有哪些优势?

3. 简述电子秤的工作原理。

4. 基于固定的传感器,提高转速测量系统测量精度的方式主要有哪些?

第 14 章仿真测试和源程序

第 14 章思考题与习题解答

第15章　感测新技术简介

随着控制理论及电子和计算机技术的高速发展,为适应科研和生产中的需求,在感测技术领域中出现了许多新的理论、新的技术和新的概念。本章将简要介绍微型传感器、智能传感器、网络传感器、虚拟仪器和网络化仪器、软测量技术、多传感器数据融合、视觉测量等新技术。

15.1　微型传感器

15.1.1　微电子机械系统

20世纪80年代中期兴起并迅速发展的微机械技术和微电子机械系统(Micro-Electro-Mechanical Systems,MEMS),解决了微电子工艺中的传感器三维加工技术难题,奠定了微传感器工业的基础。

微电子机械系统(MEMS)是指可批量制作的,集微型机构、微型传感器、微型执行器及信号处理和控制电路,包括接口、通信和电源等于一体的微型器件或系统。MEMS是随着半导体集成电路微细加工技术和超精密机械加工技术的发展而发展起来的,具有小型化、集成化的特点。20世纪80年代末,微机械压力传感器等技术的成熟并市场化,采用集成电路工艺制作的静电微电机的研制成功,标志着微电子机械技术已经发展成了一门独立的新兴学科。

这种将机械系统与传感器电路制作于同一芯片上、构成一体化的微电子机械系统的技术,称为微电子机械加工技术。其中的关键在于微机械加工技术,它是利用硅片的刻蚀速度各向异性的性质,和刻蚀速度与所含杂质有关的性质,以及光刻扩散等微电子技术,在硅片上形成穴、沟、锥形、半球形等各种形状,从而构成膜片、悬臂梁、桥、质量块等机械元件。将这些元件组合,就可构成微机械系统。利用该技术,还可以将阀、弹簧、振子、喷嘴、调节器,以及检测力、压力、加速度和化学浓度的传感器,全部制作在硅片上,形成微电子机械系统。

15.1.2　微型传感器

利用微机械加工技术制备的传感器称为MEMS传感器或微型传感器。同传统的传感器相比,微型传感器具有以下突出的优点:

① 可以极大地提高传感器性能。在信号传输前就可放大信号,从而减少干扰和传输噪声,提高信噪比;在芯片上集成反馈电路和补偿电路,可改善输出的线性度和频率响应特性,降低误差,提高灵敏度。

② 具有阵列性。可以在一块芯片上集成敏感元件、放大电路和补偿电路,可以把多个相同的敏感元件集成在同一芯片上。

③ 具有良好的兼容性,便于与微电子器件集成与封装。

④ 利用成熟的硅微半导体工艺加工制造,可以批量生产,成本低廉。

近年来,利用微机械加工技术研制的微型传感器主要包括利用微型膜片的机械形变产生电信号输出的微型压力传感器、微型加速度传感器及微型温度传感器、微型磁场传感器、微型气体传感器等。这些微型传感器的面积大多数在 $1mm^2$ 以下,不仅体积小,还可实现许多全新的功能,易于实现大批量和高精度生产,单件制造成本低,易构成大规模和多功能传感器阵列,这些特点使之非常适合于汽车电子方面的应用。

随着社会的进步和人们生活水平的提高,对各种有毒、有害、可燃性气体的探测,对大气污染、工业废气的监控,对食品的质量检测,对伪劣产品的鉴别都提出了更高的要求。气体传感器能够实时地对各种气体进行检测及分析,并实现反馈控制。因此,气体传感器广泛应用于军事、医学、交通、机器人、化工、环保、质检、防伪等领域。

用微机械加工技术制造的微型气体传感器具有体积小、加工工艺稳定、灵敏度高、重复性好、易批量生产、成本低、功耗低等优点,并对气体传感器的集成化、多功能化、智能化,以及提高可靠性和选择性都有重要意义。因此,微型气体传感器已逐渐成为气体传感器的一种主要形式。

目前,微型传感器在许多方面的研究都取得了一定进展,微型传感器已大量研制并应用在各个行业,如把微型传感器送入人体和血管,研究能称分子重量和检测 DNA 基因突变等。

15.2　智能传感器

15.2.1　智能传感器的特点

1. 智能传感器的定义

所谓智能传感器,就是带微处理器、兼有信息检测和信息处理功能的传感器。英国人将智能传感器称为"Intelligent Sensor",美国人则习惯于称为"Smart Sensor"。

智能传感器的最大特点就是将传感器检测信息的功能与微处理器的信息处理功能有机地融合在一起。从一定意义上讲,它具有类似于人工智能的作用。

2. 智能传感器的功能

① 具有自校准和故障自诊断功能。智能传感器不仅能自动检测各种被测参数,还能进行自动调零、自动校准,某些智能传感器还可完成自标定。

② 具有数据存储、逻辑判断和信息处理功能,能对被测量进行信号调理或信号处理(包括对信号进行预处理、线性化,或对温度、静压力等参数进行自动补偿等)。

③ 具有组态功能,使用灵活。在智能传感器系统中可设置多种模块化的硬件和软件,用户可通过微处理器发出指令。改变智能传感器的硬件模块和软件模块的组合状态,完成不同的测量功能。

④ 具有双向通信功能,能通过 RS-232、RS-485、USB、I^2C 等标准总线接口,直接与微型计算机通信。

3. 智能传感器的特点

与传统传感器相比,智能传感器主要有以下特点。

① 精度高。智能传感器有多项功能来保证它的高精度,如通过自动校零去除零点;与标准参考基准实时对比以自动进行整体系统标定;对整体系统的非线性等系统误差进行自动校正;通过对采集的大量数据的统计处理以消除偶然误差的影响等。

② 可靠性与稳定性好。智能传感器能自动补偿因工作条件与环境参数发生变化后所引起的系统特性的漂移,如温度变化产生的零点和灵敏度漂移;当被测参数变化后能自动改换量程;能实时、自动地对系统进行自我检验,分析、判断所采集的数据的合理性,并给出异常情况的应急处理(报警或故障提示)。

③ 信噪比高、分辨率高。由于智能传感器具有数据存储、记忆与信息处理功能,通过软件进行数字滤波、相关分析等处理,可以除去输入数据中的噪声,将有用信号提取出来,通过数据融合、神经网络技术,可以消除多参数状态下交叉灵敏度的影响,从而保证在多参数状态下对特定参数测量的分辨能力。

④ 适应性强。智能传感器具有判断、分析与处理功能,它能根据系统工作情况决策各部分的供电情况和与上位计算机的数据传输速率,使系统工作在最优低功耗状态和传送效率优化的状态。

⑤ 性价比高。智能传感器与微型计算机相结合,采用集成电路工艺和芯片及强大的软件来实现高性能,因此性价比高。

15.2.2 智能传感器的结构

1. 非集成化结构

非集成化智能传感器是将传统传感器(采用非集成化工艺制作的传感器,仅具有获取信号的功能)、信号调理电路、带数字总线接口的微处理器组合为一个整体而构成的智能传感器系统。如图15-2-1 所示。

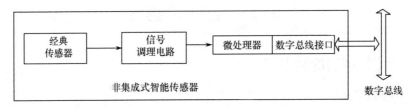

图 15-2-1　非集成化智能传感器

图 15-2-1 中的信号调理电路用来调理传感器输出的信号,即将传感器输出信号进行放大并转换为数字信号后送入微处理器,再由微处理器通过数字总线接口挂接在现场数字总线上。例如,美国 SMAR 公司生产的电容式智能压力(差)变送器系列产品,就是在原有传统式非集成化电容式变送器基础之上附加一块带数字总线接口的微处理器插板后组装而成的。同时,开发配备可进行通信、控制、自校正、自补偿、自诊断等智能化软件,从而实现智能传感器功能。这是一种最经济、最快速建立智能传感器的途径。

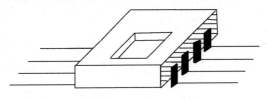

图 15-2-2　集成化智能传感器外形

2. 集成化结构

这种智能传感器系统是采用微机械加工技术和大规模集成电路工艺技术,利用硅作为基本材料来制作敏感元件、信号调理电路及微处理器单元,并把它们集成在一块芯片上构成的,故称为集成智能传感器,其外形如图 15-2-2 所示。

随着微电子技术的飞速发展,大规模集成电路工艺技术的日臻完善,集成电路器件的密集度越来越高。采用微米级的微机械加工技术和大规模集成电路制作的智能传感器具有以下特点。

① 微型化。例如,微型压力传感器已经可以小到放到注射针头内送进血管,测量血液流动情况。美国研制成功的微型加速度计可以使火箭或飞船的制导系统质量从几千克下降至几克。

② 结构一体化。例如,采用微机械加工技术和集成化工艺,不仅压阻式压力(差)传感器的硅杯一次整体成型,而且应变片与硅杯完全一体化,进而可在硅杯非受力区制作调理电路、微处理器单元,甚至微执行器,从而实现不同程度的乃至整个系统的一体化。

③ 精度高。比起分体结构,结构一体化后,传感器迟滞、重复性指标将大大改善,时间漂移大大减小,精度提高。后续的信号调理电路与敏感元件一体化后,可以大大减小由引线长度带来的寄生变量影响。

④ 多功能。微米级敏感元件结构的实现特别有利于在同一硅片上制作不同功能的多个传感器。这不仅增加了传感器功能,而且可以通过采用数据融合技术消除交叉灵敏度的影响,提高传感器的稳定性和精度。

⑤ 阵列式。微米技术已经可以在 $1cm^2$ 大小的硅芯片上制作含有几千个压力传感器的阵列。

例如,用微机械加工技术制作的集成化应变计式面阵触觉传感器,在 8mm×8mm 的硅片上制作了 1024 个(32×32)敏感触点(桥),基片四周还制作了信号处理电路,其元件总数约 16 000 个。

敏感元件构成阵列后,配合相应图像处理软件,可以实现图形成像,构成多维图像传感器。敏感元件组成阵列后,通过计算机或微处理器解耦运算、模式识别、神经网络技术,有利于消除传感器的时变误差和交叉灵敏度的不利影响,提高传感器的可靠性、稳定性与分辨率。

⑥ 全数字化。通过微机械加工技术可以制作各种形式的微结构,其谐振频率可以设计成某种物理量(如温度或压力)的单值函数。因此,可以通过检测谐振频率来检测被测物理量。这是一种谐振式传感器,直接输出数字量(频率)。它的性能极为稳定,精度高,不需 A/D 转换器便能与微处理器方便地接口,免去了 A/D 转换器,对节省芯片面积、简化集成化工艺十分有利。

⑦ 使用方便,操作简单。没有外部连接元件,外接连线数量极少,包括电源、通信线可以少至 4 条,因此,接线极其简便。它还可以自动进行整体自校准,无须用户长时间地反复多环节调节与校验。"智能"含量越高的智能传感器,其操作使用越简便,用户只需编制简单的使用主程序。

3. 混合实现结构

将系统各个集成化环节,如敏感单元、信号调理电路、微处理器单元、数字总线接口,以不同的组合方式集成在两块或三块芯片上,并装在一个外壳里,如图 15-2-3 所示。

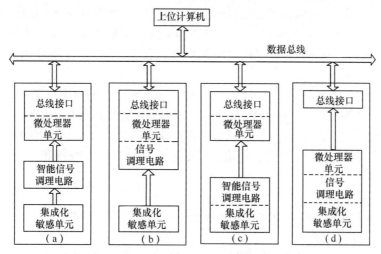

图 15-2-3　智能传感器的混合实现结构

集成化敏感单元包括弹性敏感元件及变换器。信号调理电路包括多路开关、放大器、基准、模数转换器(ADC)等。微处理器单元包括数字存储器(E^2PROM、ROM、RAM)、I/O 接口、微处理器、数模转换器(DAC)等。

图 15-2-3(a)中,三块集成化芯片封装在一个外壳里;图 15-2-3(b)、(c)、(d)中,两块集成化芯片封装在一个外壳里。图 15-2-3(a)、(c)中的智能信号调理电路带有零点校正电路和温度补偿电路,具有部分智能化功能,如自校零、自动进行温度补偿。

15.3　网络传感器

15.3.1　网络传感器的概念

随着自动化程度的提高和信息网络化进程的加快,自动化系统中的传感器越来越多,传统的采用模拟信号传输的传感器难以适应在现代化大系统中应用的要求,主要表现在以下几个方面。

① 传感器的引线多。在大型系统中，往往有几百个到几千个传感器，即使采用二线制的信号传输方式，每个传感器也要两根引线，如此多的引线将给建设时的布线和日后维护带来困难。

② 传感器的位置与控制器较远时，模拟信号的长线传输会带来干扰。

③ 传感器输出的信号经过远距离传输易引入误差、降低精度。

④ 传感器采用模拟信号形式，不能与数字系统直接配接。

传统传感器（无论是数字式还是模拟式）都只是单向接收器——只能单向接收被感受量的变化，并把这种变化传递出去。然而，当前测控系统要求测试和处理的信息量越来越大、速度越来越高，而且测控对象的空间位置十分分散，测试任务复杂，测试系统庞大，需要大量的测试基本单元，系统中各测试点之间及测试点与中央管理计算机之间的信息交换量越来越大，它们之间的配合也越来越密切，因此，提出了传感器现场化、远程化、网络化的要求，这就使先进传感器尤其是网络传感器必将逐步取代传统传感器。

所谓网络传感器就是将传感器技术与现在的网络技术相结合所产生的具备网络连接能力的传感器。简单地说，网络传感器是配备网络接口的传感器，而网络接口则要用微处理器实现，带微处理器的传感器便是智能传感器。所以，准确地说，网络传感器实际上就是计算机网络技术和智能传感器相结合产生的网络化智能传感器，简称网络传感器。网络传感器具有智能传感器的全部特点，如自补偿、自校准、自诊断、数值处理、双向通信、信息存储、数字量输出等；而且，自身内部嵌入了通信协议（TCP/IP、CAN 等），从而具有强大的通信能力。网络传感器改变了传统传感器和变送器的概念，将敏感元件、转换电路和变送电路等部分结合为一体，并可以直接传送满足通信协议的数据。

网络传感器的基本结构如图 15-3-1 所示。由图可见，网络传感器由智能传感器配接网络接口构成。网络传感器是测控系统中的一个独立节点，其敏感元件输出的模拟信号经 A/D 转换及数据处理后，由微处理器根据程序的设定和网络协议封装成数据帧，并加上目的地址，通过网络接口传输到网络上。反之，微处理器又能接收网络上其他节点传给自己的数据和命令，实现对本节点的操作。

网络传感器有如下特点。

① 嵌入式技术和集成电路技术的引入，使传感器的功耗降低、体积小、抗干扰性和可靠性提高，更能满足工程应用的需要。

② 微处理器的引入使传感器成为硬件和软件的结合体，能根据输入信号值进行一定程度的判断和决策，实现自校正和自保护功能。非线性补偿、零点漂移和温度补偿等软件技术的应用，则使传感器具有很高的线性度和测量精度。同时，大量信息由传感器进行处理还减少了现场设备与主控站之间的信息传输量，使系统的可靠性和实时性提高。

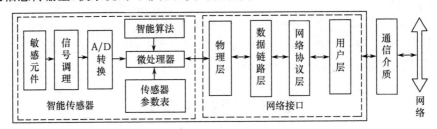

图 15-3-1　网络传感器的基本结构

③ 网络接口技术的应用使传感器能方便地接入网络，为系统的扩充和维护提供了极大的方便。同时，传感器可就近接入网络，改变了传统传感器与特定测控设备间的点到点连接方式，从而显著减少了现场布线的复杂程度。

由此可以看出,网络传感器使传感器由单一功能、单一检测向多功能和多点检测发展;从孤立元件向系统化、网络化发展;从就地测量向远距离实时在线测控发展。因此,网络传感器代表了传感器技术的发展方向。

15.3.2　网络传感器的发展形式

1. 从有线形式到无线形式

在大多数测控环境下,传感器采用有线形式使用,即通过双绞线、电缆、光缆等与网络连接。然而在一些特殊测控环境下,使用有线形式传输传感器信息是不方便的。为此,可将 IEEE 1451.2 标准与蓝牙协议结合起来设计无线网络传感器,以解决有线系统的局限性。

蓝牙协议是一种低功率短距离的无线连接标准。它是实现语音和数据无线传输的开放性规范,其实质是建立通用的无线空中接口及其控制软件的公开标准,使不同厂家生产的设备在没有电线或电缆相互连接的情况下,能近距离(10cm～100m)范围内具有互用、互操作的性能。蓝牙技术具有工作频段全球通用、使用方便、安全加密、抗干扰能力强、兼容性好、尺寸小、功耗低及多路多方向链接等优点。基于 IEEE 1451.2 标准和蓝牙协议的无线网络传感器结构框图如图 15-3-2 所示。

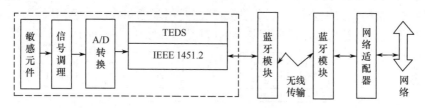

图 15-3-2　基于 IEEE 1451.2 和蓝牙协议的无线网络传感器结构

2. 从现场总线形式到互联网形式

现场总线控制系统可认为是一个局部测控网络,基于现场总线的网络传感器只实现了某种现场总线通信协议,还未实现真正意义上的网络通信协议。只有让网络传感器实现网络通信协议(IEEE 802.3、TCP/IP 等),使它能直接与计算机网络进行数据通信,才能实现在网络上任何节点对网络传感器的数据进行远程访问、信息实时发布与共享,以及对网络传感器的在线编程与组态,这才是网络传感器的发展目标和价值所在。

图 15-3-3 是一种基于以太网 IEEE 802.3 协议的网络传感器结构框图。这种网络传感器仅实现了 OSI 七层模型的物理层和数据链路层功能及部分用户层功能,数据通信方式满足 CSMA/CD 检测,并可通过同轴电缆或双绞线直接与 10Mbit/s 以太网连接,从而实现现场数据直接进入以太网,使现场数据能实时在以太网上动态发布和共享。

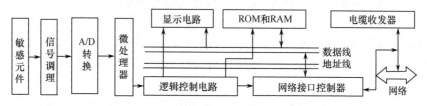

图 15-3-3　基于以太网 IEEE 802.3 协议的网络传感器结构

若能将 TCP/IP 直接嵌入网络传感器的 ROM 中,在现场级实现 Intranet/Internet 功能,则构成测控系统时可将现场传感器直接与网络通信线缆连接,使得现场传感器与普通计算机一样成为网络中的独立节点,如图 15-3-4 所示。此时,信息可跨越网络传输到所能及的任何领域,进行实时动态的在线测量与控制(包括远程)。只要有诸如电话线类的通信线缆存在的地方,就可将这种实

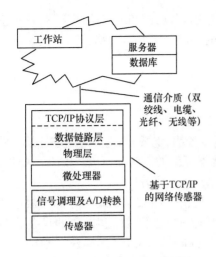

图 15-3-4   基于 TCP/IP 的网络
传感器测控系统

现了 TCP/IP 功能的传感器就近接入网络,纳入测控系统,不仅节约大量现场布线,还可即插即用,给系统的扩充和维护提供极大的方便。

15.3.3   物联网传感器技术

1. 物联网的概念

物联网(Internet of Things,IOT)顾名思义就是"物物相连的互联网"。物联网的一般定义是:通过射频识别、红外感应器、全球定位系统、激光扫描器等信息传感设备,按约定的协议,把物体与互联网连接起来,进行信息交换与相互通信,以实现对物体的智能化识别、定位、跟踪、监控的一种网络。

物联网又名"传感网",通过装置在各类物体上的电子标签、传感器、二维码等,经过接口与无线网络相连,从而给物体赋予智能,可以实现人与物体的沟通和对话,也可以实现物体互相间的沟通和对话。

物联网的体系结构大致被公认有 3 个层次,底层是用来感知数据的感知层,第二层是用于传输数据的网络层,最上层则是与行业需求相结合的应用层,如图 15-3-5 所示。

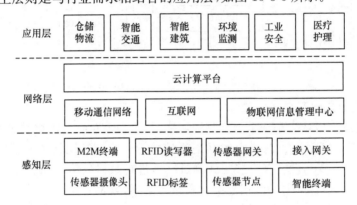

图 15-3-5   物联网的体系结构

(1)感知层

感知层主要用于感知物体,采集数据。它是通过移动终端、传感器、射频识别技术、二维码技术和实时定位技术等对物体属性、环境状态、行为态势等动态和静态信息进行大规模、分布式的信息获取与状态辨识。其作用相当于人的眼、耳、鼻、喉和皮肤等神经末梢。

(2)网络层

网络层能够把感知到的信息进行传输,实现互联。这些信息可以通过 Internet、Intranet 等进行可靠、安全地传输。传输层的作用相当于人的神经中枢和大脑,负责传递和处理感知层获取的信息。

(3)应用层

应用层是物联网和用户的接口,它与行业需求相结合,实现物联网的智能应用。根据用户需求,应用层构建面向各类行业实际应用的管理平台和运行平台,并根据各种应用的特点集成相关的内容服务。

2. 传感网技术

物联网的关键技术包括射频识别(Radio Frequency Identification,RFID)技术、传感网技术、M2M 技术、云计算和中间件技术。

传感网是物联网的底层和信息来源。在物联网中,首先要解决的就是获取准确可靠的信息,而传感器是获取信息的主要途径与手段。传感网由大量部署在监测区域内的传感器节点构成多个无线网络系统,即无线传感器网(Wireless Sensor Network,WSN),它能够实时检测、感知和采集感知对象的各种信息,并对这些信息进行处理后通过无线网络发送出去。物联网正是通过各种各样的传感器及由它们组成的无线传感器网来感知整个物质世界的。

无线传感器网络结构如图 15-3-6 所示,无线传感器网络系统通常包括传感器节点、汇聚节点和任务管理节点。大量传感器节点随机部署在监测区域内部或附近,能够通过自组织方式构成网络。传感器节点监测的数据沿着其他传感器节点远跳地进行传输,在传输过程中监测数据可能被多个节点处理,经过多跳后路由到汇聚节点,最后通过互联网或卫星到达任务管理节点。用户通过任务管理节点对无线传感器网络进行配置和管理,发布监测任务及收集监测数据。

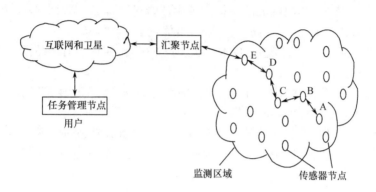

图 15-3-6　无线传感器网络结构

传感器节点通常是一个微型的嵌入式系统,其处理能力、存储能力和通信能力相对较弱,通过携带能量有限的电池供电。从网络功能上看,每个传感器节点兼顾传统网络节点的终端和路由器双重功能,除进行本地信息收集和数据处理外,还要对其他节点转发来的数据进行存储、管理和融合等处理,同时与其他节点协作完成一些特定任务。

传感器节点由传感器模块、处理器模块、无线通信模块和能量供应模块组成,如图 15-3-7 所示。传感器模块负责监测区域内信息的采集和数据转换;处理器模块负责控制整个传感器节点的操作,存储和处理本身采集的数据及其他节点发来的数据;无线通信模块负责与其他传感器节点进行无线通信,交换控制消息和收发采集数据;能量供应模块为传感器节点提供运行所需的能量,通常采用微型电池。

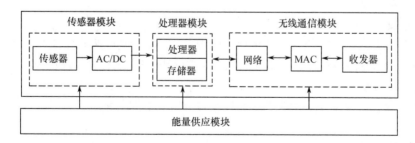

图 15-3-7　传感器节点结构

汇聚节点的处理能力、存储能力和通信能力相对比较强,它连接传感器网络与 Internet 等外部网络,实现两种协议栈之间的通信协议转换,同时发布任务管理节点的监测任务,并把收集的数据转发到外部网络上。汇聚节点既可以是一个具有增强功能的传感器节点,有足够的能量供给和更多的内存与计算资源,也可以是没有监测功能仅带有无线通信接口的特殊网关设备。

无线传感器网络是一种无中心节点的全分布系统。通过随机投放的方式,众多传感器节点被密集部署于监控区域。传感器节点借助于其内置的形式多样的传感器,测量所在周边环境中的热、声呐、雷达和地震波信号,也包括温度、湿度、噪声、光强、压力、土壤成分、移动物体的大小、速度和方向等众多人们感兴趣的物理信号。传感器节点间具有良好的协作能力,通过局部的数据交换来完成全局任务。

3. 物联网的应用领域

(1)工业领域

物联网在工业领域的应用主要集中在以下几个方面。

① 制造业供应链管理:物联网应用于企业原材料采购、库存、销售等领域,通过完善和优化供应链管理体系,提高了供应链效率,降低了成本。

② 生产过程工艺优化:物联网的应用提高了生产线过程检测、实时参数采集、生产设备监控、材料消耗监测的能力和水平,从而提高了产品质量,优化了生产流程。

③ 产品设备监控管理:各种传感器技术与制造技术融合,实现了对产品设备操作的使用记录、设备故障诊断的远程监控。

④ 环保监测及能源管理:物联网与环保设备的融合实现了对工业生产过程中产生的各种污染源及污染治理各环节关键指标的实时监控。

⑤ 工业安全生产管理:把感应器嵌入和装备到矿山设备、油气管道、矿工设备中,可以感知危险环境中工作人员、设备机器、周边环境等方面的安全状态信息,实现实时感知、准确辨识、快捷响应、有效控制。

(2)农业领域

物联网在农业领域主要应用于温室环境信息采集和控制、节水灌溉、环境信息和动植物信息监测。

(3)智能电网领域

应用物联网技术,智能电网将会形成一个以电网为依托,覆盖城乡各用户及用电设备的庞大的物联网络。智能电网与物联网的相互渗透、深度融合和广泛应用,将有效整合通信基础设施资源和电力系统基础设施资源,进一步实现节能减排,提升电网信息化、自动化、互动化水平,提高电网运行能力和服务质量。

(4)智能家居领域

将各种家庭设备(如音/视频设备、照明系统、窗帘控制系统、空调控制系统、安防系统、数字影院系统、网络家电等)通过程序设置,使设备具有自动功能,通过宽带、固定网络和无线网络,可以实现对家庭设备的远程操控。

(5)医疗领域

智能医疗系统借助简易实用的家庭医疗传感设备,对家中病人或老人的生理指标进行自测,并将生成的生理指标数据通过固定网络或无线网络传送到护理人或有关医疗单位。

(6)智能交通领域

智能交通系统包括公交行业无线视频监控平台、智能公交站台、电子票务、车管专家和公交手机一卡通等。

(7)环境监测领域

通过对地表水水质的自动监测,可以实现水质的实时连续监测和远程监控,及时掌握主要流域重点断面水体的水质状况,预警预报重大或流域性水质污染事故。

(8)智能物流领域

智能物流打造了集信息展现、电子商务、物流配载、仓储管理、金融质押、园区安保、海关保税等功能为一体的物流园区综合信息服务平台。

15.4 虚拟仪器和网络化仪器

15.4.1 虚拟仪器的概念

测量仪器发展至今,大体可分为 4 个阶段:模拟仪器、数字化仪器、智能仪器和虚拟仪器。

① 模拟仪器:这类仪器的基本组成如图 1-3-1(a)所示。主要特征是借助表头指针来显示最终结果,如指针式万用表、晶体管电压表等。这些仪器在某些实验室仍能见到。

② 数字化仪器:这类仪器目前相当普及,如数字电压表、数字频率计等,其基本组成如图 1-3-2 所示。主要特征是将模拟信号的测量转化为数字信号测量,并以数字方式输出最终结果。数字化仪器适用于快速响应和较高准确度的测量。

③ 智能仪器:这类仪器基本组成如图 1-3-3 所示。内置微处理器,既能进行自动测试,又具有一定的数据处理功能。智能仪器的功能块全部都是以硬件或固化的软件的形式存在的,无论在开发还是应用上,都缺乏灵活性。

④ 虚拟仪器:虚拟仪器(Virtual Instrument,VI)是由美国国家仪器公司(National Instrument,NI)在 1986 年提出的一种构成仪器系统的概念,其基本思想是:用计算机资源取代传统仪器中的输入、处理和输出等部分,实现仪器硬件核心部分的模块化和最小化;用计算机软件和仪器软面板(模仿传统仪器控制面板,故称为仪器软面板)实现仪器的测量和控制功能。在使用虚拟仪器时,用户可通过计算机显示屏上的友好界面来操作具有测试软件的计算机进行测量,犹如操作一台虚设的仪器,虚拟仪器因此而得名。

虚拟仪器是现代计算机软、硬件技术和测量技术相结合的产物,它突破了传统仪器以硬件为主体的模式,主要以计算机为核心,通过最大限度地利用计算机系统的软件和硬件资源,使计算机在仪器中不但能像在传统仪器中那样完成过程控制、数据运算和处理工作,而且可以用强有力的软件去代替传统仪器的某些硬件功能,直接产生出激励信号或实现所需的各项测试功能。从这个意义上来说,虚拟仪器的一个显著特点就是仪器功能的软件化。

表 15-4-1 进行了虚拟仪器与传统仪器的比较。

表 15-4-1 虚拟仪器与传统仪器的比较

传 统 仪 器	虚 拟 仪 器
功能由仪器厂商定义	功能由用户自己定义
与其他仪器设备的连接十分有限	可方便地与网络、外设及多种仪器连接
人工读取数据	计算机直接读取数据并进行分析处理
数据无法编辑	数据可编辑、存储、打印
硬件是关键部分	软件是关键部分
价格昂贵	价格低廉
系统封闭、功能固定、可扩展性差	基于计算机技术开放的功能块可构成多种仪器
技术更新慢	技术更新快
开发和维护费用高	基于软件体系的结构,大大节省开发和维护费用

15.4.2 虚拟仪器的组成特点

传统仪器一般被设计成能独立地完成一项具体的测量任务,通常具有固定的硬件结构、软件配置和仪器功能。目前,绝大多数测量仪器及系统都采用这种组成方式。

虚拟仪器的组成方式不同于传统仪器。虚拟仪器采用将仪器功能划分为一些通用模块的方法,通过在标准计算机平台上将具有一种或多种功能的若干通用模块组建起来,就能构成任何一种满足用户所需测量功能的仪器系统。

将一台仪器的功能分解为一些通用模块的方式是虚拟仪器组成的基础。实际上,任何一台仪器,从最基本的形式去考察,都可以视为由输入、输出和数据处理这三个基本模块所构成。

① 输入模块:主要由模数转换器(ADC)与信号输入处理单元组成,其作用是对输入模拟信号进行适当调理后,将它转换成便于分析和处理的数字信号。实际上,这部分实现的是数据采集功能。

② 输出模块:主要由数模转换器(DAC)与信号驱动器组成,其作用是将量化的输出数据转换成模拟波形并进行必要的信号调理。实际上,这部分实现的是数据输出功能。

③ 数据处理模块:通常以一个微处理器或一台数字信号处理器为核心,用来按要求实现一定的测量功能。实际上,这部分完成的是数据的生成、运算、管理和分析功能。

从上述这种考察仪器结构的观点出发,所有仪器都可以视为由某些通用模块组合而成。例如,信号源都含有一个数据处理模块和一个输出模块,而信号分析仪(如示波器、电压表和频谱仪等)都含有一个输入模块和一个数据处理模块。虚拟仪器正是基于这个观点,利用软件对若干通用模块进行组态,以模拟一个或多个传统仪器及其功能。因此,软件和硬件功能的模块化是虚拟仪器组成上的一大特点。

依据功能的不同,上述的输入模块、输出模块和数据处理模块还可以进一步分解为下一层更小的功能模块。例如,一个数据处理模块可以看作由数据存储、数据运算、数据分析和数据生成等模块的组合。其中的数据分析模块本身又具有时域分析(卷积和相关)、频域分析(FFT 和数字滤波)

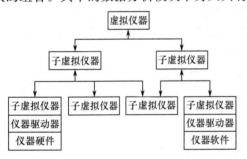

图 15-4-1　虚拟仪器的分层结构

及统计分析(均值、方差和直方图)等多项功能。每项功能都可以利用一些通用的软件和硬件模块来实现,即构成一个处于上一层虚拟仪器中的子虚拟仪器。这样,具备所需完整功能的顶层虚拟仪器是一个包含所有应用功能的子虚拟仪器的集合,而每台虚拟仪器功能的差异就在于这个集合中的元素各不相同,如图 15-4-1 所示。因此,软件和硬件功能的分层也是虚拟仪器组成上的一大特点。

虚拟仪器同模块式测量系统(MMS)一样都采用模块化结构,但它们又有所不同。虚拟仪器在硬件和软件设计上都采用了面向对象的模块化设计方法,并且所有模块的组合是通过软件进行的。另一方面,由于数字信号处理(DSP)技术已能用来进行测量和产生波形,如对电压和时间等参数的测量已经可以由 DSP 技术来完成。因此,在虚拟仪器中,传统仪器的某些硬件乃至整个仪器都可由计算机软件代替。这样,仪器功能的软件化就成为虚拟仪器组成上的又一大特点,这也是虚拟仪器与传统仪器存在差别的主要标志。

虚拟仪器的整个工作过程都是依靠计算机图形处理技术实现的,通常借助图形程序设计软件在计算机屏幕上形成软面板来进行控制和操作。这种虚拟软面板不仅能够在外观和操作上模仿传统仪器,以建立一个直观友好的用户界面,而且用户还可以根据需要通过软件调用仪器驱动程序来选择仪器的功能设置并改变面板的控制方式。

综上所述,虚拟仪器是这样的一种仪器系统:在用户需要某种测试功能时,可由用户自己通过计算机平台利用图形软件对测量模块进行分层组合,以生成所需要的测试功能。

15.4.3 网络化仪器

网络技术的发展,尤其是 Internet 的发展.使得人们可以用极快的速度在更远的距离相互交换信息。Internet 是由成千上万个大大小小网络组成的高速网络,它不仅连接了数亿台计算机,而且将信息型家电等也都连上,几乎影响了人们生活的各个领域。电子测量与仪器技术也不例外,现场总线技术从工业现场设备底层向上发展,逐步扩展到网络化;计算机网络从互联网顶层向下渗透,直至能和底层的现场设备通信。基于 Internet 远程测控系统应运而生,它通过现场控制网络(或现场总线)、企业网和 Internet 把分布于各局部现场、独立完成特定功能的控制计算机互相连接起来,以构成资源共享、协同工作、远程监测与集中管理、远程诊断为目的的全分布式设备状态监测和故障诊断系统,这就是所谓的基于 Internet 的网络化仪器。

1. 网络化仪器的体系结构

网络化仪器是智能仪器和虚拟仪器进一步发展的结果,是计算机技术、网络通信技术与仪表技术相结合的产物。以智能化、网络化、交互性为特征,结构比较复杂,多采用体系结构来表示其总体框架和系统特点。网络化仪器的体系结构包括基本网络系统硬件、应用软件和各种协议。可以将信息网络体系结构内容(OSI 七层模型)、相应的测量控制模块和应用软件,以及应用环境等有机地结合在一起,形成一个统一的网络化仪器体系结构的抽象模型。该模型可更本质地反映网络化仪器具有的信息采集、存储、传输和分析处理的特征。

首先是硬件层,主要是指远端的传感器等信号采集单元,包括微处理器系统、信号采集系统、硬件协议转换和数据流传输控制系统。硬件协议转换和数据流传输控制功能可依靠 FPGA/CPLD 实现,这样可使硬件具有可更改性,为功能拓展和技术升级留有空间。

其次是嵌入式操作系统内核,主要功能是提供一个控制信号采集和数据流传输的平台,主要由链路层、网络层、传输层等组成。其前端模块单元的主要资源有处理器、存储器、信息采集单元和信息(程序和数据),主要功能是合理分配、控制处理器,控制信号的采集单元以使其正常工作,并保证数据流的有效传输。

最后,网络化仪器还不可缺少嵌入式操作系统的服务层和应用层。根据需要,提供 HTTP、FTP、TFTP、SMTP 等服务。其中,HTTP 用以实现 Web 仪器服务,如通过 Web 页上的软面板控制远程仪器;FTP 和 TFTP 用于实现向用户传送数据,从而形成用户数据库资源;而 SMTP 则用来发送各种确认和告警信息。这样,就可很容易地组成不同使用权限的系统。低级用户无须自己再安装任何应用软件,直接利用 Internet Explorer 或 Netscape 等浏览器浏览数据,实现对测量数据的观测。高级用户可经由网络修改配置来控制仪器在不同仪态下的运行;经网络传来的数据,可交由专门数据处理软件分析,以实现最优化的决策和控制;并且还可利用一些专门软件分析传来的数据,以实现 MIS(管理信息系统)应用等。

2. 网络化仪器的优点

① 通过网络,用户能够对测量仪器进行远程控制,对测量数据进行远程分析。随着数据传输速度的进一步提高,测量的实时性也越来越好。用户通过网页上的软面板进行仪器控制和数据分析,就像身临其境一样。

② 通过网络,可以实现仪器的共享。一个用户能远程监控多个测量过程,而多个用户也能同时对同一测量过程进行监控。例如,一个用户可以在一台计算机上打开示波器、万用表、计数器等远程微机化仪器的软面板,同时进行多项测量;工程技术人员在他的办公室里监测一个生产过程,质量控制人员可在另一地点同时收集这些数据,建立数据库。

③ 通过网络,可大大增强用户的工作能力。用户可利用若干台普通仪器设备采集数据,然后将数据送到另一台功能强大的远程计算机进行分析,并在网络上实时发布。

④ 通过网络,可大大提高用户工作的可靠性。一旦测量过程中发生问题,有关数据可以立即展现在用户面前,以便采取相应措施。制造商也可以打开该仪器的软面板,对故障进行分析处理。用户还可就自己感兴趣的问题在世界范围内进行讨论。例如,软件工程师可以利用网络化软件工具把开发程序或应用程序下载到远程的目标系统,进行调试或实时运行,就像目标系统在隔壁房间一样方便。

总之,网络通过释放系统的潜力改变了测量技术的以往面貌,打破了在同一地点进行采集、分析和显示的传统模式。依靠网络技术,人们能够有效控制远程仪器设备,在任何地方进行采集、分析和显示。在广泛的工业领域中,可实现数据网络和控制网络的集成,即现场总线和计算机网络融为一体,实现真正的虚拟工厂(Virtual Plant)和虚拟制造(Virtual Manufacture)。不久的将来,越来越多的测试和测量仪器将融入 Internet。

15.5　软测量技术

15.5.1　软测量技术的概念

许多工业装置涉及复杂的物理、化学、生化反应,物质及能量的转换和传递,其系统的复杂性和不确定性导致了过程参数检测的困难,因此,目前仍存在不少无法或难以直接用检测仪表进行有效测量的重要过程参数。同时,随着现代过程工业的发展,仪表测量准确度要求越来越高,传统单一参数的静态或稳态集总式测量已不能满足工业应用的要求,需要进行动态测量,获取反映过程的二维/三维的时空分布信息(如化学反应器内的介质浓度和速度的局部分布等)。在许多应用场合,还需要综合运用所获的各种测量信息才能实现有效控制或状态监测等。因此人们迫切需要找到一种新的测量技术,来满足生产过程的监测和优化控制的要求。近年来,在控制和检测领域涌现出的一种新技术——软测量技术(Soft-Sensing Techniques),被认为是最具有吸引力和卓有成效的新方法。

软测量技术的测量原理是:选择与无法直接测量的待测变量(常称为主导变量,Primary Variable)相关的一组可测变量(常称为辅助变量或二次变量,Secondary Variable),依据这些可测变量与待测变量之间的关系,建立某种以可测变量为输入,待测变量为输出的数学模型(软测量模型),用计算机进行模型的数值运算,从而得到待测变量的估计值。

自 20 世纪 80 年代软测量技术作为一个概括性的科学术语被提出以来,发展很快,已在许多实际工业装置上得到了成功的应用。不仅应用于系统控制变量或扰动不可测的场合,以实现过程的复杂(高级)控制,而且已渗透到需要实现难测参数在线测量的各个工业领域。软测量技术已成为目前检测领域和控制领域的研究热点。

15.5.2　软测量技术的实现方法

应用软测量技术实现过程参数的软测量一般主要有辅助变量选择、测量数据处理、软测量模型建模和软测量模型校正 4 个步骤,其中软测量模型建模是核心。

1. 辅助变量选择

辅助变量的选择包括变量的类型、数目和测点位置等三个相互关联的方面。由被测对象特性和待测变量特点决定,同时在实际应用中还应考虑经济性、可靠性、可行性及维护性等因素的制约。

辅助变量的选择要基于对对象的机理分析和实际工况的了解,一般应符合如下原则:

① 工程上易于在线获取并有一定的测量精度;

② 对对象输出或不可测扰动能做出快速反应;

③ 对对象输出或不可测扰动之外的干扰不敏感;

④ 构成的软传感器应能够满足准确度要求;

⑤ 对模型误差不敏感。

在软测量实现过程中,应选用与主导变量静态/动态特性相近且有密切关联的可测参数。辅助变量个数的下限值为被估计主导变量的个数,上限值为系统所能可靠在线获取的变量总数,但直接使用过多辅助变量会出现过参数化问题,其最佳数目的选择与过程的自由度、测量噪声及模型的不确定性等有关。一般建议从系统的自由度出发,先确定辅助变量的最小个数,再结合实际对象的特点适当增加,以便更好地处理动态特性等问题。对于许多测量对象,检测点位置的选择是相当重要的,典型的例子就是精馏塔,因为精馏塔高而且体积较大,可供选择的检测点很多,而每个检测点所能发挥的作用则各不相同。一般情况下,辅助变量的数目和位置常常是同时确定的,变量数目的选择基准也往往应用于检测点位置的选择。

2. 测量数据处理

对测量数据的处理是软测量实现的一个重要方面,一般包括测量误差处理和测量数据变换。

测量数据来自现场,不可避免地带有各种各样的测量误差。测量数据的误差可分为随机误差和过失误差(Gross Errors)两大类。

随机误差是受随机因素影响而产生的测量误差,一般不可避免,但符合一定的统计规律,一般可采用数字滤波方法来消除。近年来提出的数据协调处理技术也是处理该种误差的一种有效方法。

过失误差包括常规测量仪表的偏差和故障(如堵塞、校准不正确、零点漂移甚至仪表失灵等),以及由不完全或不正确的过程模型(如泄漏、热量损失等不确定因素影响)所导致的误差等。在实际过程中,虽然过失误差出现的概率很小,但将会严重恶化测量数据的品质,破坏数据的统计特性,甚至导致整个系统控制或检测系统的失败。过失误差侦破、剔除和校正的常用方法有统计假设检验法(如整体检验法、节点检验法、测量数据检验法等)、广义似然比法、贝叶斯法等。同时基于人工神经网络进行过失误差的侦破,近年来也越来越受到重视。然而,总体而言,上述种种方法在理论和实际应用之间目前还存在一定距离,有待今后进一步深入研究。对于特别重要的参数,如采用硬件冗余方法(如采用相同或不相同的多台检测仪表同时对某一重要参数进行测量)可提高系统的安全性和可靠性。

测量数据变换不仅影响模型的精度和非线性映射能力,而且对数值算法的运行效果也有重要作用。测量数据的变换包括标度变换、转换和权函数三个方面。实际测量数据可能有着不同的工程单位,各变量的大小在数值上也可能相差几个数量级,直接使用原始测量数据进行计算可能丢失信息或引起数值计算的不稳定,因此,需要采用合适的因子对数据进行标度变换,以改善算法的精度和计算稳定性。转换包含对数据的直接转换和寻找新的变量替换原变量两个方面,通过对数据的转换,可有效降低非线性特性。而权函数则可实现对变量动态特性的补偿。

3. 软测量模型建模

表征辅助变量和主导变量之间的数学关系称为软测量模型。如何建立软测量模型,是软测量的核心问题。

由于软测量模型注重的是通过辅助变量来获得对主导变量的最佳估计,而不是强调对象各输入/输出变量彼此间的关系,因此,它不同于一般意义下的、以描述对象输入/输出关系为主要目的的数学模型。软测量模型本质上是要完成由辅助变量构成的可测信息集(各辅助变量)θ 到主导变量估计 $\hat{y}$ 的映射,即用数学公式表示为

$$\hat{y} = f(\theta)$$

软测量模型的建模方法多种多样,且各种方法互有交叉和融合。在检测和控制中常用的建模方法有工艺机理分析、回归分析、状态估计、模式识别、人工神经网络、模糊数学、过程层析成像、相

关分析和现代非线性信息处理技术等。软测量技术的分类一般也都是依据软测量的建模方法进行分类的,例如,某种软测量过程主要是依据回归分析实现的,则称该软测量技术为基于回归分析的软测量技术。基于回归分析和神经网络的软测量技术是目前检测和控制领域研究和应用较多的软测量技术。

4. 软测量模型校正

工业实际装置在运行过程中,随着操作条件的变化,其对象特性和工作点不可避免地要发生变化和漂移。在软测量技术的应用过程中,必须对软测量模型进行校正。为实现软测量模型在长时间运行过程中的自动更新和校正,大多数软测量系统均设置有软测量模型评价软件模块。该模块先根据实际情况做出是否需要模型校正和进行何种校正的判断,然后自动调用模型校正软件对软测量模型进行校正。

软测量模型的校正主要包括软测量模型结构优化和模型参数修正。大多数情况下,一般仅修正软测量模型的参数。若系统特性变化较大,则需对软测量模型的结构进行优化(修正),这就比较复杂,需要大量的样本数据和较长的时间。

15.5.3 软测量技术应用举例

物料的气力输送系统广泛应用于化工、冶金、能源、轻工等领域,其固相物料质量流量的在线测量对实际工业应用系统的计量、控制及运行的可靠性等均具有重要意义,但由于涉及复杂的气、固两相流,检测难度大,迄今为止,实用化的有效检测仪表仍为数很少。然而,应用软测量技术,通过一定的机理分析,基于气力输送过程中压损比(气、固两相管程总压降与仅由输送空气流动产生的压降之比)和混合比(固相物料流量和输送气体流量之比)之间的经典比例关系式,通过一定的简化假设,可实现针对粉料稀相气力输送过程的固相流量软测量。

推断(理)控制是基于软测量技术的控制系统的典型代表。在被控量不能直接测量而导致不能采用反馈控制或其他(需要对被控量直接测量)控制方案的场合,基于软测量技术的推断(理)控制提供了一条有效的解决途径。目前这方面的研究报道也比较多,并在许多工业现场得到了实际应用。

15.6 多传感器数据融合

15.6.1 多传感器数据融合的概念及优点

"多传感器数据融合"(Multisensor Data Fusion)一词出现在 20 世纪 70 年代,并于 20 世纪 80 年代发展成为一门自动化信息综合处理的专门技术。这一技术首先广泛应用于军事领域,后来就很快推广应用到智能检测、自动控制、空中交通管理和医疗诊断等许多领域。

从早期的军事应用领域出发,美国国防部把多传感器数据融合定义为这样一个过程,即把来自多传感器、多信息源的数据和信息加以联合、相关和组合,以获得被测对象精确的位置估计和身份估计,以便对战场的态势和威胁,以及其重要的程度进行完整的评价。

随着多传感器数据融合技术应用领域的不断扩展,多传感器数据融合比较确切的定义可概括为:利用计算机技术对按时间序列和空间序列获得的若干传感器观测信息,在一定准则下自动分析、综合,以完成所需决策和估计任务而进行的信息处理过程。因此,多传感器系统是多传感器数据融合的硬件基础,多源信息是多传感器数据融合的加工对象,协调优化和综合处理是多传感器数据融合的核心。

综上所述,多传感器数据融合将来自多传感器或多信息源的信息和数据,模仿人类专家的综合信息处理能力进行智能化处理,从而获得更为广泛全面、准确可信的结论。

和传统的单传感器技术相比,多传感器数据融合技术主要有以下优点:

① 采用多传感器数据融合可以增加检测的可信度。

② 降低不确定度。例如,采用雷达和红外传感器对目标进行定位,雷达通常对距离比较敏感,但方向性不好,而红外传感器则正好相反,其具备较好的方向性,但对距离测量的不确定度较大,将两者相结合可以使得对目标的定位更精确。

③ 改善信噪比,增加测量精度。例如通常用到的对同一被测量进行多次测量然后取平均的方法。

⑤ 增加系统的互补性。采用多传感器技术,当某个传感器不工作、失效时,其他的传感器还能提供相应的信息。

⑤ 增加对被测量的时间和空间覆盖程度。

⑥ 降低成本。例如,采用多个普通传感器可以取得和单个高可靠性传感器相同的效果,但成本却可以大大降低。

15.6.2 基本原理及融合过程

1. 基本原理

多传感器数据融合的基本原理就像人脑综合处理信息一样,充分利用多传感器资源,通过对这些传感器及其观测信息的合理支配和使用,把多传感器在空间或时间上的冗余或互补信息依据某种准则来进行组合,以获得被测对象的一致性解释或描述,使该传感器系统所提供的信息比其各组成部分子集单独提供的信息更有优越性。数据融合的目的是通过多种单个数据信息的组合推导出更多的信息,得到最佳协同作用的结果。也就是利用多个传感器共同或联合操作的优势,提高传感器系统的有效性,消除单个或少量传感器的局限性。

在多传感器数据融合系统中,各个传感器的数据可以具有不同的特征,可能是实时的或非实时的、模糊的或确定的、互相支持的或互补的,也可能是互相矛盾或竞争的。它与单传感器数据处理或低层次的多传感器数据处理方式相比,能更有效地利用多传感器信息资源。单传感器数据处理或低层次的多传感器数据处理只是对人脑信息处理的一种低水平模仿,不能像多传感器数据融合系统那样,可以更大程度地获得被测目标和环境的综合信息。多传感器数据融合与经典的信号处理方法也存在本质的区别,数据融合系统所处理的多传感器数据具有更复杂的形式,而且可以在不同的信息层次上出现,包括数据层(像素层)、特征层和决策层(证据层)。

2. 数据融合的过程

数据融合过程主要包括多传感器(信号获取)、数据预处理、特征提取、融合计算和结果输出等环节,其过程如图 15-6-1 所示。由于被测对象多半为具有不同特征的非电量,如压力、温度、色彩和灰度等,首先要将它们转换成电信号,然后经过 A/D 转换将它们转换为能由计算机处理的数字量。数字化后的电信号由于环境等随机因素的影响,不可避免地存在一些干扰和噪声信号,通过预处理以滤除数据采集过程中的干扰和噪声后得到有用信号,再经过特征提取,提取被测对象的某一特征量进行数据融合计算,最后输出融合结果。

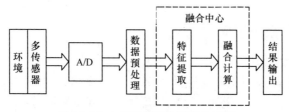

图 15-6-1　多传感器数据融合过程

15.7 视觉测量技术

15.7.1 视觉测量技术概述

1. 视觉测量的定义

计算机视觉就是用计算机实现人的视觉功能,利用一幅或多幅图像认知周围环境信息,实现对客观世界的三维场景的感知、识别和理解。从计算机视觉的概念和方法出发,将计算机视觉应用于空间几何尺寸的精确测量和定位,从而产生了新的应用,即视觉测量。视觉测量以计算机视觉为理论基础,采用先进的高密度、低噪声和畸变小的图像传感器,通过高速实时图像采集系统、专用图像硬件处理系统及高性能计算机,完成对二值或灰度图像的有效处理。视觉测量具有非接触性、测量精度高及响应速度快等特点,基于视觉测量技术的仪器设备能够实现智能化、数字化、小型化、网络化和多功能化,具备在线检测、动态检测、实时分析、实时控制的能力,具有高效、高精度、无损伤的检测特点,可以满足现代精密测量技术的发展需要,在非接触在线测量、质量监控与运动分析中具有广阔的应用前景。

2. 视觉测量的发展

视觉技术起源于 20 世纪 50 年代,经过几十年的发展,研究内容从最初的二维图形分析拓展到三维场景理解。近年来,计算机视觉理论的发展十分迅速,促进了计算机技术、控制理论、模式识别、机器学习和人工智能等多领域的交叉融合,受到了学术界和工业界的极大重视,已在机器人、工业测量和自动化控制、航空航天、军事装备、生物医疗、目标识别、装备制造等诸多领域得到广泛的应用,而且应用领域正在日益扩大。

视觉测量技术的诞生和应用极大地解放了人类劳动力,提高了生产自动化水平和产品质量,其应用前景极为广阔。目前在国外,视觉技术已经广泛应用于工业生产和日常生活中,而我国正处于起步阶段,急需广大科学工作者共同努力来提高我国的视觉测量技术。

3. 视觉测量的特点

视觉测量是基于图像处理、光学原理等发展起来的一种新型技术,增强了光学测量的手段,扩大了光学测量的应用范围。应用视觉测量技术进行测量,就是测量时把被测对象的图像当作检测和传递信息的载体,通过对图像的处理分析来对物体进行测量。与其他传统的测量技术相比,视觉测量技术具有以下突出的特点:

① 通过图像处理技术能够显著提高图像的质量,增强被测物体的有用信息,抑制无用的干扰信息。

② 利用子像素定位技术可以显著提高目标的定位精度。

③ 可测量许多采用传统方法无法测量的物理量、肉眼无法分辨的物理量,如连续变化的亮度场、条纹方位场等。

④ 自动化程度高。

15.7.2 视觉测量系统组成

1. 视觉测量系统基本结构

根据测量对象和测量任务的要求,视觉测量系统一般集成到加工制造生产线或生产作业设备中。在实际生产线上,首先实现视觉测量系统的现场标定和量值传递,在此基础上完成被测物体的参数测量。尽管视觉测量系统的具体结构不尽相同,但主要由视觉传感器、高速视觉图像采集系统、高速视觉图像专用硬件处理系统、高级算法硬件处理系统、现场校准装置及软件、测量与控制软件、机械结构与电气控制系统等组成。视觉传感器获取被测物体表面特征的图像,经高速视觉图像采集系统转换为数字信号,由高速视觉图像专用硬件处理系统完成视觉数字图像的高速底层处理,并提取出特征信息的图像坐标。根据视觉测量数学模型,由高级算法硬件处理系统直接快速计算出被测物体的特征空间坐标,最终得到被测物体的参数信息,也可由上位机实现被测物体参数的快速计算,并完成相关的系统控制。

2. 视觉测量系统的关键技术

视觉测量系统的关键技术主要包括图像获取、高精度系统标定、图像处理等。视觉测量系统的主要性能指标包括测量精度、测量范围、测量速度、自动化智能程度等方面。

① 图像获取。图像的获取实际上是将被测物体的可视化图像和内在特征转换成能被计算机处理的一系列数据,主要由三部分组成:照明、图像聚焦形成、图像确定和形成摄像机输出信号。

② 高精度系统标定。摄像机标定是一个确定三维物体空间坐标系与摄像机图像二维坐标系之间变换关系及摄像机内部参数和外部参数的过程。高精度的测量系统需要高精度的标定参数。

③ 图像处理。视觉测量系统中,视觉信息的处理技术主要依赖于图像处理方法,包括图像滤波、图像增强、图像复原、图像分割、特征提取、图像识别与理解等内容。

15.7.3 图像处理技术

机器视觉是一种理想的非接触式检测技术,不会对检测对象造成任何损伤,对于提高生产效率和提升产品质量有着重要的意义。在工业、农业、国防、交通、医疗、金融、体育、娱乐等行业具有广泛的应用和发展前景。数字图像处理是机器视觉的核心技术之一,能否从图像中得到准确的分析结果决定了机器视觉检测的成败。视觉信息的处理技术主要依赖于图像增强、图像复原、图像分割、特征提取、图像识别等图像处理方法,经过这些处理后,输出图像的质量得到相当程度的改善,既改善了图像的视觉效果,又便于计算机对图像进行分析、处理和识别。

1. 图像增强

图像增强是根据需要,采取某种处理技术,突出图像中感兴趣的部分,削弱或消除不需要的信息,达到增强图像的整体或局部特征的目的,增强某些信息的辨识能力,以此来满足特定的应用。图像增强技术主要包括:调整图像的对比度,增强图像对象的边缘,消除或抑制噪声,突出图像中感兴趣区域。

2. 图像复原

图像复原与图像增强的目的都是改善图像的视觉质量,提高图像的清晰度。但图像增强技术不需要考虑图像退化模型,通过调整图像的像素值来提高图像的视觉效果。而图像复原技术要根据相应的退化模型和先验知识,对降质图像进行改善,将退化图像恢复到本来的面貌。

3. 图像的数据编码和传输

数字图像的数据量是相当庞大的,一幅 512×512 像素的数字图像的数据量为 256KB,若每秒传输 25 帧图像,则传输速率为 52.4Mbit/s。高传输速率意味着高投资,也意味着普及难度的增加。因此,在传输过程中,对图像数据进行压缩显得非常重要。数据的压缩主要通过图像数据的编码和变换压缩。图像数据编码一般采用预测编码,只需传输图像数据的起始值和预测误差,就可将 8 位/像素压缩到 2 位/像素。变换压缩方法是将整幅图像分成一个个小的(一般取 8×8 或 16×16)数据块,再将这些数据块分类、变换、量化,从而构成自适应的变换压缩系统。该方法可将一幅图像的数据压缩到为数不多的几十位传输,在接收端再变换回去即可。

4. 图像分割

图像分割是将图像分成若干部分,每一部分对应于某一物体表面,在进行分割时,每一部分的灰度或纹理符合某种均匀测度度量。图像分割的本质是将像素进行分类,分类的依据是像素的灰度值、颜色、频谱特性、空间特性或纹理特性等。图像分割是图像处理技术的基本方法之一,应用于诸如染色体分类、景物理解系统、机器视觉等方面。

图像分割主要有两种方法:一是鉴于度量空间的灰度阈值分割法。它是根据图像灰度直方图来决定图像空间域像素的聚类。但它只利用了图像灰度特征,并没有利用图像中的其他有用信息,使得分割结果对噪声十分敏感;二是空间域区域增长分割方法。它是对在某种意义上(如灰度级、组织、梯度等)具有相似性质的像素连通集构成分割区域,该方法有很好的分割效果,但缺点是运算复杂、处理速度慢。

5. 图像识别

图像的识别过程实际上可以看作一个标记过程,即利用识别算法来辨别景物中已分割好的各个物体,给这些物体赋予特定的标记。它是机器视觉系统必须完成的一个任务。

目前用于图像识别的方法主要有决策理论方法和结构方法。决策理论方法的基础是决策函数,利用它对模式向量进行分类识别,是以定时描述(如统计纹理)为基础的;结构方法的核心是将物体分解成模式或模式基元,而不同的物体结构有不同的基元串(或称字符串),通过对未知物体利用给定的模式基元求出编码边界,得到字符串,再根据字符串判断它的属类。这是一种依赖于符号描述被测物体之间关系的方法。

思考题与习题

1. 什么是微电子机械系统?什么是微型传感器?
2. 什么是智能传感器?
3. 什么是网络传感器?
4. 什么是物联网?
5. 什么是虚拟仪器?它与传统仪器有什么区别?
6. 虚拟仪器由哪几部分组成?
7. 什么是网络化仪器?与传统仪器相比有何优点?
8. 软测量技术相对于传统的检测技术有何特点和优越之处?
9. 软测量的基本原理和实现步骤是什么?
10. 什么是多传感器数据融合技术?它的基本原理是什么?
11. 什么是视觉测量?视觉测量系统中关键的技术主要有哪些?

第15章思考题与习题解答

参 考 文 献

[1] 孙传友．传感器检测技术及仪表．北京：高等教育出版社，2019.
[2] 孙传友．感测技术基础．4 版．北京：电子工业出版社，2015.
[3] 孙传友．现代检测技术及仪表．2 版．北京：高等教育出版社，2012.
[4] 孙传友．测控系统原理与设计．3 版．北京：北京航空航天大学出版社，2014.
[5] 孙传友．感测技术与系统设计．北京：科学出版社，2004.
[6] 朱晓青．传感器与检测技术．2 版．北京：清华大学出版社，2019.
[7] 林占江．电子测量技术．4 版．北京：电子工业出版社，2019.
[8] 胡向东．传感器与检测技术．3 版．北京：机械工业出版社，2018.
[9] 徐科军．传感器与检测技术．4 版．北京：电子工业出版社，2016.
[10] 张志勇．现代传感器原理及应用．北京：电子工业出版社，2014.
[11] 王化祥．传感器原理及应用．4 版．天津：天津大学出版社，2014.
[12] 施文康．检测技术．3 版．北京：机械工业出版社，2010.
[13] 周杏鹏．现代检测技术．2 版．北京：高等教育出版社，2010.
[14] 贾伯年．传感器技术．3 版．南京：东南大学出版社，2003.
[15] 郭庆．电子测量与仪器．5 版．北京：电子工业出版社，2019.
[16] 梁森等．自动检测与转换技术．4 版．北京：机械工业出版社，2019.
[17] 李科杰．新编传感器技术手册．北京：国防工业出版社，2002.
[18] 李邓化．智能检测技术及仪表．北京：科学出版社，2007.
[19] 黄贤武．传感器原理与应用．2 版．北京：高等教育出版社，2009.
[20] 刘迎春．传感器原理、设计与应用．5 版．北京：国防工业出版社，2015.
[21] 孙传友．地震勘探仪器原理．北京：石油大学出版社，2006.

反侵权盗版声明

电子工业出版社依法对本作品享有专有出版权。任何未经权利人书面许可，复制、销售或通过信息网络传播本作品的行为；歪曲、篡改、剽窃本作品的行为，均违反《中华人民共和国著作权法》，其行为人应承担相应的民事责任和行政责任，构成犯罪的，将被依法追究刑事责任。

为了维护市场秩序，保护权利人的合法权益，我社将依法查处和打击侵权盗版的单位和个人。欢迎社会各界人士积极举报侵权盗版行为，本社将奖励举报有功人员，并保证举报人的信息不被泄露。

举报电话：（010）88254396；（010）88258888

传　　真：（010）88254397

E-mail：　dbqq@phei.com.cn

通信地址：北京市万寿路 173 信箱

　　　　　电子工业出版社总编办公室

邮　　编：100036